大模型前沿技术与应用丛书

大模型知识增强

概念、方法与技术

陈华钧 张宁豫 张文◎著

電子工業出版社
Publishing House of Electronics Industry
北京 · BEIJING

内 容 简 介

以 ChatGPT 和 DeepSeek 为代表的大模型，标志着人工智能在理解和处理世界知识方面取得了显著的进展。知识增强（Knowledge Augmentation）是指在大模型训练或推理过程中，通过引入外部结构化知识或符号化知识，提升大模型在理解、推理与生成等任务中的准确性、可靠性、专业性和可解释性。

本书聚焦于“大模型 + 知识库（LLM + KB）”框架下的大模型知识增强机制与方法，特别是系统探讨大模型与知识图谱互补增强的核心技术与实现路径。具体内容涵盖：大模型知识增强概述、知识增强预训练基础、知识增强提示指令、知识辅助检索增强、知识增强大模型查询问答、知识增强推理、大模型幻觉抑制、知识编辑、知识增强多模态学习，以及知识智能体与世界模型等主题。各章由浅入深，先提供背景知识，再逐步深入介绍技术原理和最新学术进展，注重系统性、整体性与章节间的有机衔接。针对实践应用，本书部分章节挑选了来自企业真实案例与开源工具的示范，便于读者动手实践，实现理论与实践的结合。

本书可作为计算机及相关专业的高年级本科生、研究生教材，也可作为从事大模型相关工作的技术管理者与研发人员的参考书。

图书在版编目（CIP）数据

大模型知识增强 ： 概念、方法与技术 / 陈华钧，张宁豫，张文著. -- 北京 ： 电子工业出版社，2025. 5.（2025.8 重印）
(大模型前沿技术与应用丛书). -- ISBN 978-7-121-50079-4

Ⅰ. TP18

中国国家版本馆 CIP 数据核字第 2025H040A3 号

责任编辑：宋亚东　　文字编辑：张　晶
印　　刷：北京缤索印刷有限公司
装　　订：北京缤索印刷有限公司
出版发行：电子工业出版社
　　　　　北京市海淀区万寿路 173 信箱　邮编：100036
开　　本：720×1000　1/16　印张：20.25　字数：448 千字
版　　次：2025 年 5 月第 1 版
印　　次：2025 年 8 月第 2 次印刷
定　　价：118.00 元

凡所购买电子工业出版社图书有缺损问题，请向购买书店调换。若书店售缺，请与本社发行部联系，联系及邮购电话：（010）88254888，88258888。

质量投诉请发邮件至 zlts@phei.com.cn，盗版侵权举报请发邮件至 dbqq@phei.com.cn。

本书咨询联系方式：syd@phei.com.cn。

推荐序

FOREWORD

陆汝钤

自从大模型问世以来，人们在惊讶和欢呼其强大功能之余，也为它的种种不足之处感到遗憾。特别是被赋予“为人类生产知识”任务的大模型，往往不能生产出高质量的知识，甚至还会给出明眼人一看就能发现的错误，这在本书中被称为大模型的幻觉。人们，包括曾经的我自己，往往会发问：不是有很多现成的知识库、知识图谱、百科全书等知识源吗？大模型为什么在响应用户要求生成知识之前不去查一查呢？这就问到本书的关键之处了：让大模型直接去查这些知识源是不行的，因为大模型的运行机制是生成式人工智能。它只会生成，不会查阅。于是，只好在大模型收集和训练数据时，或在向大模型给出指令时，引导大模型调配和生成符合用户需求的知识，而各种知识图谱中规范化表示的知识在完成这个任务时可以大显身手。至于这本 300 余页的专著是怎么从各角度一步步地引导读者漫步这个领域的，我们下面做一个小小的透视。

在本书的前言中，有几句很关键的话指出了本书关注的要点。其中提到，“通用智能是一种具备人类水平广泛认知能力的人工智能”（关键句一）。“充足和广泛的世界知识是实现通用智能的重要基础”（关键句二）。“大模型则可以视为一种处理世界知识的通用智能系统”（关键句三）。“知识图谱也是一种用于表示和处理人类知识的技术手段”（关键句四）。这四句话构成了本书的基本架构（四边形的四条边）。“通用智能”“世界知识”“大模型”“知识图谱”则构成了这个架构的四个顶点，是本书内容的四个要素。顶点之间的连线则表示了要素的关系。

我们的序言就围绕这四个要素及它们的关系做一番简单的探讨，并且采用由简到繁、由基础到组合的方式逐步深入讨论。首先，来看“世界知识”，它是关键句二中通用智能的“基础”，也是关键句三中大模型的处理对象。这个词在日常语言中不常被使用。我查阅了相关论文，虽然有一些探讨这个词的文献，但找不到一个简单明了的定义，甚至还有论文提到“真实世界知识”（FEFahlman，1979），难道还有虚拟世界知识？也许有（神话故事）。但根据本书作者前言的关键句三，考虑到大模型是通过训练海量语言数据（包括多模态语言数据）生成的，因此大体上可以推出结论：“世界知识是可以由大模型生成的知识的所有多模态语料。”

在探讨“通用智能”之前，我们先审视省去“通用”二字的“智能”。本书虽然以“知识增强”为主要目标，但对智能本质的探索依然是核心维度。细心的读者可能会注意到，第 3 章提到了思维链这种抽象概念。思维链作为一种思维模式，被引入来改进对大模型的提示，使之更像一位善于引导的老师对学生的提示。令人感觉这已经不是在谈论知识增强，而像在谈论智能增强，称它为“大模型智能增强”未尝不可。但这与知识增强并不矛盾。知识和智能的关系历来是哲学家、心理学家、教育学家等研究和讨论的课题。不少人研究过这个问题。为此，我查阅了相关文献，果然发现知识和智能的关系历来引起学者们的关注和讨论。例如 Cattell 在二十世纪七八十年代提出要区分流动的智能和结晶的智能，其中前者是进行中的智能，是进程，而后者是固化的智能，就是知识。1996 年，Ackermann 直接将专家的领域知识定义为专家的智能。这个说法将智能的定义简化为流动的知识。

特定的知识可能对应特定的智能，例如隐知识（Tacit Knowledge）是由迈克尔·波兰尼在 1958 年提出的概念，指的是那些难以用语言表达或形式化的知识。这种知识通常与抽象概念涉及的具体事物和场景有关，涉及多个维度的因素，难以用几句严格的话语来定义。对于这种知识，也有人找到了它对应的智能概念。Sternberg 在 1988 年提出隐知识对应的智能为实用智能（Practical Intelligence），意思大概是不必苛求它的理论定义，有用就行。例如，人们常说外交官在会见外宾时行为举止要“得体”。至于怎么做才算得体，这就是隐知识，难以用简短的语言描述。所以，试图截然区分智能和知识并非易事。

但我还是认为不能把知识和智能等同起来。什么是智能？智能就是人们遇到新的难题时善于利用已有的知识，可能还要结合新的思路去解决它。无论是成功还是失败，其结果都构成经验，从而转化为新的知识而非单纯的智能。

我认为第 3 章的思维链等内容对大模型的智能化非常重要。深入开展知识增强大模型的研究必然会引导学者们进一步考虑智能增强大模型，这是我们可以预见的。除了思维链技术，本书内容与“智能增强”有关的部分至少还有两处。一处是第 6 章提到的大模型推理，以逻辑推导为主要思想的经典人工智能思想在起作用。对本书的关键角色——知识图谱——的利用非常重要。另一处是第 10 章提到的知识智能体，这方面的研究在二十世纪八九十年代兴起，始终没有被人工智能专家忘记，对于智能增强大模型还是很有用的。大模型技术崛起以后，“大模型增强多智能体”成了提高其技术水平的重要思路，研究很多，因此本书无须重复。

现在我们回到通用智能的话题上。究竟什么是通用智能（GI）？对于它，原来我也只是有一个模糊的概念。这次为了写序，我特意系统查阅了文献，结果发现对此还有五花八门的定义。有关工作大致上可分为两大类，其中一类是以实验心理学为基础的，可类比为小学生扩大版的智商测验，适用于所有人，例如 C.Spearman（1904 年）的 *Artificial Brain* 包含了详细的实验记录。后来又被推广到所有的哺乳类动物，认为哺乳类动物（含啮齿类和灵长类）也有智能且其智能是可测的。我找到专门讲这个问题的一本书，就是 Burkart、JudithM 等（2017 年）的综述。另一类是由 BGoertzel 和 CPennachin 担任主编、DMGabbay 和 JSiegmann 担任执行主编的专著《人工通用智能》（*Artificial General Intelligence*，AGI）开创的（2007 年）。该书的主编们还宣称 AGI 这个术语是该书的创举，指出起这个名字是为了刻画人工通用智能是通用智能的“工程化”。书中共收录了 12 篇论文，其中有理论探讨（AGI 定义），也有实践应用（AGI 编程）。但是在我看来，书中所收录论文的内容在当时还处于摸索阶段，尽管有关的观点可供 AGI 研究者参考，但其中实际有效的实践方案仍显不足。不过，这个学科领域发展很快，现在已经有了专门的杂志（*Journal of Artificial General Intelligence*）。AGI 的名字虽然冠以“人工”前缀，却正好契合了本书的主题，因为知识增强大模型生成的通用智能肯定是属于“人工”范畴的。本书的出版真正为 AGI 实践提供了切实有效的入门指南。其中的“智能增强”部分还可以认为是 AGI 理论的初步体现。我相信本书的第二版、第三版……将从知识工程与 AGI 结合的角度进一步体现知识增强大模型与 AGI 研究的同步发展和完善。

陆汝钤

2025 年 2 月 8 日

前言

PREFACE

人类通过观察和认识世界来积累对万物的知识，而语言是最直接的表达和传递这些知识的工具。特别是以 ChatGPT 和 DeepSeek 为代表的大模型，标志着人工智能在理解和处理世界知识方面取得了显著的进展。通用智能是一种具备人类水平广泛认知能力的人工智能，充足而广泛的世界知识是实现通用智能的重要基础，大模型则可以被视为一种处理世界知识的通用智能系统。知识图谱也是一种用于表示和处理人类知识的技术手段，在传统搜索引擎、智能问答和大数据分析等领域有着广泛的应用。大模型扩展了对语言的理解能力，知识图谱则丰富了表示知识的方式，将这二者深度结合和相互补充将极大地提升人工智能在知识处理方面的全面性、可靠性和可控性，为人工智能技术提供更加丰富和精准的知识处理能力。

为什么撰写本书

大模型作为当前人工智能领域的重要方向，正在不断拓展人类对智能的认知边界。尽管目前已有大量关于大模型和知识图谱的书籍，但系统介绍二者结合的专著仍然匮乏。本书的第一个出发点就是填补这个空白，旨在通过由浅入深地讲解，为研究者和实践者提供关于大模型与知识图谱融合的清晰指引，帮助他们全面理解这项融合技术的核心理念与实现路径。

本书的第二个出发点是探讨一些新的通用智能实现途径，尤其是从大模型与知识图谱的融合视角出发，探索符号知识增强的大模型技术新路径。长期以来，我国的大模型研究多以追赶和模仿国外技术为主，原创性突破相对较少。我们希望通过本书，推动形成具有自主特色的大模型技术体系，为国内人工智能技术的原创性发展提供一些新思路。

本书是基于作者团队近年来在学术研究和产业实践中的经验整理而成的一部专著，很多内容源自团队自有科研成果和产学研实践。尽管该领域的很多内容仍处于探索阶段，但通过在理论与技术上的不断尝试，我们积累了一些实践经验。我们期望，本书的出版能为学术界和工业界的研究者提供一些新的参考，激发不同的创新思路，并为我国人工智能技术的进步和自主创新贡献绵薄之力。

本书主要内容

本书共 10 章，主要内容如下。

第 1 章，概述了大模型知识增强的基本概念、分类和方法。首先，探讨大模型时代通用智能的核心特征。接着，分析大模型中世界知识的表示与处理，以及面临的主要问题。随后，从语言模型和传统符号知识的优缺点出发，介绍二者的互补优势。最后，简要介绍大模型知识增强的常见方法与实践，为后续章节的深入讨论奠定基础。

第 2 章，重点介绍预训练阶段的知识增强。作为全书的基础部分，首先，回顾预训练语言模型的基本概念和背景知识。接着，详细探讨常见的知识增强技术方法，包括知识注入的多种方式和结构增强的不同策略。最后，通过多个应用案例，展示知识增强预训练模型的实践效果。

第 3 章，重点介绍提示指令阶段的知识增强。首先，回顾提示学习和指令精调的基本背景。随后，从知识增强提示学习、结构化思维链到知识图谱思维链等角度，探讨知识增强提示工程的常见方法与思路。此外，还深入讨论利用知识图谱引导指令生成的技术路径。

第 4 章，聚焦于检索阶段的知识增强。先总体介绍 RAG 的基本概念、典型架构及训练机制。再讨论并分析知识图谱与 RAG 的结合，并介绍几种常见的知识图谱增强 RAG 的技术思路。同时，本章强调生成模型、检索技术和知识图谱三者之间的强互补关系。

第 5 章，聚焦于大模型在结构化知识问答中的应用。首先，介绍结构化知识表示、查询方法及自然语言到查询语言转换的基础知识。接着，分析大模型在查询问答中的能力，探讨基于大模型微调、检索生成和统一表示的查询问答方法。最后，总结大模型在结构化知识问答中的关键作用。

第 6 章，重点探讨推理阶段的知识增强。先比较分析语言模型推理和知识图谱推理两种实现知识推理的技术思路，再围绕知识图谱增强语言模型推理、语言模型增强知识图谱推理及知识图谱基础模型，探讨将知识图谱与语言模型结合以提升推理能力的多种方法。

第 7 章，聚焦知识增强幻觉抑制。先介绍大模型幻觉的背景及成因，再分析几种知识增强幻觉抑制技术，包括检索增强生成、知识约束解码、知识对齐优化和知识表征编辑。

第 8 章，聚焦大模型知识编辑。首先，概述大模型知识编辑的基本概念。接着，介绍两种主要的知识编辑方法：基于外部干预和基于内部更新的知识编辑方法。然后，分析知识编辑对大模型知识能力和通用能力的影响。最后，展示大模型知识编辑的应用与实践。

第 9 章，聚焦知识增强多模态学习。首先，介绍多模态学习及多模态大模型的相关知识背景。随后，深入探讨知识图谱在增强多模态学习方面的价值，并从知识增强视觉问答、跨模态检索、低资源学习和多模态生成等方面展示这些技术的实际应用。

第 10 章，重点探讨知识库和 AI 智能体的关系。首先，从知识增强的单智能体规划能力，以及知识增强的多智能体协同能力入手介绍一些相关的研究工作。然后，从大模型的知识机制、知识增强的具身智能体与世界知识模型三个方面，结合“符号知识”的视角对未来人工智能进行展望。

如何阅读本书

这是一本偏重技术发展前沿的图书，知识点繁多，读者应该怎样阅读这本书呢？

首先，考虑到读者的知识背景和基础不同，本书每章的第一部分均专门介绍相关领域的基础知识。对于基础较弱的读者，可以通过这个部分掌握核心概念和基础知识，为后续深入理解和学习具体的技术内容打下坚实的基础。这样一来，读者无须担心缺乏某些前置知识，能够顺利跟进书中的技术思路和方法。

其次，本书在设计时充分考虑了读者节约时间的需求，章节之间考虑了逻辑上的连贯性，但也尽力确保各章内容的独立性。因此，读者可以根据自己的兴趣和需求，选择性地阅读某个章节，而无须按固定顺序阅读整本书。这样，读者能够更高效地掌握自己关心的内容，避免从头到尾逐章阅读。

最后，本书专门考虑了高阶读者在技术深度和实践方面的扩展需求，涵盖了一些学术前沿知识和开源工具实践，读者可结合书中的参考文献进行扩展阅读，并通过实际操作相关工具，进一步加深对技术概念的理解。

值得注意的是，大模型和知识图谱领域发展迅速，技术方法和思路持续更新。因此，读者在阅读过程中应关注新兴技术趋势，并保持对最新发展的敏感度。

致谢

我首先要感谢浙江大学知识引擎实验室的全体教师和同学，这本书的很多内容源自实验室的自有科研成果，没有团队的集体努力，也就没有这本书的出版。同时，我要特别感谢陈卓、朱渝珊、张溢驰、姚云志、陈想、朱雨琦、乔硕斐、王梦如、黄志玮、金龙、袁源、汪俊杰、屠铭尘、华尹、甘诚韬等同学，他们为本书的核心章节提供关键素材。另外，我要感谢李娟、欧翌昕、王潇寒、刁泽坤、方润楠等同学，他们为本书付出了很多努力并帮助审校文字。

我也要感谢我的家人给予我坚持不懈和毫不犹豫的支持。

感谢电子工业出版社博文视点和宋亚东编辑对本书的重视，以及为本书出版所做的一切。

由于水平有限，书中不足及错误之处在所难免，敬请专家和读者给予批评指正。

陈华钧

2024 年 12 月

目录
CONTENTS

第 1 章

CHAPTER 1

大模型知识增强概述

人类通过观察和认识世界来积累对万物的知识，而语言是表达和承载这些知识的最直接的工具。语言与知识密不可分，以ChatGPT 为代表的大型模型技术显著提升了人工智能在表示和处理世界知识方面的能力。通用人工智能是指具有人类水平的广泛认知能力的人工智能，拥有足够覆盖度的世界知识是实现通用人工智能的重要基础，大模型可被视为一种处理世界知识的通用人工智能系统。知识图谱也是一种用于表示和处理人类知识的技术手段，在传统搜索引擎、智能问答、大数据分析等领域有广泛的应用。知识图谱和大模型在表示和处理世界知识的能力方面各有优缺点，大模型增强了对语言的理解能力，知识图谱则丰富了知识表示的方式，二者的深度结合必将为人工智能提供更全面、可靠和可控的知识处理方法。

1.1 大模型时代的通用人工智能

1.1.1 人类语言与世界知识

迄今为止，人类的绝大部分知识是通过语言来描述、记录和传承的。除了用于记录常识知识、世界知识、科学知识和专家知识的自然语言，人类还发明了用于描述各种科学知识的专业语言。例如，描述数学模型的数学语言，描述化合物分子的化学语言，描述生命体组成的生命语言等，如图 1-1 所示。语言与知识密不可分。从本质上说，近年来兴起的大模型是表示和处理自然语言形式的人类知识的人工智能技术。

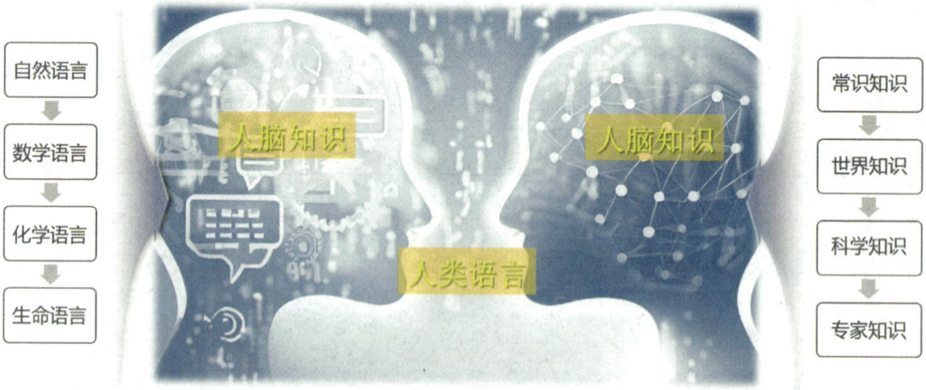

图 1-1　人类语言与世界知识

1.1.2 大模型是处理世界知识的通用人工智能系统

探讨大模型，需要首先讨论通用人工智能（Artificial General Intelligence，AGI）[1]。通用人工智能是指具有人类水平的广泛认知能力，能够在多种任务中自主学习、适应和解决问题。相比以传统的专家系统为代表的专有智能，通用人工智能不限于特定领域，具备自主性和通用性，是人类研究人工智能的终极目标。

从众多实例可以看出，ChatGPT 已经具备了一定的通用人工智能能力。例如，ChatGPT 能够回答与“常识知识”相关的问题，并完成一些常识推理任务。“常识知识”是指全人类共同拥有、共知、共享的世界知识，例如“鸡蛋掉落地面会破碎”和“天空和大海都是蓝色的”等。人们的日常生活高度依赖这些常识知识。

处理常识知识的能力是通用人工智能的一个典型特征。在传统人工智能领域中，有一种叫作专家系统的技术，其核心在于建立专家知识库。例如，医生依赖医学知识看病，律师利用法律知识办案，这些知识相较于常识知识，更加聚焦且局限于特定领域。专家系统出现的部分原因是早期人工智能在处理常识知识和实现通用常识推理方面存在巨大的困难。

与传统专家系统不同，以 ChatGPT 为代表的人工智能利用神经网络将互联网上全人类贡献的开放、共享的文本知识参数化，并在参数化的神经网络空间内对其进行处理。这种编码和处理海量常识知识的能力，是 ChatGPT 实现通用人工智能的重要基础。此外，ChatGPT 也区别于传统主要用于计算的算法模型，它是一种富含知识的模型，其神经网络参数大部分用于存储知识，而非全部用于计算。ChatGPT 实现的是一种具备学识和知识的人工智能，代表一类处理世界知识的通用人工智能系统。

1.1.3 通用人工智能的特征

具体来说，通用人工智能具备哪些特征呢？这里以现有大模型的训练方式和典型能力为参照，从以下五个方面进行概述：通才模型、任务泛化、知识综合、多模态和共享开放。

1.1.3.1 通才模型

通用人工智能的第一个特点是通才模型。在 ChatGPT 之前，谷歌曾推出一个被称为 Gato 的通才智能体（Generalist Agent）[2]。Gato 的设计强调在一个模型中同时支持多种任务，例如机器人操控、视频游戏、文本对话和图像问答等，如图 1-2 所示。为了实现这种通用功能，Gato 统一了多个不同任务的输入形式，即无论是玩视频游戏还是进行智能对话，其输入模型的方式或格式都是一致的。模型的训练需要多任务同时训练和学习。根据论文介绍，Gato 采用了超过 600 个不同的任务对同一个模型进行训练。

传统专家系统的知识库构建通常依赖特定领域专家的输入，每个专家系统也仅限于解决特定领域的问题。而 Gato 期望实现一种能够同时完成多种不同任务的通用能力。

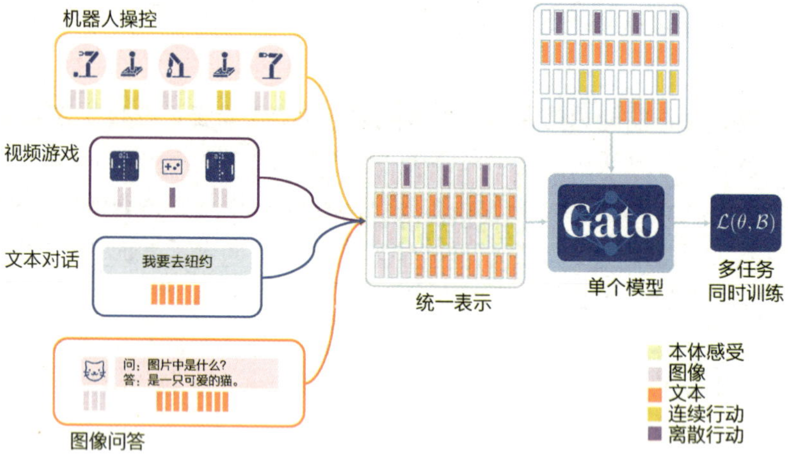

图 1-2　一个通用人工智能的实例[2]

接下来，将从机器学习的视角来分析通用人工智能的特点。传统机器学习（专才系统）通常为特定的任务搜集特定的训练数据，并训练特定的模型，是典型的“不同模型，不同任务”。而 ChatGPT 等通用大模型的典型特点是“一个模型，海量任务”，如图 1-3 所示。通才模型的训练通常分为两个阶段。

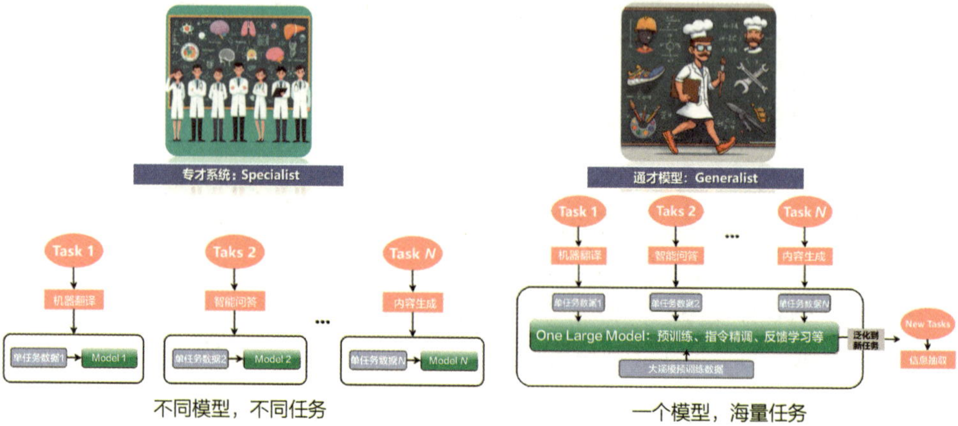

图 1-3　通用人工智能之“专才系统”与“通才模型”

第一个阶段是预训练，基于简单的监督信号（如下一个词预测）对超大规模语料进行学习。这个阶段建立了模型的基本知识或通用知识，是通用人工智能的基础。

第二个阶段是通过指令精调或反馈学习进一步训练。这个阶段通常是多任务训练，即将不同模态、不同类型的任务统一采用指令提示的方式输入模型中，对预训练阶段的基础模型进行增强训练。通过这种方式，模型学习到任务的特定知识，同时，海量任务的共性特征被进一步学习，任务的迁移学习进一步提高了模型解决通用问题的能力。

在反馈学习阶段，通过使用一个奖励模型叠加强化学习过程，使模型不再仅仅优化某个特定任务目标，而是面向一个更加通用的奖励模型进行优化，从而再次提高了模型解决通用问题的能力。

综上所述，从机器学习范式的角度来看，大模型的训练技巧无不指向通用人工智能的实现。基础模型的预训练阶段提供了广泛的知识基础，多任务学习阶段通过指令提示统一各种任务形式，反馈学习阶段进一步优化模型解决通用问题的能力。这些训练技巧共同构成了大模型实现通用人工智能的关键。

1.1.3.2 任务泛化

上文讨论了指令驱动的多任务训练如何提高模型的泛化能力。泛化能力是通用人工智能最典型的特点，即模型能够轻松地泛化到新的问题或任务，即使模型没有针对新问题或任务进行过训练，甚至从未见过相关样本。这在传统机器学习领域通常被称为小样本问题或零样本问题。

通用人工智能的第二个特点是任务泛化。大模型通常具有优异的泛化能力，这种能力是通过指令驱动的训练方式实现的，如图 1-4 所示。这需要具体解决两个问题：首先，要统一模型的输入形式。无论是机器翻译、智能问答，还是图像识别，都采用统一的指令提示方式表示训练数据，并以统一的方式输入模型中；其次，这些任务需要用统一的方式对基础模型进行增强训练，并且任务的数量应达到一定的规模，使模型能从大量任务中总结出共性的规律，从而在遇到未见过的任务时，也能快速地找到相似的任务并进行迁移学习。

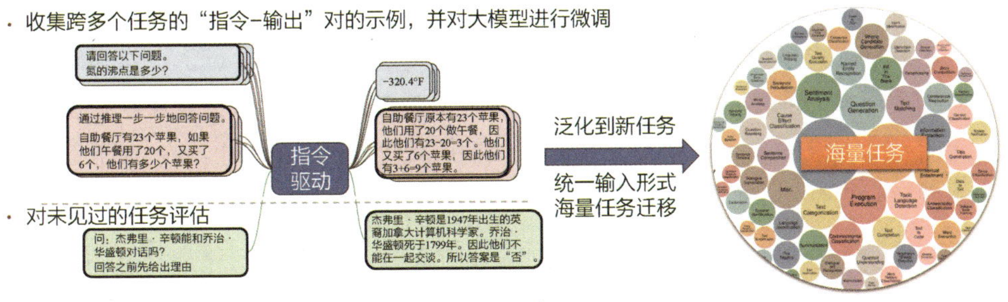

图 1-4 通用人工智能的泛化能力

这种训练方式使大模型在处理新的问题或任务时，能够高效地应用已学知识，展现出强大的泛化能力。这种能力正是通用人工智能的核心所在，使模型不仅能解决训练中遇到的问题，还能应对未曾预见的挑战。

1.1.3.3 知识综合

通用人工智能的第三个特点是知识综合。例如，GPT-4 能够将不同领域的知识进行综合集成，尽管它并未专门利用具有集成特征的数据进行训练。例如，图 1-5 所示的第一个例子，GPT-4 被要求以诗歌的风格来证明一个数学问题，这需要模型将数学和诗歌结合起来；在第二个例子中，GPT-4 被要求利用 LaTeX 代码绘制一幅画，尽管它从未见过这种利用 LaTeX 命令作画的方式。

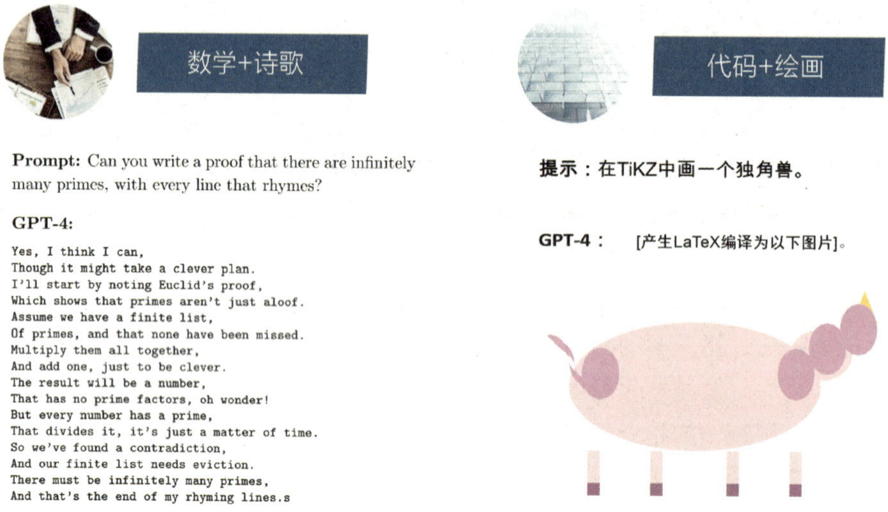

数学+诗歌
Prompt: Can you write a proof that there are infinitely many primes, with every line that rhymes?
GPT-4:
Yes, I think I can,
Though it might take a clever plan.
I'll start by noting Euclid's proof,
Which shows that primes aren't just aloof.
Assume we have a finite list,
Of primes, and that none have been missed.
Multiply them all together,
And add one, just to be clever.
The result will be a number,
That has no prime factors, oh wonder!
But every number has a prime,
That divides it, it's just a matter of time.
So we've found a contradiction,
And our finite list needs eviction.
There must be infinitely many primes,
And that's the end of my rhyming lines.s
代码+绘画
提示：在TiKZ中画一个独角兽。
GPT-4： [产生LaTeX编译为以下图片]。

图 1-5 通用人工智能的知识综合能力

这展示了大模型在基于多个独立领域的数据进行训练的基础上，实现跨领域知识综合集成的能力。这种能力是人类通用创新能力的体现，也是实现通用人工智能的一个关键特征。通用人工智能不仅能够处理单一领域的问题，还能够在多个领域之间进行创造性的融合和应用。

1.1.3.4 多模态

通用人工智能的第四个特点是处理多种模态数据的能力。这类似于人类智能能够同时处理来自眼睛、耳朵、鼻子、舌头和身体等多个感知通道的信号，并将它们整合在一起。此外，人类意识还能将听觉、视觉与记忆或想象中的知识进行匹配和连接，从而形成对客观事物的声音、形状、颜色和特性等方面的认知，并通过综合不同模态的输入做出决策判断。

传统的 AI 模型通常只能处理单一模态的信息，而大模型则具有处理多模态信息的能力。例如，图 1-6 所示的实例要求大模型解答一道物理题。要解答这道题，不仅需要看懂题目的图片，还需要理解题目的文字描述，并综合图文两种模态的信息。

用户

公园内设有一个斜面大滑梯，一位小同学从斜面的顶端由静止开始滑下，其运动可视为匀变速直线运动。已知斜面大滑梯的高度为3米，该同学的质量为30千克，他与大滑梯斜面间的动摩擦因数为0.5。
不计空气阻力，取 $g=10m/s^2$，$sin37°=0.6$，$cos37°=0.8$。求：该同学下滑过程中的加速度大小。

题目的文字描述

题目的图片介绍

GPT-o1

这个问题涉及物理学中的力学知识，可以通过以下步骤来解答。

首先，计算同学下滑过程中受到的重力分量和摩擦力。重力分量可通过公式 $F_g = m \cdot g \cdot \sin\theta$ 计算，其中 m 是质量，g 是重力加速度，θ 是角度。摩擦力可通过公式 $F_f = \mu \cdot m \cdot g \cdot \cos\theta$ 计算，其中 μ 是摩擦因数。接着，根据牛顿第二定律 $F = m \cdot a$，可以求出加速度 a，其中 F 是合外力，m 是质量。

具体计算如下：

$$F_g = 30\,\text{kg} \times 10\text{m/s}^2 \times 0.6 = 180\,\text{N}$$
$$F_f = 0.5 \times 30\,\text{kg} \times 10\text{m/s}^2 \times 0.8 = 120\,\text{N}$$
$$F = F_g - F_f = 180\,\text{N} - 120\,\text{N} = 60\,\text{N}$$

因此，加速度为：

$$a = \frac{F}{m} = \frac{60\,\text{N}}{30\,\text{kg}} = 2\text{m/s}^2$$

综合图文理解完成解答

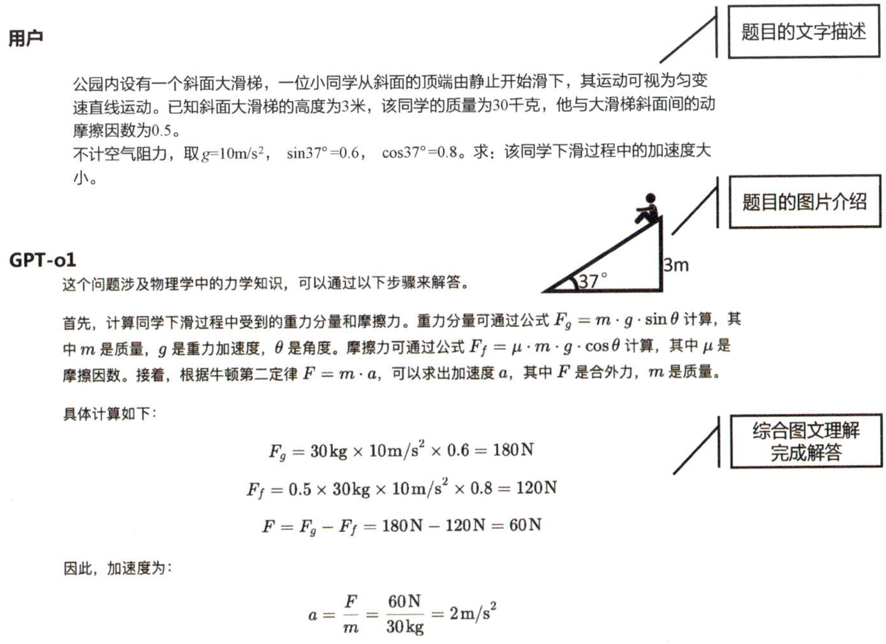

图 1-6　GPT-4 的多模态图文理解能力

能够协同多种模态输入，并综合不同模态的信息进行推理，是通用人工智能的一个关键特征。这种能力使大模型不仅能处理单一模态的数据，还能通过整合多模态的信息，实现更全面和准确的认知和判断。这也是通用人工智能的强大之处，能够在复杂多变的环境中表现出色。

1.1.3.5　共享开放

通用人工智能的第五个特点是共享开放。知识图谱领域有一个名为 OpenKG 的项目，其目的是基于互联网的公共数据构建共享和开放的知识图谱。同样地，现有的大模型在训练时也极度依赖互联网上的共享、开放知识语料，如图 1-7 所示。这些语料通常涵盖通用和常识领域，构成了大模型实现通用人工智能的重要数据基础。可以说，没有互联网数十年的开放知识积累，就不会有 ChatGPT 这样的通用人工智能模型的出现。

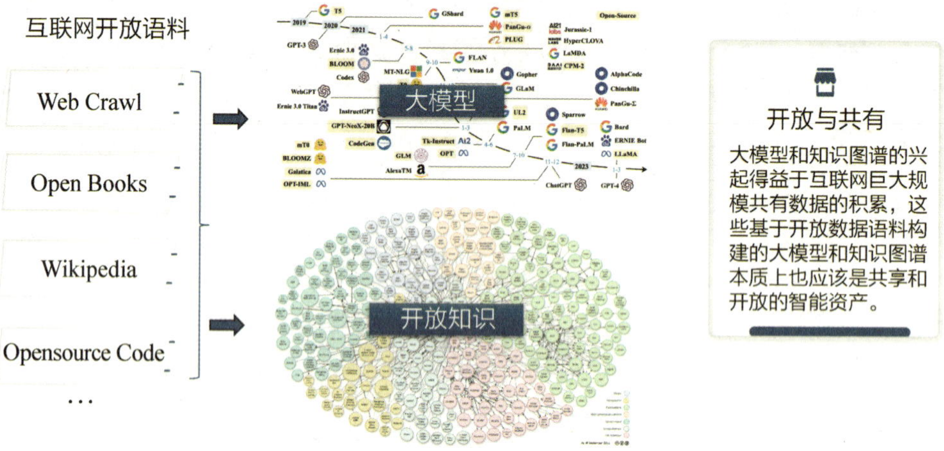

图 1-7　通用人工智能是一种开放智能

由于通用人工智能极度依赖共享和开放的知识语料，因此其学习到的知识也应该是共享和开放的，而非任何公司或团队私有或专有的。这种共享和开放的知识基础不仅推动了通用人工智能的发展，也促进了科技的进步和创新。通过共享的知识资源，通用人工智能能够不断地学习和进化，从而为更多人带来智能化的服务和解决方案。

1.2 大模型的知识力

具有足够覆盖度的世界知识是实现通用人工智能的重要基础。本节首先尝试回答一个问题——什么是知识，然后对比分析不同形式的知识表示方法，最后着重介绍以 ChatGPT 为代表的大模型的知识能力。

1.2.1 什么是知识

下面先探讨一个问题，什么是“知识”。《说文解字》对“知”的解释为“知，智也”，代表智慧和理解力；对“识”的解释为“识，记也”，代表记忆和识别能力。因此，“知识”包含“记忆”和“理解”的双重含义。而维基百科对英文“Knowledge”的定义为“Knowledge is an awareness of facts，a familiarity with individuals and situations，or a practical skill”[3]，指的是人通过观察所习得的关于客观世界的事实、状态、经验和能力等。

最为常见的知识类型被称为**陈述性或描述性知识**（Declarative Knowledge），通常是关于**“是什么”**的知识，主要包括**事实、概念、事件、关系**等类型的知识。例如，“杭州是浙江省的省会”属于事实型知识，“老虎是猫科动物”属于概念型知识，“第 19 届亚运会在杭州举办”属于事件型知识。一个化学分子式如 H_2O 描述的是氢氧原子与水分子的组成关系，属于陈述性知识。爱因斯坦的质能方程 $E = mc^2$ 是一个描述质量和能量关系的物理学公式，这是对物理世界的一种事实性描述，也属于陈述性知识。人们广为所知的知识图谱和本体知识库主要刻画实体、概念及它们的关系，因此表示的也主要是陈述性知识。

另外，一种常见的知识类型是**过程性或程序性知识**（Procedural Knowledge），通常是关于**“怎么做”**的知识，主要包括**技能、流程、规则、策略**等类型的知识。例如，“怎样骑自行车”属于技能型知识；“化学实验的操作流程”属于操作流程知识；传统专家系统中的“疾病诊断知识”通常属于规则型知识；“求解数学问题”多属于策略型知识。过程性知识有时是隐性的，例如“怎样骑自行车”这种技能很难用简单的文字来准确描述。程序设计语言描述的通常就是这类刻画操作和计算步骤的程序性知识。

这两种类型的知识虽然有所区别，但通常不进行严格区分，陈述性知识中也会有过程性的知识描述，而过程性知识也通常包含陈述性知识。比如在一个产生式规则的表示中，其前置条件和结论通常是事实性的描述。

1.2.2　知识的表示形式

计算机领域更关心怎样用计算机易于处理的方式表示知识。自然语言文字事实上是表示知识的最简单、最广泛和最直接的方法。人类的绝大部分知识是以自然语言的形式记录和传承的。由自然语言延伸出来的科学语言则表示了更为精深的科学知识。如用于描述数学模型的数学语言，表述化合物分子及化学方程式的化学语言，表述基因和蛋白质的生命语言等。

这类以人类语言为基础的知识表示方法的典型特点是“符号化”。例如英语以 26 个字母为基础，构建单词、概念、句子和篇章的表示等。蛋白质语言以 20 个代表不同氨基酸的符号为基础，构建蛋白质序列、多级结构表示等。以人类语言为基础的知识表示的最大优势是对人友好，符号表示都是帮助人来阅读和理解的，但缺乏形式逻辑上的约束，所以不利于机器实现推理。

在传统专家系统时代，为了提高符号表示的机器推理能力，知识工程领域发展出众多以形式逻辑为基础的知识表示形式。如用于描述本体概念的描述逻辑，用于描述专家知识的产生式规则等。如下列所示的产生式规则多为启发式、规则形式过程性知识，这种形式的知识通常包含前提和结论，一组规则的组合可以形成一条严格的逻辑推理链，从而支持机器完成精确的逻辑推理。但这类以形式逻辑为基础的知识表示形式的知识获取过程较难，推理过程也较脆弱，不易于泛化，获取知识和实现推理的代价都很高昂。

前提：如果叶子有黑斑且叶子发黄
结论：那么植物可能患了黑斑病
表示：IF 叶子有黑斑 AND 叶子发黄
THEN 植物可能患了黑斑病

在知识图谱时代，发展出以三元组和图结构为基础的知识表示形式。在知识图谱中，一条三元组，如<浙江大学,位于,杭州>表示关于客观世界的一条逻辑陈述，多个三元组首尾相连，就形成了一个描述世界个体及它们关联关系的图谱。知识图谱主要刻画的显然是陈述性、事实性的知识。由于三元组形式的知识相对简单，比较容易通过知识抽取等技术实现自动化的构建，因而相对较容易获取。同时，知识图谱领域又逐步发展出以图谱嵌入和神经网络为基础的推理方法，使推理过程能更好地兼容数据噪声，同时具有更好的泛化性。

程序设计语言也可以用作表示知识，例如面向对象语言可以描述对象属性及它们的运算关系，复杂的数学和物理公式也都可以利用程序语言精确描述。程序语言是符号化的，与形式逻辑在特定约束下可以等价，并且可以方便机器执行。

自然语言、形式逻辑和知识图谱都是以符号为基础的知识表示方法。这类符号表示主要是为人来服务的，便于人理解，对人友好，并非专为机器设计的。更为重要的是，这类符号形式的知识主要依靠人工编码获取。程序设计语言是为机器执行代码设计的，但仍然要依靠人来编码获取知识。本质而言，符号表示记录的都是人脑对客观世界的认知，但无论什么样的符号表示都无法完整而精确地刻画人脑中的知识。例如，人们并非依靠阅读和理解关于自行车的文字描述，而是通过实际操控并积累经验来学会骑车。人脑中很多的知识不是显性的符号所能精准刻画的。

人们最终期望的是机器能自己学习知识。大模型利用神经网络从海量的自然语言文本中学习知识，初步实现了在参数化的神经网络空间对符号化的知识进行操作和处理，发展出了一类全新的知识表示形式——参数化表示。这类参数化知识的典型特点有两个，一个是依靠机器自动学习，另一个是神经网络表示对机器更加友好。尽管大模型学习知识的过程和操控知识的方法仍然面临很多问题和挑战，但相比以人为中心的符号表示方法，以神经网络表示为基础、以机器为中心的世界知识处理方法，具有知识覆盖度高、推理泛化能力强、知识综合能力突出等优势，更能发挥通用人工智能的能力。

下面重点探讨现有大模型中的世界知识。

1.2.3　大模型中的世界知识

1.2.3.1　大模型中的常识知识

前面已经介绍了常识知识是世界知识的一种。常识，简单地说是一种人人都知道的“practical know-how”，与专家知识（如医学知识）不同，它通常是一个人群所共同认可、共同拥有的知识，是可以开放获取的。事实上，常识知识是实现通用人工智能的重要基础。

前面已经谈到像 ChatGPT 这样的大模型是包含常识知识的。例如，GPT-4 要解答图 1-8 左侧所示的问题，那么它必须具备图 1-8 右侧所示的三种知识。这包括书、鸡蛋、笔记本电脑等的实体知识，以及这些实体的基本属性事实知识。例如，它需要知道书和笔记本电脑都是平整的，鸡蛋和瓶子容易破碎，瓶子是圆柱形的，钉子很小、有一个尖头且比较坚硬等。同时，它需要具备一定的空间知识，即书和笔记本电脑需要支撑平面，鸡蛋和瓶子都需要放在平面上，钉子需要放在瓶盖上等。具备这类常识知识是完成问题解答的基础。

在各种大模型服务中，都可以找到很多类似的例子，这些大模型服务都表现出比以前的模型更多的常识性。可以说，这种常识性是大模型最重要的特征，也是通用人工智能最基本的特征。

1.2.3.2　大模型中的科学知识

科学知识比常识知识的专业程度更高。有关大模型的研究也渗透到物理、化学、生物、天文和地理等专业科学领域，催生了 Galactica、SciGLM 和 ChemLLM 等科学大模型。很多常规的大模型评测基准包含科学类知识问题，因此出现了一系列专门用于评测大模型的科学知识能力的基准，如 SciKnowEval、AGIEval、SciQ、ScienceQA、ChemLLMBench、SciBench 和 SciAssess 等。

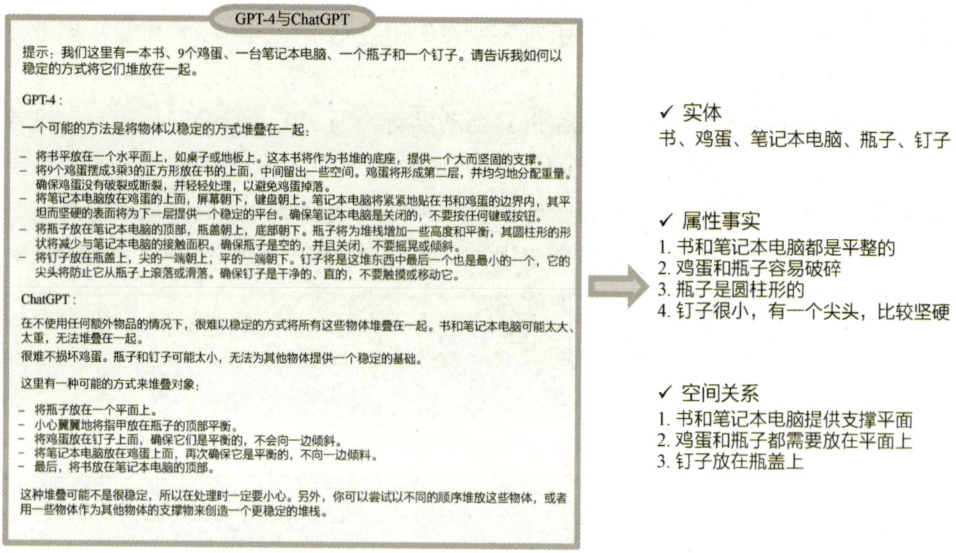

图 1-8　GPT-4 比以前的模型表现出更多的常识性

下面展示了一个 SciKnowEval[4]测评大模型科学知识能力的例子。该例子要求大模型能正确理解蛋白质序列，并依据理解判断该蛋白质序列属于哪些细胞成分。从这个例子可以看到，大模型要回答科学类问题，不仅要处理自然语言文本，还要理解用科学语言和符号表示的蛋白质序列等知识。更复杂的科学知识能力还需要大模型能理解分子的三维结构、蛋白质的动态折叠过程、生物分子之间的交互机制等。这就需要在训练大模型时为模型注入除自然语言文本数据外的各种科学实验数据。当然，当前的大模型在深度理解和处理科学知识方面还是相对欠缺的。

蛋白质属性识别

任务描述： 给出一个问题和四个选项，请选择正确的答案。您的答案应为 A、B、C 或 D。请直接给出答案而不要做任何解释。

用户指令： 蛋白质"PFPLPSPLPIPPPHPAPIPSPAPIPSPAPIPAPN-PHPL"属于哪些细胞成分？

A）puma-bcl-xl 复合体

B）ermes 复合体

C）转录调控复合体

D）细胞外区域

1.2.3.3 大模型中的多模态知识

大模型从自然语言文本中习得知识，并在参数空间对这些知识进行操作和处理。类似地，大模型是否也可以从图片、声音、视频等多模态数据中学习知识，并对其中的知识进行操作和处理呢？如图 1-9 所示，GPT-4V 被要求根据一幅图片解释蒸发和蒸腾的区别。这需要模型能从图片中识别水系、云朵、太阳、土壤，并梳理它们之间的关系。或者说模型需要具备图 1-9 右侧所示的知识图谱，才能正确回答问题。我们无法判断 GPT-4V 是真的理解了这幅图片，并从图片中提取出了关于蒸发和蒸腾的知识，还是它本身就具备这方面的知识。至少从其所表现出的行为来看，GPT-4V 在一定程度上具备识别多模态数据中知识的能力。

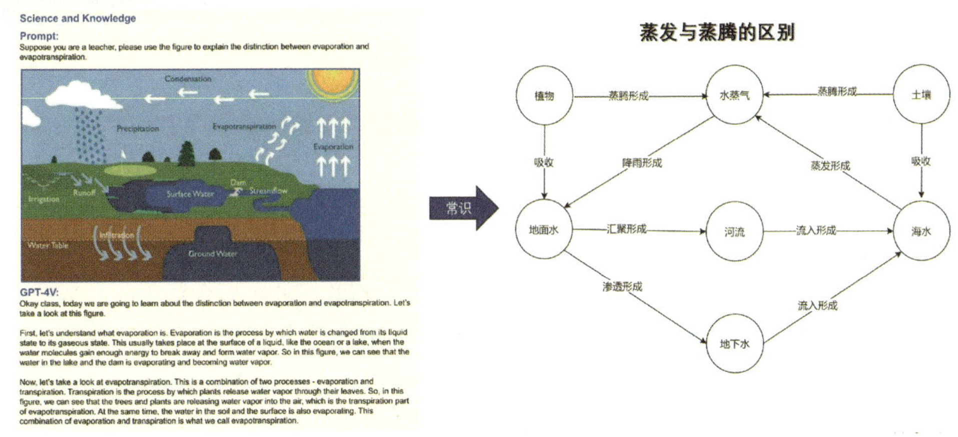

图 1-9 大模型中的多模态知识

1.2.3.4 大模型知识的问题与挑战

大模型在一定程度上解决了从自然语言文本中获取并编码常识知识的问题，但仍然面临很多问题。

1. 知识谬误与幻觉问题

大模型的幻觉问题指的是模型容易生成不符合现实的知识。例如，让 GPT 扩展一个食物链时，它可能会生成“蜜蜂食用珊瑚”“珊瑚食用松果”“松果食用蚂蚁”等荒谬的答案。这些明显错误的知识不会来源于训练语料，而是大模型通过撮合参数从神经网络空间合成编造出来的。就像一个小孩编故事，虽然有创造力，但内容脱离现实。这会导致很难判断大模型输出的知识哪些是真实的，哪些是编造的，从而无法信任它提供的知识。本书的第 7 章、第 8 章将会从大模型知识增强的角度来探讨这个问题。

2. 死记硬背还是举一反三

大模型掌握了大量的常识知识，但一些研究表明，它们很多时候依赖死记硬背，而非深层次的关联推理。例如，“费米问题”需要利用背景知识和合理假设来推断答案，比如“芝加哥有多少位钢琴师？”这个问题没有标准答案，但可以通过估算芝加哥居民数量、拥有钢琴的家庭数、调音师工作量等来推断，大多数大模型可以很好地回答这类问题。但由于这类问题在互联网上有很多现成的答案，大模型给出的答案可能只是检索得到的，而非通过推理过程得出的。如果换成“云栖小镇奶茶一年的销售额”或“天门市一年的电动汽车销售额”等不常见的问题，那么大模型的表现会差很多。这类似于学生做应用题，遇到与例题相似的题目，学生会答得很好，但面对新类型的题目时，可能会束手无策。

3. 脆弱的多跳问答

知识图谱通过显式的语义关联能够比较好地支持多跳的问题和推理，大模型则通过隐式的注意力机制来建立实体之间的关联。这种参数化的关联通常可靠性不够，从而导致大模型在处理例如“《流浪地球》这部电影的原作者的成名作中的主要角色有哪些？”等多跳问答时容易表现得脆弱。很多研究表明，问句所涉及的关联关系越复杂，大模型回答时的幻觉问题就越严重。

4. 复杂的符号运算

许多数学问题的解答涉及复杂的数学符号运算，例如高等数学中的积分和微分运算，尤其是复杂积分函数的二次导数计算，大模型通常不能可靠地给出答案。同样地，在处理复杂的逻辑推理时，大模型也有明显的不足。例如，对于设计一个包含多层因果关系的题目，如“树倒下压坏电线导致停电，进而影响交通灯工作，引发交通事故”，大模型往往只能识别部分环节，而无法准确地描述整个因果链条。

通过这些具体的例子可以看到，大模型在知识关联、推理和处理复杂逻辑方面仍有很大的改进空间。虽然它们在某些任务上表现出色，但在需要综合运用多方面知识进行深度推理时，仍然面临较大的挑战。

1.3 知识图谱与语言模型

本节以知识图谱为例探讨传统符号知识表示和大模型的关系。

1.3.1 知识表示与知识规模

回到经典人工智能所关注的一个核心问题——知识表示（Knowledge Representation）。前文已经多次谈到，语言模型是一种从自然语言文字序列中获取和表示知识的技术。但人脑中的知识显然没有文字序列和图结构那么简单。

在传统符号 AI 的研究中，知识表示的逻辑结构与推理机的推理能力有着密切的关系。简单的词汇或概念组成的自然语言序列通常被认为不利于机器进行推理计算；而具有层次结构、更为复杂的本体结构及规则逻辑的自然语言序列更加有利于实现可靠的机器推理。因此，传统符号 AI 通常把知识表示和推理放在一起进行研究，提出了描述逻辑、Prolog 逻辑编程、框架系统等知识表示方法。即使在基于文本预训练实现的大模型推理时代，这种知识表示的结构化水平与模型推理能力之间的正关联关系仍然存在。

但这些传统符号知识表示研究忽略了一个重要问题，即知识规模与推理能力之间的关系。现代大模型技术印证了获取的知识要达到一定规模，推理能力才能涌现。事实上，知识表示和知识规模是推理能力的两个平衡因素：表示越复杂，知识准确度越高，推理能力越强，知识越难获取，知识的规模也越难做大；反之，表示越简单，例如文字序列，知识的规模和覆盖度就能做得越大，但由于知识的准确度不够，推理能力会受到影响。所以要想增加知识规模，就必须降低表示的复杂度，如图 1-10 所示。

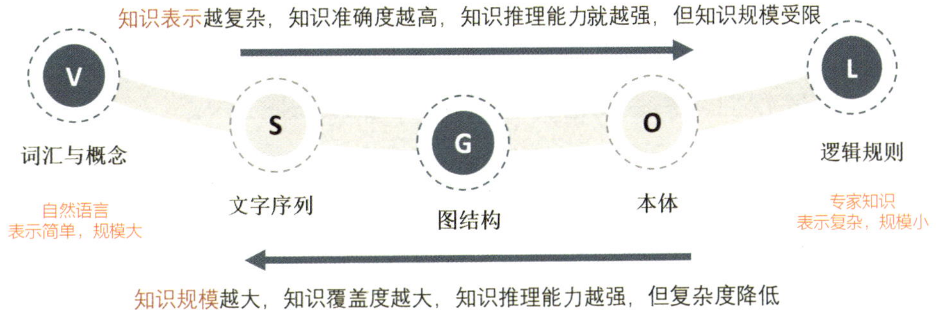

图 1-10 知识表示与知识规模相互矛盾

知识表示与知识规模之间的矛盾正是知识图谱和大模型得以互补，各取所长的本质原因。

1.3.2 为什么仍然需要符号知识图谱

符号系统的优势是精确可靠，这对于很多严肃和更加严谨的应用场景至关重要。在科学计算、工程设计和金融分析等需要高精确度和可靠性的领域，符号系统能提供准确且可验证的结果。符号知识图谱能够确保数据的准确性和一致性，减少误差和不确定性，这在安全、法律和医疗等领域中尤为关键。在这些场景下，符号系统的精确性是大模型无法完全替代的。

符号系统可解释，对人类更加友好，很多场景无须将显式的符号表示转化为神经网络表示并全部融入大模型中。符号系统具有良好的可解释性，使人们能够直观理解和操作数据。这对于教育、研究和日常工作中需要透明度和可追溯性的应用场景尤为重要。将符号表示转化为神经网络表示，反而可能丧失一些易于理解和操作的特性。

大量的遗留系统基于符号表示构建，利用大模型增强符号系统具有实际意义。许多现有的企业和机构系统是基于符号表示构建的，它们承载了大量历史数据和业务逻辑。通过引入大模型来增强符号系统，可以在保留现有符号系统优势的同时，利用大模型的强大能力提高系统的智能化水平。这种神经符号集成的方式，可以更好地发挥传统符号系统的优势。

未来的智能系统必定是神经符号集成系统。神经网络和符号系统各自有其独特的优势，前者在处理复杂、非结构化数据方面表现出色，后者在精确性和可解释性方面具有不可替代的优势。未来的智能系统将是这二者的结合，通过集成神经网络的学习能力和符号系统的逻辑推理能力，构建更加智能、可靠和灵活的系统。

1.3.3 语言模型与知识图谱都是表示和处理知识的手段

自然语言以文字序列的方式表示知识，而知识图谱利用图结构描述世界万物之间的关系，代表一类结构化的知识表示方法。知识图谱既包含自然的文字语义，也包含结构化的关联关系。典型结构表示包括层次结构（如概念图谱）、关联结构（如实体关系图谱）、时序结构（如事理图谱）、逻辑结构（如逻辑规则）等。知识图谱接近自然语言、接近人脑认知、易于扩展增加、易于神经网络化。

语言不等于知识，语言是表达知识的载体。事实上，语言模型和知识图谱都是用来表示和处理知识的人工智能技术手段。如图 1-11 所示，知识图谱是显式的符号化的知识表示手段，通常通过从自然语言文本中抽取来获取显式的知识。

而语言模型是一种神经表示方法，本质上是对自然语言的一种神经网络压缩表示。知识图谱表示的知识没有幻觉，关联性更好，支持更加可控、可靠的推理，同时对人类友好，可解释性更好。语言模型知识的覆盖面更广，任务泛化能力更强，神经网络化的表示方法也更加利于机器处理，因而处理知识的效率也更高。

本书将会介绍多种利用知识图谱来增强大模型的方法。

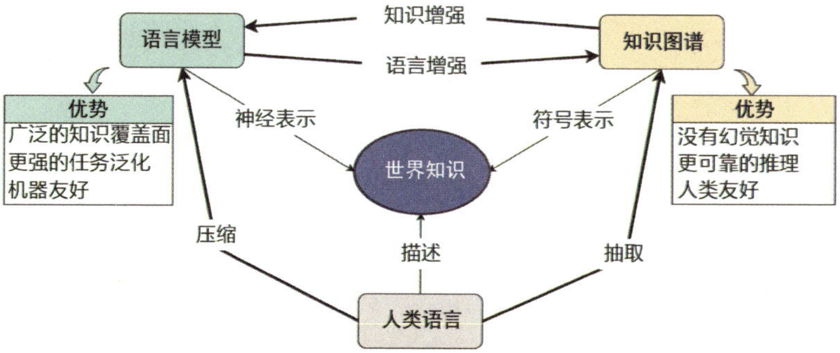

图 1-11　知识图谱和语言模型都是表示和处理知识的手段

1.4 大模型知识增强

本书围绕利用符号知识增强大模型表示和处理知识的能力展开。通过对大模型进行知识增强，不仅可以提高其推理能力和解决问题的效率，还能提高其在特定任务中的表现。本节将对大模型知识增强的主要方法以及整本书的结构进行全面的介绍。

1.4.1 大模型知识增强的分类

大模型知识增强可以按阶段划分为预训练阶段增强、SFT 精调阶段增强、ICL 交互阶段增强、RLHF 对齐阶段增强等；按功能划分为检索增强、查询增强、推理增强、多模态增强、工具增强、智能体增强等；按问题划分为幻觉问题、推理问题、可控问题、效率问题等。下面从以上三个方面探讨大模型知识增强的重要性和实现方法，如图 1-12 所示。

1.4.1.1 针对不同阶段的大模型知识增强

知识增强可以用于不同的训练阶段，在每个阶段都有其独特的方法和目标。在预训练阶段，知识增强通过外部结构引导和内部重结构化来提高模型理解结构化知识的能力（第 2 章）。例如，可以在预训练阶段引入外部知识图谱，也可以通过增加文本语料的元数据描述来提高语料自身的结构性，从而达到优化模型推理能力的目的。

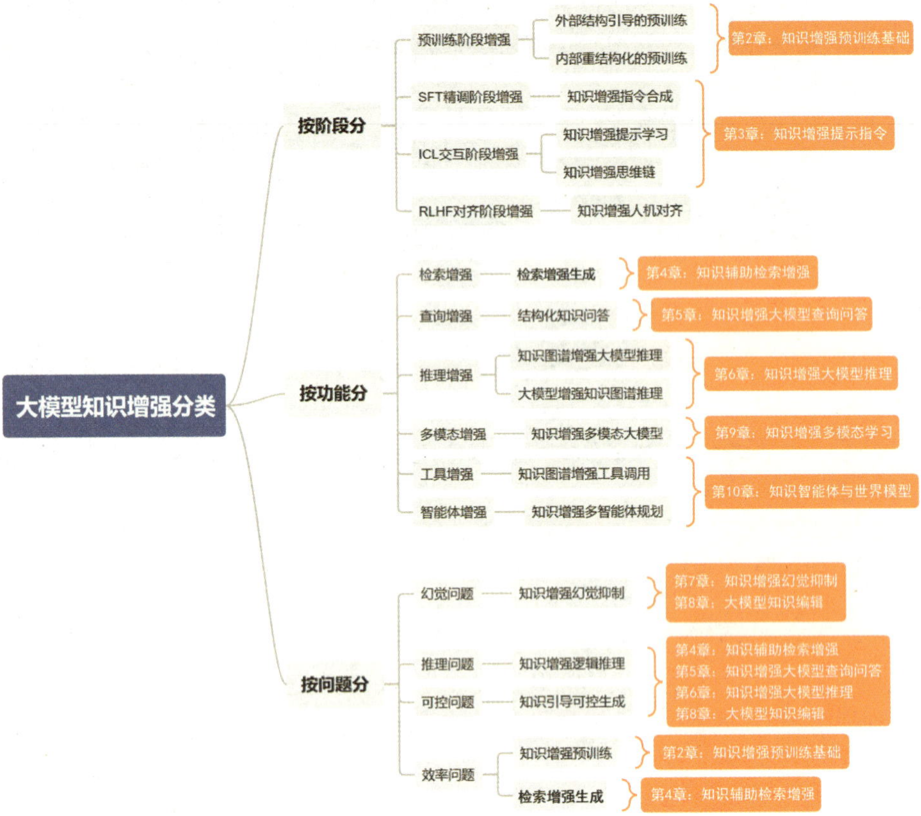

图 1-12　大模型知识增强的典型分类

在 SFT 精调阶段，知识图谱一方面可以直接用于增强提示学习或指令学习的过程，另一方面可以用来辅助高质量数据集的合成（第 3 章）。利用知识图谱本身具有的结构性、关联性和正确性来引导构建内在逻辑性更强的指令数据集，可以提高模型精调的效果。

在 ICL 交互阶段，外部知识可用来增强提示工程，如通过知识图谱引导思维链的构建，辅助用户自动化构建逻辑性更强的思维链，从而引导模型做出更好的回答（第 3 章）。

在 RLFH 对齐阶段，知识增强通过人机对齐，确保模型的回答更符合人类预期和需求。这个阶段可以利用外部知识图谱来指导奖励模型的学习过程。

1.4.1.2 针对不同问题的知识增强

针对大模型面临的不同问题，知识增强可以分为多种策略。对于幻觉问题，知识增强通过外部知识库辅助对幻觉回答进行检测和甄别（第 7 章），知识增强也被用于辅助对大模型中的错误知识进行修改和编辑（第 8 章）。

对于推理能力不足问题，则通过增强推理链路的方式帮助模型更好地处理复杂推理任务。这个过程涉及通过外部知识图谱来引导多步骤问答和逻辑关系推理的识别与处理（第 5 章），通过引入传统符号逻辑推理方法和多层次推理框架，改善模型在复杂推理任务中的表现（第 6 章）。

对于可控问题，知识增强通过知识引导来控制生成过程，提高模型输出的可控性和一致性。这包括利用符号知识辅助设定明确的生成规则和控制参数，使模型在生成文本时能够保持一致性和可预测性，避免出现不合逻辑或不相关的回答（第 4 章、第 6 章、第 8 章）。

对于效率问题，一方面，结构化训练语料是相对质量更高的训练语料（第 2 章），有助于大模型更高效地掌握相关知识，另一方面，检索增强生成方法也通过外部知识库的独立构建减少了模型训练消耗（第 4 章）。

1.4.1.3 针对不同功能的知识增强

知识增强的目标不仅在于解决问题，还在于提高大模型的功能性。检索增强生成使模型能够更有效地检索和应用外部知识，而在这个阶段引入知识图谱后构建能力更强的 KG-RAG，有助于引入更好的检索算法和索引结构，从而优化知识检索的准确性和效率，使模型能够快速找到并应用相关知识（第 4 章）。

查询增强提高了模型处理结构化知识查询的能力，通过优化从自然语言到结构化查询的解析过程，以及增强知识匹配机制，模型能够准确理解和回答复杂的查询请求（第 5 章）。

推理增强可以帮助模型在复杂的推理任务中表现更好，这包括引入推理图谱和多层次推理框架，使模型能够在多步骤推理中保持逻辑一致性和准确性（第 6 章）。

多模态增强扩展了模型处理多种形式的数据的能力，通过结合文本、图像、音频等数据形式，利用外部知识图谱增强模型的综合理解和应用多模态数据的能力，使其能够在多模态任务中表现出色（第 9 章）。

工具增强和智能体增强分别用于提高模型在工具调用和多智能体协作中的应

用水平。工具增强通过集成各种应用工具和接口，使模型能够直接调用和使用这些工具完成任务。智能体增强通过优化多智能体协作机制，提高模型在复杂任务中的协作和协调能力，最终实现知识增强在大模型中的全面应用和智能化扩展（第 10 章）。

1.4.2 大模型知识增强的典型方法及核心概念

本书详细探讨了各种知识增强技术，旨在帮助读者深入理解大模型在不同阶段和应用场景中的知识增强方法。以下是本书涉及的主要知识增强的概念，读者可以对照阅读和理解。

- 预训练增强：在预训练阶段进行知识注入，将在第 2 章重点介绍，主要从传统的知识注入的预训练和结构增强的预训练两个方面进行介绍。
- 提示学习增强：在提示学习过程中注入外部知识，将在第 3 章重点介绍，主要介绍知识增强提示模板、知识增强标签词集构建等方法。
- 结构化思维链：通过结构化的思维拓扑，如思维链、思维树、思维图等方法来引导模型进行结构化的思维推导过程，将在第 3 章重点介绍。
- 知识图谱思维链：通过一个外部知识图谱辅助构建思维路径，从而引导模型更好地完成多步问答和推理过程，将在第 3 章重点介绍。
- 符号逻辑思维链：通过符号逻辑规则来引导大模型完成复杂的逻辑推理过程，将在第 6 章中介绍。
- 指令合成增强：通过知识图谱来引导指令数据集的构建与合成，辅助构建逻辑结构更丰富的指令，将在第 3 章介绍。
- 检索增强生成：利用外部知识图谱或知识抽取技术增强检索生成过程，从而构建 KG—RAG，将在第 4 章介绍。
- 查询问答增强：对大模型理解复杂问句的能力进行增强，涉及引导模型完成从自然语言问句到复杂逻辑查询的解析和翻译，将在第 5 章介绍。
- 模型推理增强：通过集成大模型和知识图谱各自的推理能力，实现扩展性更好、更加可靠的知识推理，将在第 6 章介绍。
- 幻觉检测增强：利用外部知识库辅助大模型进行幻觉回答的检测，将在第 7 章介绍。
- 知识编辑：在参数化的空间对大模型中出现的错误知识进行修改、新增和删除等操作，将在第 8 章介绍。

- 多模态增强：利用外部知识对图片、视频等多种模态的数据处理进行增强，将在第 9 章介绍。
- 知识智能体：对智能体进行工具调用、任务规划及多智能体协同进行增强，将在第 10 章介绍。

通过对这些知识增强技术的系统整理和介绍，本书提供了全面的知识增强方法论。无论是在预训练阶段注入知识，还是在提示学习过程中增强提示，抑或是通过知识图谱和符号逻辑进行复杂推理，这些技术都展现了各自的重要性。希望读者能够通过本书，深入理解和应用这些知识增强方法，为大模型的开发和优化提供有力的支持。

1.5 本章小结

有效地表示和处理世界知识一直是人工智能的核心目标之一。以 ChatGPT 为代表的大模型技术的崛起，标志着人工智能在这方面的巨大进步。这些模型通过大量自然语言序列形式的数据训练，掌握了复杂的语言模式，并具备上下文理解能力，同时初步具备了处理语言表示形式知识，特别是常识知识的能力。这类常识知识的处理能力是实现通用人工智能的重要基础。

语言和知识实际上是密不可分的，大模型和知识图谱的技术优势为 AI 领域的知识处理提供了更全面、可靠和可控的途径。大模型在自然语言处理任务中表现出色，但在处理复杂逻辑和结构化知识方面存在局限性。而知识图谱通过节点和边的形式表示实体及其关系，在更为精确地刻画逻辑性更强、语义结构更复杂的知识表示和推理任务中表现优异。

结构比序列包含更多的知识信号，若要更好地提升大模型的能力，则需要设计出能表示和处理更复杂知识结构的新架构。当因为简单性和规模扩展等方面的要求而无法继续改进模型架构时，改进数据的表示变得尤为重要。高质量、结构化的训练数据可以显著提升模型的能力和可靠性，通过规范化数据表示和高质量的数据标注，可以在不增加模型规模的情况下，提升模型的表现。此外，神经网络永远不可靠，精确和可解释性也是传统符号表示的天然优势，克服幻觉等可靠性问题仍然需要符号知识的帮助。

“知识规模”与“知识表示”对提升大模型的能力同等重要，未来的大模型实践应坚持规模与表示并重，特别是在算力资源受限的情况下。依靠扩大规模来提升大模型能力的效果将逐步达到极限，应该关注通过增强数据的表示，以及改善训练语料的规范性、逻辑性和结构性来提升模型能力。

人类知识高度复杂，描述客观世界时更多采用多样化的结构化手段。因此，未来需要发展能够处理各种知识表示结构的大型知识模型。这种模型应结合语言模型的语言处理能力和传统符号知识的结构化表示能力，全面提升 AI 的知识处理和推理能力，为通用人工智能的实现奠定更为坚实的基础。

第 2 章

CHAPTER 2

知识增强预训练基础

本章首先概览性地介绍预训练语言模型的基本概念和关键技术。然后从知识增强词向量出发，分别介绍了多种形式的知识注入预训练语言模型的方法，包括输入层注入的数据增强方法、架构层注入的模型增强方法、目标层注入的多任务学习方法。其次从知识注入转换为“结构增强”的视角，分别介绍了外部结构引导的预训练和内部重结构化的预训练的实践思路，以及多种提高训练语料结构化表示的知识增强方法。最后介绍了电信、电商、AI for Science 等应用领域的相关技术思路的具体应用与实践。

2.1 知识增强预训练概述

知识图谱既包含文字形式的知识语义，也包含关联形式的图谱结构。第 1 章探讨了数据的表示与大模型推理能力的关系，如果把“知识”简单地表述为“逻辑性更强的数据表示”，把“图谱”表述为“结构性更强的数据表示”，则可以分别从“知识增强”和“结构增强”两个视角来探讨怎样通过增强数据的表示来提高大模型的各种能力。

越来越多的研究表明，无论是在预训练阶段还是在指令提示阶段，提高大模型语料的结构性、语义规范性和逻辑性均有助于增强模型的推理能力。例如，思维链（Chain of Thought，CoT）[5]是指一类描述思维过程的指令提示，比起简单的文本提示，思维链提示包含更多的逻辑关联性描述，因而更有利于提高模型的推理能力。研究表明，在模型规模到达一定程度时才能较好地诱发思维链的推理能力，这可以解释为更大规模的模型蕴含更多用于推理的隐式知识，而这些知识的激活则需要逻辑性更强的提示。

代码语言比自然语言结构化更强，同时包含大量的运算逻辑，更有利于激活模型的推理能力。一项探究代码思维链（Program of Thoughts）与模型的推理能力之间的关联关系的研究也进一步印证了这点[6]。代码思维链是指直接以代码来描述一个思维过程的思维链。该工作首先定义了一些衡量代码结构性和逻辑性的指标，以此来衡量不同形式代码中的结构性知识和运算逻辑的丰富程度或复杂程度。例如，一个包含复杂循环逻辑的代码比简单的变量赋值包含更丰富的运算逻辑，因此其结构性和逻辑性得分更高。然后把这些逻辑性、结构性层次不同的代码作为指令提示来驱动模型的学习和问答，并对其推理结论的正确率进行分析。在多个测试数据集上的实验分析表明，结构性和逻辑性更强的代码提示更加有助于激活模型的推理能力。

大模型以词序列为基本输入逐步建立推理能力，但词一级的语义理解对于处理复杂的逻辑推理是不够的。就好比人类学习，仅仅记住词根和单词是不够的，还需要基于词形成概念，进而形成对万物实体的记忆，再基于对它们之间复杂关系的归纳和总结形成更为高级的知识结构。人脑深层次的推理不是在词这一级完成的。同样地，我们期望模型也能从词出发，将词组合成概念，进一步将概念抽象化，形成概念的层次体系。此外，我们也期望模型能在概念和实体层面，而不是仅仅在词这个层面进行语义推理，厘清概念和实体之间的关系，进而建立事实之间的关联逻辑。这需要模型逐级建立起词的表示、概念的表示、实体的表示，乃至关系、事理和逻辑等表示体系。

那怎样增强大模型的这种逐步加深的表示抽象能力呢？传统的思维链及代码中的知识和结构的表示仍然是浅层次的，但已经能够提高大模型的推理能力。可以预见，如果进一步采用逻辑性更强、结构化层次更高的数据表示，例如知识图谱，则可以更好地增强模型的能力。针对文本的预训练模型主要捕获的还是词之间的共现关系，在一定程度上能够捕获一些浅层的语义。但是知识层的推理逻辑是复杂的，仅仅依靠词的共现规律来捕获这些复杂的推理逻辑是十分困难的。因此，有越来越多的研究工作关注怎样把知识图谱和语言预训练模型结合起来，将知识图谱植入语言预训练模型，以提高预训练模型处理复杂问题的能力。这是本章重点关注的内容。

本章的后续内容将简要介绍预训练语言模型的背景，为初学者理解本章内容提供一些基础知识。接下来系统地分析多种将以符号知识图谱为代表的外部知识注入语言模型的思路和方法。特别强调知识注入并非总是有效的，并深入分析影响知识注入效果的各种因素。在此基础上，还探讨了与知识增强非常相近的一个概念——结构增强。知识增强与结构增强的含义相似，但各有侧重。知识增强更多强调词语义、概念本体、实体关系、逻辑规则的表示，有时也包含逻辑性更强的文本型知识。带有图结构表示的知识增强也是结构增强，而包含语义的结构增强也是知识增强。本书将知识增强与结构增强作为近义词，但分开介绍。

本章的最后，将分别从电信、电商、AI for Science 等应用领域的实践角度出发，介绍相关知识注入思想的实际应用。

2.2 预训练语言模型

由于本书探讨的是利用知识来增强语言模型，因此先概括地介绍预训练语言模型，对此部分熟悉的读者可以跳过。限于篇幅，本章仅做概念性的介绍，主要是为读者理解本书内容提供一些背景知识，不熟悉的读者可进一步查阅其他文献。

2.2.1 语言模型

语言模型（Language Model，LM）是一个历史悠久的研究领域，主要目标是建模自然语言的概率分布。例如，给定词汇表 V 上的语言模型，期望建模某个句子或词汇序列出现的概率。例如，P(“知识图谱”)代表“知识图谱”这四个字按顺序出现的概率。根据语料统计规律，它比这四个字按逆序“谱图识知”出现的概率要大。可以使用简单的条件概率链式法则来建模这种概率。例如

$$P(w_1w_2\cdots w_m)=P(w_1)P(w_2\mid w_1)P(w_3\mid w_1w_2)\cdots P(w_m\mid w_1w_2\cdots w_{m-1})$$

因此，可以将一句话成立的概率视为一个递归生成的过程。首先生成第一个词，然后基于第一个词生成第二个词，依次类推，计算出整句话出现的概率。如果给定一个语料库，那么可以通过统计语料库中所有句子中的词汇序列出现的规律来建立一个概率模型，进而利用该概率模型来估计一个新句子可能成立的概率。具体内容可以参考有关统计语言模型的书籍，这里不展开介绍。

2.2.2 词向量与分布式语义表示

怎样表示一个词的语义，并可以基于这种词表示来对句子的语义进行计算，进而让机器理解整句话？更进一步地，期望基于这种语义表示来建模人脑中的概念、关系乃至复杂的逻辑规则等人类知识，进而基于这种知识表示来实现逻辑推理。

显然，词表示是一切的基础。最简单的词表示是它的符号表示本身，例如，“知识图谱”这个字符串本身就是一种表示。符号表示是一种离散的表示方法，但词的语义并非离散的。事实上，一个词的含义很难被精确定义，或者说它是连续变化的，如图 2-1 所示。例如对于“徒”字，起初的词义是“空的，没有凭借的”，逐步引申变化为“步行”，再引申为“步兵”“徒党、同伙”等。

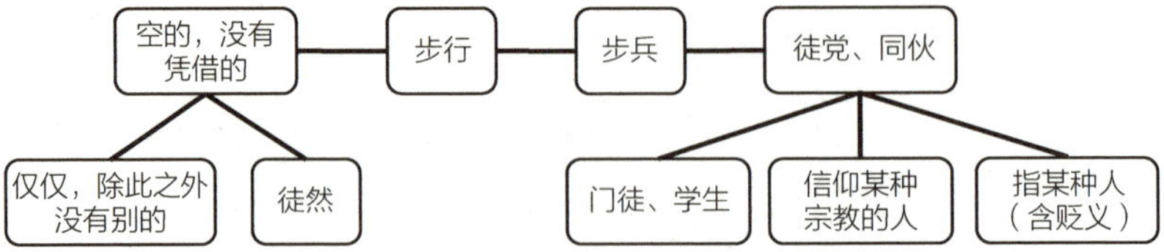

图 2-1 词的语义连续变化，难以被精确定义

这里并不想陷入对语言学的探讨，而更多从计算的视角探讨一个问题：词的语义到底是由什么决定的？有一种观点是，词的语义可以由它的上下文来确定[7]。人在运用语言时，其实并不能记住每个词的精确定义，大脑里面也没有什么精确定义的词典，而是更多地类比一个词出现的上下文来理解这个词的语

义，这就是所谓的分布式语义表示（Distributed Semantic Representation），即一个词的语义是由所有出现该词的句子共同决定的，这组句子也被称为该词的分布式上下文。

既然词的语义是连续变化的，要更好地刻画词的语义就可能需要一种连续的表示方法。词向量或词嵌入（Word Embedding）正是这样一种连续的表示方法。如图 2-2 所示，可以为“国王”“女王”“苹果”“香蕉”等词学习一种向量表示。简明起见，示例中的向量被简化为低维向量，实际应用中的向量维度通常更高（如 100 维或 300 维）。这种向量通常是通过大量语料库训练得到的低维度而稠密的向量，期望其中的每个维度都能代表该词语义的某个方面，且能捕获语义关系。例如，通过计算向量之间的距离或进行向量运算，可以发现 king − man + woman ≈ queen 的语义关系。如果使用主成分分析（Principal Components Analysis，PCA）将词向量降维到二维空间，那么还可以观察到不同单词之间的相对位置和关系，如与水果相关的词的位置都比较接近。

- 国王[king] : [0.5, 0.8, 0.3, 0.7]
- 女王[queen] : [0.4, 0.9, 0.2, 0.6]
- 男人[man] : [0.6, 0.4, 0.8, 0.5]
- 女人[woman] : [0.5, 0.5, 0.7, 0.6]
- 苹果[apple] : [0.1, 0.2, 0.3, 0.4]
- 香蕉[banana] : [0.2, 0.1, 0.4, 0.3]
- 水果[fruit] : [0.3, 0.3, 0.2, 0.5]
- 电脑[computer] : [0.6, 0.1, 0.7, 0.2]

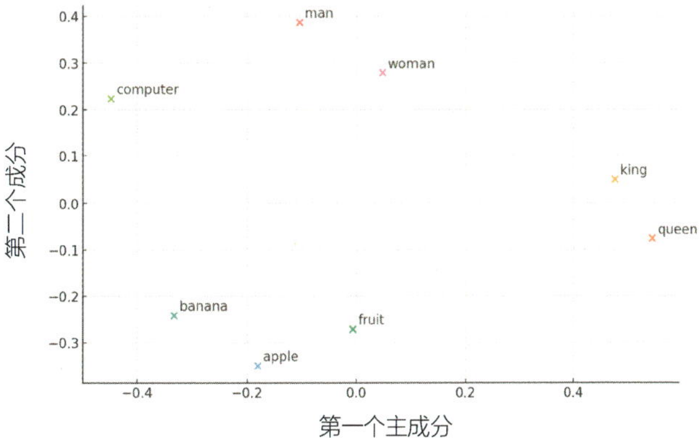

图 2-2　词的向量表示

接下来的问题是怎样学习获得这样的向量？答案是词的上下文。前面已经谈到，词的语义是由所有出现过该词的句子共同作为上下文决定的。而语言模型本质上正是利用由词序构成的上下文来建模一句话成立的概率，因此，可以用语言模型来学习词向量。例如，典型的神经语言模型（Neural Language Model）的学习过程很简单：随机初始化词向量，然后将所有出现过该词的句子作为上下文语料进行训练，并迭代更新词向量中的参数。依据语言模型的原理，给定训练语句，用前 n 个词来预测下一个词出现的概率，即 Next Token Prediction。每轮迭代都对词向量中的参数进行更新，而更新优化的方向正是让这些句子成立的概率最大化。最终，为词典中的每个词获得一个向量表示，这些词向量整体让训练语料中的所有句子出现的概率最大。

本质上，语言模型将词的先后顺序和共现规律作为监督信号来训练模型。除了常规的“预测下一个词”，也可以用一个词的前几个词和后几个词来预测中间词作为监督信号，这就是传统的 Word2Vector[7]的 CBoW（Continuous Bag of Words）模型，或者利用中间词来预测前后的几个词，即 SKIP-Gram 模型，如图 2-3 所示。

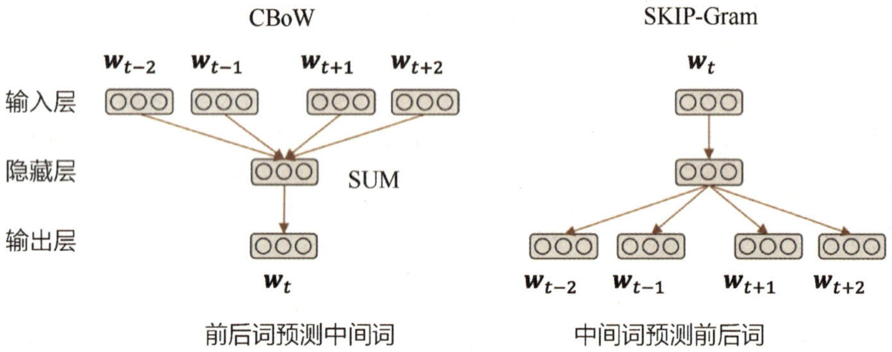

图 2-3　利用词的上下文学习词的向量表示

2.2.3　注意力机制：增强词的交互关系

前文多次谈到词的语义是由它与其他词之间的全部关系（如顺序关系、共现关系等）共同决定的，这是词的分布式向量表示的本质，它的提出也是当今大模型成功的重要原因之一。这有点儿类似于社会学领域的一句话：“人的本质是一切社会关系的总和”。知识图谱领域也会基于实体在图谱中的全部三元组关系来学习该实体的嵌入表示（Embedding），即 KG Embedding[8]。也可以这样表述：在一个知识图谱中，实体的表示是由它与其他实体之间的全部关系共同决定的。

既然词的语义取决于词之间的交互关系，那么好的词表示学习机制应该更多地挖掘潜在的交互关系。注意力（Attention）机制正是增强这类交互关系学习的方法，它的基本思想是：让模型自主学习并聚焦于那些重要的信息，忽略不重要的信息。这里简要介绍语言模型中用到的自注意力机制。如图 2-4 所示，自注意力机制包含 $\boldsymbol{Q}$（Query）、$\boldsymbol{K}$（Key）、$\boldsymbol{V}$（Value）三个模块，每个模块都是一个词向量。$\boldsymbol{Q}$ 代表查询向量，$\boldsymbol{K}$ 用于计算与 $\boldsymbol{Q}$ 的关系权重，$\boldsymbol{V}$ 用于加权求和。具体来说，第一步，给定查询向量 $\boldsymbol{Q}$，如“人”，用 $\boldsymbol{Q}$ 与所有的 $\boldsymbol{K}$ 向量（如“的”“本”

“质”）做点乘，计算相似度。第二步，将得到的相似度进行归一化操作，生成关系权重 a_i，表示第 i 个词对于 $\boldsymbol{Q}$ 向量的重要性程度。第三步，利用关系权重 a_i 对 $\boldsymbol{V}$ 中的所有向量进行加权求和，得到 $\boldsymbol{Q}$ 的新向量表示 $\boldsymbol{a}$。这个新的向量表示充分考虑了其他词对 $\boldsymbol{Q}$ 的重要性。

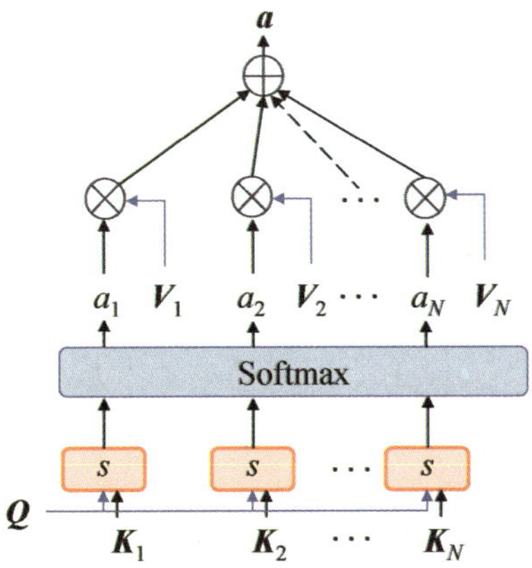

图 2-4　自注意力机制增强词的上下文学习

相比于简单地利用词的上下文关系来学习词表示，注意力机制能够显著增强词之间的交互关系，将与某个词关系更加密切、更加重要的词挑选出来，从而更准确地刻画词的语义。大模型的基础架构 Transformer 本质上就是多个自注意力机制模型的叠加。

2.2.4　预训练语言模型

预训练思想实际上来源于图像领域，它本质是一种用于缓解训练资源匮乏问题的迁移学习思想。它把模型训练分为两个阶段：预训练阶段多基于训练语料丰富的简单任务，以获得模型的初始参数；微调阶段利用语料相对匮乏的下游任务对参数进行定向微调，以获得特定任务上的调优。实际上，Word2Vec 获得的词向量已经是预训练的思想了：既然每个训练好的词向量都能代表这个词的语义，那么自然可以基于语言模型预先训练好所有的词向量，进一步完成下游任务。

ELMO（Embeddings from Language Models）[9]是更加明晰的预训练思想，最初被提出是为了解决一词多义的问题。Word2Vec 等早期词嵌入模型完全依靠词的上下文学习词表示，对于一个词有多种含义的情况，往往难以准确区分其不同的语义。例如对于 Bank，尽管它的两个含义“银行”和“河堤”上下文环境不同，但是在用语言模型训练时，无论什么上下文的句子都经过 Word2Vec，导致这两个含义指向同一个词向量。ELMO 的本质思想是：第一阶段利用语言模型进行预训练获得初始表示，第二阶段从预训练网络中提取对应单词的网络各层表示作为新特征补充到下游任务中。由于在下游任务中使用了预训练阶段各层的参数，而非单一的词向量，因此下游任务可以根据当前的上下文对词表示进行动态调整，从而解决了一词多义的问题。

BERT（Bidirectional Encoder Representations from Transformers）[10]是更为全面的预训练架构。BERT 首先统一了下游任务的输入和输出形式，将下游微调任务分为四类，分别是“句对分类”，如给定两个句子，判断它们的逻辑蕴含关系；“单句分类”，如判断情感类别；以及“文本问答”和“序列标注”。统一任务的输入和输出形式对于后期大模型的发展，特别是指令驱动的有监督精调等非常重要。因为，通用人工智能的核心特点之一就是一个模型能完成所有任务。可以想象，一个通用人工智能机器人在接受人类任务指令时，其输入和输出形式应该是统一的。关于这点，将在第 3 章介绍提示学习和指令精调时展开论述。当然，BERT 还有很多其他特点，例如掩码预测（Mask Prediction）、下一句预测（Next Sentence Prediction）、位置编码和分割编码等，这里不展开介绍。这里着重介绍 BERT 采用的 Transformer[11]特征提取器。前面已经谈到，Transformer 是多个自注意力机制模型的叠加。如图 2-5 所示，Transformer 通常由编码器和解码器组成，二者都由多层网络组成，每层包含多头注意力模块（可简单理解为多个并列的自注意力模块，用于计算输入词的交互注意力关系）、用于输入的前馈神经网络，以及残差及归一化模块。其中，编码器的输出作为自注意力机制中的 $\boldsymbol{K}$ 和 $\boldsymbol{V}$ 模块输入解码器中，而解码器的输入作为 $\boldsymbol{Q}$，再与这些 $\boldsymbol{K}$、$\boldsymbol{V}$ 模块进行注意力计算。以句子翻译为例，可以看到，通过这种方式，作为编码器的输出与作为解码器的输入进行了充分的交互学习，从而增强了翻译输出效果。

GPT（Generative Pre-Trained Transformer）[12]是 OpenAI 与 BERT 同期提出的语言模型预训练架构。与 BERT 一样，GPT 也采用 Transformer 作为特征提取器，但仅使用了解码器模块。此外，GPT 也要求下游任务采用统一的输入方式，并完全适配 GPT 自身的神经网络架构，这点也和 BERT 基本一样，是以实现统一输入、统一架构的通用人工智能为目标的。GPT 是 OpenAI 于 2022 年推出的 ChatGPT 的基础，将在下一节进一步介绍。

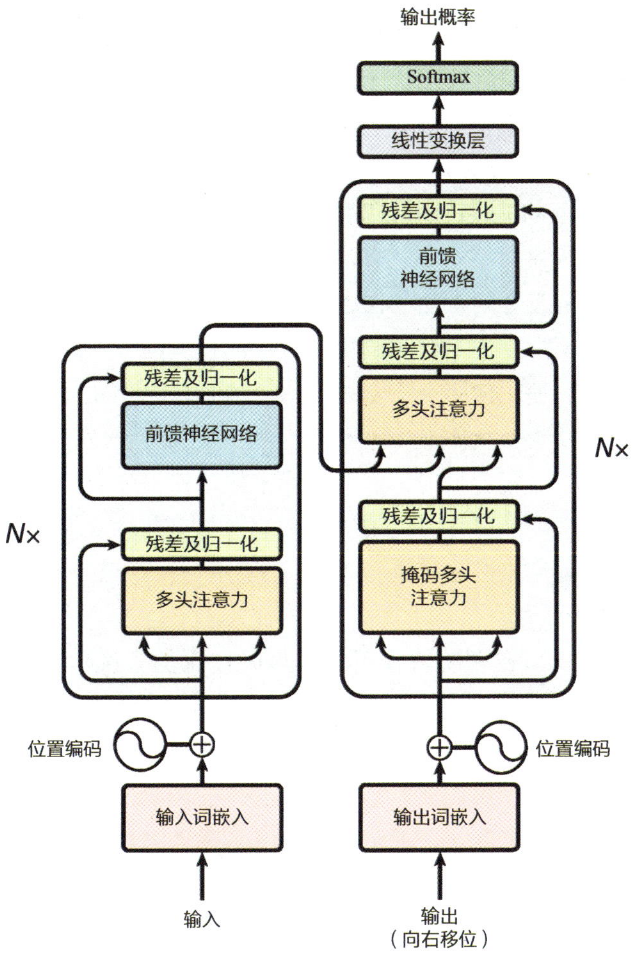

图 2-5　典型的 Transformer 架构

限于篇幅，这里无法对相关内容详细介绍，着重总结读者最关心的几个要点：词的语义由词的上下文交互关系决定；基于词的上下文信号能够学习获得表示词基本语义的词向量，并形成更为复杂的知识的表示基础；此外，统一任务的输入/输出形式、统一模型的训练架构是建立通用人工智能的重要基础。

2.2.5　ChatGPT

BERT 为大模型的发展打下了坚实的基础，但真正取得成功的是 GPT。ChatGPT 是基于 OpenAI 的 GPT 架构发展而来的，实际上可以把预训练语言模型区分为 ChatGPT 之前和之后两个阶段。本书中的大模型特指那些 ChatGPT 之后的预训练语言模型。鉴于本书的大部分内容是围绕 ChatGPT 之后的大模型展开的，对这部分内容做单独介绍。

1. ChatGPT 基座模型

与 BERT 不同，ChatGPT 的基座模型采用的是 GPT 的“Decoder Only”架构，即主要采用 Transformer 的解码器部分作为特征提取器，且主要基于“Next Token Prediction”机制。下一个词预测仅能使用词的前序上下文，这意味着它主要是为文本生成任务设计的。而 BERT 采用 Transformer 的编码器部分作为特征提取器，并使用与之配套的掩码预测机制。掩码预测同时考虑了词的前序和后序两个上下文，比起仅使用前序上下文的“Next Token Prediction”使用了更多的上下文信息，因而能更好地完成语义理解类任务（例如情感分类），但不利于做文本生成，因为文本生成任务只能依靠前序词来预测待生成的后序词，不可以利用词的后序上下文。客观地说，ChatGPT 的成功得益于其注重模型的生成能力，因为对话类任务主要关注生成的效果。

2. 提示与提示工程

提示（Prompt）指在训练或使用大模型时使用的一类引导性指令。简单地说，提示用来描述期望模型“干什么”，如描述问题、定义任务等，也可以在提示中增加上下文信息，引导模型“怎么干”，如举例示范、思维链提示等。通过明确的提示或指令，模型可以更好地理解人的意图和要求，产生更加符合人类指令要求的输出。大量实践表明，提示设计的好坏和详细程度对模型的输出结果影响巨大。复杂的提示（如思维链提示）实际上包含丰富的人工知识，“提示工程”本质上是人工获取知识的过程。符号形式的人工提示知识被注入大模型，不断激活与之相关的神经网络参数，从而产生答案。从这个视角来看，大模型所体现出来的智能有相当一部分是由提示阶段的人工知识激活的。就好比写一篇文章，整体逻辑框架和写作思路是通过人工给出的提示完成的，而整篇文章是通过符号化的提示知识与神经网络模型中的知识交互完成的。

3. SFT 指令精调

指令精调（Instruction Tuning）是指通过大量有标注的特定任务数据，对已经训练好的基座模型进一步微调，使模型更善于遵循人类指令，并具备更强的任务泛化能力。为理解指令精调的价值，这里将其与传统模型微调、提示学习进行对比。传统模型微调是指利用单一下游任务的数据对模型参数进行修正，以便微调后的模型可用于解决这个特定下游任务的问题。提示学习以提示指令的形式统一了模型的输入形式，并期望模型自己识别下游任务，而非像传统微调那样预先指定下游任务。但提示工程也是耗费人力的，一种思路是把传统模型微调和提示学习相结合，把统一任务输入的方式应用到有监督的模型微调阶段。通常的做法是把很多有标注的特定任务数据翻译成相对统一的指令形式，采用类似于提示学习的方法在提示指令中加入任务模板描述、举例示范等，然后以统一的指令形式对模型参数进行再训练。这个过程需要更新模型参数，但与传统模型微调不同，它以统一的方式对多个不同下游任务进行训练，从而让模型学习到下游任务的一些共性信息，进而让大模型具备更好的任务泛化能力。所以，指令精调本质上也是为了提高模型同时处理多种任务的能力，并泛化其处理新任务的通用能力。

4. ICL 上下文学习与思维链

上下文学习是指在提示工程中，为模型提供一些上下文信息（如举例示范、推理步骤示范等），引导模型模仿这些示范完成推理过程。实际上，提示精调和指令精调是上下文学习的不同形式。思维链是一类特殊的提示，它模拟了人们在思考和解决问题时，通过联想将不同的概念或知识关联起来的过程，从而引导大模型模仿人的逻辑思维过程。由于上下文学习和思维链都需要对提示指令进行扩展的增强，因此知识图谱在增强上下文学习和思维链方面也能发挥独特的价值。

5. RLHF 人类反馈与人机对齐

人机对齐是指让大模型的输出与人的期望对齐，更加符合人类的价值观和道德观。OpenAI 在训练 ChatGPT 时，花在人机对齐上的时间多于基础模型训练，这是为了保证安全性，避免其输出违反人类价值观和道德观的内容，对人类造成伤害。人机对齐方法通常包含人工过程，该过程对一组问题的回答结果进行排序，并搜集这些排序数据来训练一个奖励模型。这个奖励模型实际上代表了人类对一些问题的价值取向或者价值排序，被用来激活一个强化学习过程，从而对大模型的价值观进行优化，使大模型的回答能够与人类的价值观对齐。

详细介绍大模型超出了本书的范围，这里同样总结几个核心要点：基于文本序列信号训练的基座模型编码了基本的文字语义和人类知识；提示工程从人类那里获得了任务特定的知识，这种符号形式的少量提示知识与基座模型中的超大规模的神经网络知识一起支撑了大模型的智能行为的涌现；无论是提示学习还是指令精调，都期望通过统一模型的输入/输出形式，尽可能让更多的任务适应和重用基座模型参数，直接泛化并用于全新的任务，这也是通用人工智能的目标；知识图谱可以在基座模型训练、提示工程、指令精调、思维链构建、人机对齐等众多环节中发挥重要作用。

2.3 知识增强的预训练

2.3.1 常见知识增强语料

知识可以被定义为描述更加规范、表示更加明确、结构更加完整的数据。在知识注入领域的研究和实践中，常见的知识注入语料分为文本型（如 Wikipedia）、词语图谱（如 WordNet）、概念图谱（如 ConceptNet）、实体图谱（如 Wikidata）、逻辑图谱（如 ATOMIC）、领域图谱（如 UMLS）等。下面挑选一些常用的知识语料进行简要介绍。

1. Wikipedia

- **语料类型**：文本型。
- **简介**：Wikipedia 是由全球用户共同编辑的在线百科全书，覆盖广泛的主题和知识领域。其内容基于贡献者的协作，具有多语言版本，是世界上访问量最高的知识库之一。

2. WordNet

- **语料类型**：词语图谱。
- **简介**：WordNet 是一个大型的英语词汇数据库，由普林斯顿大学构建。它将英语单词组织成同义词组，并记录它们的定义和相互关系，如同义词、反义词和层级关系。

3. YAGO

- **语料类型**：实体图谱。
- **简介**：YAGO（Yet Another Great Ontology）是一个大型语义知识库，由德国的马克斯·普朗克研究所开发。它结合了 Wikipedia 和 WordNet 的数据，包含超过 1000 万个实体和超过 1 亿个事实。

4. DBPedia

- **语料类型**：实体图谱。
- **简介**：DBPedia 通过结构化 Wikipedia 的信息，创建了一个丰富的知识图谱。它由莱比锡大学和 OpenLink Software 构建，包含数百万个实体及其关系，被广泛应用于语义网和数据集成项目。

5. ConceptNet

- **语料类型：**概念图谱。
- **简介：**ConceptNet 是一个多语言的知识图谱，由 MIT Media Lab 创建。它通过图结构存储人类日常生活中的常识性知识，包含概念及其语义关系，支持多种自然语言处理任务。

6. BabelNet

- **语料类型：**多类型图谱。
- **简介：**BabelNet 由罗马大学开发，是一个多语言、百科全书式的语义网络。它整合了 WordNet 和 Wikipedia 等资源，覆盖多语言词汇和知识，包含超过 1400 万个概念和命名实体。

7. Wikidata

- **语料类型：**实体图谱。
- **简介：**Wikidata 是一个由 Wikimedia Foundation 管理的开放式知识库，旨在支持 Wikipedia 和其他项目。它提供结构化数据，使机器和人类能够方便地查询和利用其中的知识。

8. ATOMIC

- **语料类型：**逻辑图谱。
- **简介：**ATOMIC 是一个大规模的常识知识图谱，由 Allen Institute for AI 开发。它包含约 133 万个常识性推理元组，涵盖社会互动、物理实体和事件中心的常识关系，被广泛应用于增强机器学习模型的常识推理能力。

9. UMLS

- **语料类型：**领域图谱。
- **简介：**UMLS（Unified Medical Language System）是由美国国家医学图书馆开发的综合医学知识库。它整合了多个生物医学词汇表和分类系统，支持医学信息的检索和集成，被广泛用于电子病历和医学研究。

10. OpenKG

- **语料类型：**中文开放图谱。
- **简介：**OpenKG 是一个中文开放知识图谱项目，旨在推动中文知识图谱的构建和应用。它覆盖广泛的领域，包括百科知识、科技文献和医疗信息，支持中文自然语言处理和智能应用。

2.3.2 知识增强词向量

在介绍知识注入预训练语言模型的方法前，先简要介绍利用外部知识增强词向量表示的方法，为读者理解后面的内容打下一些基础。前文谈到，词的语义是由它与其他词之间的全部关系共同决定的。Word2Vec 等词向量学习方法利用句子中天然存在的词序关系和共现关系来引导词向量的学习，但词之间的关系显然不止这两种。人类大脑中的概念是像文本一样简单地按序列存储的吗？人对文字的认知记忆应该有比序列关系更为复杂、丰富的关系，单纯依靠词序关系获得的词向量和人脑中的词语义表示仍然是有区别的。

Word2Vec 等方法的一类典型问题被称为“词义混淆缺陷”（meaning conflation deficiency）。如图 2-6 所示，由于词向量表示完全取决于词句上下文，“mouse”等多义词会把与计算机相关的词和与动物相关的词在向量空间的表示拉到一起，但事实上这些词的语义毫不相干。

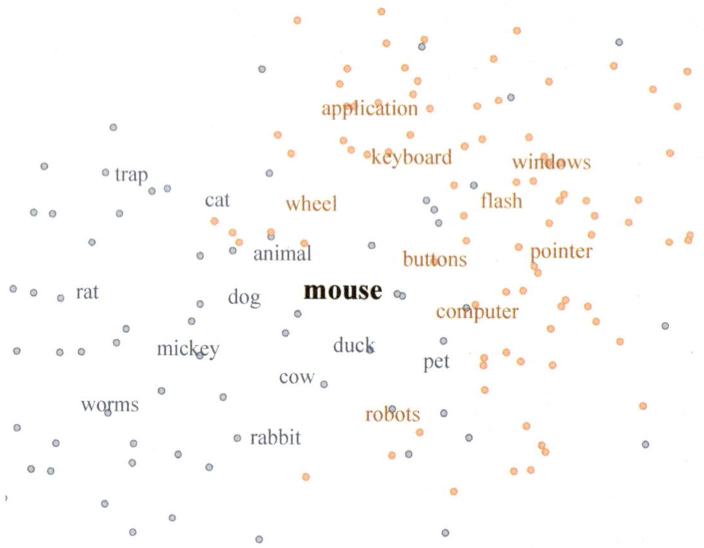

图 2-6 词义混淆缺陷问题

解决词义混淆的一种方法是引入 WordNet 这类外部知识资源来增强词的上下文关系。WordNet 是一个由人工定义的语义知识库，它以同义词集（synset）为基本组织单元（如“脊柱”这个词在 WordNet 中一共有六个同义词），在同义词集的基础上进一步定义词之间的语义关系，例如上下位关系（如“猫”的上位词是"猫科动物")、整体与部分关系(如"眼睛"属于"五官")、反义关系(如"潮湿"与"干燥")等。显然,这些语义关系比词序关系丰富得多,一个自然的想法就是利用这些语义关系来丰富词向量学习的上下文,即知识增强词向量。

知识增强词向量大致有两种思路:训练前增强和后处理增强。训练前增强是直接在预训练阶段注入 WordNet 等外部知识,例如修改目标函数。后处理增强也被称为重拟合(retrofitting),有些类似于微调的思想,是指在词向量训练好之后再利用外部知识资源对词向量表示进行微调。这里以后处理增强为例进行介绍。

后处理知识增强的基本思路是利用外部知识库中的语义关系对词的表示进行调整,让存在语义关系的词表示在向量空间中更加接近。如下公式所示,第一个正则项表示新的词向量与原始词向量应该尽量一致,而第二个正则项要求新的词向量向与之有语义关系的词向量进行微调。以前面的"mouse"为例,被"mouse"强制拉近的"computer"和"cat"由于在 WordNet 中有不同的关联词,距离被拉开,从而避免了词义混淆的问题。

$$\sum_{i=1}^{|V|}\left(\alpha_i \| \boldsymbol{w}_i - \hat{\boldsymbol{w}}_i \| + \sum_{(w_i, w_j)\in} \beta_{i,j} \| \boldsymbol{w}_i - \boldsymbol{w}_j \|\right)$$

式中, $\hat{\boldsymbol{w}}_i$ 表示已经训练好的词向量; $\boldsymbol{w}_i$ 表示微调后学习到的新的词向量; $\boldsymbol{w}_j$ 表示在 WordNet 中与 $\boldsymbol{w}_i$ 存在语义关系的所有词的词向量。

2.3.3　知识注入

更多的工作围绕将知识注入预训练语言模型展开,这类知识增强预训练模型的思路大致可以分为输入层注入、架构层注入、目标层注入和可插拔注入,如图 2-7 所示。

2.3.3.1　输入层注入:数据增强

一种最简单直接的思路是把知识图谱转化为自然语言形式的语料来扩展语言模型的句子输入,剩下的模型架构和模型训练过程均不受影响。典型的例子是 K-BERT[13],如图 2-8 所示,其基本思想是利用知识图谱中的实体关系来扩展句子中实体的上下文信息。

通常的步骤是先利用实体链接技术建立句子实体与知识图谱中实体之间的对应关系,再利用知识图谱中实体所对应的三元组来扩展句子。这个过程的结果是图 2-8 所示的句子树。第二个步骤是生成模型的输入形式。其中,模型输入的词序列是经过知识图谱扩展的句子，可以看到这句话并不通顺，但和常规模型的输入形式基本一致。模型输入的位置编码产生了大的变动，为了尽可能保留知识图谱中的结构关联信息，K-BERT 引入了软编码（soft-position）和硬编码（hard-position）两种位置编码形式。图 2-8 中红色代表软编码，用于和句子对应的位置输入，即图中的嵌入层对应的输入。一组完整的软编码通常可以对应一个语义完整的句子，因此句子中三元组对应的分支是互不影响的。

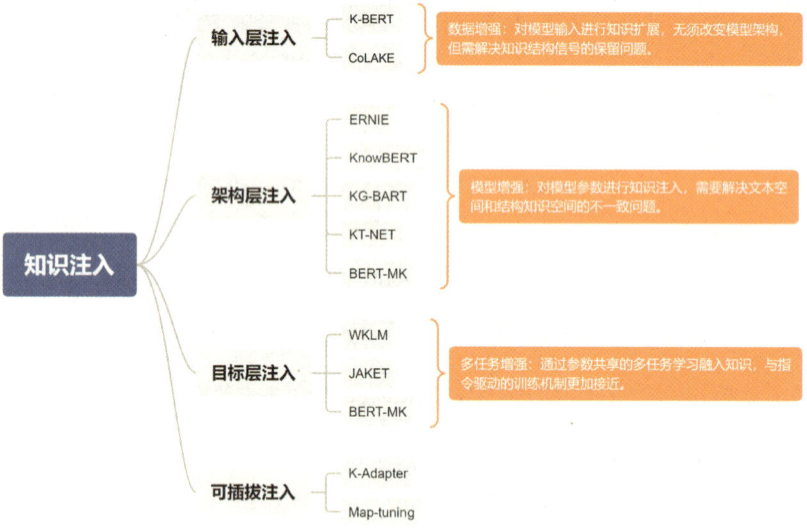

图 2-7 知识注入的典型方法

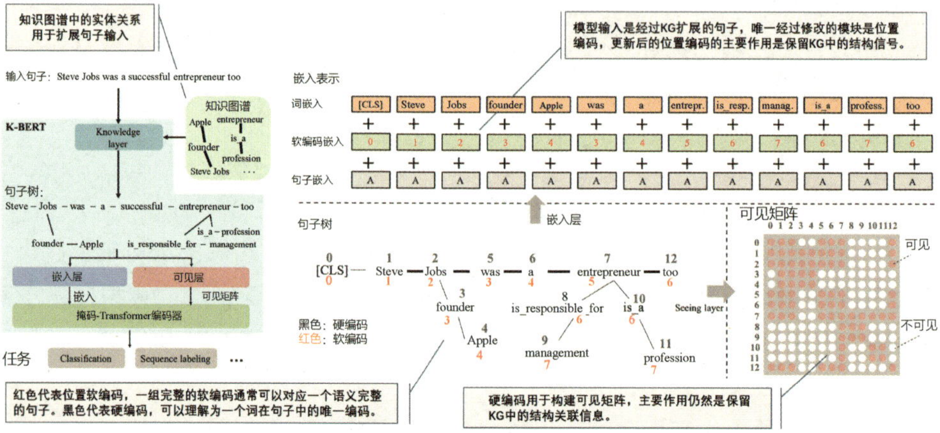

图 2-8 输入层知识注入（以 K-BERT 为例）

这里重点探讨硬编码。图 2-8 中黑色的编码即硬编码，可以理解为一个词在句子中的唯一编码。硬编码用于构建可见矩阵，它是图中可见层对应的输入。图 2-8 中右下角的可见矩阵行列都是硬编码。如果矩阵中的两个词位于同一个分支中，则为红色，代表彼此可见，如“Steve-1”和“Apple-4”。如果两个词没有位于同一个分支中，则为白色，代表彼此不可见，例如“Apple-4”和“is_responsible_for-8”。可以看到，矩阵在一定程度上是在保留知识图谱中的结构关联信息。

Transformer 编码层并不能直接将可见矩阵 $\boldsymbol{M}$ 作为输入。K-BERT 进一步采用了一种被称为掩码自注意力的机制对原始的自注意力机制模块进行了改进。矩阵 $\boldsymbol{M}$ 被加入计算注意力权重的 Softmax 部分。如果两个词彼此可见，即属于同一个分支，则 $\boldsymbol{M}$ 中对应的单元设置为 0（对应红色），$\boldsymbol{Q}$ 和 $\boldsymbol{K}$ 的权重计算不产生变化。如果两个词彼此不可见，则设置为负无穷（对应白色），$\boldsymbol{Q}$ 和 $\boldsymbol{K}$ 的权重计算增加一个负无穷值，该项权重可以忽略，意味着这两个词互不影响。总体来说，如果属于同一个分支的词表示的是同一句话的含义，则计算它们的交互关系，反之则不计算。事实上，可见矩阵的引入在一定程度上缓解了引入知识图谱可能造成的噪声问题，因为知识图谱中关于同一个实体的三元组可能有很多，如果不加区分地引入，非但不会提高学习效果，还会给原句子语义的学习带来额外的噪声。

其他类似的工作还有 CoLAKE[14]等，这里不对所有模型做具体介绍。无论哪种方法，在输入层注入知识本质上都是一种语料数据增强。这类方法无须修改模型架构，且可以同时适配不同的文本预训练模型，是一种简单且易于实施的方法。此外，因为结构化知识和文本知识在同一个模型中进行训练和学习，所以避免了文本表示空间和结构化知识表示空间的语义失配问题。尽管有可见矩阵这种技术手段，将本身结构化表示的图谱转化成文本序列仍然会有一些语义表示上的损失，其结构信号的应用是不够充分的。

2.3.3.2　架构层注入：模型增强

将知识图谱转化成自然语言语料在一定程度上会丢失图结构中的语义信号。第二种思路是先利用结构化知识表示学习方法，如知识图谱嵌入（KG Embedding），学习获得实体和关系的向量表示，再将向量表示注入语言模型中。这些向量表示多是基于图神经网络等预训练获得的，因而包含相对完整的结构化特征信号。下面以 ERNIE[15]为例进行具体介绍，如图 2-9 所示。

ERNIE 利用知识图谱嵌入模型（如 TransE）对知识图谱中的实体表示进行

预训练。原始的文本输入不变，与知识图谱中的实体对齐后，在 K-Encoder 层与知识图谱预训练获得的实体向量进行交互融合。因此，这是一种将知识注入架构层的方法。

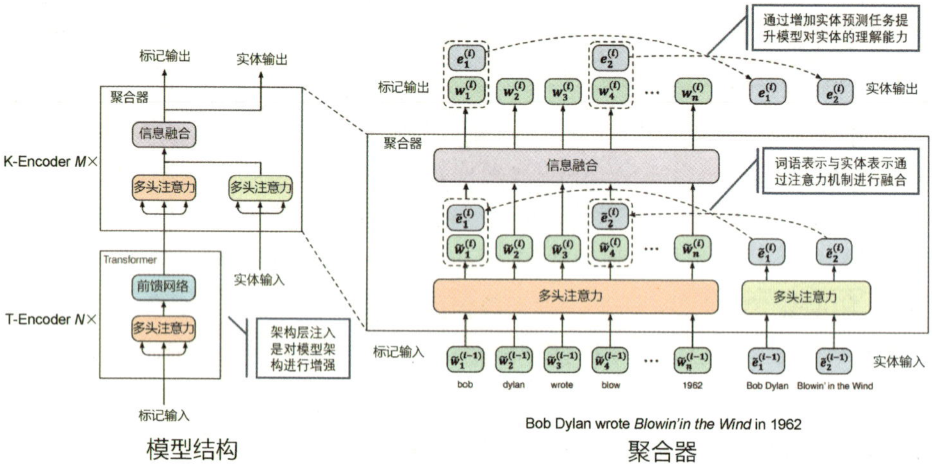

图 2-9　架构层知识注入（以 ERNIE 为例）

词语和实体的向量表示有很多种融合方法，ERNIE 采用简单的注意力机制来分别学习词与词之间、词与实体之间、实体与实体之间的多重交互关系。实体向量表示已经学习了原始知识图谱中的结构化特征，在保留图谱结构语义方面更好一些。此外，ERNIE 在目标层引入了一个类似于词预测的实体预测任务，以便让模型更好地理解实体级的语义。这也是一种目标层的知识注入机制。

与 ERNIE 类似的模型还有 KnowBERT[16]、KG-BART[17]、KT-NET[18]和 BERT-MK[19]。总体来说，这些模型都是在架构层的向量空间中将词语和实体的特征表示进行融合的。它们的主要优势是将知识图谱的结构化信号保留得较为完整，但由于文本语义和图谱的结构表示是分别基于两种不同的预训练模型获得的，文本语义信号和知识结构信号可能会相互干扰，互为噪声，因而需要更精巧的设计来对齐和融合两种不同的语义表示空间。

2.3.3.3　目标层注入：多任务学习

第三种思路是在目标层进行知识注入，这通常通过多任务学习和改进损失（Loss）优化目标来实现。下面以 KEPLER[20]模型为例进行介绍。

KEPLER 的基本思想是在原有文本预训练模型的掩码预测损失基础上增加一个知识图谱嵌入损失（Knowledge Embedding Loss，KE Loss），并以多任务联合学习的机制对两个预训练任务同时训练。其中，文本信息和实体描述信息采用统一的 Transformer 编码器进行编码。

对于知识图谱嵌入损失，通过实体描述信息获得实体表示 $\boldsymbol{h}$ 和 $\boldsymbol{t}$，再通过类似于 TransE 的知识图谱嵌入模型方法，叠加关系 $\boldsymbol{r}$ 表示构成知识图谱嵌入损失。最终的损失是知识图谱嵌入损失和掩码语言模型损失（Masked Language Model Loss，MLM Loss）的叠加，如图 2-10 所示。由于提取文本信息的编码器与从实体描述信息获取嵌入的编码器是同一个，而整个学习过程是由同一个损失通过多任务学习过程进行控制的，所以期望这个编码器既可以学习到实体信息，也可以学习到文本信息，这样就实现了在训练时将知识图谱信息融入模型。

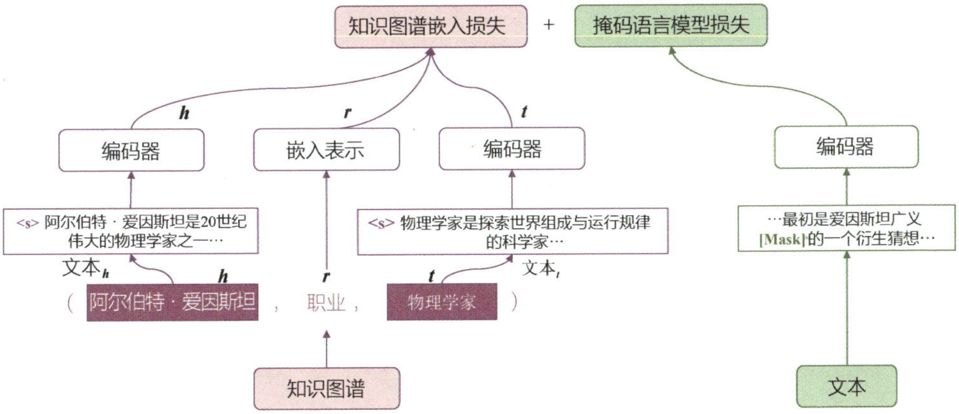

图 2-10　目标层知识注入（以 KEPLER 为例）

其他采用类似思想的工作还包括 WKLM[21]、JAKET[22]、BERT-MK[19]。基于多任务学习的知识注入方法，相比输入层注入，它能更好地保留知识图谱中的结构信号；相比架构层注入，它能避免显式地对齐文本语义空间和结构表示空间。事实上，这种多任务学习的思想更接近 GPT 时代的指令驱动的多任务学习机制。后面的章节将会着重探讨大量领域知识如何在指令精调阶段以多任务学习的方式注入大模型中。

2.3.3.4　可插拔注入

无论是输入层、架构层还是多任务学习，进行知识注入均需要从头训练模型。在规模日益增长的大模型时代，我们通常期望将知识注入已经训练好的模型中。一些工作提出了可插拔的知识注入机制，典型的工作如 K-Adapter，如图 2-11 所示。

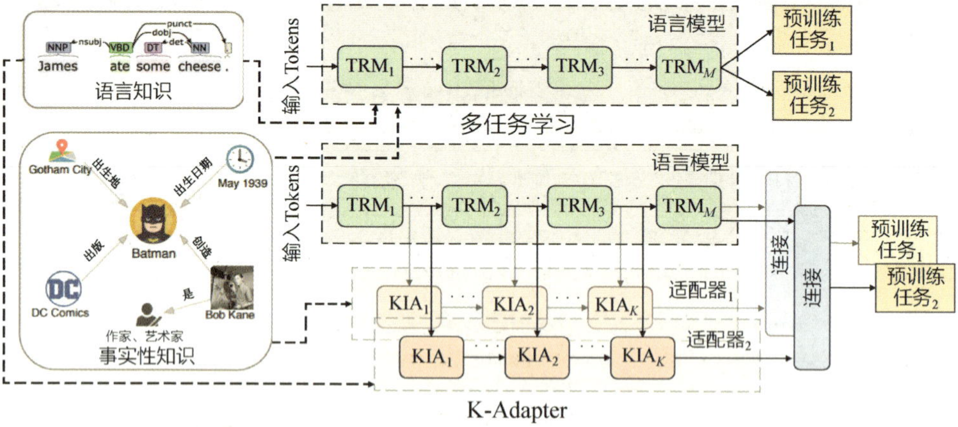

图 2-11　可插拔的知识注入（以 K-Adapter 为例）

K-Adapter 为知识图谱单独设置了适配器作为知识注入模块。知识图谱适配器的参数是独立于语言模型参数训练的，且训练适配器参数时，已经训练好的语言模型参数是固定不变的。语言模型的参数作为适配器的训练输入，更像在利用文本语义模型来反向增强知识注入模块的训练。针对不同的知识图谱可以设置不同的适配器，对这些适配器采用多任务联合学习的方式同时训练。

其他类似的工作还有 Map-tuning[23]等。可以看到，这种方式一方面无须对基座模型重新训练，训练代价低；另一方面，也并不需要对齐文本语义空间和知识图谱的结构表示空间。这种方式和 GPT 时代的检索增强生成（Retrieval Augmented Generation，RAG）模式更加接近。基于 RAG 的知识注入方式避免了基座模型的精调训练，是一种实用且低成本的知识注入机制。

2.3.3.5　影响知识注入效果的因素分析

注入知识并非总是有效的。很多研究均表明，不加选择地注入知识不仅不会提高模型效果，还会带来负面影响[24]。下面系统地分析影响知识注入效果的因素。

1．实体对齐问题

在进行知识注入之前，要进行的操作是将文本与知识图谱对齐，这通常是利用实体链接技术实现的。由于实体的歧义性，如果实体链接错误，则文本可能会被融入完全错误、不相关的实体知识。例如，对于“吃小米粥”，如果将“小米”手机的实体知识融入语言模型，则可能对语义理解产生负面作用。

2. 模型知识与图谱知识的互补性

语言模型是包含事实性知识的。一些研究表明，如果注入实体的训练语料非常丰富，那么对这类实体的知识注入通常收效甚微。一些实验分析也表明，常见的知识注入模型对于高频实体性能的提升作用很小，但对于长尾部分的低频实体，知识注入的增益效果则非常显著。这启发我们在构建知识图谱时，应关注那些大模型学习不到或难于学习的知识；在选择知识注入的来源语料时，也需要尽可能选择与大模型知识互补性更强的知识语料；在进行知识注入时，可以通过频率来选择知识，更多选择低频实体进行知识注入。

3. 知识噪声与不相关信息注入

进一步地，并不是所有的三元组知识都能促进语义理解。例如“斯蒂芬·库里和克莱·汤普森带领勇士队勇夺 NBA 冠军”这句话，三元组知识(斯蒂芬·库里,女儿,赖利)对理解语义起不到作用。一些实验分析也表明，随着这类不相关知识噪声信息的增加，模型性能迅速下降。这说明仅仅对齐实体是不够的，还需要用一些机制有选择性地注入相关性更高的知识。

4. 知识的消融问题

外部知识的丰富程度也是影响知识注入效果的一个因素。相比于大模型的学习语料，知识图谱虽然精确，但知识覆盖度较小。假如知识图谱中的知识过于稀疏，那么经过参数化的注入操作之后，可能会消融在规模巨大的模型参数中，起不到实际作用。因此，在模型预训练阶段注入知识并非总是最好的选择，一些知识以检索增强或上下文学习等方式注入会更加有效。

5. 不是所有的任务都需要实体级、概念级的理解

最后一个问题是知识注入并非对所有的任务都有效。有很多任务并不需要概念级、实体级的语义理解，更不需要逻辑层的推理。例如，对于一些偏感知类的任务，在模型中注入更加高级的知识收效甚微。因此，通常需要分析下游任务的特点，更多地为知识密集型的任务选择知识注入方法。

2.3.4 结构增强

与知识注入相关的另一个概念是“结构增强”。通常在讨论知识增强时，更侧重于词语语义、概念本体、实体关系和逻辑规则等形式的知识。知识是一个广泛的概念，表示方式多种多样，例如，逻辑性更强的文本型知识有时也包括在知识增强中。结构增强则更加注重数据的结构化表示，如知识图谱中的关联结构、语法依存树和子图结构等。这里简要介绍两个具体的相关概念：外部结构引导的预训练和内部重结构化的预训练。

2.3.4.1 外部结构引导的预训练

前面关于知识注入的介绍探讨了多种方法，特别是架构层的知识注入方法。这些方法能够更有效地将外部知识图谱中的结构化特征注入预训练模型，从而引导模型学习更强的结构关联知识。这种知识注入方法就是外部结构引导的预训练。

外部结构增强不仅限于知识图谱。还有一类被称为“结构诱导预训练”（Structure-inducing Pretraining）的研究，专门探讨在样本级别融入各种结构化信号以提高模型性能的方法。结构引导的预训练的基本思想是通过增加训练样本的结构性约束来提高预训练的性能。图 2-12 以蛋白质语言模型的训练为例进行说明。每条蛋白质序列作为一条训练样本，仅依靠蛋白质序列对语言模型进行训练，模型只能通过序列的先后关系学习有关蛋白质的知识。

蛋白质交互网络（Protein-Protein Interaction Network，PPI）记录了大量蛋白质的交互关系。可以利用这个交互网络中的结构信号对蛋白质语言模型的训练进行约束。具体的做法是，引入一个结构引导损失项，根据该损失项的定义，其效果是将 PPI 网络中有关联关系的蛋白质表示在向量空间中拉近，同时将没有关系的蛋白质表示拉远。实际上，这是用一个对比损失项对蛋白质训练样本进行结构性约束。

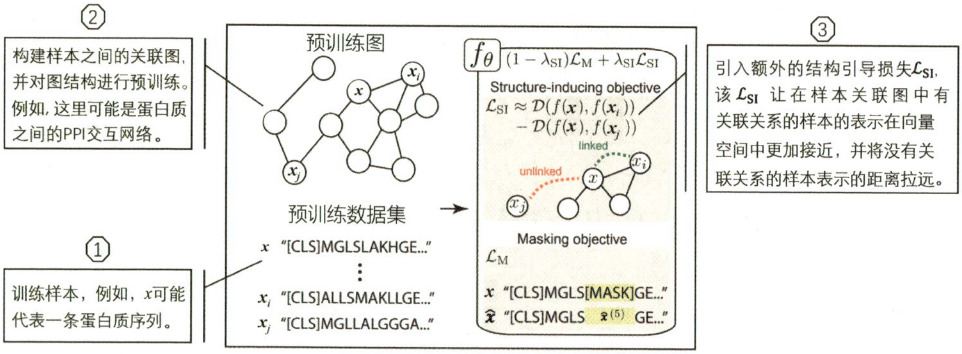

图 2-12　外部结构引导的预训练

2.3.4.2　内部结构重构化的预训练

除了引入外部数据进行结构增强，也可以通过抽取和挖掘技术从语料内部出发进行结构增强。一个相关概念被称为 reStructure Pre-traing[25]，即重结构化预训练。和外部结构引导的预训练思想不同，内部结构重构预训练更多地偏向于探讨怎样通过训练语料自身的结构化来提高预训练效果。

在 reStructured Pre-training 中，数据重构是一个关键步骤，其目的是通过提取和整理数据中的信号，将不同形式的数据转化为统一的结构化格式，以便在预训练中更好地利用这些重新结构化的数据。数据重结构化的关键方法被称为信号提取（Signal Extraction），其典型步骤包括从各种数据源获取原始数据，对数据进行清洗以去除噪声和冗余信息，对数据进行规范化处理以确保格式统一，根据预定义的规则或使用机器学习模型从清洗后的数据中提取目标信号，并进一步纯化提取的信号，以去除不准确或低质量的信息。

例如，信号提取可以从纯文本中提取完形填空信号、从电影评论中提取情感信号、从新闻文章中提取摘要和分类信号、从维基数据中提取实体关系信号、从维基百科中提取实体信息信号、从问答数据集中提取问答对、从科学论文中提取摘要和分类信号等，这些结构化信号可以改善模型在下游任务中的表现。

下面是一些数据重结构化的例子，例如，在偏文本化的 WikiHow 数据集中增加更多的结构化标签，或对于 Wikidata 的结构化数据增加额外的 Subject、Property 标记。通过重构、挖掘、抽取、清洗等方法统一训练语料的结构化表示。文中的实验表明，通过新增加的重结构化过程，很多下游任务的性能得到了明显提高。

1. Plain Text（纯文本）

- Cloze Signal：直接从大量纯文本中提取出三元组(损坏的文本,损坏的位置,目标段落)。例如，(The capital of France is ___, Paris, France)。
- Sentiment（情感）：提取每条评论及其情感极性，形成(评论,情感)对。例如，(This movie is fantastic!, positive)。

2. Daily Mail（每日邮报）

- Category（分类）：使用文章摘要分类，形成(摘要,分类)对。例如，(The stock market crashed today, News)。
- Summary（摘要）：将文章的正文作为输入，标题或摘要作为输出，形成(正文,摘要)或(正文,标题)对。例如，(The stock market crashed today due

to unexpected events, Stock Market Crash)。

- Temporal Information（时间信息）：提取包含两个事件的三元组，形成(正文,一个事件,另一个事件)或(正文,事件顺序)三元组。例如，(The president announced new policies today. The public reaction was mixed., President announced new policies, Public reaction was mixed)。

3．WikiHow（维基怎么做）

Instruction（操作步骤）：提取操作步骤及其顺序，形成(步骤,顺序)对。例如，(Boil water, Step 1)。

4．Wikipedia（维基百科）

Entity Information（实体信息）：提取实体及其相关信息，形成(实体,信息)对。例如，(Python (programming language), An interpreted, high-level programming language)。

5．Papers With Code

Entity（实体）：提取论文中的数据集、度量、任务和方法等，形成(实体,类型)对。例如，(CIFAR-10, dataset)。

如图 2-13 所示，结构增强预训练的基本思路是通过引入和重构数据中的结构信息来提高模型的预训练效果。整个过程包括几个关键步骤，首先，从原始数据中提取结构信号。这些结构信号分为外部结构引导和内部结构重构。外部结构引导包括样本级关系（如 PPI 网络）和外部知识（如 Wikidata），这些信号通过引入外部知识和关系信息来丰富数据的结构。内部结构重构则包括语义注释（如命名实体识别）和语义解析（如依存关系），这些信息通过对数据进行详细的语义分析和解析来增强数据的内部结构。

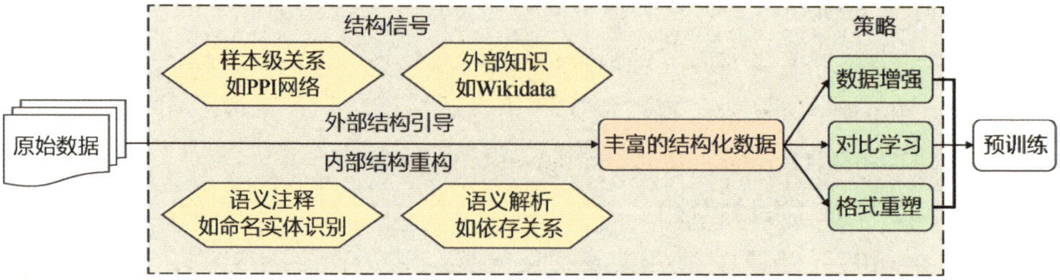

图 2-13　结构增强预训练的基本思路

然后，通过几种策略进一步处理这些结构增强数据，尽可能提高其在预训练中的有效性。这些策略包括数据增强、对比学习和格式重塑。

通过这些步骤和策略，生成的结构增强数据能够更好地捕捉和利用数据中的有用信息，从而在预训练阶段显著提高模型的性能和泛化能力。此方法不仅提高了模型对复杂任务的理解和处理能力，还增强了模型在不同任务和数据集上的适应性和表现。

2.4 应用与实践

本节介绍三个不同领域的应用实例，以展示知识增强预训练模型的具体实践。前两个例子均来自工业界，第三个例子用于 AI for Science 的场景。这些实践均采用了多种知识注入相结合的方法。例如，第一个电信领域实例采用了“输入层+目标层”的知识注入机制，而第二个电信领域实例和第三个蛋白质应用实例采用了“架构层+目标层”的注入机制。需要指出的是，这里介绍的实践工作大部分是在 OpenAI 推出 ChatGPT 之前完成的，虽然一些预训练技术路线与 GPT 系列架构并不一致，但基本的知识注入机制是相同的。

2.4.1 知识增强电信预训练模型

2.4.1.1 背景简介

在现代电信网络中，故障分析的重要性日益凸显，它直接影响网络的可用性和效率。故障分析是一项复杂的任务，涉及多个子任务，需要大量的电信知识，如网络架构和电信产品的依赖关系。过去，这些知识主要存储在专家的头脑中。现在，大量的产品数据和专家经验以各种形式积累，例如机器（日志）数据和产品文档。此外，还可以通过构建电信领域知识图谱（Tele-KG）统一记录电信领域的知识，如图 2-14 所示。

在本项实践中，通过构建电信知识图谱（Tele-KG）和开发领域特定的语言模型（TeleBERT 及其知识增强版本 KTeleBERT）[26]，来系统地组织和利用电信专家的知识，如图 2-14 所示。首先，基于 2000 万条与电信相关的语料训练 TeleBERT 基座模型。然后，利用 100 万条根因关系在机器相关的语料库上对基座模型进行重训练，形成 KTeleBERT 模型。在根因分析、故障事件关联挖掘和故障链溯因等任务的实验评估中，模型性能有所提高。

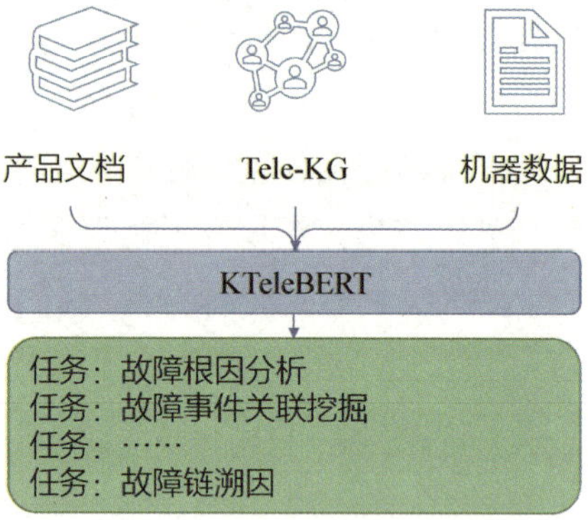

图 2-14 知识增强电信预训练模型

2.4.1.2 实现方案

总体实现方案分为三个阶段：基于电信领域语料的预训练、基于根因语料和机器日志数据的重训练，以及知识注入训练。

1. 基于电信领域语料的预训练

这个阶段主要基于电信领域的文本语料进行基座模型的训练，称为 TeleBERT。训练语料包含各种来源的语句，例如产品文档和 Tele-KG 中的实体文本信息，并应用两种数据增强技术对训练语料进行扩增。这包括显式数据增强，即将相邻的句子拼接在一起，创建包含约 2000 万个句子的预训练语料库；也包括隐式数据增强，即通过丢弃策略引入数据集噪声，增强模型的健壮性。

具体训练过程采用了常规的掩码语言模型（MLM）策略，每个句子前添加特殊标记[CLS]，句子后添加[SEP]，同时采用整词遮蔽（WWM）策略，即根据电信领域词汇对文本进行整词遮蔽。句子嵌入对比学习（SimCSE）用于缓解大模型上的表示学习崩溃问题。

2. 基于根因语料和机器日志数据的重训练

重训练阶段主要基于根因语料和机器数据语料对基座模型进一步训练。这类似于 GPT 系列模型的指令精调阶段。在重训练阶段，重点是统一不同的数据模态和模式，为构建 KTeleBERT 模型奠定基础。后面将看到这个阶段实际上已经在输入层为知识注入做准备。

首先，提取根因句，目的是从大规模的电信语料中提取包含根因关系的句子。主要方法是通过手动选择含有根因含义的词和短语（例如，影响、导致）作为关键词，结合定制化的提取规则（如最小长度要求），筛选出约 20 万个符合条件的句子。进一步将 Tele-KG 中的关系三元组和属性三元组（包含评估后的关键属性）序列化，即将实体/属性的文本信息和关系连接在一起，以实现序列格式的统一。可以看到，这里采用了输入层知识注入的机制。

然后，构建提示模板。目的是使用提示模板包装输入、统一数据模态，缓解由结构化机器或属性数据带来的无序问题。具体实现方式是引入特殊提示标记，用以表示紧接其后内容的类别。例如，图 2-15 所示的[ENT]表示实体类型，[REL] 表示实体关系，[ATTR] 表示接下来的内容是带有值的属性。此外，还使用符号“|”分隔类型名称及值，进一步区分不同的属性类型。

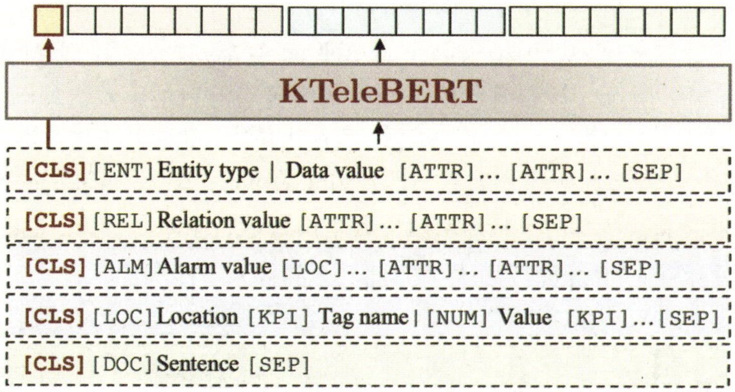

图 2-15　KTeleBERT 的结构化提示模板

3．知识注入训练

在前述两个步骤的基础上，进一步构建知识注入的预训练模型 KTeleBERT。这里需要解决两个问题：专家知识注入机制和数值属性数据编码。

第一个问题是专家知识注入机制。为了进一步增强预训练语言模型的显性推理能力，引入了文本增强的知识嵌入（KE）目标，用于电信领域专家知识的注入。这里采用了类似于 KEPLER 模型的方法，即通过对实体进行文本变形，再叠加 KE Loss 的多任务联合训练方式注入专家知识。因此，这里采用的是目标层注入和基于多任务学习的知识注入机制。

在多任务联合学习中尝试了多种协同训练策略，包括遵循百度 ERNIE2 框架的迭代式多任务学习（Iterative Multi-task Learning，IMTL）；合作式并行多任务学习（Cooperative Parallel Multi-task Learning，PMTL），即在每步中简单地将不同任务的损失相加；以及基本的单任务学习（Single-task Learning，STL），即仅使用因果句子和机器数据进行掩码重建。这些训练策略为 KTeleBERT 模型提供了灵活的学习框架，可以有效地结合来自多个源的数据，并在保持已学习知识的同时处理不同的任务[26]。

第二个问题是数值属性数据编码。电信数据并非全是文本语料，特别是机器日志数据包含大量数值型的属性描述。机器数据的主要信息来自数值及其与标签（类型名称）的配对，这些数值反映了一些电信对象属性的内在含义，对应知识图谱中的数值型的实体属性。不同的数值属性数据往往具有内在的关联性，这些关联性体现在它们的协同波动中。例如，接口“N11”上“PDU 会话建立拒绝”消息的异常增加可能导致“5G SA 会话建立”的成功率突然下降。各种数值属性之间的关联是对电信领域专家知识的宝贵补充。

该模型针对电信领域的场景设计了 ANEnc 模块，用于编码细粒度的数值数据。如图 2-16 所示，核心编码模型结构包括多层的自适应数值编码（Adaptive Numeric Encoder，ANEnc）模块，ANEnc 模块由数值投影和全连接前馈网络组成。此外，元嵌入构建层包含 N 个可学习的、领域感知的元嵌入（meta embeddings），用于编码不同的数值字段。具体编码过程采用数值对比学习策略，即将每个批次中最接近目标值 v 的数值视为正样本，将其余的视为负样本。

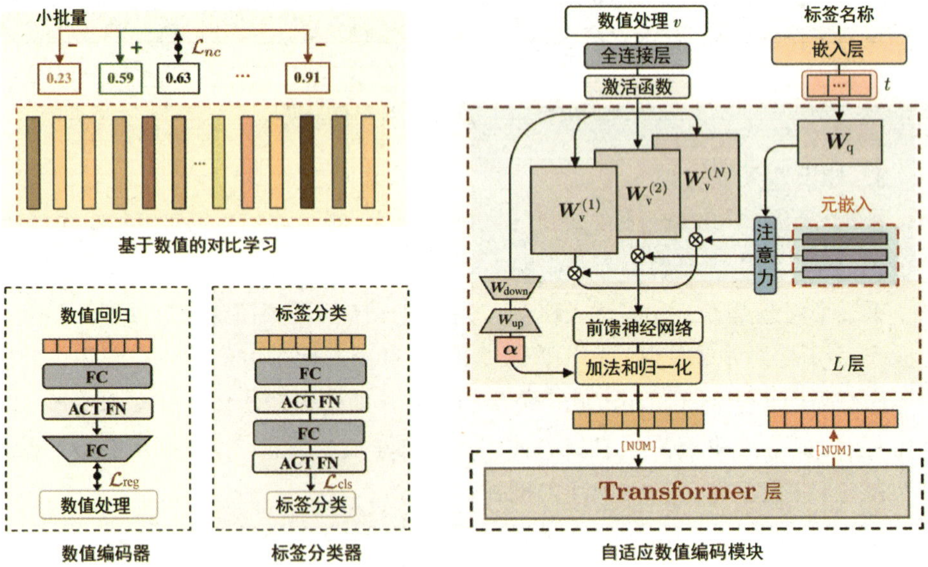

图 2-16 KTeleBERT 的数值知识编码机制

通过这种细粒度和适应性的数值数据编码方法，KTeleBERT 模型能够更有效地处理和分析电信领域的复杂数值属性数据，增强对异常情况的敏感性和识别能力，从而在故障分析等任务中发挥更好的性能。

2.4.1.3　实验分析

1．故障根因分析

故障根因分析（Root Cause Analysis，RCA）任务的目标是识别电信网络中最有可能是故障源的网络元素（NE）。这部分内容展示了 KTeleBERT 模型在理解电信网络中的异常事件和故障源定位方面的能力。

这里将此任务构建为图表示中的节点排名问题，其中节点代表网络元素，边代表它们的连接。通过对所有节点进行排名，模型帮助工程师更容易地识别真正的故障，并在输出的故障不正确时考虑其他可能性。在实践中，分析师通常在特定时间段内收集电信网络的信息，特别是在发生异常事件时，此时的电信网络被视为一个状态。这里需要设计一个模型，可以将电信网络的一个状态映射到一个节点的得分向量。其中，$s_{|v|}$表示节点的得分，得分越高，对应节点成为根因的可能性就越大。

如图 2-17 所示，基于 KTeleBERT 和图卷积网络来建模该问题。KTeleBERT 用于初始化图神经网络中的节点表示，图神经网络用于下游任务的建模。实验结果显示，利用 KTeleBERT 增强的模型取得了较好的性能。

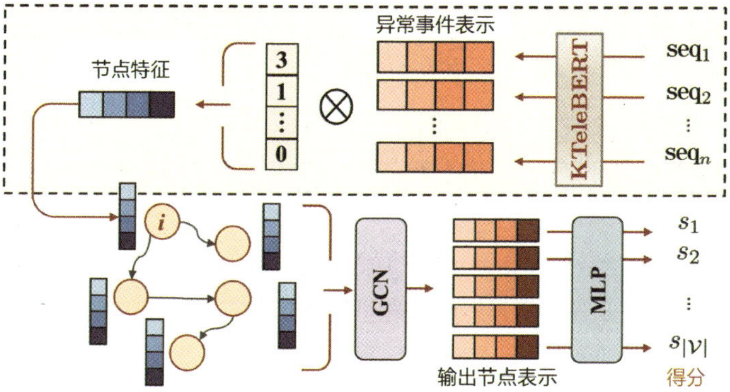

图 2-17　故障根因分析实验

2．故障事件关联挖掘

故障事件关联挖掘任务通过将每个事件表示为低维向量（事件嵌入），并基于嵌入计算来学习事件间的关联。这部分展示了如何通过深入学习事件的字面名称、拓扑环境和时间特征来预测电信网络中事件的关联性，突出了 KTeleBERT 模型在理解和分析复杂事件关联方面的能力。

基本思路是设计一个特定于触发关系的表示空间，在其中嵌入事件，并测量它们的相似度，以预测事件对的触发关系。如图 2-18 所示，采用多种机制相结合的方式获取事件的嵌入表示，包括字面名称嵌入，即将目标事件对的对应字面名称嵌入，类似于根因分析任务；拓扑环境编码，这是为了编码两个事件依赖的网络元素的拓扑环境，聚合了从电信知识图谱中获取的网络图中的一跳邻居；从机器日志数据中获取的时间差异编码，用于探索事件的时间维度信息，并尝试编码时间差异以揭示事件的顺序特征。

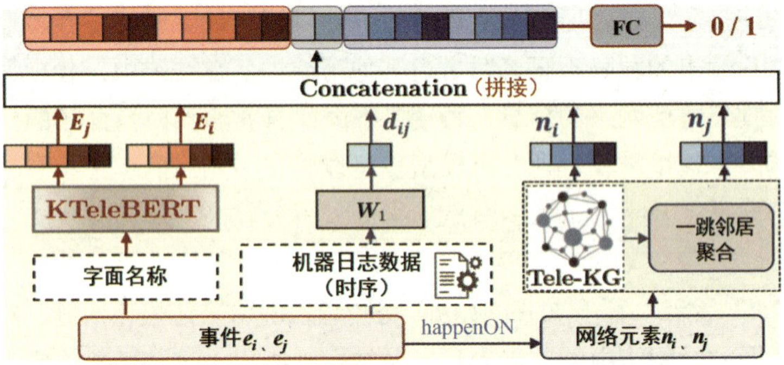

图 2-18 故障事件关联挖掘实验

基本的评估采用交叉熵损失，即对于数据集中的所有事件对，最小化标准的二元交叉熵损失。例如，P 是正事件对集合，即事件对中存在触发关系。对于每个正事件对，随机替换两个事件中的一个，以构成负事件对集合 P'。实验表明，采用 KTeleBERT 增强的方法获得了较好的性能。

3. 故障链溯因

此任务旨在通过创建一个不完整的故障链路径数据集，并通过掩码处理一跳关系的报警，来追踪故障链。故障链溯因任务可以证明模型在理解和分析电信网络中的复杂事件和故障源关系方面的能力。

首先是规则点亮（Rules Lightning）。在真实场景中，电信网络具有复杂的故障结构，因此需要根据预定义的规则过滤掉不相关的报警和网络元素，以获取过滤后的图。其次是预训练知识的初始化（Initialization of Pre-training Knowledge）。这里使用编码模型 KTeleBERT 获得过滤图中每个节点的信息嵌入。这是一个关键步骤，用于捕获报警和网络元素的隐性关联。最后是训练和预测（Training and Prediction），利用一种概括性的基于翻译的方法来处理不确定知识图谱嵌入，以模拟图中的概率知识，如图 2-19 所示。训练和预测遵循概率知识表示学习范式，使用一个考虑每个四元组置信度的目标函数。

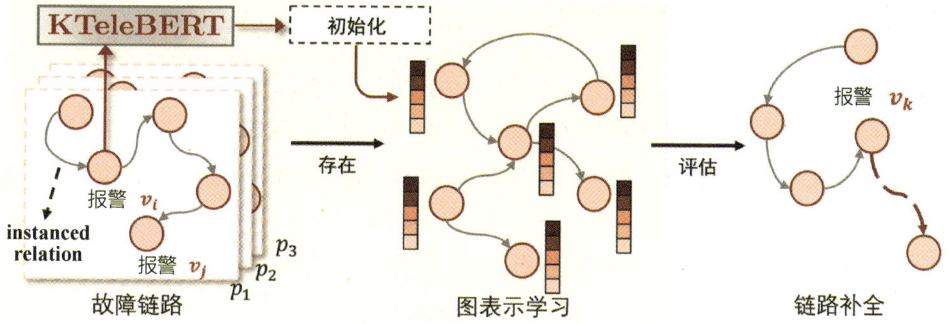

图 2-19 故障链溯因实验

实验对比了随机初始化、MacBERT、TeleBERT、KTeleBERT 等模型。结果显示，KTeleBERT 模型在所有指标上表现最佳，展示了 KTeleBERT 模型在故障链追踪任务中的有效性。

2.4.2 知识增强电商预训练模型

2.4.2.1 背景简介

前文所介绍的知识增强预训练模型通常只适用于单一模态，特别是文本模态。然而，知识注入的思想同样可以扩展至图像、视频等模态。本节将介绍一个将知识图谱注入多模态电商预训练模型的应用实例[27]。

在这个应用中，首先建立一个包含图像、标题和结构化知识的电商多模态知识图谱。随后采用基于多模态数据的预训练技术获得一个基座模型，再利用该模型支持产品推荐、导购问答、产品对齐等下游任务。

现有的多模态预训练技术主要用于挖掘图像模态与文本模态的关联。这些方法并不能直接应用于电商场景中，因为模型无法有效地建模多模态产品知识的结构化信息。此外，在电商多模态知识中，普遍存在模态缺失和模态噪声问题。通常，一种产品很难同时具备文本、图像和结构化属性描述等模态，或者某种模态的数据质量很低。如图 2-20 所示，Item-2 和 Item-3 分别展示了模态噪声和模态缺失的例子。

因此，在这个应用场景中，我们希望利用结构化的产品知识图谱来增强多模态的产品预训练模型，并通过知识增强来缓解多模态训练语料中普遍存在的模态缺失和模态噪声问题。在后面的模型介绍中，将展示该方法如何综合架构层知识注入和目标层知识注入两种机制。

2.4.2.2 实现方案

为了解决前述问题，将产品结构化知识作为一种独立于图像和文本的新模态，称为知识模态。在产品数据的预训练中，考虑了三种模态的信息：图像模态（产品图像）、文本模态（产品标题）和知识模态（产品知识图谱，PKG）。如图 2-20 所示，PKG 包含 $<h,r,t>$ 形式的三元组，如 $<\text{Item-1}, \text{Material}, \text{Cotton}>$ 表示产品 Item-1 的材质是棉花。

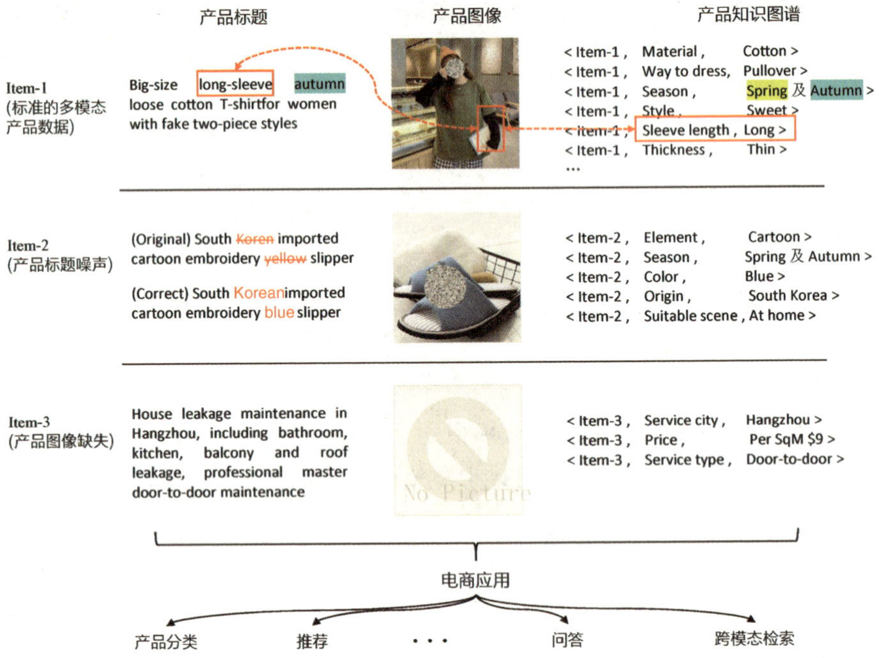

图 2-20 多模态产品的模态噪声和模态缺失问题

这样处理有以下原因：首先，PKG 描述了产品的客观特性，是结构化且易于管理的，通常经过大量维护和标准化工作，相对干净可信；其次，PKG 与其他模态的信息既有重叠也有互补。以图 2-20 的 Item-1 为例，从产品图像、产品标题和 PKG 都可以看出 Item-1 是一件长袖 T 恤，而 PKG 还表明这款 T 恤适合秋季和春季穿着，但这点从产品图像和产品标题中无法得知。因此，当存在模态噪声或模态缺失时，PKG 可以纠正或补充其他模态的信息。

基于此，研究者提出了一种知识感知的多模态预训练方法 K3M[23]。如图 2-21 所示，K3M 通过三个步骤学习产品的多模态信息：①对每个模态的独立信息进行编码，即“模态编码层”；②对模态之间的相互作用进行建模，即“模态交互层”；

③通过各模态的监督信息优化模型，即“模态任务层”。下面具体介绍这些步骤。

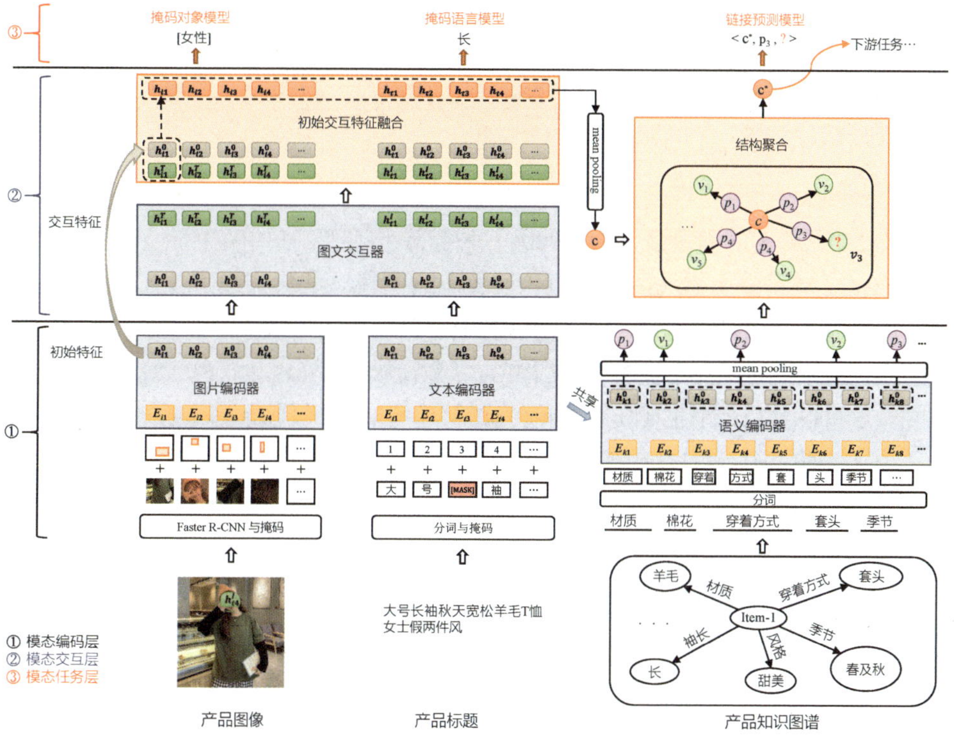

图 2-21　知识增强多模态产品预训练模型：架构层知识注入+目标层知识注入

（1）模态编码层。在编码每个模态的单个信息时，使用基于 Transformer 的编码器提取图像、文本和三元组表面形式的初始特征。需要注意的是，文本模态和知识模态的编码器参数是共享的。

（2）模态交互层。在建模模态之间的相互作用时，有两个过程。第一个过程是文本模态和图像模态之间的交互：首先，通过 co-attention Transformer 基于图像和文本模态的初始特征学习对应的交互特征；其次，为了保持单个模态的独立性，设计了初始交互特征融合模块，将图像和文本模态的初始特征及其交互特征进行融合。第二个过程是知识模态和其他两个模态的交互，即知识注入模块。这里先将图像和文本模态的交互结果作为目标产品的初始表示，并将三元组关系和尾实体的表面形态特征作为产品属性和属性值的表示。然后，通过结构聚合模块传播并在目标产品实体上聚合产品属性和属性值信息，形成产品实体的最终表示，用于各种下游任务。这实际上是架构层知识注入机制，结构化知识被直接注入模型的参数空间。

（3）模态任务层。图像模态、文本模态和知识模态的预训练任务分别为掩码对象模型、掩码语言模型和链接预测模型。这里采用目标层的知识注入机制，通过多任务联合学习的方式，将包含链接预测在内的知识图谱任务与其他模态的预训练任务结合起来，达到知识注入的效果。

2.4.2.3 实验分析

K3M 在真实应用场景下的 4000 万种商品上训练，其中每种产品包含一个标题、一张图像和一个相关的三元组。设置不同的模态缺失和噪声比率，在产品分类、产品对齐及多模态问答三个下游任务上评估 K3M 的效果，并与几个常用的多模态预训练模型对比：单流模型 VLBERT、双流模型 ViLBERT 和 LXMERT。限于篇幅，这里仅罗列几个主要实验结论，详细实验结果可参考原文。

（1）当模态缺失或存在模态噪声时，基线模型严重缺乏健壮性。当模态缺失比例增加到 20%、50%、80%和 100%时，ViLBERT、LXMERT 和 VLBERT 的性能从 TMR=0%平均下降 10.2%、24.4%、33.1%和 40.2%。

（2）带有模态缺失和噪声的文本模态对性能的影响大于图像模态。对比三个基线的“标题噪声”和“图像噪声”，随着文本模态缺失比例的增加，模型性能下降了 15.1%～43.9%，而随着图像模态缺失比例的增加，模型性能下降了 2.8%～10.3%，说明文本信息的作用更为重要。

（3）引入知识图谱可以显著改善模态缺失和模态噪声问题。在无 PKG 基线的基础上，ViLBERT+PKG、LXMERT+PKG 和 VLBERT+PKG 在模态缺失比例从 0%增加到 100%时的平均改善率分别为 13.0%、22.2%、39.9%、54.4%和 70.1%。

知识增强预训练模型在产品对齐、多模态问答等下游任务的实验中，都可以得到类似于在项目分类任务中的结果。

2.4.3 知识增强蛋白质预训练模型

2.4.3.1 背景简介

与自然语言类似，蛋白质的一级结构具有序列特性，这为将语言预训练模型引入蛋白质表示提供了有利条件。蛋白质是控制生物和生命活动的基本大分子，对其进行研究有助于理解人类健康和研究疾病疗法。蛋白质包含一级结构、二级结构和三级结构，其中一级结构与语言的序列特性相似。受到自然语言处理预训练模型的启发，许多蛋白质预训练模型和工具应运而生。大规模无监督蛋白质预训练可以从训练语料中习得一定程度的蛋白质结构和功能信息。

然而，蛋白质与自然语言文本有本质的不同。蛋白质包含大量特有的生物学知识，这些知识难以直接通过预训练目标习得，并且低频长尾的蛋白质表示会受到数据分布的影响。事实上，人类科学家已经积累了大量关于蛋白质结构和功能的生物学知识。例如，基因本体（Gene Ontology，GO）包含了数十年来科学家总结的有关生物分子功能、生物过程、细胞结构等知识。其中既有结构化的关联性知识，如细胞的组成结构，也有大量功能描述性知识。

蛋白质的多级结构序列数据多基于高通量实验测序获得，不包含类似于 GO 的描述性数据信号。因此可以预见，如果能找到合适的方法将人类总结的高度抽象的生物知识融入基于测序数据训练的蛋白质模型，那么将有助于蛋白质模型更好地完成各类下游任务，如蛋白质结构预测、功能预测、蛋白质设计等。OntoProtein[28]就是一种将知识图谱融入蛋白质预训练的方法。

2.4.3.2　实现方案

具体实现分为两个步骤，包括构建基因知识图谱和将知识图谱融入蛋白质语言模型的训练，下面分别介绍。

1．构建基因知识图谱

通过访问公开的基因本体知识图谱，并将其和来自 Swiss-Prot 数据库的蛋白质序列对齐，来构建用于预训练的知识图谱 ProteinKG25，该知识图谱包含 4990097 个三元组，其中包括 4879951 个蛋白质-Go 三元组，110146 个 Go-Go 三元组，并已全部开放供社区使用，如图 2-22 所示。基于“结构决定功能”的思想，如果在蛋白质预训练过程中显式地告诉模型什么样的结构具备什么样的功能，那么显然能够提升如蛋白质功能预测、蛋白质交互预测等任务的效果。

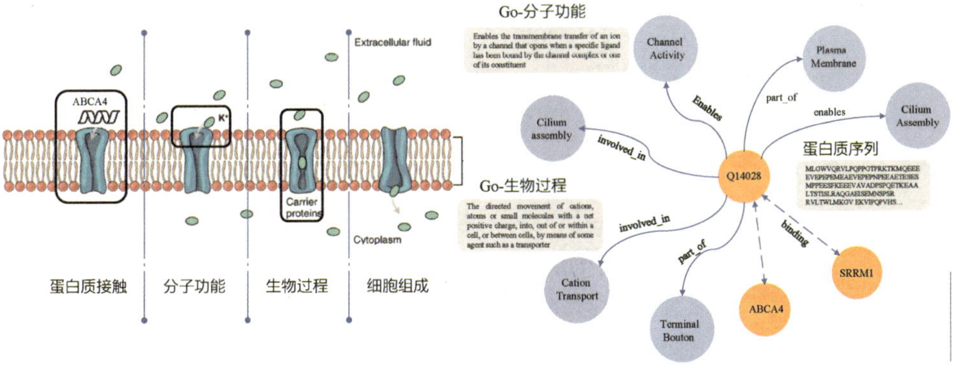

图 2-22　基因知识图谱

2. 将知识图谱融入蛋白质语言模型的训练

基于构建好的知识图谱，设计一个特殊的蛋白质预训练模型 OntoProtein，如图 2-23 所示。在预训练输入中包含两种不同的序列：蛋白质序列和描述蛋白质功能、生物过程等的文本信息。因此，OntoProtein 采用了两种不同的编码器，对蛋白质序列 OntoProtein 采用已有的蛋白质预训练模型 ProtBert 进行编码，对文本序列采用 BERT 进行编码。

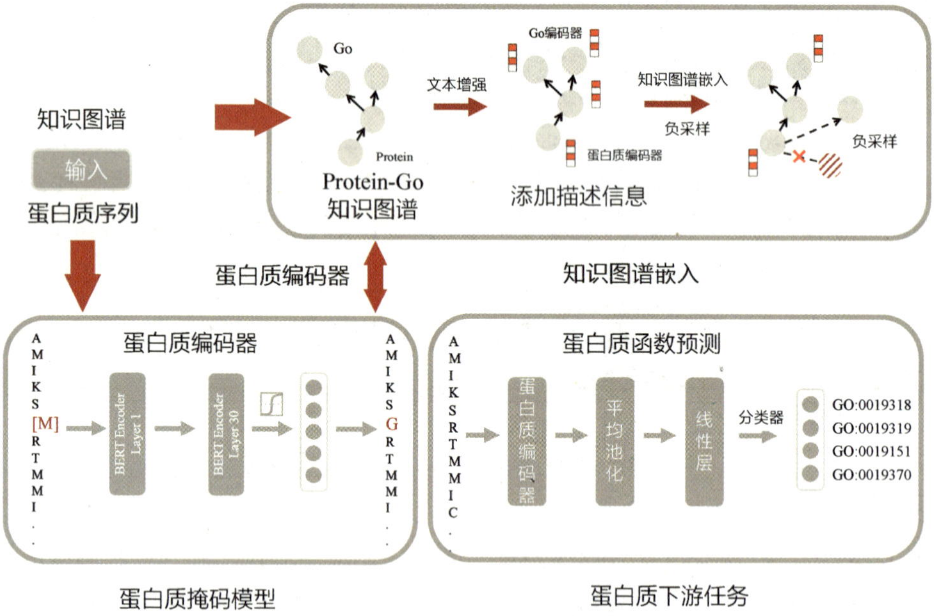

图 2-23　将知识图谱融入蛋白质语言模型的预训练

为了更好地预训练并融合三元组知识信息，OntoProtein 采用了两个优化目标。首先是传统的掩码语言模型目标，OntoProtein 随机掩码序列中的一个 Token 并预测该 Token。其次是三元组知识增强目标，OntoProtein 通过类似知识图谱嵌入学习的方式植入生物学三元组知识。注意，这里的事实知识分为两类不同的三元组，分别是 Go-Go 和蛋白质-Go，因此提出一种知识增强的负采样方法，以获得更有代表性的负样本来提高预训练效果。

可以看到，这里采用了架构层知识注入与目标层知识注入相结合的方式实现知识注入。Go 基因本体知识在经过表示学习后，在蛋白质的预训练阶段进行注入。同时，在目标层，包含知识图谱预测的目标任务与蛋白质的预训练任务联合训练，从而实现知识注入。

2.4.3.3　实验分析

OntoProtein 在蛋白质测试基准 TAPE，以及蛋白质交互、蛋白质功能预测上进行了实验，证明融合知识图谱的蛋白质预训练方法在一定程度上取得了较好或可比的性能。详细的实验结果请参考原始论文。

2.5 本章小结

在讨论知识增强预训练时，一个关键问题是：大模型中的知识是如何存储和激活的？相关研究有一个叫"回路"（Circuit）的方向，探讨模型预测过程中逐步激活的神经网络子结构，试图揭示三元组事实中的主体、关系和客体的存储和激活机制。深入探究大模型的知识存储和推理机制超出了讨论范围，本书关注的是哪些因素决定了大模型中的知识回路结构。显然，基于文本序列的输入形式和下一个词预测的训练机制，在一定程度上决定了大模型存储和激活知识的机制。那么知识增强或者结构增强为什么能提高模型效果呢？答案是结构增强影响了知识回路的生成，使其更有逻辑性。

无论是对于结构引导的预训练，还是对于知识增强的预训练，单纯基于文本序列和下一个句子预测的预训练都存在局限性。人在认知过程中形成的知识组织形式远不止线性的文字序列那么简单，人脑更倾向于结构化、关联性或逻辑性思维。

老一辈知识表示专家将人脑中的知识形容为"知识汤"，因为他们认为人类的知识是高度复杂的。为什么在预训练环节注入结构化信号能提高效果？一个可能的原因是基于文本序列训练的大模型知识的存储形式与人脑中的知识的组织形式存在很多方面的失配，或者说大模型与人脑存在某种认知鸿沟，这个鸿沟可能正是现有大模型的可靠性、可控性、幻觉生成等问题产生的根源。我们需要通过某种方式让大模型的知识表示、存储方式和推理机制尽可能与人脑中的知识组织形式和认知过程对齐。这可能不仅需要增加额外的结构信号或知识增强，还要从训练语料的知识表示方式、目标优化函数、知识约束机制等方面进行根本性的改造。

智能是基于主观意识对客观事物的认知，形成概念抽象，并总结事物间的规律性关系，进一步形成知识，这些知识是逻辑推理的基础。如何让大模型的训练和学习过程更好地与人的认知过程对齐是知识增强预训练的最主要的努力方向。

第 3 章
CHAPTER 3

知识增强提示指令

本章从通用人工智能的发展目标出发介绍提示学习、提示工程、上下文学习、指令精调、指令遵循、参数有效性学习、思维链等一系列概念。提示工程本质上和传统知识工程类似，都是将人类获取的知识注入机器模型的过程。本章重点分析了传统符号知识表示方法与提示指令的关系，并分别从知识增强提示学习、结构化思维链、结构增强指令精调等方面介绍了知识增强提示指令的常见方法和实践。

3.1 知识增强提示指令概述

在大模型的语境下，术语“提示”（Prompt）指提供给模型的输入，用于引导大模型产生任何形式的响应，是大模型生成回答的起点。提示可以是一个简单的词语或短语，也可以是一组复杂的句子。另一个术语“指令”（Instruction）可以看作一类更加具体的提示，它通常描述一个具体的指示或命令，用于描述要求大模型完成的具体任务，如指示模型总结文本、翻译句子等。指令通常是指导性的（Directive），旨在获得特定类型的响应或动作；而提示通常是建议性的（Suggestive），旨在获得清晰、明确的响应或回答。

本书开篇就谈到大模型代表通用人工智能时代的逐步来临。在具体展开介绍提示学习和指令精调之前，我们先尝试从机器学习范式的视角来审视“通用”这个概念的技术内涵。

在机器学习和人工智能的发展历程中，可以观察到一个从专有模型向通用模型演进的趋势，以及与之伴随的机器学习范式的变化。这些变化体现了从特征工程到端到端的深度学习，再到以预训练与模型微调等为代表的范式演进，如图 3-1 所示。

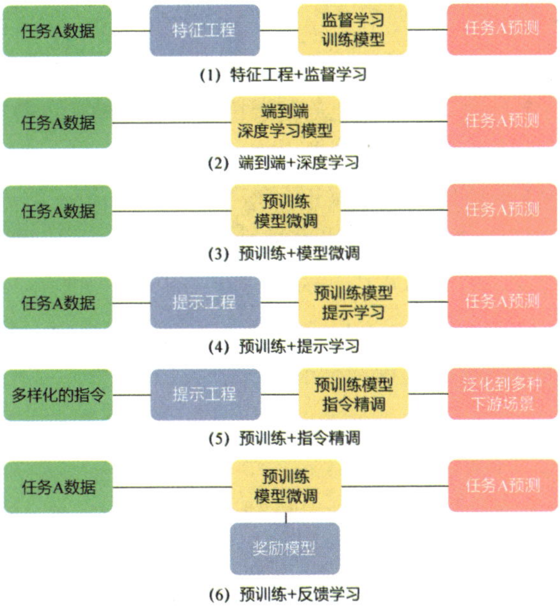

图 3-1　大模型时代的机器学习范式：从专有到通用

（1）**特征工程+监督学习**。在早期的机器学习方法中，模型通常是针对特定问题专门设计的。这通常需要大量的特征工程，即依靠人工经验来选择和优化那些对结果影响大的输入特征。这个过程耗时耗力，模型的适应性和泛化性也相对有限，因为模型的特征设计高度依赖特定的任务定义。

（2）**端到端+深度学习**。在深度学习兴起的年代，模型逐步摆脱对复杂特征工程的依赖。端到端学习范式更多强调通过大量的数据让模型自动学习从输入到输出的映射，而无需复杂的手动特征工程。这标志着模型设计开始逐步从专有向通用发展，因为端到端方式可以让同一个模型应对多种类型的数据输入。

（3）**预训练+模型微调**。预训练是指在大规模的数据集上获得基础的数据理解能力，随后通过少量的特定任务的数据对模型进行微调以适应下游任务。典型的预训练模型包括自然语言处理领域的 BERT、GPT 等。这种策略尽可能重用预训练阶段获得的参数，因而能显著提高模型的通用性和可迁移性，但由于仍然需要为不同任务微调特定的模型，而且不同下游任务的输入/输出形式不一致，因此这种策略的通用设计仍然不够彻底。

（4）**预训练+提示学习**。提示学习先通过设计自然语言的提示或指令（如提示语、问题描述、指令命令等）来统一下游任务的输入/输出形式，再用自然语言提示指令引导模型输出预期答案。提示学习无须对模型参数进行修改，例如，仅提供少量的下游任务示例，就可以引导基座模型完成新的任务。但这通常需要较高的提示设计技巧。为每个下游任务微调一个新模型，本质是让预训练模型向下游任务分化和靠近；而提示学习无须为特定任务精调特定模型，是让下游任务向预训练模型统一和靠近。这种策略进一步提高了模型的通用性。

（5）**预训练+指令精调**。指令精调是指采用统一的提示指令形式，利用多个下游任务数据集对基座模型进行提示学习形式的精调。这种策略与前述的模型微调有两个方面的显著不同。首先，指令精调采用提示形式统一各种不同任务的输入/输出形式；其次，指令精调不为下游任务精调不同模型，所有来自不同下游任务的指令都用于增强一个基座模型的能力。这种策略进一步增强了基座模型适应不同下游任务和解决全新问题的能力，可以显著提高基座模型的泛化能力，因而训练的是更加通用的模型。

（6）**预训练+反馈学习**。反馈学习机制（如 RLHF）通过训练一个奖励模型对模型输出进行打分，再通过强化学习等过程进一步精调模型。这种机制通常旨在使模型的行为更好地与人类价值和预期对齐。相比于特定的数据打标，奖励模型为基座模型提供的学习信号是一种更加通用的监督信号，也能进一步提高模型的通用能力。

可以看出，机器学习模型从依赖手工特征和专有设计，到能够自动学习特征，并适应各种任务的输入/输出形式，不断朝着通用模型方向演进。这不仅提高了模型的效率和可用性，也大大拓展了其应用范围。

“提示”所表示的是一种人类主观知识。提示指令可以被视为一种将人类知识注入大模型的方式。预训练阶段使用的诸如“Next Token Prediction”的监督信号仅能编码基础的、通用的、浅层的语义和知识。而提示指令包含大量任务特定的知识，这些知识不只描述人的意图和问题指令，还可能包括人的思维逻辑（如思维链）、类比逻辑（如举例示例），以及与任务相关的实体及关联关系等事实性上下文信息。

大量研究表明，提示表示的结构化和逻辑性与模型推理能力密切相关。从最简单的文本提示和带思维链的文本提示，到代码提示、树型提示、图提示等结构化更强的提示，甚至直接以逻辑规则作为提示，构建和获取高质量的提示语料（提示工程），本质上都是获取人类先验知识的过程，这和传统知识工程的目的在本质上是相似的。高质量的提示工程和传统知识工程一样，都是耗时费力的。

3.2 提示学习与指令精调

3.2.1 提示学习

前文已经提到，提示学习[29]的最初目的是让下游任务适配预训练模型，从而进一步提高模型的通用能力。自 GPT-3 之后，提示学习覆盖的范围逐步扩大，从面向小语言模型训练的提示模板构建，逐步向大模型的上下文学习、指令精调和思维链等方向发展，如图 3-2 所示。

3.2.1.1 上下文学习

在具体介绍提示学习之前，先了解上下文学习[30]（In Context Learning，ICL）。ICL 学习机制通常涉及向类似于 GPT 这样的大模型提供一个包含若干示例的提示，直接利用这些示例来引导大模型作答，无须针对特定下游任务提前进行微调，可以看作提示学习的一种。与 ICL 相关的一个概念是示例学习（Demonstration Learning），指模型根据从这个上下文中提供的示例来生成预测。

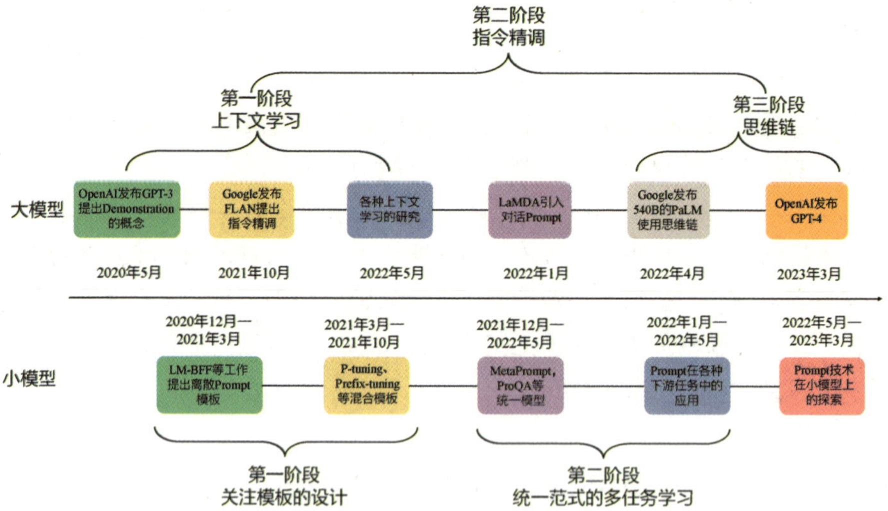

图 3-2　提示学习的发展过程

如图所示，ICL 的典型特征是：无须对模型进行微调，直接通过给定的几个示例，就能引导模型模仿示例给出正确答案。例如，在翻译对中，可以包含一些样本翻译；在数学问题中，给出几个计算样例；在代码生成中，给出几个示范性的代码例子等。

ICL 学习机制降低了对模型的增强训练要求，对于一些全新的任务，也仅需要提供少量样本就能激发大模型完成预测，因而也被认为具备少样本和零样本学习的能力。后文在分析提示学习的本质时，还会谈到 ICL 这类学习机制背后的原理。但 ICL 仅适用于参数量非常大的模型，在小模型上，ICL 的效果通常难以被激发。

上下文学习实例：情感分类任务

示例：

1. 全球区域冲突进一步加剧，严重影响股市　　标签：Negative
2. 人工智能技术带来新一轮生产力提高和技术升级　　标签：Positive
3. 各国陆续出台多项促进经济发展政策　　标签：Positive

测试输入： 人工智能技术取得突破性进展

预测输出： Postive

3.2.1.2　离散的提示模板

提示学习最初的目的是减少预训练任务和下游任务的语义差异。传统模型微调通常需要为不同的下游任务引入不同的训练目标，例如定义一个特定的分类任务目标来微调一个专用于分类任务的模型。然而，预训练任务通常基于掩码预测或 Next Token Prediction 的训练目标，微调后的模型与预训练模型的语义空间可能产生差异，导致模型遗忘预训练学习的知识，或者预训练学习的规律并不利于下游任务的性能提高。

一种方法是将各种下游任务统一为自然语言序列形式的提示模板，从而将下游任务的训练目标统一为预训练语言模型的训练目标。如此一来，就无须为各个特定的下游任务微调特定的模型。同时，全新的任务只要能设计出符合自然语言序列形式的提示模板，就可以采用 ICL 示例学习机制直接进行少样本或零样本预测，而无须对模型参数进行修改。

提示模板通常由三部分组成：提示输入、任务模板、答案映射。提示输入是原始的模型输入；任务模板也被称为 Pattern，用于描述某个下游任务，如实体识别；答案映射也被称为 Verbalizer，即答案的标签词映射。对于具体的分类任务，需要选择指定的标签词（label word）。例如，在情感分析任务中，需要定义 V (positive) = great，V (negative) = terrible（这里 positive 和 negative 是情感分类标签）。由于不同的任务有相应的标签空间，因此 Verbalizer 的构建是由任务模板来决定的。

提示模板实例：实体识别任务

- 提示输入：[X1]浙江大学位于[X2]杭州；
- 任务模板（Pattern）：[X1] 是一个 [Z] 类型实体；[X2] 是一个 [Z] 类型实体；
- 答案映射（Verbalizer）：Org、Loc、Per……

通常需要为不同的任务设计不同形式的提示模板，表 3-1 列举了文本分类、情感分析、实体识别、关系抽取、文字总结、相似度计算等任务的提示模板样例。

表 3-1　针对不同任务的提示模板样例

类　型	任务种类	输入 X	模　板	答案 Z
文本分类	情感	I love the film.	[X] The film is [Z]	great, fancy, …
	主题	He is learning LLM.	[X] The text is about [Z]	CS, Sports, math…

（续表）

类　型	任务种类	输入 X	模　板	答案 Z
文本分类	意图	Who is the president of the USA?	[X] The question is about [Z].	Politic, Economy···
文本对分类	自然语言推理	[X1] An old man with. [X2] A man walks	[X1]? [Z] [X2]	Yes, No
序列标注	命名实体识别	[X1] I go to Paris [X2] Paris	[X1][X2] is a [Z]	Country, City, Person
文本生成	摘要	ACL is a top conference of ···	[X] TL;DR; [Z]	ACL is good.
	翻译	Je vous aime.	French [X] English [Z]	I love you.

1. 提示工程

除了不同任务需要构建不同形态的模板，同一个任务也可能有多种不同形态的模板。如图 3-3 所示，一个情感任务的描述可以有两种甚至更多种形式。此外，由于标签词映射 Verbalizer 也可以有多种形式，如表达同样的观点可以用“great & terrible”，也可以用“wonderful & boring”，因此即使同一个任务也会有多种形式的模板。实验表明，提示模板及标签词映射都会对模型输出产生影响，因此，搜索和构建最符合任务需要的模板就成为一项重要的工作，这也是提示工程的主要任务之一。

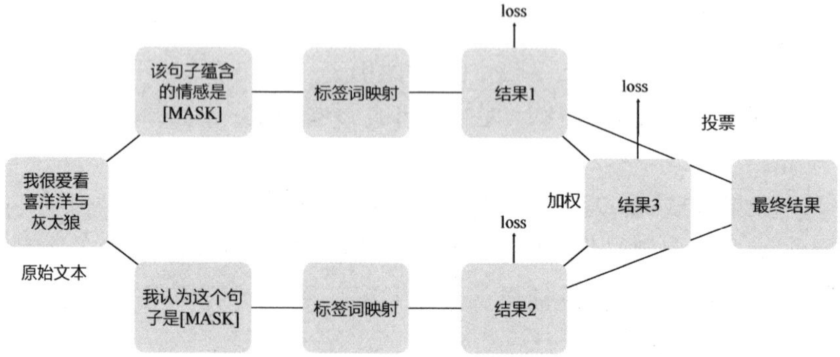

图 3-3　多提示集成

2. 自动化提示

有很多关于自动化搜索和构建提示模板的工作。例如启发式方法可以通过定义规则或正则化模板来引导自动构建相应的模板。典型的工作如 PTR（Prompt Tuning with Rules for Text Classification）[31]利用启发式规则定义若干子模板（sub-prompt），再通过子模板组合来形成最终的模板。再例如 AutoPrompt[32]利用梯度引导搜索来寻找最有效的提示，其基本过程是：对于给定的原始输入，额外定义若干离散的提示作为 trigger，并组成提示模板，再将其喂入语言模型进行结果预测，并根据预测结果的好坏来筛选 trigger 提示。也可以利用生成的思想来辅助构建提示模板，例如 LM-BFF 首先定义一个 Template 的母板，然后将这些母板与原始文本拼接后喂入语言模型，引导语言模型补充母板中的缺失部分的提示，从而生成全新的模板。

3. 多提示集成

既然同一个任务可能有多种形式的模板，那么一种思路是将各种模板集成。同时，由于标签词的组合方式也会有多种，因此可以将多种模板和多种提示集成，以便模型能感知各种语义表达方式，如图 3-3 所示。

3.2.1.3 连续的提示学习

前面介绍的提示模板构建方法主要基于可读的、离散的符号表示，也被称为 Hard Prompt。既然提示的本质作用是对模型输入进行引导性增强，那么是否可以直接采用连续的向量表示来增强模型输入呢？由于连续的向量表示比离散的符号表示更容易表示不确定的语义，因此能够更加灵活地引导模型输出。常见的连续提示学习机制包括词向量微调[33]和伪标记（Pseudo Token）[34]。

（1）**词向量微调**。这种方式仍然以离散的符号提示为基础，但在训练时，这些符号提示的词向量可以参与梯度下降进一步调优，以获得更符合提示需求的向量表示，这些微调后的向量表示即可用作后续的提示输入。

（2）**伪标记**。这种方式完全抛弃离散的符号提示，不需要显式指定模板中的提示标记，提示标记是语义空间的某个向量表示即可。由于这样的提示标记实际上没有真实的含义，因此被称为伪标记。

一个典型的例子是 P-Tuning[34]。如图 3-4 所示，除了伪标记，P-Tuning 还专门引入了一个提示编码器来建模伪标记的先后依赖关系。这是因为，虽然伪标记没有实际语义，但它作为自然语言形式的输入补充实际应该像真实的句子一样有词语的先后依赖关系。此外，为了更好地引导伪标记的学习，也可以引入显式词表示（captial、britain 等）来约束伪标记的语义空间。此外，P-Tuning 还采用了离散提示和连续伪标记相结合的混合提示机制。

另外一项工作 PPT（Pre-trained Prompt Tuning）[35]提出，在大量无标注的预训练语料上对连续的伪标记进行预训练，获得一个预训练的连续提示向量之后，再将其加载到下游任务的输入中进一步微调训练，或直接拼接输入用于零样本预测。

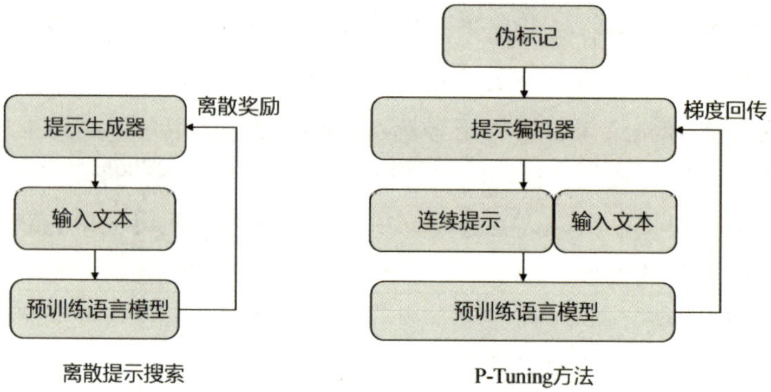

图 3-4　连续的提示表示 P-Tuning[34]

3.2.1.4　参数高效学习

参数高效学习（Parameter-Efficient Learning）[36]是指通过调整少量参数，而非全量参数，来实现学习任务的方法。特别是对于 GPT 和 BERT 这样的大模型，全参数的微调通常需要耗费大量算力资源。提示精调（Prompt-Tuning）也是一种高效的参数学习方法，特别是对于基于连续向量的提示精调，可以固定整个预训练模型，只对模板中的少量提示向量或者提示编码器中的参数进行训练。下面介绍几种与提示精调有关的参数高效学习方法。

1. 前缀精调

前缀精调（Prefix tuning）与提示精调类似，也通过添加可学习的提示向量来引导模型训练。由于该提示向量通常加载在序列的前面，因此也被称为“前缀”向量。与提示精调不同的是，前缀精调的提示向量可以加载到模型的任意一层，而非仅仅是模型输入层，如图 3-5 所示。在整个模型的精调训练过程中，模型的全参数固定不变，仅更新这些前缀向量，从而达到参数高效学习的目的。

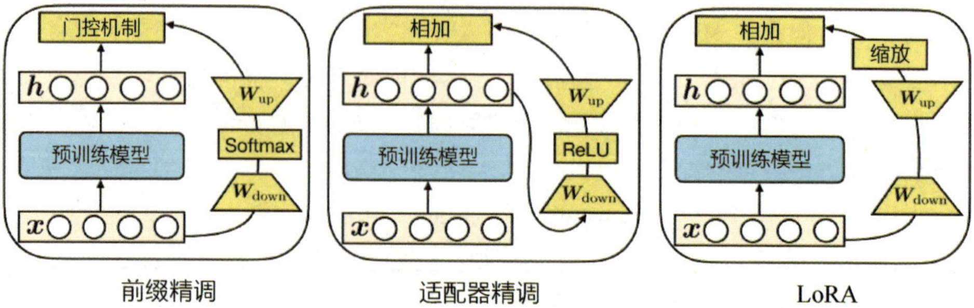

图 3-5　前缀精调、适配器精调和 LoRA[36]

2．适配器精调

适配器精调（Adapter Tuning）[37]在预训练模型的各层中插入被称为适配器（Adapter）的小型神经网络模块，以适应下游任务。这些 Adapter 网络模块的参数通常很少，可独立训练，不会干扰原始模型的参数，从而达到参数高效学习的目的。Adapter 通常位于 FFL 前馈层之后、残差连接之前。其本质是两层 MLP，分别负责将 Transformer 的表征降维和升维。实验表明，只需添加少于 5%的参数，即可达到全参数训练效果，从而大大节省了训练成本。

3．LoRA

LoRA（Low-Rank Adaptation）[38]是被广泛应用的参数高效学习方法。这种方法基于低秩矩阵分解的理念，核心思想是将神经网络中某些层的权重矩阵分解为两个低秩矩阵的乘积。在进行任务微调时，不是直接修改原始的权重矩阵，而是仅更新低秩矩阵。通过训练这些小规模的矩阵，LoRA 能够实现在固定模型原始参数的情况下，对模型行为进行高效微调，从而大幅减少模型微调所需调整的参数量，同时保持甚至提高模型在特定任务上的性能。

4．UniPELT

UniPELT（Unified Parameter-Efficient Learning Techniques）[39]则提供了针对前缀精调、适配器精调、LoRA 等参数高效学习的集成方法。这些参数高效学习方法的本质都是插入少量新的可训练参数来对预训练过程起到提示作用，只是形式或参数量大小有所不同。

5．Hypernetworks

Hypernetworks[40]更具一般性，其基本思想是通过训练一个额外的小型网络来编码提示知识，并通过这个网络生成所需要的适配器或提示向量，以便加载到预训练模型的各层中来引导模型的学习和推理。这种间接的训练方式可以在不直接增加主模型负担的情况下，引入新任务的特定知识。此方法特别适用于需要频繁迭代和更新模型的场景。

3.2.2 指令精调

3.2.2.1 指令学习与提示学习

在大模型的语境中，提示和指令常常被交替使用，它们都可以代表用于描述人类意图的引导性或指令性的输入，但具体到提示精调和指令精调，则代表两种目的不同的技术概念。简单来说，提示精调或提示学习侧重于设计和使用一种特定的提示模板，目的是激发和引导模型生成预期的输出。而指令精调侧重于在模型训练过程中构建多种不同任务的指令数据集对模型进行微调，目的是提高模型的任务泛化能力，训练出能够遵循多种不同任务指令的通用模型。指令精调技术通常在模型训练阶段使用，提示精调则可以在任何阶段使用。

指令精调中的指令通常不止于一段描述，主要包括以下三部分。

- 任务模板：用于描述任务的意图及形式，前文介绍的提示模板均可用于定义任务。
- 输入：通常是一个实例的输入，例如对于情感分类，是一个待分类的句子。
- 输出：通常是一个实例的输出，例如对于情感分类，是该句子的情感分类标签。

下面是一些范例。

任务描述：“将下面的句子从英语翻译成法语。”

输入：“Hello, how are you? ”

预期输出：“Bonjour, comment vas-tu? ”

任务描述：“总结下面的文章的主要内容。”

输入：“全球变暖是当今世界面临的最大环境问题之一，它引起的气候变化会影响到每一个生物的生存……”

预期输出：“全球变暖是重大环境问题，导致广泛的气候变化影响。”

理解指令精调的另一个视角是多任务学习。前文多次提到，大模型的终极目标是实现通用人工智能，而训练单个模型来解决多个任务则是这种通用能力的一种体现。例如，Super-NaturalInstructions[41]数据集中包含超过 1600 个任务，覆盖文本分类、序列标注、文字总结、翻译等众多形式。如图 3-6 所示，指令精调的一个目标也是通过众多任务对同一个模型进行训练，以便让模型学习到任务级的共性知识，从而提高模型处理新任务的能力。这与传统的元学习（Meta-Learning）的思想是接近的，都是通过学习多任务之间的可迁移特征来提高模型的少样本和零样本任务泛化能力。

3.2.2.2 指令数据集的自动化构建

表 3-2 列出了一部分通过人工构建的指令数据集，如 Natural Instructions、P3、BIG-BENCH、Flan 2021 和 Multi-Instruct 等。这些指令数据集的主要目的都是通过指令精调来提高模型在多任务场景下的泛化能力，包括文本分类、机器翻

译、问题回答、多模态理解等。这些任务旨在测试和提高模型遵循指令执行复杂操作的能力，并提高模型在未见过的任务上的零样本预测性能。

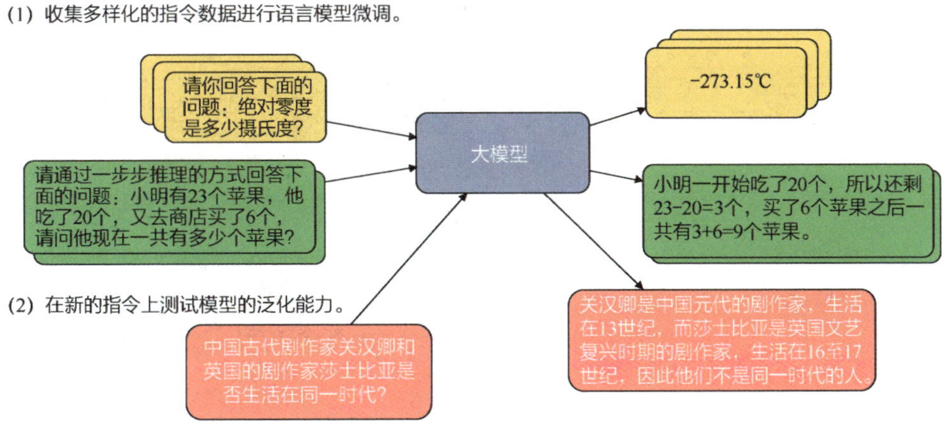

图 3-6　指令精调提高模型的泛化能力

表 3-2　常见的指令数据集简介

数据集名称	描　述	任务类型
Natural Instructions[42]	约 19 万个英语指令，涵盖 61 种 NLP 任务	文本分类、问题回答等
P3（Public Pool of Prompt）[43]	由 170 个英语 NLP 数据集和 2052 个英语提示整合而成	问题回答、文本分类等
BIG-BENCH[44]	包括超过 200 个任务	创造性和开放式任务，如智力测验和逻辑推理
Flan 2021[45]	将 62 个被广泛使用的 NLP 基准转化为语言输入/输出对构建的数据集	情感分析、自然语言推理等
xP3（Crosslingual Public Pool of Prompt）[46]	包含 16 种不同的自然语言任务，覆盖 46 种语言的多语言指令数据集	机器翻译、程序合成等
Multi-Instruct[44]	多模态指令调整基准数据集，包括 62 个不同的多模态任务	多模态任务，如视觉理解和多模态推理

构建指令数据集耗时费力，并且涉及大量的人工整理、对齐和数据清洗工作。同时，人工构建的数据集通常带有主观偏向性，导致任务的均衡性和多样性不够好，不利于提高模型的泛化能力。研究者逐步总结出很多自动化构造指令数据集的方法。

下面以 Self-Instruct 为例介绍自动化构造指令数据集的基本思想和方法。

Self-Instruct 方法通过预训练语言模型自身的生成能力来构造新的指令数据集。Self-Instruct 使用半自动的自引导流程，通过少量人工编写的种子指令引导语言模型生成新指令。如图 3-7 所示，Self-Instruct 的核心步骤如下。

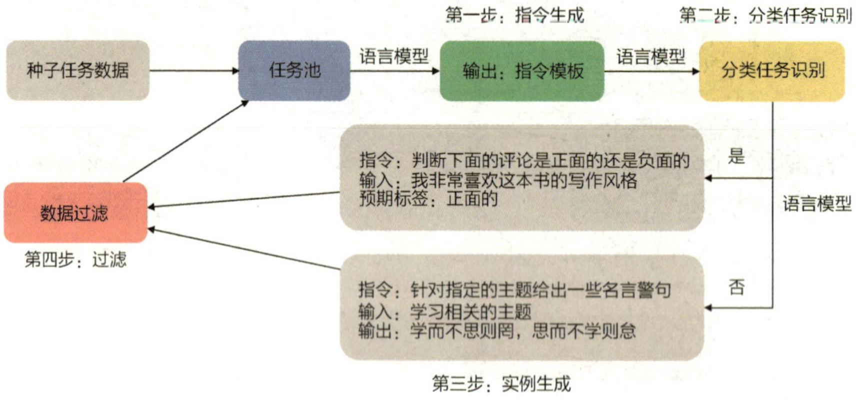

图 3-7　Self-Instruct 半自动指令数据集构造[48]

初始任务和实例：初始有少量人工构建的种子任务，每个任务配备一条指令和一个实例。

指令生成（第一步）：语言模型参考任务池中的任务生成新的指令。

分类任务识别（第二步）：语言模型识别分类任务，若是，则进行输出优先处理；若否，则进行输入优先处理。由于不同类型的任务侧重点不同，例如分类任务通常侧重于分类标签输出，因此任务需要优先构造标签输出。

实例生成（第三步）：若要生成具体的指令实例，则需要生成指令的任务描述、输入和输出等模块。

过滤（第四步）：去除无效或过于相似的生成内容，以保证指令和实例的多样性和质量。

还有很多自动化构造指令数据集的工作。例如，Alpaca 使用 OpenAI 的 text-davinci-003 模型生成指令，通过设计专门的提示文本来明确要求模型生成特定类型的指令，但其删除了分类指令和非分类指令的区别，以简化指令构造流程，提高构造效率。Alpaca 指令数据集包含 5 万多条独特的指令和对应的实例。

Unnatural Instructions[49]也采用了类似的构建步骤，但其在生成初步指令之后，再次使用语言模型将每个指令改写和扩展，以增加指令表达的多样性和结构丰富性，从而大大扩展指令数据集的规模。通过这个过程，最初生成的指令数据集包含 6 万多个指令实例，通过改写最终扩展到约 24 万个指令实例。

Dynosaur[50]提出基于元数据引导指令数据集构建的方法。它从 HuggingFace 等处收集数据集名称、描述、数据字段和数据集注释，利用收集到的元数据提示语言模型生成相应的指令描述和输入/输出字段。

WizardLM[51]采用 ChatGPT 对 Alpaca 数据集中的指令进行重构，生成更加复杂的指令。WizardLM 使用六种操作方法将指令转化为复杂的形式，包括添加约束（add constraints）、增加深度（deepending）、具象化（concretizing）、推理增强（increase reasoning steps）、输入复杂化（complicate input）、变异（mutation）等。每步都在前一步的基础上构建，创造出更复杂的新指令。

LongForm[52]重点针对长文本生成任务构建指令数据集，以促进模型生成结构性更强、逻辑更连贯的长篇内容。其首先从 Wikipedia 等文本来源构建大约 15000 个段落文本块，然后利用 ChatGPT 以这些文本块为输出答案反向生成对应的指令，最后进行文本风格等方面的微调。

MUFFIN[53]专注于多模态指令数据集的构建和整合，它结合图像、文本和声音等输入，通过 ChatGPT 来辅助构建多模态的指令实例。

这些数据集各自针对语言模型在特定领域的挑战，如长文本生成、对话系统、多模态处理等，通过多次迭代并辅以一定的人工筛选，可以产生高质量、多样化的指令，用于进一步微调原始语言模型，以提高大模型遵循人类指令执行任务的能力。

3.2.3　思维链

思维链（Chain of Thoughts，CoT）是一类特殊的提示，其目的是通过显式的多步骤示例来引导大模型完成多步推理任务[5]。早期的工作多为单提示思维链（Single-Prompt CoT）模式，以下面的数学推理为例，思维链通常以 In-Context-Learning 的机制工作。通过在提示上下文中提供一个或多个多步推理的示例，引导模型参考范例来完成复杂的多步推理。

甲乙两根绳子一共长 22 米，甲绳子截去 2 米之后和乙绳子的长度之比是 2∶3，请问两根绳子原本分别长多少米?请你一步步思考并解决这个问题。

大模型生成的回答如下。

1. 假设甲、乙两根绳子的长度分别是 x 和 y，则有 $x+y=22$

2. 甲绳子截去 2 米之后还剩 $x-2$ 米，剩余绳子和乙的长度比为 2∶3，则可以得到 $(x-2)/2=y/3$

3. 将上述两个方程联立，解得 $x=10$，$y=12$

答：最终结果为，甲绳子长 10 米，乙绳子长 12 米。

CoT 被提出之后，被广泛用于提高大模型的推理能力，并在多个角度进行扩展。例如，Zero-shot-CoT 不引入任何范例，仅用“Let's Think Step by Step”或其他类似的单句提示来引导模型按步骤完成推理。SelfAsk[54]把单个问句分解为多个子问句，每步都由一个子问句和子答案组成，从而构建一个“拆解问句，分步作答”的多步问答过程。Program of Thought（PoT）[55]则提出直接将代码的计算步骤作为思维步骤。

类比人类解决同一个问题可能有多条思维路径的方式，一系列多提示思维链（Multi-Prompt CoT）方法被提出。多提示框架的常见应用是对思维过程进行校验（CoT Verification）。例如，LogiCoT[56]首先通过少量样本的提示生成一个初始的推理链，这些提示帮助模型建立初步的推理路径。然后使用零样本提示逐步扩展每个推理链节点，并在每个节点使用提示来验证推理的正确性。当 LogiCoT 识别出推理链中的错误节点时，会使用提示来诊断这个特定错误，并提出修正方案，从而形成替代的推理路径。Reflexion[57]通过引入模块化的迭代改进方法（Iterative Refinement）来优化思维链推理过程。具体来说，Reflexion 先生成初始输出，再使用任务中特定的评估函数对输出进行评估，并通过生成和应用反馈来不断优化输出。这个过程持续循环，直到评估确认结果正确。其他类似的工作还有 SELF-REFINE[58]、RGV[59]等。

3.4 节将进一步介绍更为复杂的思维链组织方法，例如树型思维链、图型思维链、知识图谱思维链等。这些工作通过明确描述和定义一系列思维步骤来引导大模型完成复杂的推理过程。

3.2.4 提示的本质

最后来探讨一个问题：提示的本质是什么，或者说为什么向大模型提供详细的提示指令、思维链或上下文示例能够引导和激发模型完成不同的推理，并给出不同的回答。这涉及大模型的本质机制和原理，是一个仍然没有被研究透彻的问题。这里给出文献[1]的一种观点，尝试从贝叶斯推理的视角为提示学习提供一种可能的解释。

这种观点认为大模型生成答案的过程可以分解为两个步骤：隐概念学习和基于隐概念的预测。具体来说，模型在推理时，首先基于上下文采样获得一个隐概念（Latent Concept）变量，然后基于这个隐概念变量生成回答内容。这个过程本质上也是由语言模型训练的基本机制决定的，无论是基于 Next Token

Prediction 还是基于掩码预测，都可以认为答案的生成是以一个代表上下文的隐概念变量为条件的。如图 3-8 所示，给定任意文档，可以用一个隐概念，如图中的维基百科，来代表该文档的主题分布。当在 In-Context-Learning 过程中提供若干示例时，模型根据这些示例推断出该任务的上下文隐概念就是维基百科，于是在模型进行推断时，会在传记的主题概念下进行推断。

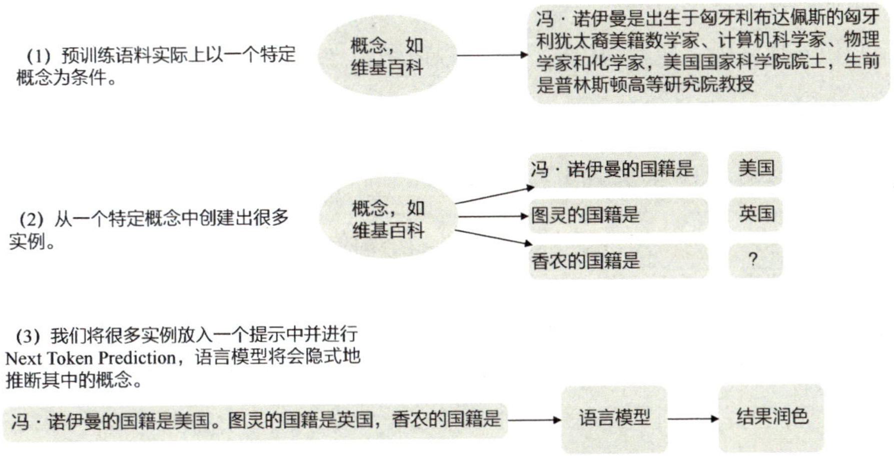

图 3-8　提示学习的贝叶斯解释[60]

可以将该过程用贝叶斯公式重写如下：给定任意的输入提示，模型先以该提示上下文为条件推断隐概念，再将提示和概念一起作为条件来生成最后的答案。可能会有多个隐概念，只需将它们加和即可。

$$P(\text{output} \mid \text{prompt}) = \int_{\text{concept}} P(\text{output} \mid \text{concept}, \text{prompt}) P(\text{concept} \mid \text{prompt}) \mathrm{d}(\text{concept})$$

这里引出另一个相关的问题：知识增强的基本原理是什么？假如前述的假设是正确的，那么很多知识增强的方法本质上是引导模型更为准确地找到这个隐概念，或者说为模型预测提供更为显式和精确的隐概念。此外，由于模型输出过程实际上依赖的不是单一的隐概念，而是多个隐概念的关联组合，而知识图谱刚好显式地提供了这些概念之间的逻辑关联，因此能更好地引导模型进行联想和推理。

接下来的几节将探讨知识（图谱）对于提示指令的价值和作用。3.3 节介绍利用外部知识来增强提示精调的方法，3.4 节重点展开探讨利用知识图谱来引导思维链的一些工作，3.5 节展开介绍利用知识图谱辅助指令数据合成的一些工作。这三个方面的研究工作实际上紧密关联，各有侧重，不应割裂。

3.3 知识增强提示学习

3.3.1 传统提示学习的局限性

下面结合具体的实例，介绍几种利用外部知识来增强提示精调的方法，例如利用知识来增强提示模板的生成，利用知识来引导提示标签词的搜索，利用知识来增强高效参数学习等。

3.3.2 知识增强提示模板

第一种思路是利用知识图谱中的语义和结构信号来增强提示模板的构造和学习过程。传统提示模板构造方法一般基于特定的模板设计，通常缺乏上下文信息和外部知识支撑，导致模型在零样本和少样本任务中的泛化能力和准确性有限。知识图谱通过提供丰富的上下文和结构化的语义信息，能够增强提示模板的语义理解和生成能力，特别是提高模型在零样本和少样本任务中的表现。具体体现在以下几个方面。

（1）**更为结构化和逻辑性更强的上下文。**传统的提示模板通常依赖静态的文本提示，无法提供足够的上下文信息来帮助模型理解复杂的语义。通过实体链接和关系推理，知识图谱能够为提示模板提供丰富的上下文信息，帮助模型更好地理解文本的语义。例如，通过在提示中加入实体的属性和关系信息，模型可获得更全面、更有结构性和逻辑性的背景上下文知识。

（2）**通过增强的知识覆盖提高回答的多样性。**由于传统提示模板缺乏外部知识的支撑，模型在处理涉及广泛领域的任务时，可能会因为缺乏相关领域背景知识而表现不佳。而为模型提供领域特定的知识图谱，可以覆盖更广泛的领域知识。这使模型在处理特定领域任务时，能够充分利用这些外部知识，从而提高回答的多样性。

（3）**更好地适应不同的任务和领域。**传统提示模板的泛化能力有限，难以有效适应不同的任务和领域。通过引入知识图谱，提示模板不仅能在特定任务上表现出色，还能更好地适应不同的任务和领域。例如，知识图谱提供的结构化知识可以帮助模型在零样本和少样本的条件下进行有效的推理和生成[61]。

这里以 KnowPrompt[61]为例介绍具体的实现思路和方法。提示学习在具体的任务中面临诸多挑战，以关系抽取为例，一方面，为关系抽取构建合适的提示模板需要专业的领域知识，且需要大量的验证集验证模板，成本高昂；另一方面，当关系抽取的标签的个数发生变化时，标签词搜索过程的计算复杂度非常高（通常与类别个数呈指数关系），因此较难在语言模型词汇表中针对特定的关系标签获得合适的标签词。

可以观察到，关系标签之间存在丰富的语义知识，即关系三元组之间存在结构约束。例如，如果一对实体包含“person”和“country”的类型，则[MASK]在关系“org：city_of_headquarters”上的预测概率会相对较低，如图 3-9 所示。此外，关系也约束它的实体的类型。受此启发，KnowPrompt 提出将实体关系约束知识植入提示学习过程，通过可学习的“虚拟答案词”和“虚拟类型词”构建知识注入的提示，并通过实体关系约束植入外部结构化知识，以降低模板构建成本并提高任务对领域任务的感知。

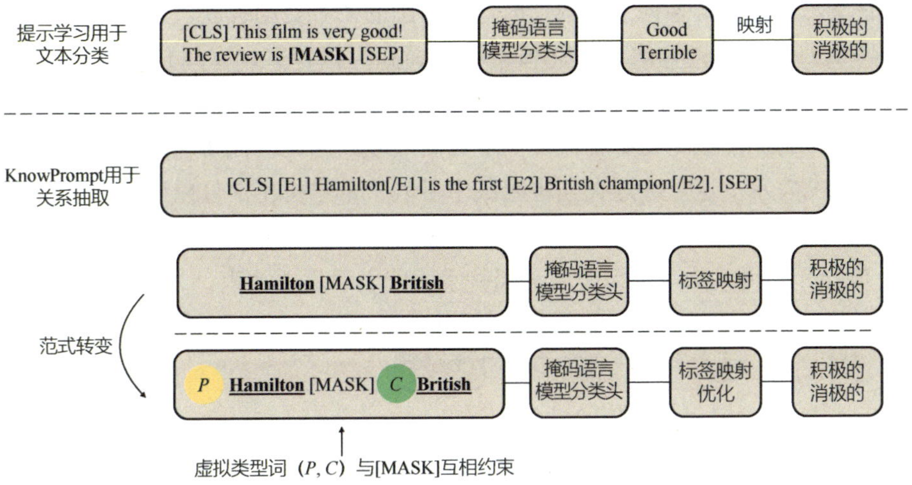

图 3-9　KnowPrompt 示例[61]

具体来说，KnowPrompt 模型分为提示的构建和优化两个步骤。

第一步，基于知识注入的提示构建。KnowPrompt 提出虚拟类型词（实体）和虚拟答案词（关系）的构建，用于向提示模板注入知识。通过引入知识图谱特定关系中包含的先验知识，可以获得潜在实体类型的范围。例如，给定关系“per：country_of_birth”，很明显与该关系匹配的头实体属于“人”，而与该关系匹配的尾实体属于“国家”。但这里并不直接采用知识图谱中的符号实体类型，而是采用一个可学习的连续表示，即虚拟类型词。这些词使用一组从知识图谱中获得的潜在实体类型的聚合嵌入进行初始化。由于初始化的虚拟类型词对于特定实体来说不是精确类型，这些可学习的虚拟类型词可以根据上下文动态调整，因此能够更为灵敏地对提示进行类型约束。

同样地，KnowPrompt 引入虚拟答案词（关系）来注入关系的类型知识。由于这里以关系抽取为例，所以关系标签就是任务的答案标签。以往关于提示学习的研究通常在词汇表中的一个标签词和一个任务标签之间建立一对一的映射，这种搜索计算复杂度高，且未能利用关系标签中丰富的语义知识。为此，KnowPrompt 假设在语言模型的词汇空间中存在一个虚拟答案词，它可以表示关系的隐含语义。而这个代表关系标签的虚拟答案词也可以通过知识图谱中的关系的嵌入表示进行初始化，从而引入外部的关系表示作为虚拟答案词集，进而为提示构建注入关系的语义知识。

第二步，基于知识约束的提示优化。由于实体类型和关系标签存在密切的交互和联系，且虚拟类型词及答案词应该与周围的上下文相关联，进一步引入包含结构约束的协同优化方法来优化虚拟类型词和虚拟答案词，以植入关系约束知识。尽管虚拟类型和答案词是基于知识图谱初始化的，但它们在潜在变量空间中并非最优，它们应该与周围输入的上下文相关联。因此，需要通过感知上下文来校准它们的表示。这里通过在损失函数中引入一个结构化信号以进一步对提示语义进行约束，如图 3-10 所示。给定知识图谱中的三元组(s,r,o)，通过叠加一个类似于 TransE 的损失来对虚拟类型词和答案词的学习进行约束。

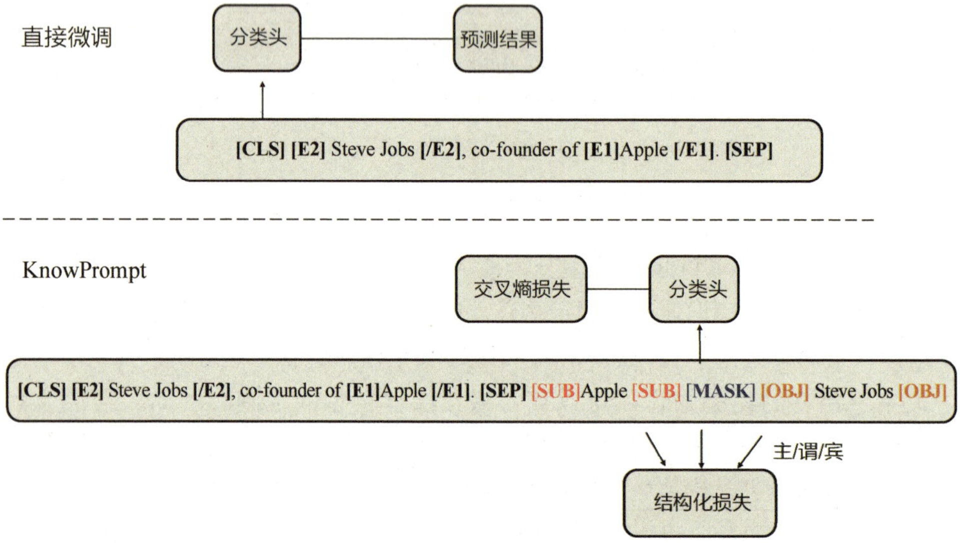

图 3-10 KnowPrompt 的实现思路

可以看到，知识图谱作为一种结构化的知识表示，可以为提示学习提供丰富的上下文和背景信息，提高模型的理解和生成能力。

3.3.3　知识增强标签词集构建

一个经典的提示由两部分组成——模板和标签词映射。因此，第二种利用知识图谱增强提示学习的方法是增强标签词集的搜索、构建和映射。

提示学习中的标签词集构建与词汇映射是指在模型训练和推理过程中，通过构造包含任务相关的标签词集，并将这些标签词映射到具体的标签上，帮助模型理解任务需求并生成相应的输出。例如，在情感分类任务中，对于“positive”的分类标签可能有多种表达，如高兴、愉快、兴奋等，显然，这些标签词范围广泛，且语义高度关联。

传统构建标签词集的方法通常是通过人工选择和定义的，缺乏系统性和全面性，可能无法覆盖任务所需的全部标签。此外，传统方法依赖预定义的标签词集合，难以动态适应新的任务和领域，泛化能力有限。更进一步，事实上，标签词之间是有复杂的语义关联关系的，传统标签词集的构建缺乏这种上下文语义关联知识的支持，可能导致模型在理解复杂语义时表现不佳。

可以利用知识图谱来辅助构建标签词集。例如，可以从知识图谱中提取与任务相关的实体和关系信息，构建初始的标签词集。这些实体和关系信息可以提供丰富的上下文和背景知识，增强标签词集的覆盖范围和语义深度，并引导标签词的有效搜索。此外，可以通过类似于前文介绍的 KnowPrompt 方法，将知识图谱中的结构化信息注入提示模板，使标签词集能够动态适应不同的任务和领域。还可以通过知识图谱的动态更新机制对标签词集不断地迭代优化和扩展，确保其在不同任务中的泛化性和适应性。这样，利用知识图谱构建的标签词集不仅提高了模型的语义理解能力，还增强了其在各种任务中的泛化能力。

这里以 KPT[62]（Knowledgeable Prompt-Tuning）为例介绍一些具体的实现思路，如图 3-11 所示。在这项工作中，将外部知识引入标签词映射 Verbalizer 中，通过构建知识丰富的提示精调，扩展和提高提示的覆盖度和准确度。具体而言，KPT 使用外部知识库扩展 Verbalizer 的标签词空间，并在预测前利用语言模型对扩展的标签词空间进行细化。在零样本和少样本文本分类任务上的大量实验表明，知识丰富的提示调整是有效的。

大多数现有的工作使用手工设计的标签词映射器，设计者需要手动为每个类别选择一个或多个词。为了减少人工设计类别名称的工作量，一些研究提出使用离散搜索或梯度下降方法来学习标签词[33]。然而，从零开始学习的映射器由于缺乏人工先验知识，在少样本场景下明显逊色于手工词汇化器，在零样本场景中甚至不可用，因此，手工设计在许多情况下仍然是一个不可避免的选择。然而，手工方式通常基于有限的信息进行预测。例如，文本分类标签为 SCIENCE，映射{science}→SCIENCE 意味着在推理过程中，仅预测“MASK”标记为“science”才被视为正确，而不考虑其他相关词如“physics”和“maths”的预测，但这些词同样有用。这样的手工一对一映射限制了标签词的覆盖范围，缺乏足够的信息进行预测，并引入了偏差。

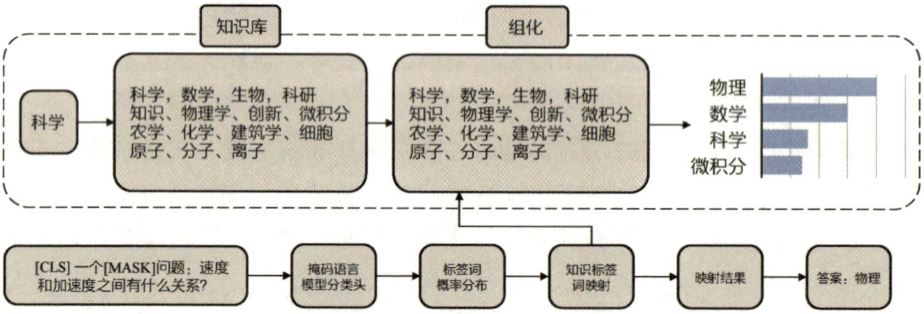

图 3-11　知识增强标签词构建[62]

为了提高手工标签词映射器的覆盖范围并减少偏差，KPT 提出将外部知识引入映射器，即知识增强的提示精调。具体来说，KPT 包含如下三个步骤。

（1）**Verbliazer 词汇映射器构建**。根据上下文预测被遮盖词语的过程通常没有唯一答案，许多候选词可能适合该上下文。因此，通过词汇映射的标签词应具备两个属性：广泛覆盖性和较少的主观偏差。幸运的是，外部结构化知识可以同时满足这两个要求。下面以两个文本分类任务为例，介绍词汇映射器的构建思路。

对于主题分类，核心问题是从各个方面和不同层次提取与主题相关的标签词。KPT 采用一个由多种资源，包括词嵌入、ConceptNet、WordNet 聚合而成的知识图谱获取相关词来扩展标签词汇。知识图谱中的边表示“相关性”关系，并附有相关性评分。通常以基本的标签分类名称为锚节点，从知识图谱中获取评分大于某个阈值的邻居节点作为相关词。而对于二分类的情感分类问题，KPT 基于前人总结的情感词典来构建标签知识库，并利用该知识库将单一离散的二元情感扩展为更细粒度和更多方面的情感。

（2）**词汇映射调优**。虽然构建了包含更加全面的知识型标签词映射器，但知识库的词汇并非为预训练语言模型量身定制，所收集的标签词可能非常杂乱。因此，有必要通过保留高质量的词汇来优化标签词映射器。KPT 提出了多种方法来优化这些带噪声的标签词集。

第一种方法是**频率优化**，主要目的是处理稀有词汇。知识库中的一些词汇对语言模型来说比较罕见，可能导致模型预测概率不准确。KPT 提出使用标签词的上下文先验去除这些词，而不是依赖词频词典。具体而言，对于一个文本分类任务，KPT 将语料库中的句子分布表示为 $\boldsymbol{D}$，对于每个句子，计算每个标签词在掩码位置的预测概率。通过对整个句子分布的概率取期望，可以得到标签词的先验分布。假设这些样本是均匀分布的，就可以近似得到每个标签词的上下文先验。删除那些先验概率低于某个阈值的标签词。

第二种方法是**相关性优化**。由于标签词集的构建是无监督的，因此某些标签词可能比其他词与其所属类别更相关。为了衡量标签词与每个类别的相关性，KPT 在支持集上获取标签词的向量表示，并通过余弦相似度计算标签词与类别之间的相关性。例如，SCIENCE 类别中的“science”虽然覆盖性差，但与类别非常相关。KPT 通过计算类别名称的向量表示与标签词向量的余弦相似度来获得相关性。此外，一些标签词可能对多个类别都有正面影响，导致类别之间的混淆。例如，SCIENCE 类别的标签词“physiology”在 SPORTS 类别的句子中也可能被赋予高概率。为了减少这种混淆并过滤掉不太相关的标签词，KPT 设计了一个指标，倾向于选择仅与其所属类别高度相关而与其他类别低相关的标签词。

第三种方法是**上下文校准**。标签词的先验概率通常差异巨大。对于一些标签词，无论输入句子的标签如何，都不太可能被预测出来，预测结果存在偏差。KPT 使用标签词的上下文先验来校准预测分布，这被称为上下文校准。具体来说，KPT 将标签词的预测概率除以其先验概率，从而得到校准后的概率，并对这些校准后的概率进行归一化。

第四种方法是**可学习的优化**。为每个标签词分配一个可学习的权重，这些权重的初始值为零。在训练过程中，噪声标签词会学习到一个较小的权重，从而最小化其对预测的影响。这种方法通过校准和优化标签词的权重，提高了少样本学习的效果，并减少了由于标签词先验概率差异和噪声带来的预测偏差。

3.3.4　面向图数据的提示学习

KnowPrompt 和 KPT 均采用知识图谱来增强大模型的提示精调过程，但提示精调的思想并不局限于基于文本类型数据训练的语言模型。GraphPrompt[63]是一种基于图数据结构的预训练提示学习方法。与自然语言处理领域的提示学习不同，面向图数据的提示学习方法旨在通过对图结构中的节点、边及其属性信息设计提示，提高图表示学习的性能和可解释性。这方面的研究及实践工作有很多，这里仅简要总结相关的方法和思路，感兴趣的读者可以阅读相关综述[64]。

（1）**子图结构提示（SubGraph Structure Prompt）**[65]。第一种方法是将子图结构作为提示，通过选取特定的子图或路径，引导模型关注图中的重要子图模式或特征。在具体实现时，可以通过选取某些关键节点及与其连接的边来构建子图，然后把这些子图作为提示输入图神经网络，从而帮助模型更好地理解图结构的复杂性。例如，在社交网络中，可以通过将一个用户及与其直接好友构成的子图作为提示，帮助模型更好地预测该用户的社会关系行为。

（2）**属性提示（Attribute Prompt）**[66]。第二种方法将实体节点或关系边的属性信息作为提示，引导模型关注图中的特定属性语义特征。例如，在知识图谱中，可以将某个机构的类型标签及所有的属性关系作为提示，以帮助模型更好地理解实体或关系的语义表示。

（3）**基于路径的提示（Path-based Prompt）**[67]。第三种方法与子图提示比较相似，但更侧重于通过在图中选取特定的路径作为提示，引导模型理解图中的多跳关联关系，这对于很多图查询任务具有重要价值。实现上可以通过选取图中两节点之间的最短路径或随机游走路径作为提示，帮助模型捕捉多节点间的复杂语义关联关系。例如，在推荐系统中，可以选取用户和物品之间的路径作为提示，帮助模型更好地预测用户对物品的偏好。

（4）**元学习提示（Meta-learning Prompt）**[65]。第四种方法采用连续的提示表示。通常可以采用元学习框架学习图的元信息，然后将元学习获得的结果直接作为提示与模型输入进行拼接。这里可以近似把元学习获得的结果理解为图数据结构之上的 Schema，或类似于图表示学习中的元路径的知识。这种方法的优势是图提示是从图结构中学习出的连续表示，因而适应性和健壮性都比前三种方法要好，但这种方法增加了额外的学习成本。

这些包含图信号的提示可以通过多种方法与模型的输入进行拼接。可以直接通过添加关联边，将提示作为输入图结构的一部分。也可以直接通过向量相加、相乘或直接拼接等方法将提示融入输入。面向图数据的提示学习方法通过设计合适的图结构提示、属性提示、基于路径的提示和元学习提示，帮助图表示学习模型更好地理解图结构和节点的关系。

这里以 KG-Transformer[68]为例简要介绍具体的实现思路。KG-Transformer

首先采用预训练思想对结构化知识进行预训练，然后通过一个提示精调机制将预训练阶段学到的结构化知识转换到下游任务中。如图 3-12 所示，KG-Transformer 由多个 Transformer 层组成，并以采样的子图三元组序列作为输入。在 Transformer 层中，基于三元组元素的邻接矩阵，允许序列中不同元素进行有限的交互，即具有相同元素（实体或关系）的三元组在 Transformer 结构中是彼此可见的。在预训练阶段，采用掩码实体建模、掩码关系建模和实体对建模三种自监督任务对子图进行预训练。而在下游任务阶段，KG-Transformer 提出了一种通用的提示调优机制，将从预训练表示中获取的表示作为一个提示连接在任务 KG 序列末尾。在此阶段，Transformer 层的参数被冻结，以保持预训练期间学习到的图结构知识。通过这种方法，KG-Transformer 能够有效地解决知识图谱和下游任务数据的交互和融合问题，提升了多种下游任务的表现。

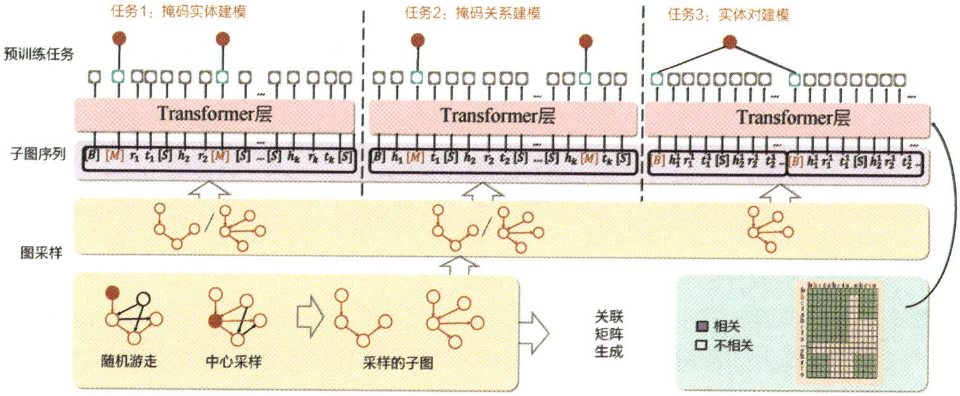

图 3-12　KG-Transformer[68]

3.4 结构增强思维链

思维链（Chain of Thoughts）是一类特殊的提示，由于其与知识表示和推理关系密切，因此围绕思维链知识增强的工作也比较多，这里单独介绍。

3.4.1 传统思维链的局限性

传统思维链主要通过线性的文本序列进行推理和决策，本质上是逻辑性更强的自然语言提示，这种方法存在以下局限性。

（1）**单一的线性推理路径**。传统思维链通常依赖单一的线性路径进行推理，但大部分实际问题不是单一线性的，而是多路交叠的复杂推理结构。这限制了模型处理复杂问题的能力，无法有效地并行处理多条推理路径。

（2）**缺乏层次化结构**。单一线性路径无法表达复杂问题的层次化结构，因此难以将复杂问题分解为多个层次，并逐步解决。而人类通常善于建立层次化的分类体系，并借助层次化思维完成推理。

（3）**缺乏多步推理能力**。尽管思维链是为多步推理设计的，但很多实验表明，随着推理步骤的增加，传统思维链容易出现幻觉问题，同时由于其不善于整合中间步骤的信息，导致推理过程缺乏深度和灵活性。

（4）**低可解释性**。由于缺乏结构化的表示，传统思维链的推理过程难以追踪和解释，因此推理结果的透明度和可信度较低。

人是善于结构化思维的，为克服传统思维链的局限性，人们引入了更为复杂的思维链表示方法，如树型思维链、图型思维链和知识图谱思维链等，来增强推理过程。这些方法通过组织和整合多层次、多路径的推理步骤，提高了模型的推理深度、减少了模型幻觉，并提高了模型的可解释性。

这里重点介绍两种不同的思维链增强方法。一种被称为“结构化思维链”，代表性工作有思维树（Tree of Thought，ToT）[69, 70]、思维图（Graph of Thought，GoT）[71, 72, 73]。这种工作通常不借助外部的知识图谱，而是以树或图的方式组织思维步骤。另一种被称为“知识图谱思维链”，利用一个外部知识图谱中的实体关联关系来引导思维链的多步推理过程，典型的工作如 Think on Graph[74]、Graph CoT[72]等。尽管这两种方法在命名上比较类似，但本质上差别较大，下面分别展开介绍。

3.4.2 结构化思维链

3.4.2.1 思维的拓扑：Chain、Tree 和 Graph

如图 3-13 所示，在基础的输入/输出（I/O）提示中，大模型在接收到用户的初始提示后立即提供最终回复，其推理过程没有中间步骤。而思维链比简单的“输入/输出”增加了多个中间步骤，但仍然只能表示单一的思维过程。带有一致性自检验的链式思维（CoT-SC）在思维链的基础上引入了多个独立的推理链，这些推理链都源于同一个初始输入，然后通过比较和校验多条推理链结果的一致性来选择最佳结果。

思维树采用树型拓扑表示思维链，它允许在思维链的任何点进行提示分支，生成新的树节点。单个树节点代表一个解决方案的一部分，状态评估器为每个新节点生成评分，以便引导树进一步扩展。树的扩展通常由特定的搜索算法（如广度优先搜索或深度优先搜索）决定。

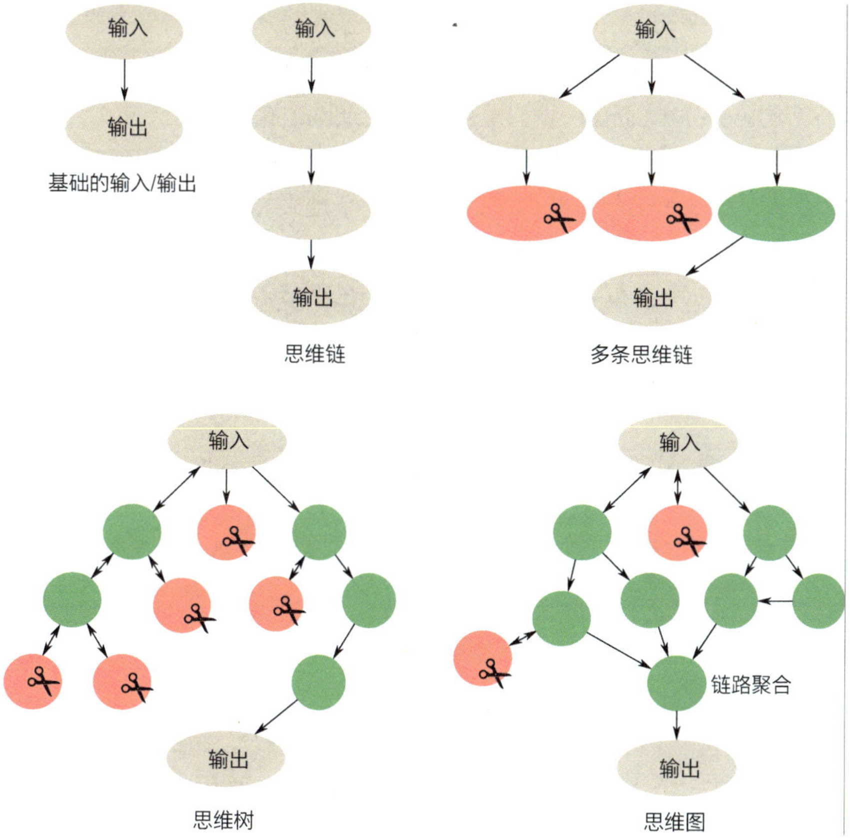

图 3-13　不同的思维链示例

思维图采用图型拓扑表示思维链，它允许在生成的思维节点之间建立任意的推理依赖。类似于 ToT，每个思维节点可以生成多个子思维节点，但每个思维节点可以有多个父思维节点。GoT 除了允许生成思维分支，即出度大于 1 的思维节点，还允许进行思维聚合操作，即产生入度大于 1 的思维节点。这种灵活性可以表达动态规划等推理模式，其中多个子图负责解决子问题，然后将其聚合形成最终的解决方案。

这种结构化思维链通常并不依赖外部知识图谱，而是更多依靠大模型自身来生成树或图结构形式的思维拓扑。这类方法主要为大模型引入探索机制，即从一个给定的思维起点生成多种可能的思维过程。探索机制的用途可能是任务分解，即将单个任务拆解为多个子任务；也可能是采样取优，即同时采样产生多种可能的推理路径，以便模型从采样中选择质量最好的解决方案。

3.4.2.2 思维树

下面探讨使用树拓扑结构的各种方案。如图 3-14 所示，常见的思维树可以分为树链（Tree of Chains）[70]、单层树（Skeleton-of-Thought，SoT）[75]、二叉树和多元树等。树链只是简单地从起点生成多条可能的推理路径，前面介绍的CoT-SC[76]就是最典型的树链结构。CoT-SC 简单地采样多条相互独立的思维链，每条思维链独立得出答案，然后通过一个评估器来计算它们的一致性，以获得更高质量的回答。二叉树和多元树则允许在每个思维节点产生更多的思维分叉。下面介绍具体的实现方法。

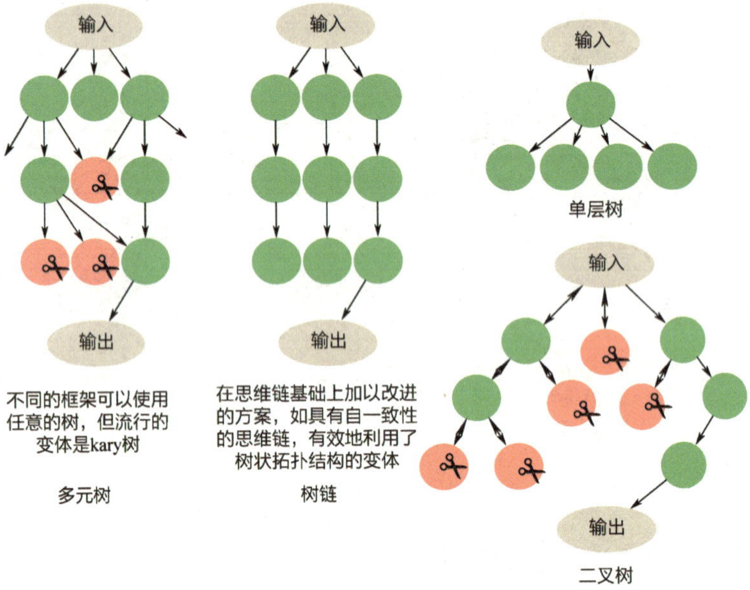

图 3-14 树型思维链的不同拓扑[77]

思维树借鉴了 Newell 和 Simon 在 20 世纪 50 年代提出的将解决问题的步骤描述为在组合问题空间中的搜索，这些问题空间通常被表示为树状结构。其中节点代表部分解决方案，分支对应修改这些方案的操作。选择哪个分支由启发式方法决定，这些方法帮助导航问题空间并引导问题解决者走向解决方案。这种观点突出了现有的使用语言模型解决一般问题的两个主要缺点：一个是现有模型不探索思维过程中的不同可能性，即树的分支；另一个是现有模型事实上没有采用任何形式的规划、前瞻或回溯来帮助评估这些不同选项的正确性，而这正是人类解决问题的特征。

思维树框架是允许语言模型在多个思维路径上进行探索的范式。思维树将任何问题框架化为树上的搜索，每个节点代表一个解决方案的一部分。具体实现步骤如下。

（1）**思维分解**。将中间过程分解为思维步骤。根据不同的问题，思维步骤可以是几个单词（如填字游戏）、算数表达式（如 24 点游戏）或一个逻辑段落。思维步骤应足够“小”，以便生成更加多样的思维结构，同时应足够“大”，以便评估其解决问题的前景。

（2）**思维树生成**。接下来将思维步骤组织成树型结构。有两种策略生成下一个思维步骤的候选：一种是基于思维链提示独立同分布的抽样思维策略，这通常需要一个额外的采样算法，适用于思维步骤的样本空间非常大的场景（如创意写作）；另一种定义“Propose Prompt”引导语言模型来选择下一个思维步骤，适用于后续步骤空间比较小的情况（如 24 点游戏）。

（3）**状态评估**。评估状态的目的是选择最优的思维路径。思维树直接采用语言模型进行状态评估，例如直接让语言模型比较不同状态并选出一个“好”的状态。当方案难以被直接评估是否成功时，比较部分解决方案并投票选出最有前途的方案。这类似于分步骤的自我一致性策略，即将探索将哪个状态作为一个多选问题，并使用语言模型的样本进行投票。

（4）**搜索算法**。根据树结构使用不同的搜索算法：广度优先搜索在每步保持最有前途的状态，适用于树深度有限的情况；深度优先搜索首先探索最有前途的状态，直到达到最终输出或状态被认为无法解决问题。

下面用一个简单例子介绍思维树的工作过程。“24 点游戏”是一种数学推理挑战，目标是使用 4 个数字和基本的算术运算（加减乘除）得到 24。例如，给定输入“4 9 10 13”，一种解法可以是“(10−4) × (13−9) = 24”。如图 3-15 所示，为了将 24 点游戏框架化为 ToT，通常将思维过程分解为 3 个步骤，每个步骤是一个中间算术计算式。在每个树节点，ToT 提取剩余数字并依靠“Propose Prompt”提示语言模型提出一些可能的下一步。再依靠“Value Prompt”对可选的步骤进行评估打分，并依据打分结果生成一组树形的执行路径。在这里，思维树进行广度优先搜索，在每个步骤中保留最佳的 5 个候选项，最终引导大模型按照树形结构完成推理。

除了 24 点游戏，ToT 还可以应用于创意写作、数学推理、词汇推理等任务。实验结果表明，思维树具有通用性和灵活性，能够支持不同层次的思维、生成和评估方法，并适应不同问题性质的搜索算法。更多的示例可以参考关于结构化思维链的综述[77]。

其他类似于思维树或基于思维树的拓展工作还有采用算法思维（Algorithm of Thoughts，AoT）[78]构建树型思维链，在 ToT 基础上引入不确定的评分机制（Tree of Uncertain Thought，TouT）[79]，基于 ToT 实现视觉图谱问答（Tree-of-MixedThought，TomT）[80]、采用树结构引导大模型迭代式地对问句进行扩展细化（Tree of Clarifications，ToC）。

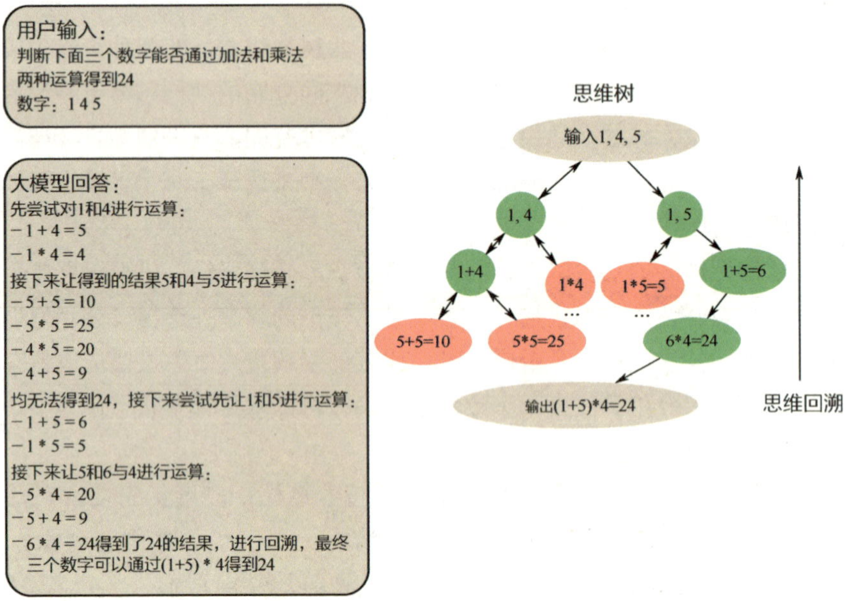

图 3-15 思维树举例[77]

3.4.2.3 思维图

人们在处理一个新颖的想法时，不仅会遵循思维链这样的链式思考，或采用思维树进行分解，更多情况下还会构建更为复杂的思维网络。例如，可能会探索某个推理链，随后回溯并开始一条新的推理分支，然后意识到可以将这两条推理链中的想法和思路进行结合，形成一个更全面的解决方案。人的日常思维过程充满了分支、合并、回溯和递归等操作，这是单纯依靠链式和树式结构所无法完成的。

相比“树”，“图”能表示更为复杂的思维结构。树方案仅支持“思维分化”，图方案最重要的是可以引入“思维聚合”，即能够将多个思维合并为一个。聚合的目的通常是产生协同效应或组合多条推理链路的结果，以便能够产生比单个方案更好的结果。当然，图方案也能完整地兼容和继承链式或树式方案中通常采用的多路探索或迭代优化技术。图 3-16 介绍了几种常见的图思维链模式。

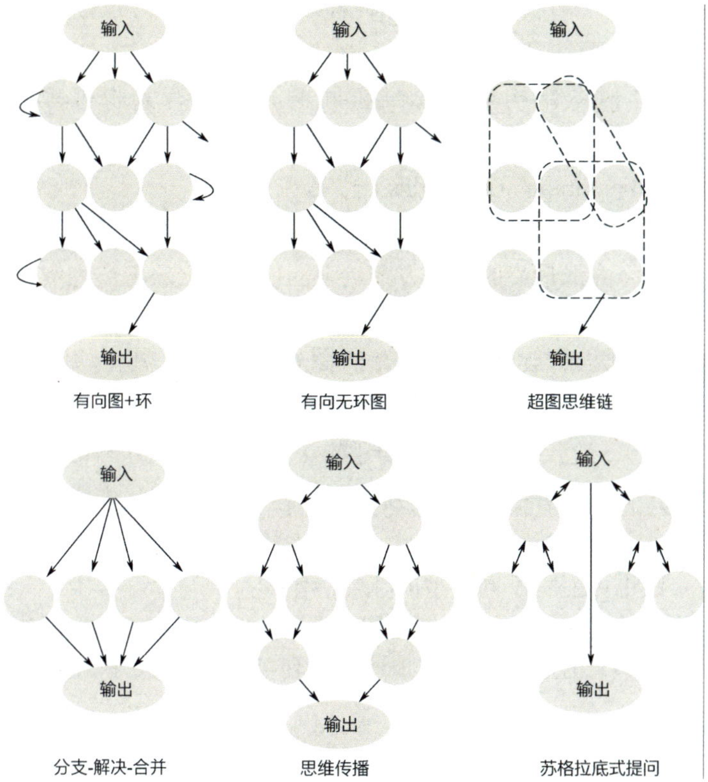

图 3-16　常见的图思维链模式[77]

- **分支-解决-合并**（BSM）采用单层的双树结构，第一棵树将问题分解为可以独立解决的子问题，第二棵树将它们组合成最终的解决方案并形成输出。这里的双树结构既包含分支结构，也包含聚合操作，实际上形成的是一个单层的图拓扑结构。
- **思维传播**（TP）使用多层的双树结构来提示大模型。与 BSM 的双树结构类似，思维传播也包含分支和聚合结构，只是它允许在中间步骤采用更多层级的“分支-合并”结构。这种图模式类似于人的思维发散再收敛的过程。

- **苏格拉底式提问**使用多树结构对思维空间进行探索。不同的是，这种模式还允许将聚合产生的结果反向向上传播，以回答原始问题。
- **有向图**是更多图思维链采用的结构。例如，使用多提示方法，通过将给定任务分解为图模式的子任务，来提高大模型解决问题的能力。这种分解所形成的图将被用于协调如何提示大模型在推理过程中使用各个思维节点所产生的结果。

其他采用类似图结构建模思维空间的方法还有累积推理（Cumulative Reasoning）、全思维（Everything of Thoughts，XoT）、ControlLLM、ResPrompt、超图思维链（Hyper Graph of Thoughts）[81]等。

思维图特别适合那些可以自然地分解为较小子任务的问题，这些子任务可以分别解决，然后合并成最终的解决方案。下面以其中一项工作为例介绍思维图的基本实现思路。

思维图将推理过程建模为一个有向图 $G=(V,E)$，其中 V 是一组节点，$E\subseteq V\times V$ 是一组边。节点代表问题的某个解决方案或步骤（可以是初始、中间或最终的解决方案），边代表推理步骤的逻辑关系。节点和边的实际内涵取决于应用场景，例如在写作任务中，节点可能是一个段落，边则代表段落的组成关系；而在数学运算任务中，节点可能是一个计算步骤，边则代表计算顺序。在某些场景中，同一个图也可能有不同类型的节点。例如，在写作任务中，一些节点可能表示段落大纲，而其他节点可能表示实际的文本段落。在这种情况下，思维图采用一个异构图 $G=(V,E,c)$ 来建模推理过程，其中 c 将顶点 V 映射到它们各自的类别集合 C 中。

思维图进一步定义了多种思维转换操作，例如可能需要将多个思维合并成一个新的思维，或者对某个思维进行递归循环来增强思维过程。其中常见的思维转换操作如下。

- **聚合转换（Aggregation Transformations，AT）**：聚合转换可以将多个思维聚合成新的思维，以结合和增强这些思维的优点，同时消除它们的缺点。例如，在写作中，可以将几个输入片段合并成一个连贯的段落；在排序中，可以将几个已排序的子数组合并成一个最终的排序数组。
- **精炼转换（Refining Transformations，RT）**：精炼转换可以通过修改当前思维的内容使之精炼，这通常可以通过图中循环表示来代表对某个思维链进行迭代式精化。例如，在写作中，可以要求模型循环执行一个风格优化过程，不断提高篇章的风格特征。

- **生成转换**（Generation Transformations，GT）：生成转换可以基于现有的单个思维生成一个或多个新的思维，也就是树式思维中的思维分解操作。例如，在写作中，从一篇文章生成多个摘要，以便从中挑选最优的摘要；在排序中，将未排序的数组拆分成子数组，以便分别进行排序等。

思维图还定义了思维的评分机制。由于图式思维有更多的思维分支和循环结构，因此，在每个步骤中，都需要评估判断当前解决方案是否足够好。通常，评分被建模为一个通用函数 $E(v,G,p_\theta)$，其中，v 是要评估的思维步骤，G 代表整个推理图的当前状态。思维图还可以将思维排名，并用一个函数 $R(G,p_\theta,h)$ 来建模，其中，h 指定了 R 应返回 G 中最高排名的思维数。

3.4.3 知识图谱思维链

上一节介绍的 ToT、GoT 这类结构化思维链通常不依赖外部知识图谱，多利用大模型自身的规划能力，或在提示上下文中显式地定义思维拓扑结构来引导思维链的生成。本节介绍另一类可以称为知识图谱思维链（KG of Thought，KGoT）的方法，这类方法通常依赖一个外部的知识图谱来引导思维链的构建或推理过程，典型的工作如 Think on Graph（ToG）、Graph CoT、Logic Query of Thoughts[82]、FiDeLiS[83]等。这类方法通常主要针对以下问题。

- 长链推理与问答：大模型在处理长链推理和多跳问答方面存在很多的缺陷，KGoT 方法从知识图谱中提取多样且多跳的推理路径，作为大模型推理的基础，增强大模型的深度推理能力。
- 幻觉问题：大模型的生成机制无法避免幻觉问题，而基于知识图谱构建的思维链能引导模型按正确路径推理，从而在一定程度上缓解幻觉问题。
- 可解释的推理路径：基于知识图谱构建的明确、可编辑的推理路径提高了大模型推理过程的可解释性，并能够用于追踪和纠正模型输出的来源。

这里以 Think on Graph（ToG）为例介绍。ToG 提出了一种新的 LLM-KG 集成范式“大模型 ⊗ 知识图谱”，让大模型交互式地探索知识图谱中的相关实体和关系，并基于检索到的知识进行推理。特别地，ToG 引入一种被称为“图上思考”（Think-on-Graph，ToG）的方法，意为大模型沿着知识“图”逐步“思考”推理路径。大模型代理在知识图谱上迭代执行搜索，发现最有希望的推理路径，并将这些推理路径作为一种思维链提示交给大模型完成回答。

如图 3-17 所示，ToG 使用束搜索算法探索知识图谱中的多个推理路径并相应地做出决策。给定一个输入问题，ToG 首先识别初始实体，然后迭代调用大模型通过“在图上”步骤从知识图谱中查找相关三元组，并通过“思考”步骤选择最相关的三元组，直到通过束搜索中的前 N 个推理路径收集到足够的信息来回答问题或达到预定义的最大搜索深度。具体而言，ToG 的整个推理过程包含以下三个阶段：初始化、探索和推理。

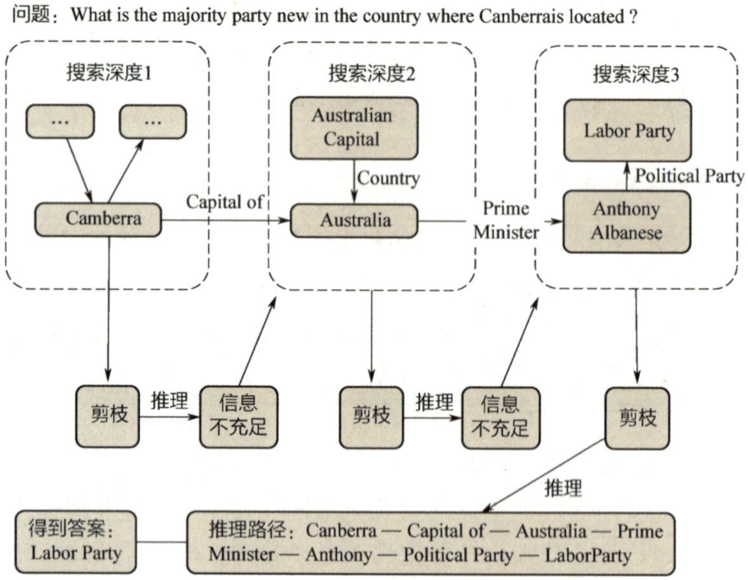

图 3-17　Think on Graph [74]

1. 初始化

给定一个问题，ToG 利用大模型定位知识图谱上可能推理路径的初始实体集。这通常直接提示大模型自动提取问题中的主题实体，并做一定的扩展。这个阶段可以看作在知识图谱上搜索可能推理路径的初始化过程。

2. 探索

探索阶段以初始化的实体集为起点，在知识图谱中检索和识别与问题最相关的实体及关系，并生成可能的推理路径。具体可以分为关系探索和实体探索。关系探索是一个从实体集出发，到关系集的深度为 1、宽度为 N 的集束搜索过程。这个过程是通过特定提示由大模型帮助完成的。当每次迭代开始时，首先搜索出与每条推理路径的尾实体相关的关系，然后产生候选的推理路径，最后利用大模型相关的实体集扩展获得新的推理路径。新的候选路径也需要经过大模型筛选，

以构建新的前 N 个推理路径。

3. 推理

从候选路径中选出前 N 个推理路径。实体探索和关系探索类似，从关系集出发进一步搜索。

在通过探索过程获得当前推理路径 P 后，ToG 提示大模型评估当前推理路径是否足以生成答案。如果评估结果为正面，则提示大模型使用这些推理路径和查询作为输入生成答案。相反，如果评估结果为负面，则重复探索和推理步骤，直到评估为正面或达到最大搜索深度。如果算法最终仍无法探索推理路径以解决问题，那么 ToG 将仅基于大模型的内在知识生成答案。

知识图谱思维链的本质是利用知识图谱中的结构关联信息来引导大模型的提示思维过程，这不仅有助于缓解大模型的幻觉问题，还有助于提高大模型的长链思维和多跳问答能力，并为大模型的推理结果提供负责任的解释。这种方法本质上是通过检索外部知识库来增强大模型的推理和生成过程，相关内容还将在第 4 章和第 6 章进一步介绍。

3.5 结构增强指令精调

3.5.1 传统指令精调的局限性

如前文所介绍，指令精调和提示学习是优化和引导模型表现的两种不同方法。提示学习无须对模型本身进行修改或重新训练，只需在输入数据中添加或修改提示，因此可以在模型的任何使用阶段进行。指令精调则专注于在训练阶段，通过使用包含多种任务指令的数据集对模型进行微调，从而提高模型的任务泛化能力。

- **构建高质量的指令数据集耗时费力：**传统指令精调需要大量高质量的指令数据集，构建这些数据集通常需要耗费大量的人力和时间资源。手动收集和整理数据不仅费力，还容易受到主观偏见的影响，导致数据质量不一致。
- **缺乏对结构化任务的建模：**传统指令精调在处理结构化任务方面存在显著不足。对于知识抽取、图推理、多跳问答和复杂推理等任务，传统方法往往缺乏有效的建模能力。这使模型在处理这些复杂任务时表现不佳，难以提供准确和有效的解决方案。

- **数据不均衡或数据偏差问题**：传统指令精调过程中，容易出现数据不均衡或数据偏差问题。这些问题可能导致模型在某些特定任务或领域上的表现优于其他任务或领域，从而影响模型的整体性能和泛化能力。此外，数据偏差还可能导致模型产生偏见，影响其公平性和可靠性。

本节重点介绍利用知识结构增强指令精调的一些方法。这里重点从指令驱动的知识抽取、面向图结构任务的图计算指令、面向多跳知识问答与推理的知识图谱指令三个方面介绍相关的思路和实践方法。

3.5.2 知识抽取指令

知识抽取是指从非结构化文本中自动提取有价值的结构化信息，如实体、关系和事件。抽取技术在知识图谱构建过程中发挥重要作用。传统的知识抽取技术包括基于专家设计规则的模板抽取和利用现有知识库自动生成标注数据的远程监督抽取等。大模型为实现泛化能力更强的通用抽取能力提供了新的可能。采用指令驱动的知识抽取通过自然语言指令指导模型执行知识抽取任务，如实体识别、关系抽取等，模型通过指令精调来适应特定任务需求。指令驱动方法无须为每个任务单独开发模型，只需输入不同指令即可高效、灵活地完成多种抽取任务，比传统方法提高了模型的适应性和泛化能力。

但知识抽取指令与传统自然语言指令有所不同。要让模型具有更好的结构化理解能力，就需要在指令中引入更多的结构化信号。例如，抽取指令通常会包含知识图谱的 Schema 信息，以引导模型按 Schema 约束完成抽取。此外，在构建用于指令精调的抽取指令数据集时，通常可以利用已有的知识图谱辅助自动生成结构化的抽取指令。这本质上类似于传统的远程监督方法，都是通过知识图谱自动生成监督数据来训练模型，不同之处是这里的训练数据是指令形式的。

下面以指令驱动的抽取大模型 OneKE[84]为例介绍基本方法与思路。OneKE 是一个通用的大模型知识抽取框架，具备中英文双语、多领域多任务的泛化知识抽取能力，并以开源的形式被贡献给 OpenKG 开放知识图谱社区。OneKE 中的指令格式采用了类 JSON 字符串的结构，本质上是一种字典类型的字符串，由以下三个字段构成。

- 'instruction'是任务描述，以自然语言指定模型扮演的角色及需要完成的任务。
- 'schema'是一份需提取的标签列表，明确指出了待抽取信息的关键字段，反映用户的需求，是动态可变的。

- 'input'是用于信息抽取的源文本。

```
    {
        "instruction": "你是专门进行实体抽取的专家。请从 input 中抽取出符合schema 定义的实体，然后将不存在的实体类型返回空列表。请按照 JSON 字符串的格式回答。",
        "schema": ["人名", "学历", "职位", "国籍"],
        "input": "刘志坚先生：1956 年出生，中国国籍，无境外居留权，中共党员，大专学历，高级经济师。"
    }
    {
        "instruction": "你是一个图谱实体知识结构化的专家。根据输入实体类型(entity type）的 schema 描述，从文本中抽取出相应的实体实例和属性信息，不存在的属性不输出，属性存在多值就返回列表，并输出可解析的 JSON 格式。",
        "schema": [
        {
            "entity_type": "人物",
            "attributes": [ "中文名","英文名","祖籍","出生日期","出生地点","职业", "毕业学校", "作品","奖项"]
        }
        ],
        "input": "周杰伦（Jay Chou)，1979 年 1 月 18 日出生，祖籍福建省泉州市永春县，华语流行乐男歌手、音乐人、演员、导演、编剧，毕业于淡江中学。2000 年，他发行了个人首张音乐专辑《Jay》。2001 年，凭借专辑《范特西》奠定其融合中西方音乐的风格。2002 年，举行"The One"世界巡回演唱会；同年，凭借歌曲《爱在西元前》获得第 13届台湾金曲奖最佳作曲人奖。"
    }
```

OneKE 在指令精调训练过程中采用了“基于 Schema 的轮询指令构造”技术，并融合 NER、RE、EE 等近 50 个数据集可得到约 4 亿个 Token 的大规模高质量抽取指令精调数据集，其中部分数据已通过 IEPile[85]开源。在 IEPile 指令数据集的构建过程中，Schema 序列尤为关键，因为它反映了具体的抽取要求。为了提高模型对正负 Schema 的识别能力，IEPile 还提出了正负 Schema 机制：正 Schema 为输入文本中存在的 Schema，负 Schema 为输入文本中不存在的 Schema。

另一些工作直接采用知识图谱来引导抽取指令数据集的构建。例如 DeepKE-LLM[86]基于知识图谱转换指令（KG2Instructions）技术产生的大量指令数据来提高语言模型对于人类抽取指令的理解。基于 Wikipedia 和 Wikidata

知识图谱，通过远程监督、Schema 约束过滤等方法构建大量指令数据，并通过随机采样人工指令模板的方式提高指令的泛化性，如图 3-18 所示，DeepKE-LLM 构建了多样化的抽取指令，包含多种不同的抽取任务类型，如关系抽取、实体抽取等，并为每种任务设计了多样化的关系类型，支持一次性抽取出多条内容。

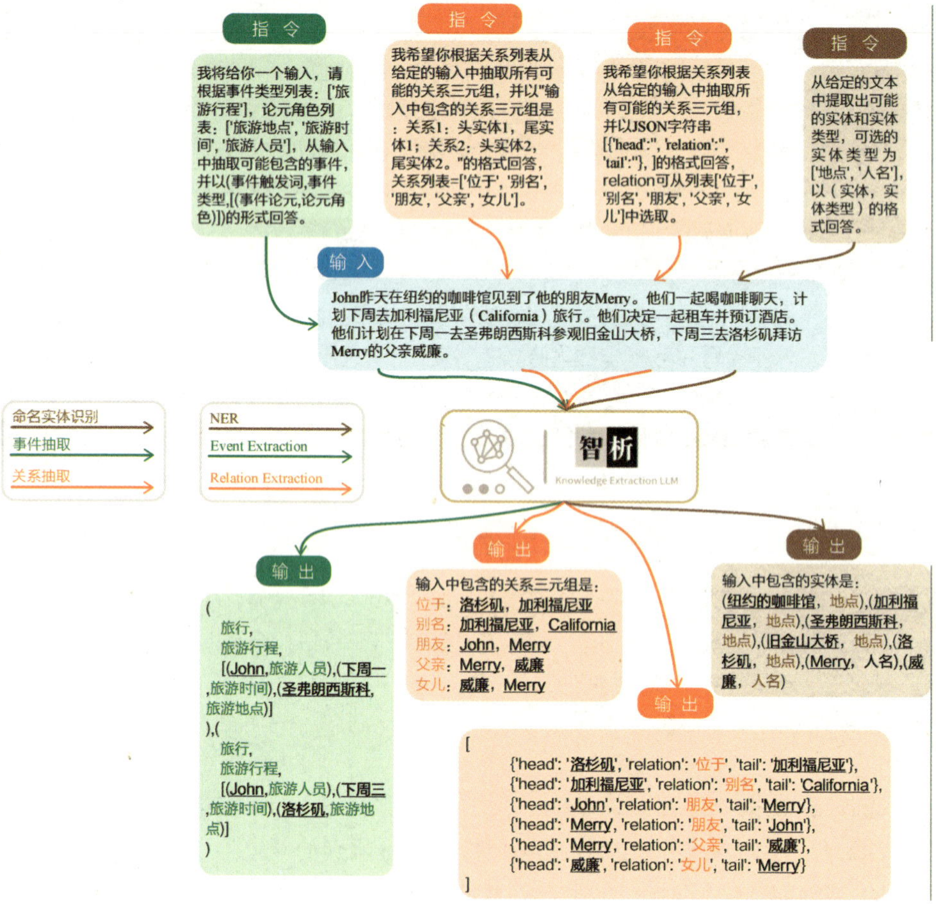

图 3-18　DeepKE-LLM 的抽取指令举例

抽取指令是典型的结构化指令，这类结构化的指令本质上能够提高模型的结构化理解能力。这种结构化的理解能力有助于提高模型在知识抽取这类输出格式为结构化数据的任务上的能力，一些研究表明，经过结构化抽取指令精调过的模型在诸如翻译、代码、推理等任务上的能力也有提高。

3.5.3　图学习指令

图计算任务是基于图结构进行信息处理和推理的任务。图由节点和边组成，节点代表实体，边代表实体间的关系。图推理任务需要深刻理解和推断图中的隐含结构信息。典型的任务包括节点分类、链接预测、子图匹配和社区发现等。这些任务广泛存在于社交网络、推荐系统、知识图谱等领域。

与知识抽取任务类似，图计算任务也要求模型具备很好的结构化理解能力。传统的图推理实现方法主要依赖图卷积网络、随机游走等方法，通过迭代更新节点特征进行特征传播和推理。同样地，大模型时代可以采用指令驱动的图推理方法，即通过自然语言指令引导大模型在图结构中进行推理，利用大模型的语言理解能力和指令泛化能力实现更为通用的图推理能力。

与知识抽取指令一样，图计算指令也需要包含丰富的结构信息，以引导模型更好地理解图的结构语义。这里以 GraphInstruct[87]为例介绍图计算指令集的构建和图计算指令精调的基本方法。GraphInstruct 挑选了九种不同计算复杂度层次的图问题，包括连通性、环检测、二分图检验、拓扑排序、最短路径、最大三角形和、最大流、哈密尔顿路径和子图匹配。

GraphInstruct 指令集的构建及应用包括以下几个步骤。

- 图问题生成：目的是构建一个多样而具有挑战性的图问题库用于指令精调的模型训练。GraphInstruct 通过编程辅助的方法，为每种预设任务生成随机图问题，并为每个任务设计相应模板，以体现不同图的特有属性，例如有向边或无向边的权重等。
- 显式推理路径生成：目的是引导图计算指令的合成。GraphInstruct 为每种图任务设计特定的显示推理路径，并采用 GPT-4 来辅助生成初步的推理路径，然后采用拒绝采样等策略对数据集进行进一步优化和增广。
- 图指令增强的模型训练：目的是利用前面合成的图计算指令来训练基座模型，以优化当前大模型解决图问题并给出显式推理路径的能力。如图 3-19 所示，这个训练过程分为两个阶段：第一个阶段是混合任务指令精调，通过将多种图任务的指令输入模型，驱动模型同时学习处理图结构理解、图属性识别、图算法使用等任务；第二个阶段是直接偏好优化对齐，通过对齐学习进一步引导模型区分较高效与较低效的问题解决路径，从而提高模型的推理能力。

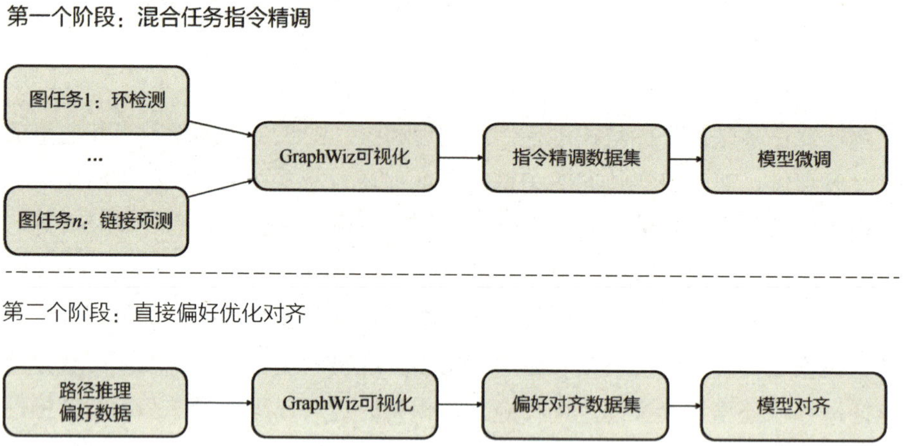

图 3-19 GraphInstruct

图 3-20 列举了典型的图指令及驱动模型回答图推理相关问题的实例，更多的实例可参考 GraphInstruct 原始论文[87]。

GraphInstruct实例：找到图中两个节点之间的最短路径，在一个无向图中，(*i*, *j*, *k*)代表节点*i*和节点*j*之间的距离是*k*，给定一个图和一对节点，你需要输出这两个节点之间的最短路径。节点的编号为0至8，边的编号为(0,1,4) (1,2,7) (1,7,1) (1,3,4) (2,6,2) (2,4,8) (2,7,5) (3,6,1) (4,8,3) (5,6,6) (6,8,8) (7,8.7)，请给出从节点0到节点8的最短路径的权重。

GPT-4：从节点0到节点8的最短路径的权重为14.x

GraphWiz：从节点0到节点8的所有路径是：0,1,7,8，总权重为<<4+1+7=12>>，0,1,3,6,8，总权重为<<4+4+1+8=17>>，0,1,2,6,8，总权重为<<4+7+2+8=21>>，0,1,2,4,8，总权重为<<4+7+8+3=22>>，0,1,2,7,8，总权重为<<4+7+5+7=23>>。路径0,1,7,8的权重最小，因此，从节点0到节点8的最短路径是[0,1,7,8]，总权重为12。

图 3-20 GraphInstruct 实例

还有很多类似的利用图结构指令对基座模型进行指令精调，从而提高模型完成图相关推理任务能力的工作。例如 Talk Like a Graph[88]系统地分析了各种编码图任务指令方法，及其对模型性能的影响。InstructGraph[89]综合考虑图结构指令对图推理和图生成两类任务的影响，同时综合指令精调的 DPO 对齐学习的两种机制引导模型的训练。GraphGPT[90]则引入一个“文本-图结构”对齐范式，通过结合文本信息的对比学习，在图编码器中实现指令中的文本语义与图结构的有效对齐，从而引导指令更好地表达图结构信息。其他类似工作包括 HiGPT[91]、UniGraph[92]、LLaGA[93]等。

3.5.4　知识图谱指令

图计算指令主要针对图数据特定的任务，如子图匹配、最短路径、社区发现、推荐计算等。这些图任务并非针对知识图谱这类既包含图结构，又包含文字语义的图数据而设计。知识图谱的本质是采用图结构来表示知识，更多地被用于支持知识类的查询和问答任务，特别是多跳问答或复杂逻辑推理任务。

大模型在处理多跳问答和复杂逻辑推理时比较容易出现错误输出或幻觉问题。一种自然的思路是利用知识图谱来合成多跳问答路径，引导大模型更好地回答多跳和推理问题。Think-on-Graph 等方法利用知识图谱引导模型模仿多跳路径实现更加可靠、幻觉更少的多跳推理。这类方法多以上下文学习或 RAG 的方式直接作用于大模型。这里可以直接利用知识图谱来生成多跳问答指令，再利用这些合成指令对基座模型进行指令精调，从而从根本上提高模型回答复杂问题的能力[94]。

这里介绍一项被称为 InstructProtein[94]的工作，该方法利用蛋白质知识图谱来辅助合成用于蛋白质语言模型训练的指令数据集。尽管该方法来源于特定领域，但其基本方法适用于任何领域。蛋白质序列和自然语言序列比较相似，因而大模型的训练技巧也被广泛应用于蛋白质大模型的训练过程中。传统蛋白质大模型多基于高通量测序获得的蛋白质序列训练，缺乏文本理解和人类指令遵循的能力。InstructProtein 提出了一种基于知识图谱自动构建蛋白质-文本指令数据集的方法，通过在这个数据集上进行指令精调，可以大幅提高模型的蛋白质序列理解能力和指令跟随能力。

具体来说，InstructProtein 提出一种名叫知识指令（Knowledge Instruction）的数据构建方式，通过知识图谱和大模型的合作构建出平衡、多样的指令数据集。构建过程包含三个阶段，首先，基于已有蛋白质-文本对构建知识图谱。Instruct 将 UniProtKB 作为数据源，UniProtKB 中的数据是结构性的，因此很容易被转换为知识图谱。InstructProtein 还通过引入 Gene Ontology 中的因果知识库添加了三元组之间的因果关系，这可以在指令数据中提供类似于思维链的逻辑链条。随后，需要从中抽取蛋白质-文本对构建指令数据。如图 3-21 所示，InstructProtein 先通过步骤（1）模仿知识图谱中的补全任务构建各种指令模板，再利用 GPT 等大模型在步骤（2）中通过这些模板生成所需要的指令。最后，这些利用知识图谱生成的指令在步骤（3）中被用于驱动蛋白质语言模型的训练，以提高模型的知识问答与推理能力。

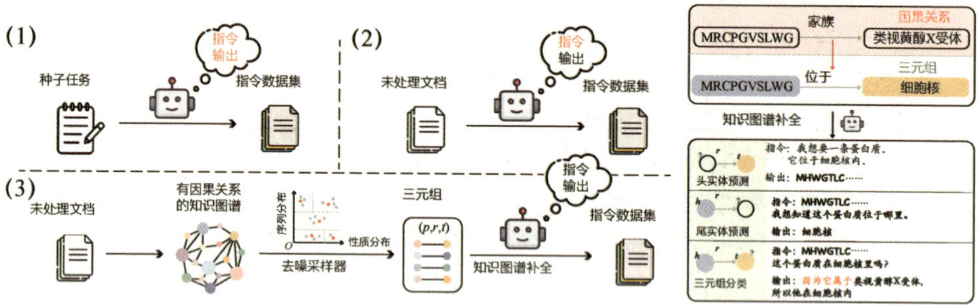

图 3-21　InstructProtein

利用知识图谱来合成指令有如下优势。

（1）更高质量的指令。知识图谱提供了丰富且结构化的语义信息，使生成的指令更加准确和详细。知识图谱中的数据经过验证和整理，确保了指令的可靠性和准确性，从而提高了指令的质量。

（2）关联逻辑更强的指令。知识图谱通过节点和边的关系展示了实体之间的多种联系，使生成的指令能够更好地体现事物之间的逻辑关联。这种强关联逻辑使指令在实际应用中更加符合预期，提高了大模型解决复杂问题的有效性。

（3）分布更加均匀的指令。知识图谱可以覆盖更广泛的领域和主题，确保指令分布得更均匀。不同节点和关系的多样性使生成的指令能够覆盖更多场景和需求，避免偏向某些特定领域或主题。

（4）按需生成的指令。知识图谱可以根据具体需求快速生成相应的指令。通过查询图谱中的相关节点和关系，可以动态生成符合当前情境和需求的指令，提高了系统的灵活性和响应速度。

综合来看，知识图谱在合成指令方面具备显著优势，包括提高指令质量、增强逻辑关联、提高分布均匀性及实现按需生成等。这些优势共同作用，使基于知识图谱的指令生成在多种应用场景中具有广泛的实用性和高效性。

3.6 本章小结

在大模型的发展中，提示和指令扮演着至关重要的角色。提示指引导模型生成响应的输入，可以是简单的词语或短语，也可以是复杂的句子。指令是一种更为具体的提示，通常用于描述模型需要完成的特定任务，如翻译、总结等。随着通用人工智能的逐步发展，提示学习和指令精调代表了机器学习从专有向通用的范式转变。

提示学习起初的目的是让下游任务更好地适应预训练模型，从而提高模型的通用性。我们见证了从特征工程+监督学习、端到端+深度学习，到预训练+提示学习的发展过程。提示学习通过自然语言的提示或指令来统一下游任务的输入/输出形式，从而不必对模型进行微调，增强了模型的通用性。指令精调则采用统一的提示指令形式，通过多个任务的数据集对模型进行精调，使模型能够处理多种任务，进一步提高了模型的泛化能力。

随着提示学习和指令精调的发展，知识的引入成为提高模型性能的关键。传统的提示学习和指令精调在处理复杂任务时表现出一些局限性，如对结构化任务的理解不足、数据不均衡及数据偏差问题。知识图谱的引入为解决这些问题提供了新的路径。

首先，知识图谱通过提供结构化和逻辑性强的语义信息，可以显著增强提示模板的构建和优化效率，提高模型在少样本和零样本任务中的能力。其次，知识图谱可以帮助构建和优化标签词集，通过增加标签词的覆盖范围和减少预测偏差，进一步提高模型的语义理解能力。最后，在图数据的处理上，知识图谱通过图计算指令驱动图结构的推理和生成，提高模型在处理图结构任务上的能力。

思维链作为一种特殊的提示方式，通过多步骤示例引导模型完成复杂推理任务。随着研究的深入，传统的线性思维链逐渐发展为结构化思维链和知识图谱思维链，前者通过树或图的结构组织多层次、多路径的推理步骤，后者则利用知识图谱中的实体关联关系来引导多步推理过程。这些方法显著提高了模型的推理深度，减少了幻觉问题，并增强了模型的可解释性。

在面对传统指令精调的局限性时，知识结构被引入以增强指令精调的效果，尤其在复杂任务中表现突出。知识抽取指令通过自然语言指令引导模型自动提取结构化信息，如实体、关系和事件，提高了模型的结构化理解能力。图学习指令利用图结构中的丰富信息，引导模型在图数据中进行推理和计算，如节点分类和子图匹配。知识图谱指令通过展示实体间的多种关系，生成具备高质量、强逻辑关联的指令，特别适用于多跳问答和复杂推理任务。整体来看，这些知识驱动的指令方法在提高大模型处理复杂任务的有效性和泛化能力方面展现了显著的实用性和高效性。

知识增强提示指令通过结合符号知识表示，特别是知识图谱，极大地扩展了大模型的能力边界。知识的引入不仅提高了模型的理解能力和推理能力，还提高了模型在不同任务中的泛化性能。可以预见，传统符号知识表示将以“提示指令”为媒介更好地与大模型深度融合，从更多的层面提高大模型各方面的能力。

第 4 章

CHAPTER 4

知识辅助检索增强

传统搜索引擎以检索技术为基础，大模型则依靠生成模型提供问答能力。检索技术和生成模型各有优缺点，例如检索技术能有效地弥补大模型的幻觉问题，生成模型则大幅提高了问答的泛化和召回能力，能够回答更多的问题。检索增强生成正是这两种技术路线的有机融合。知识图谱最早就是用来增强传统搜索引擎的检索能力的技术，比之传统检索，知识图谱能提供更加精准和可靠的回答。本章围绕这三者的互补关系展开，系统性介绍利用知识图谱增强大模型 RAG 技术的各种思路。

4.1 知识辅助检索增强概述

检索增强生成（Retrieval-Augmentated Generation，RAG）[95]是指通过检索大模型之外的知识库来提高大模型的生成能力，这个外部知识库可以是一个外部搜索引擎、某个垂域的语料知识库、结构化的数据库或知识图谱。RAG大模型的训练成本较低，并且基于检索机制，能够避免幻觉问题。出于数据隐私或版权保护的原因，RAG成为很多大模型实际落地和应用的标配。

知识辅助检索增强是指利用知识图谱中的概念层次关系、实体关联结构、规则逻辑等知识来增强 RAG 的技术。例如，通过构建一个主题概念层次图谱，利用概念层次关系来提高文档块的召回相关性。再例如，利用知识抽取技术对文档块进行实体识别与关系抽取，再结合知识图谱融合技术，增强多文档的实体关联。这种结构增强的文档库可以更好地过滤不相干段落，降低 RAG 噪声。一些已经存在的外部知识库如 Wikidata，或者企业积累的结构化数据可以进一步增强这类检索过程。

大模型建立在生成模型基础之上，知识覆盖面广，问答的泛化和召回能力强，但幻觉生成等可靠性问题突出。搜索以检索模型为基础，回答问题更加可靠，但存在处理复杂问答能力和问答召回能力弱等问题。知识图谱依靠结构化表示提高传统搜索引擎回答复杂问句的能力，但面临知识覆盖度低等问题。从这些视角来看，生成模型、信息检索和知识图谱刚好形成了互为补充的黄金三角，如图 4-1 所示。

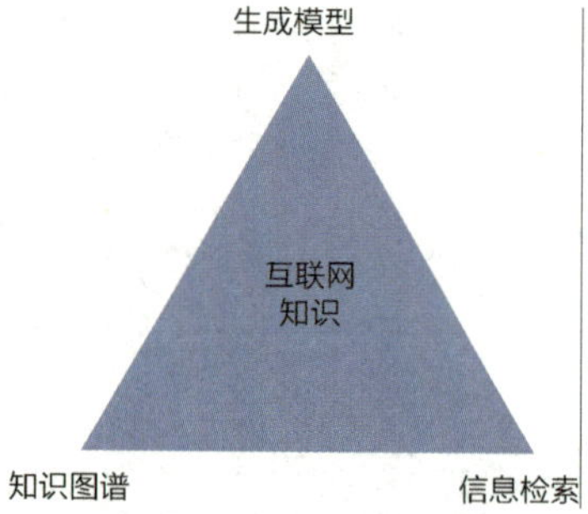

图 4-1　处理互联网知识的黄金三角

本章首先对 RAG 进行系统介绍，内容涵盖稀疏检索和稠密检索的基本概念、RAG 在大模型实际应用中的价值、RAG 的多种实现架构和训练机制，以及 RAG 的优化方法和局限性。然后重点探讨知识图谱与 RAG 的关系，通过比较向量 RAG 和 KG-RAG 的差异来阐述 KG-RAG 的独特价值，并系统分析在 RAG 实施的不同阶段怎样植入知识图谱。最后分别从 Tree-RAG、KE-RAG、利用外部知识图谱增强的 KG-RAG、融合思维链的多模态 KG-RAG 等方面分析 KG-RAG 的几种典型架构。

4.2 检索增强生成

4.2.1 什么是检索增强生成

4.2.1.1 稀疏检索与稠密检索

“检索（Retieval）”源于搜索引擎技术，指的是给定若干描述用户需求的关键词，寻找与关键词最相关的文档或图片等信息。常见的检索技术包括稀疏检索（Sparse Retrieval）和稠密检索（Dense Retrieval），如图 4-2 所示。稀疏检索是通过统计所有关键词在文档中出现的频率来构建文档的向量表示方法，矩阵每行中的值代表该关键词在对应文档中出现的频率，也被称为倒排索引（Inverted Index）；而每列则可以看作文档的一种基于词频的向量表示。检索过程即转化从矩阵中找出给定关键词出现频率最高的文档的过程。常用的词频统计算法有 TFIDF 和 BM25 等。由于基于词频的文档向量非常稀疏，因此也被称为稀疏检索。

词向量出现以后，人们自然想到可以用同样的方式来表示文档。第 2 章已经介绍过，词向量是一种稠密向量，即向量中的每一维都有数值。与词向量一样，稠密表示的文档向量比前述的稀疏表示可以捕获更加丰富的语义信息。基于稠密表示的文档检索也被称为稠密检索。典型的稠密检索模型如 ColBERT[96]，它由两个 Transformer 编码器组成，一个用于编码用户输入的检索需求，另一个用于编码待检索文档，检索的过程可以简化为需求向量与文档向量的相关性计算。

	文档1	文档2	文档3
关键词1	0	0.75	0.99
关键词2	0.12	0	0.12
……			
关键词n	0.25	0.44	0

稀疏检索

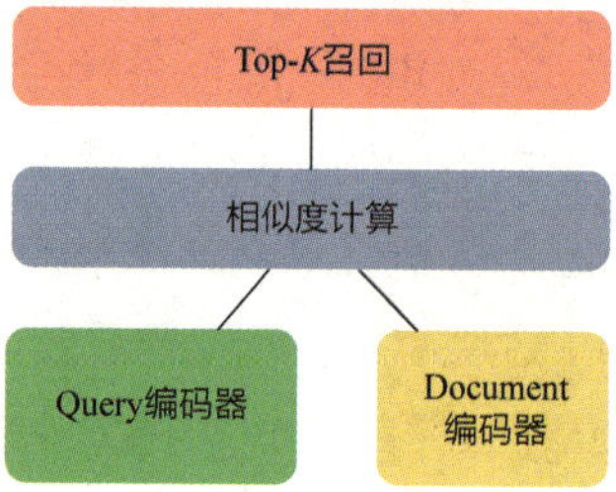

稠密检索

图 4-2　稀疏检索与稠密检索

4.2.1.2　检索增强生成

检索增强生成是指利用检索技术来增强大模型的问答生成能力的方法。如图 4-3 所示，典型的 RAG 架构包含检索器（Retreival）、领域知识库和微调后的大模型。

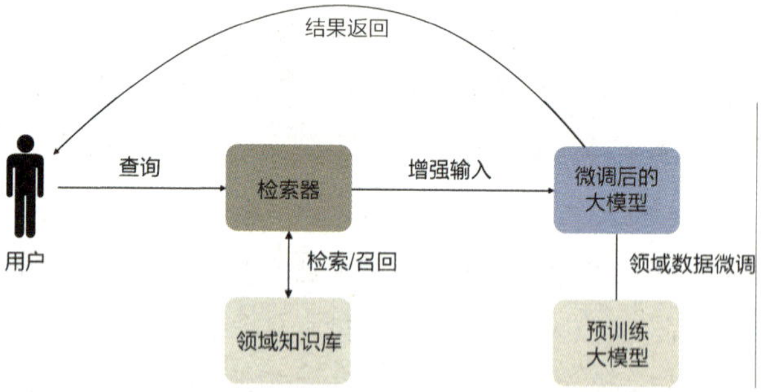

图 4-3　RAG 架构

在这种架构下，特定领域的知识库不是作为精调大模型的训练语料，而是作为一个独立于大模型的外部知识库。当用户提示指令到达时，对这个外部知识库进行检索，获取与用户指令相关的文档片段，将这些文档片段作为提示指令上下文一并交给微调后的大模型，由大模型综合模型的领域知识和从知识库获取的外部知识给出回答。

这里有一个比较重要的观点：可能需要从大模型中解耦知识库，让一部分知识可以独立维护、更新和校验，而非将所有的知识都融入大模型。这种架构的重要性在本书中还会被多次提及。

4.2.1.3　为什么需要检索增强

利用检索技术来增强大模型实际上是比较自然的技术思路。大模型覆盖的知识广泛，语言理解能力强，但训练代价大，知识更新慢，答案不可靠，也不善于处理训练语料不丰富的长尾部分知识。检索增强提供了一种相对低廉且可靠的方案来弥补大模型的这些不足。具体来说，检索增强对于大模型的益处包含如下几个方面。

1. 降低训练代价

在成本方面，一些 RAG 的实施无须对外部知识库语料进行训练，所以没有算力消耗。即使部分 RAG 需要对检索器进行精调，但相比大模型的训练代价仍然是较低的。此外，研究表明，采用检索增强的小模型的能力可以逼近参数大得多的模型。由于 RAG 多基于历史遗留的系统构建，通过集成 RAG 和语言模型，可以实现“以小博大”。

2. 提高知识时效性

在问答的时效性方面，由于领域知识库可以随时更新，而大模型需要精调增强，所以 RAG 的时效性显著高于大模型。尽管大模型可以采用知识编辑技术进行参数化更新，但知识编辑技术也面临参数化空间编辑的不可控问题。

3. 减少模型幻觉

在问答的可靠性方面，RAG 的答案是直接从领域知识库采用检索而非生成获取的，从而避免了生成式模型所带来的幻觉问题。很多实验表明，增加了 RAG 模块的大模型服务幻觉问题显著减少。

4. 提供答案证据

除了减少幻觉问题，RAG 还经常被用来提供答案证据，以进一步提高答案的可靠性。这在很多大模型的商业化服务中已经成为一个标配模块。大模型对给出的每个答案都会提供一个检索源，以便用户进一步追溯答案的来源并验证答案的正确性。

5. 处理长尾知识

尽管大模型具有较好的外推能力，但研究表明，规模的增长通常对那些长尾部分的问句收效很低。长尾部分的知识如果以精调方式注入大模型，则可能被大模型的庞大参数所淹没。但 RAG 基于检索机制构建，甚至直接采用符号知识库，能够弥补大模型在处理长尾知识时的不足。

6. 保护数据隐私

实施 RAG 也可能出于数据隐私保护的需要。很多时候，不可以把全部数据都提交给第三方并融入大模型。由于 RAG 知识库是相对独立的，因此它提供了一种更加安全可控的方案。

4.2.2 RAG 的典型架构

依据在大模型的哪一层应用检索结果可以把 RAG 的架构大致分为提示输入层增强、模型参数层增强和生成输出层增强，如图 4-4 所示。下面用典型实例介绍这几种架构。

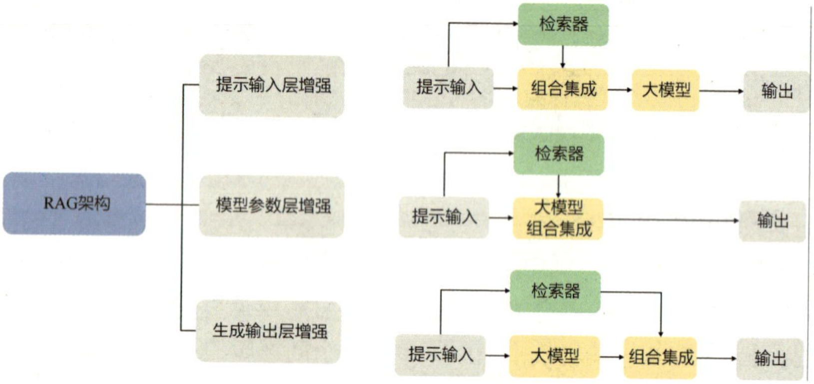

图 4-4 RAG 检索增强的典型架构

4.2.2.1 提示输入层增强

最简单的 RAG 实现是在将用户提示输入大模型之前，对外部知识库进行检索，然后将检索的结果连同用户提示一起输入模型中。这方面的代表性工作是 REALM[97]。如图 4-5 所示，利用外部文档（如 Wikipedia）训练一个检索器。检索器可以独立训练，也可以与大模型联合训练。给定用户输入，首先从检索器中获取最相关的 k 个文档块（Chunk），然后把 k 个文档块作为输入的上下文一同输入大模型，引导模型获得更加可靠和准确的答案。其他相似的工作还有 Retrieval-in-Context[98]等。

提示输入层增强的优势是实现比较简单，训练代价小，甚至不需要额外训练，直接挂接历史遗留检索系统即可。其主要缺点是，不易于控制检索过程引入的噪声。如果用户输入本身比较长，就更容易检索出不相关的文本块，因此，输入增强的 RAG 系统通常要求用户输入尽可能简短。它的第二个缺点是检索出的文本块可能数量众多，给大模型输入的长上下文带来成本压力。

4.2.2.2 模型参数层增强

模型参数层增强是在中间层进行增强，代表性工作是 RETRO[99]。如图 4-6

所示，利用 KNN 从外部知识库中获取与用户输入 $\boldsymbol{x}$ 最相关的文档块。与输入层增强不同，文档块先要经过一个 Transformer 编码器转化成稠密向量 $\boldsymbol{E}_1$、$\boldsymbol{E}_2$，再与模型的中间层而非输入层进行融合。融合的方式是交叉注意力机制，将模型隐藏层的向量 $\boldsymbol{H}_1$、$\boldsymbol{H}_2$ 等与检索向量 $\boldsymbol{E}_1$、$\boldsymbol{E}_2$ 做注意力计算。模型基于融合后的表示获得最后输出。类似于在模型参数层进行增强的工作还有 Entities as Experts[100]等。

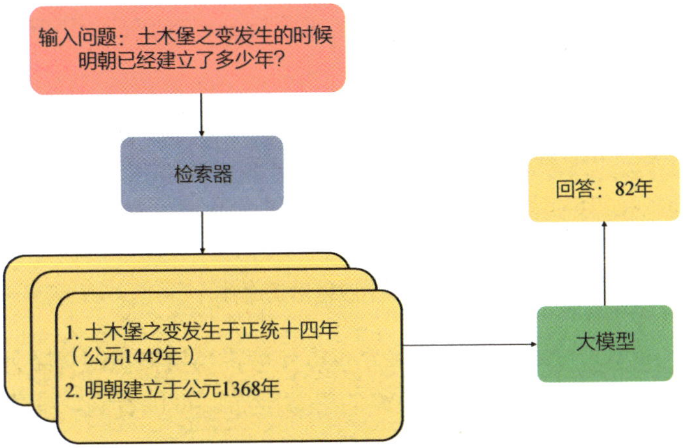

图 4-5　提示输入层增强

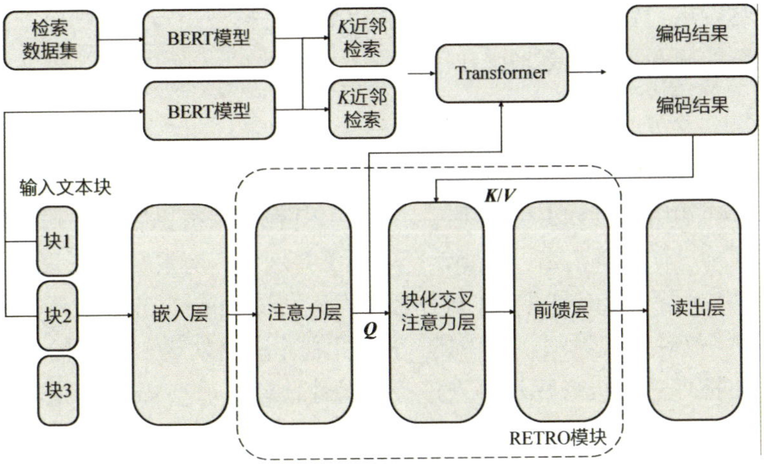

图 4-6　模型参数层增强

模型参数层增强的优势正如其论文标题所示，能处理达 1.8 万亿字的极大规模检索库。这是因为所有检索出的相关文档块不是直接与输入进行拼接的，而是转化为稠密向量后再与模型的中间参数进行交叉计算，从而避免与输入层拼接带来上下文长度压力。其缺点是会带来额外的训练成本和计算成本。

4.2.2.3 生成输出层增强

生成输出层增强的代表性工作是 KNN-LLM[101]。如图 4-7 所示，知识库以键-值对的形式组织，即通过一种编码机制建立每个 c_i（context）和 v_i（target）的映射。在语言模型进行推理时，基于 KNN 获取一组相近的 c_i。此时，检索的结果并不是与输入 $\boldsymbol{x}$ 进行拼接，而是直接基于检索结果获得一组答案分布（图中的聚合部分）。

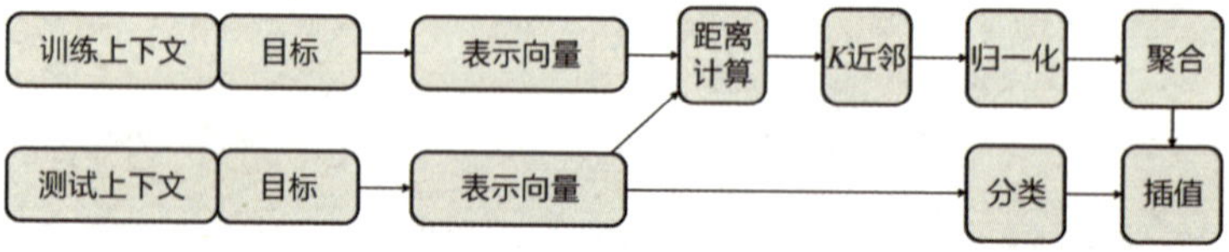

图 4-7　生成输出层增强

这组基于 RAG 检索获得的答案分布将与语言模型输出的答案分布进行插值计算（图中聚合部分），从而获得最终的答案分布。可以看到，其本质上是在利用检索器对大模型的输出直接进行矫正。

输出层增强的优势在于计算量相对较小，同时避免了输入的上下文长度限制问题。但这种机制要求检索器的知识覆盖度和语言模型相当，否则对于那些检索器无法回答的问题很难起到增强作用。

4.2.2.4 混合检索增强

当然，可以将上面介绍的几种架构形式混合使用。例如，RetroPrompt[102]同时在输入层和输出层进行了检索增强，此外，其检索结果以向量形式与提示输入的参数化表示进行拼接，也可以看作在中间参数层进行检索增强。

如图 4-8 所示，RetroPrompt 对外部知识库利用 Transformer 进行独立训练。知识库以键-值对形式组织，其中键（Key）的本质是对提示输入的编码，这是为了便于在推理时直接对提示输入进行相关性检索；值（Value）是对应的答案标签。在大模型的训练和推理阶段，对外部知识库进行 KNN 检索，以获得与模型输入 $\boldsymbol{x}$ 最相近的 k 近邻。检索结果直接与模型输入的参数表示进行拼接并输入 Transformer，从而完成输入层的检索增强。在获得输出结果后，再次对知识库进行检索，然后以类似于 KNN-LLM 的方式将检索器预测的答案分布与语言模型预测的答案分布进行插值计算，获得最终结果。

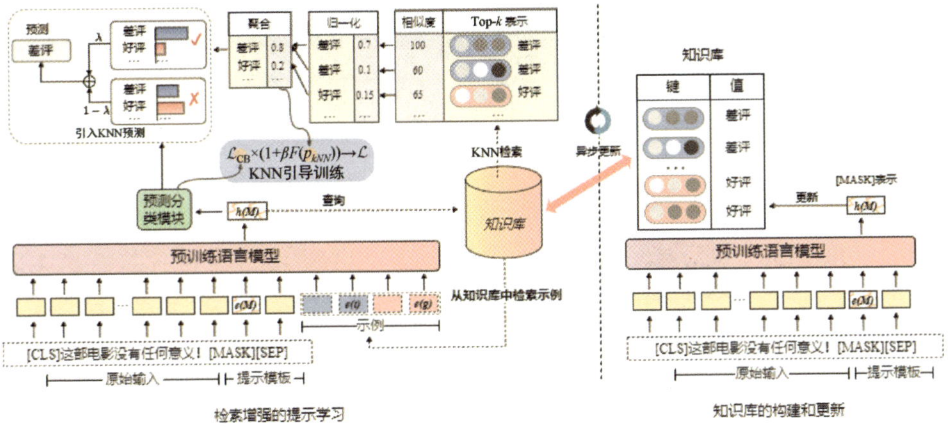

图 4-8　混合检索增强

从 RetroPrompt 的设计中可以再次看到，检索增强有利于弥补大模型对长尾知识的处理能力不足的问题。很多研究表明，大模型很多时候靠“死记硬背”获取答案。对于长尾部分的提示，由于训练语料不充分，很难学习到准确的映射，从而导致幻觉问题。检索增强通过独立维护一部分长尾知识，采用精准的检索机制获取答案，从而缓解幻觉问题。

4.2.3　RAG 的训练机制

4.2.3.1　几种 RAG 训练机制的比较

RAG 的训练涉及三个主要模块：RAG 检索器、RAG 索引和大模型生成器，针对这三个模块的处理方法可以把 RAG 的训练分为三种形式，如图 4-9 所示。

第一种是无须训练，采用稀疏检索，可以简单地基于 TFIDF 或 BM25 等词频统计算法直接构建文档的稀疏表示或倒排索引，然后基于倒排索引进行检索计算。这里不再赘述。

第二种是 RAG 独立训练。通常采用稠密检索机制，直接利用知识库语料训练检索模型，然后存入向量数据库建立索引供后续检索查询。这种形式的优势是易于管理和维护，但由于 RAG 是完全独立训练的，其学习获得的词句语义表示空间可能与大模型有偏差，从而导致问答的准确性降低。

第三种是 RAG-大模型联合训练。这种形式让 RAG 和大模型的训练相互监督、相互影响，使二者的表示空间更加接近，因而问答的准确性会更高，但训练代价更大。这种形式可以细分为 RAG 引导大模型训练、大模型引导 RAG 训练、RAG 和大模型相互引导。

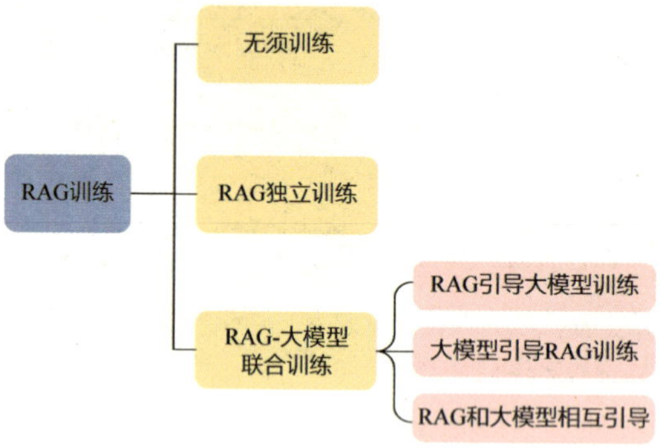

图 4-9 RAG 的不同训练机制

4.2.3.2 独立训练 RAG 检索器

这种机制将 RAG 单独训练，通常采用类似于 ColBERT 的传统稠密检索训练机制。训练过程也很简单，给定查询 q 和对应的文档块，通过计算二者的相似性来训练查询编码器和文档块编码器。通常通过构建一组对比学习对作为监督信号。

如图 4-10 所示，给定查询 q，模型让正例的距离更近，负例的距离更远。有很多种方法用于构建对比学习的正例对和负例对。例如，可以利用同一个训练批次里面的不同样例来构建负例对：给定多个正例对“$(q_1, p_1),(q_2, p_2),(q_3, p_3),\cdots$”，不同正例对随机组合生成负例对“$(q_1, p_2),(q_2, p_1),(q_3, p_1),\cdots$”等。还可以利用文档自身的监督信号进行训练，例如，Contriever[103]采用独立裁剪（Independent Cropping）机制直接从文本中无监督地构建正例对，即从同一段文本中裁剪相邻或相近的子句作为正例对。

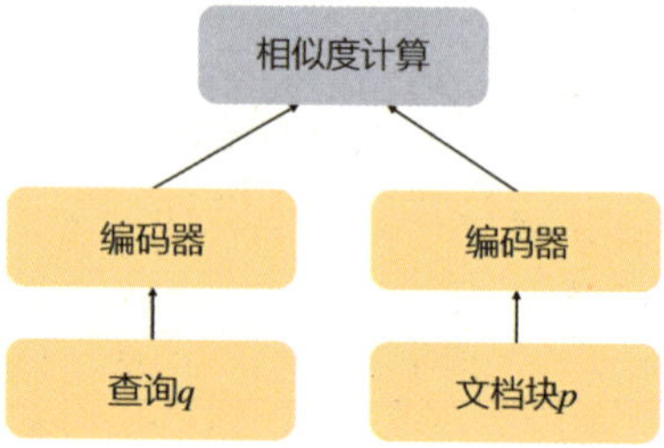

图 4-10 ColBERT[96]：独立训练 RAG 检索器举例

RAG 检索器训练完成后，还需要构建索引以提高后续的检索效率。这是因为实际检索时不可能将用户查询与所有文档做相似度计算，这在文档规模巨大时的时间消耗巨大。通常还需要把训练获得的向量存入向量数据库，并利用向量数据库的索引机制进一步提高检索的效率。后文还会谈到，RAG 的实际落地还需要考虑索引更新的成本。

4.2.3.3 RAG 与大模型联合训练

RAG 独立于大模型训练的主要问题是可能会因为学习的语义空间表示不一致导致性能降低。通过让 RAG 和大模型的训练相互监督并相互影响，可以进一步提高大模型的性能。

如图 4-11 所示，第一种方法是先固定 RAG 检索器，再将检索器的结果作为监督数据对大模型进行精调，以便让大模型更好地理解 RAG 知识库中的知识。RETRO 就采用了这种方法。第二种方法是把大模型看作一个黑盒，将大模型的输出答案作为监督信号对检索器进行精调，使检索器的输出更符合大模型的语义表示分布。这种方式的代表性工作是 REPLUG[104]。第三种方法是让 RAG 检索器和大模型生成器联合训练，REALM 就采用了这种方法。在 REALM 的训练过程中，检索器和生成器的参数是同时进行反向传播更新的，这种方法可以让 RAG 和大模型的表示空间完全一致，但会增加训练成本。

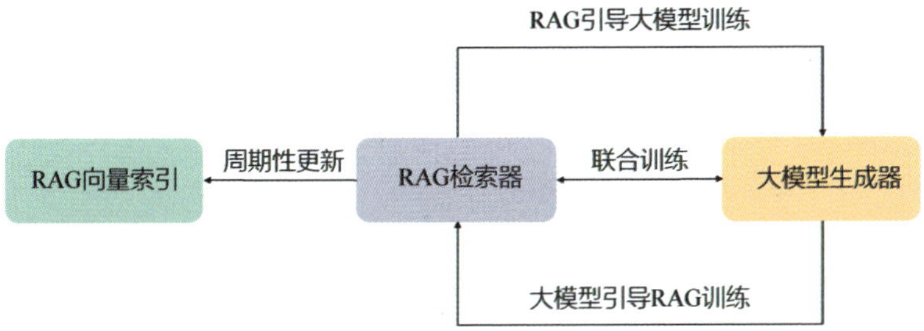

图 4-11 RAG 与大模型联合训练

无论采用哪种训练机制，都需要考虑索引构建和更新带来的额外成本。前文已经指出，训练好的文档向量并不能直接用于检索，而是需要存入向量数据库，然后构建索引以提高后续检索效率。向量更新就意味着要同步对索引进行更新，这对于大规模的 RAG 成本是非常高的。在联合训练机制中，索引的实时更新变得更加困难，通常会采用周期性的更新机制，例如 REALM 每 500 步更新一次索引。

4.2.4 RAG 的优化

有不少工作需要探讨对 RAG 的优化和提高，下面介绍几种常见的 RAG 优化方法。

1. 查询重写（Query Transformation）

通过对查询进行重写，扩充查询的语义表示范围，可以有效地提高检索的效果。一些研究直接采用大模型查询重写，将重写后的查询输入检索器中进行检索，如 HyDE[105]。

2. 重排序（ReRanking）

由于检索器通常会返回多个文档块，对文档块的排序会对后续的问答效果产生直接影响，因此一些工作需要利用额外的排序模块对检索结果进行排序后再继续后续步骤[106]。

3. 自适应 RAG（Adaptive RAG）

一些研究表明，对于一些长尾部分即较少被问到的问题，利用 RAG 增强机制能有效地提高问答的可靠性和准确性。但对于一些语料丰富的问句，大模型能回答得更好，引入 RAG 反而会降低效果。因此，一些工作引入自适应模块，根据问句的特点自适应地决定是选用 RAG 辅助作答，还是让大模型独立作答[107]。

4. 自迭代 RAG（Iterative RAG）

很多时候，一次检索和生成可能并不能获得满意的结果。因此，可以采用迭代机制，每轮用上一轮获得的知识来迭代地检索和生成，逐步循环迭代，提高问答效果[108]。

5. 模块化 RAG（Modular RAG）

随着 RAG 系统逐渐复杂，很多 RAG 需要同时管理多个模块，包括检索器、生成器、查询重写器、重排序、迭代器、结果过滤器等。因此有必要引入模块化管理机制对这些模块分别进行优化和维护[109]。

4.2.5 RAG 的局限性

本质上讲，RAG 是在利用传统搜索引擎技术来弥补大模型的诸多不足。也有人认为，RAG 可能是一种过渡技术。在 AI 还没有强大和完善到可以完全替代搜索引擎的情况下，一些传统的搜索引擎技术可以很好地与大模型配合以满足用户的需要。因此，虽然 RAG 对大模型的落地应用的作用日益凸显，但仍然有一定的局限性。

首先，RAG 模块不应过大。RAG 的初衷是改善大模型训练代价较大、容易产生幻觉的问题，以及不能简单以外挂形式使用工具等问题。如果 RAG 知识库规模过大，那么它相对于大模型的轻量优势就会丧失。

其次，RAG 的一个主要问题是长上下文的压力。即使大模型支持很长的上下文，作为低成本要求，也需要控制 RAG 检索结果的长度。一方面需要尽可能过滤掉检索结果中的噪声，另一方面需要具备高效的 RAG 压缩机制。

最后，RAG 的本质仍然是检索，而不是推理。很多研究表明，RAG 检索机制对大模型的推理能力的提高效果甚微。迭代式的 RAG 是一种提高 RAG 推理能力的机制，但不是最好的方式。对于结构化数据的查询及更加复杂的推理，需要更好的增强机制来实现。换句话说，需要在文本检索增强的基础上，进一步构建结构化查询增强、逻辑推理增强等，这些正是将 RAG 思想与知识图谱相结合的目标所在。

4.3 知识图谱与 RAG

4.3.1 向量 RAG 与 KG-RAG

RAG 的本质是检索，实现手段通常是先对文档或图片分块，再对分块作向量计算，然后将结果存入向量数据库供检索，因此也被称为向量 RAG（Vector-RAG）。简单的分块操作的最大问题是可能导致文档的内在逻辑和关联关系丢失。这种文档块的向量表示只能代表一种浅层的用于相似度计算的特征向量，而非深层次的语义关联理解。而基于向量的检索通常依赖关键词匹配，而非对实体或概念间的关系的深层语义理解。

第 2 章谈到词义混淆缺陷问题：mouse 这样的多义词会把完全不相干的“计算机”和“猫”的向量表示拉近，从而导致向量语义的坍塌。同样的原因，仅仅依靠文档块的向量表示，可能会把一些毫不相干的文档块检索出来，从而给 RAG 带来严重的噪声问题，导致返回答案与查询意图不相符。这也体现了向量 RAG 的根本局限性。

知识图谱（Knowledge Graph，KG）最早被提出来就是为了解决搜索引擎的知识碎片化问题。通过显式地定义概念、实体及它们之间的关系，把文档中的碎片化知识显式地关联起来，从而让搜索引擎更好地理解客观世界知识的关联关系。因此，利用知识图谱来增强 RAG 是直接的方法：识别文档块中的实体，并将其链接至知识图谱中，通过知识图谱来桥接这些文档块。用户查询也可以先经过知识图谱进行上下文增强，检索过程则可以通过知识图谱中的关联关系来引导和提高检索结果的相关性。正如后面会展开介绍的那样，部署知识图谱不仅是作为一种结构化数据的查询辅助，其最终目的更类似于使用符号化的知识表示将人类推理注入 RAG 系统，如图 4-12 所示。

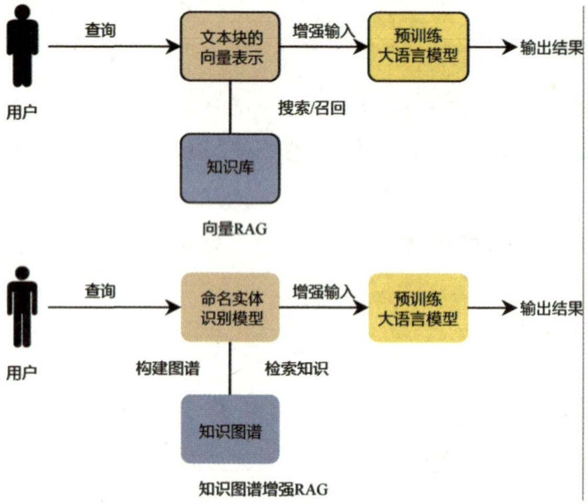

图 4-12　向量 RAG 与知识图谱增强 RAG

4.3.2　知识图谱对于 RAG 的价值

知识图谱对于 RAG 的价值可总结为图 4-13。

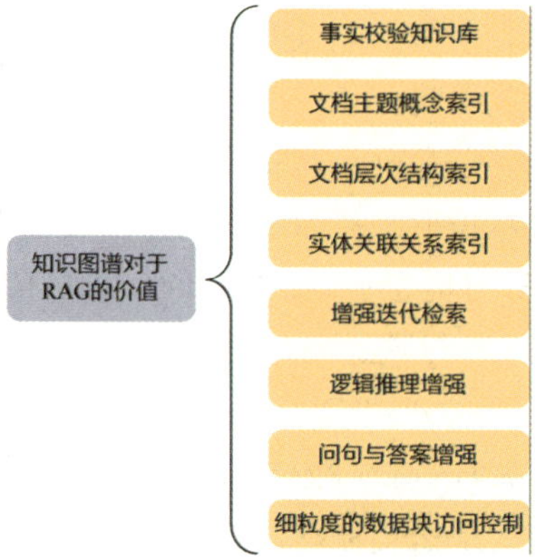

图 4-13　知识图谱对于 RAG 的价值

1. 事实校验知识库

知识图谱中的事实型知识通常是经过验证的，这确保了其准确性。由于其比文本文档具有更强的逻辑和更为丰富的语义关联结构，因此更有利于对大模型产生的答案进行事实、语义和逻辑层面的校验。

2. 文档主题概念索引

每个文档块都有自己的主题概念（Topic）。在传统的搜索引擎中，通过建立概念图谱把文档的主题概念建模为层次化的概念结构，有助于理解文档块包含的主题，并能通过概念主题进一步建立文档块的归类或关联关系。这类似于书后的索引结构，有助于迅速地定位包含相关主题的文档块。

3. 文档层次结构索引

文档通常是有层次结构的，比如采用不同层级的标题组织层次结构。可以利用类似于主题概念索引的方式建立文档的层次结构索引，并把每个文档块归类到相应的层次。这种索引结构类似于一种导航目录，可以帮助大模型更准确地定位到所需引用的文档部分。

4. 实体关联关系索引

正如前文所述，在传统文档 RAG 场景中，知识间的关联关系往往会遗失。而知识图谱的核心优势恰恰在于其强大的表示和处理关联关系的能力。知识图谱中通常包含丰富的实体关联关系。对每个文档块进行实体检测，再链接至知识图谱中，能够让大模型更加准确地理解文档块中的实体语义关系。这将大幅增加大模型对文档块的语义理解深度，从而有效增强多文档的关联检索能力。

5. 增强迭代检索

更进一步地，知识图谱中的概念与实体关系有利于增强迭代检索。例如，通过与大模型 ReAct 反思机制结合，利用知识图谱来引导大模型进行多次迭代的检索。每次生成答案后，大模型继续访问知识图谱，并利用其中的关系规划下一步的查询目标，反复进行这个过程，从而不断地优化答案。如果 RAG 数据是持续更新的流式数据，那么这种动态迭代的检索能力将非常重要。

6. 逻辑推理增强

知识图谱技术发展出了一系列推理技术，包括本体概念推理、关联关系推断、逻辑规则学习等。构建 KG-RAG 的最终目标是以 RAG 的形式来集成知识图谱推理和大模型推理的能力，这将在第 6 章重点探讨。

7. 问句与答案增强

知识图谱可以在检索向量库之前直接用于对用户提示进行重写扩展，以增加查询上下文，也可以在检索向量库之后用于对检索到的结果进行校验或过滤，或用于为答案增加必需的附加信息，例如对每次商品检索均需附加合规性声明等信息。这对于管控答案、消除已知错误和危险答案、提高回答的信任度和安全合规性非常有用。

8. 细粒度的数据块访问控制

在前述的答案增强基础之上，可以基于知识图谱设置细粒度更高的数据库访问控制策略。例如在一个医疗 RAG 系统中，可以通过知识图谱为医生和患者这两类实体定义不同的数据块访问权限控制策略，或者针对不同类型的患者定义不同级别的个人敏感数据访问策略。

4.3.3 知识图谱增强 RAG 的不同阶段

知识图谱相关技术可以在 RAG 的不同阶段植入，总体上可以划分为在 RAG 知识库构建阶段植入和在检索查询阶段植入，如图 4-14 所示。在知识库构建阶段又可分为知识抽取、索引增强、规则增强和多模态知识图谱等形式。而在检索查询阶段则可以分为查询扩展、检索增强、迭代查询、推理增强和访问控制等多种形式。下面分别进行介绍。

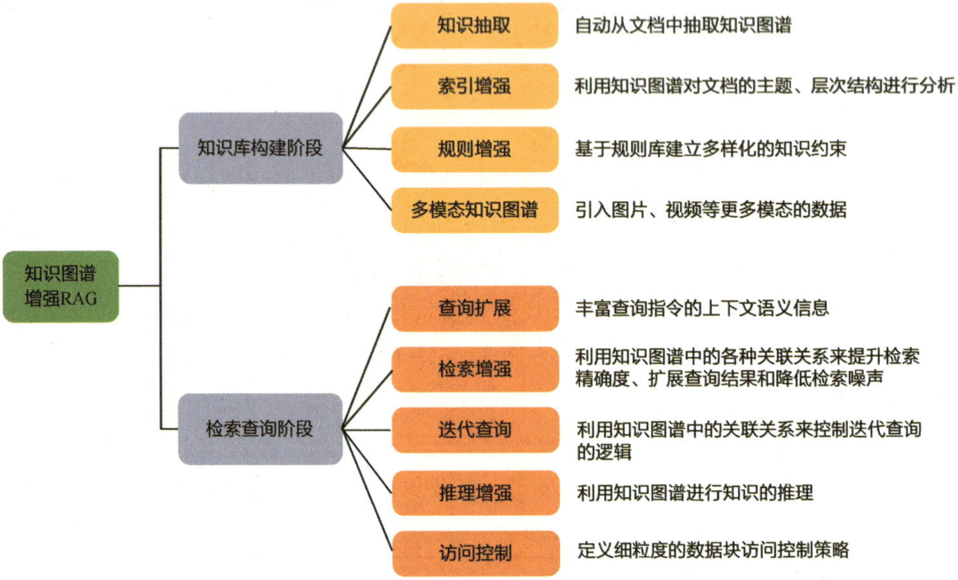
知识图谱增强RAG
知识库构建阶段
知识抽取
自动从文档中抽取知识图谱
索引增强
利用知识图谱对文档的主题、层次结构进行分析
规则增强
基于规则库建立多样化的知识约束
多模态知识图谱
引入图片、视频等更多模态的数据
检索查询阶段
查询扩展
丰富查询指令的上下文语义信息
检索增强
利用知识图谱中的各种关联关系来提升检索精确度、扩展查询结果和降低检索噪声
迭代查询
利用知识图谱中的关联关系来控制迭代查询的逻辑
推理增强
利用知识图谱进行知识的推理
访问控制
定义细粒度的数据块访问控制策略

图 4-14 知识图谱增强 RAG 的不同阶段

4.3.3.1 知识库构建阶段

这个阶段的主要目的是利用知识图谱建立数据块的语义关联关系，并引导建立更加细粒度、更有关联度的数据块索引。主要形式如下。

1. 知识抽取

知识图谱领域已经发展起相对成熟的实体识别、关系抽取和事件抽取等知识图谱自动化构建技术。利用知识抽取直接基于文档语料建立文档特定的知识图谱结构，可用于后续索引构建和检索增强。有一种 KG-RAG 架构完全依赖文档知识抽取构建的知识图谱来增强 RAG。这种架构不要求已经构建好一个外部知识图谱，因而实施成本很低。本质上，这种架构是对文档的一种重结构化预处理，方便大模型更准确地理解文档语义。当然，自动化抽取构建的知识图谱存在噪声、错误和可靠性问题。因此，真实的 KG-RAG 实践通常会使用已经构建好的外部知识图谱。

2. 索引增强

有三类索引可以利用知识图谱进行增强。第一类是文档主题概念索引，通常是对文档做主题分析，再利用一个外部的概念图谱组织主题词的层次结构，以便大模型更好地基于主题概念来检索和筛选文档块。第二类是实体层次结构索引，有一种实体 RAG 采用树的结构组织文档中出现的实体。第三类是文档的层次结构索引，这类索引可以方便检索器更好地区分不同颗粒度的文档块。

3. 规则增强

可以进一步基于一个外部知识图谱建立一个与文档库配套的规则库。这种规则库通常是为了满足一些特定的业务约束而建立的。例如，在一个金融 RAG 中，可能期望对不同类型的金融产品应用不同级别的风险控制策略；在一个医疗 RAG 中，可能需要针对医生和患者实施不同类型的隐私访问控制策略。

4. 多模态知识图谱

如果把知识库内容从文档扩展到图片、视频等多种模态数据，那么 RAG 知识库的最理想形态就是多模态知识图谱。多模态知识图谱在传统搜索引擎中已经被广泛应用，可以通过知识图谱建立文档、图片、视频中实体和概念的关联关系，从而引导大模型更好地理解多模态数据。

4.3.3.2 检索查询阶段

这个阶段的主要目的是利用已经构建好的知识图谱增强检索和查询过程，下面通过一个实例分解每个步骤所实现的功能。

1. 查询扩展

在用户发起查询指令阶段，可以利用知识图谱对查询指令进行扩展，丰富上下文语义，以便后续的检索器能更加准确地理解用户的查询意图。例如，用户输入指令提示“沙坦类药物的副作用有哪些？”，通常，用户的实际意图可能不仅希望查询中所包含的内容，也希望根据药物类型了解其药理和毒理。在知识图谱中可以定义关联属性，例如把“副作用”定义为“毒理”的相关属性，利用这些关联性可以把查询扩展为“沙坦类药物的副作用及药理毒理是怎样的？”。

2. 检索增强

在检索增强阶段，可以充分利用知识图谱中的各种关联关系来提高检索精确度、扩展查询结果范围和降低检索噪声。在这个阶段，可以利用不同类型的知识图谱来引导检索器。

（1）概念层次索引。通过建立一个概念层次图谱，可以引导检索器动态调整查询范围。例如，用户查询为“安来这个药物的降压效果怎样？”。假如“安来”上市没有多久，没有足够多的患者反馈语料，导致检索不出好的答案。但在药物概念图谱中，“安来”是一种“沙坦类药物”，而赛诺菲生产的“安博维”是同类药物，该药上市久，用户反馈语料丰富，于是可以利用概念层次关系检索所有沙坦类药物的疗效描述作为回答。

（2）实体关联索引。通过知识图谱中的精准关联关系增强检索结果的有效性。例如，用户期望查询“安博维这种降压药不能和哪些药物一起服用？”，单纯的向量 RAG 只能依赖向量相似度检索相关文档块，单个文档块包含的药物相互作用信息通常有限。可以利用一个已经构建好的药物相互作用知识图谱，其中定义了药效学相互作用、药物相互作用、配伍禁忌等丰富准确的知识，并形成了知识网络。这样的知识网络可以非常精准地定位相关药物，并进一步将包含这些药物描述的文本块检索出来，从而极大地丰富检索效果。

（3）多文档检索。向量 RAG 将多个文档块割裂，因此无法实现跨文档的检索。例如，用户可能期望查询“最近经常心律失常，应该注意哪方面的疾病？”，传统检索仅会检索与心脏病相关的文档，而在中医知识图谱中，“心”和“肾”被认为是高度关联的两个脏器，通过这种知识关联，一些与心肾相关的文档将被检索出来，从而更好地实现多文档的语义检索。

3. 迭代查询

当一次检索无法获得满意的结果时，通常需要多次迭代查询。例如在第一轮查询中获得沙坦类药物本质上是一种血管紧张素受体拮抗剂，则可在第二轮查询中以血管紧张素为对象进一步检索导致紧张素分泌的因素。这种迭代查询的轮次越多，就越需要知识图谱中的关联关系来控制迭代查询的逻辑。

4. 推理增强

知识图谱不仅可以作为结构化数据存储，而且可以作为推理的知识表示手段。第 6 章将重点探讨大模型和知识图谱双通道推理的集成机制。RAG 也可以作为利用知识图谱增强大模型推理能力的一种实现形式。例如，用户想知道安博维可以和哪些降压药一起服用，而在药物的说明书里只有“本药可与钙通道阻滞剂一同服用提高降压效果”，用户通常记不住这些专业的名词，但在知识图谱中，“硝苯地平”“非洛地平”都属于钙通道阻滞剂，通过结合知识图谱叠加一个概念类型推理，可以向用户提供更直接的答案。

5. 访问控制

知识图谱可以帮助定义细粒度的数据块访问控制策略。在大模型生成返回结果的阶段，可能出于隐私保护或安全性考虑，一些答案无法被返回。对于大模型，通常可以通过 RLHF 对齐反馈学习来实现这类控制，但 RLHF 训练代价大，且很容易通过越狱技巧被绕过。通过显式地定义一些基于实体关系的访问控制策略，可以较为精准地实现细粒度的访问控制。

4.4 KG-RAG 的几种典型架构

本节探讨了如何通过多种策略实现基于知识图谱增强 RAG，包括构建实体或主题概念树以优化信息检索路径，利用知识抽取技术提高 RAG 对复杂文本的理解和生成能力，利用外部知识图谱丰富模型的知识，以及融合思维链与多模态推理来应对复杂的多模态任务。这些方法为 RAG 模型的精准度和泛化能力的提高起到了重要作用。

4.4.1 Tree-RAG：构建实体或主题概念树增强 RAG

比较简单的一种实现 KG-RAG 的方式是构建实体树或主题概念树来增强 RAG，也可以称为实体 RAG（Entity-RAG）和主题概念 RAG（Topic-RAG）。在针对文档块的检索中，最受关注的通常是文档中出现的各种概念、实体或主题。利用知识图谱可以建立起概念层次、主题层次或实体层次结构，通过概念识别、实体链接等技术将文档块中出现的概念和实体与知识图谱建立关联，进一步利用这些知识层次结构来增强检索过程。

一个典型的例子是 Tree-RAG[110]。Tree-RAG 将 RAG 与经过微调的开源大模型（LLaMA-27B）集成以生成响应，通过构建实体树引导 RAG 检索过程，并结合实体树和向量数据库进行上下文检索。实体树存储有关组织机构的层次结构及其中的实体分类信息，如市场部、财务部及其下属分支机构等。该树中的每个叶子节点代表一个具体实体，比如某个员工，而其父节点则指示其所属的组织机构。Tree-RAG 的工作流程如图 4-15 所示。

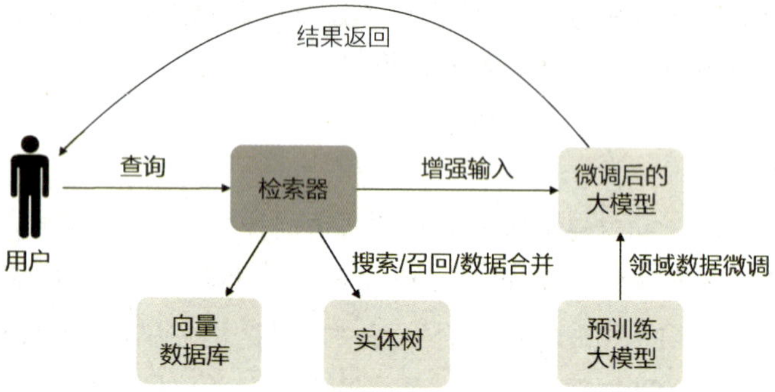

图 4-15　Tree-RAG 的工作流程

- 给定用户查询，在向量数据库中搜索相关文档块，作为大模型输入上下文。
- 查询解析器扫描用户查询，以查找与组织结构树中的实体对应的名称，如果查询提到任何类型实体，则从实体树中提取有关实体的信息并将其添加到上下文中。
- 实体树中的相关信息最终被转化为文本描述，然后与从向量库中检索出的文档块合并，输入给大模型生成问答。
- 如果用户查询未提及任何实体，则省略实体树搜索过程，仅使用向量检索到的文档块作为大模型输入上下文。

通过构建实体树，当用户查询某个具体实体时，不仅可以获得该实体在组织机构中的归属关系，还能利用实体树建立的实体的关联信息提高跨文档块的检索能力，从而让大模型更好地理解实体关系。

4.4.2　KE-RAG：利用知识抽取增强 RAG

第二种 KG-RAG 的实现方式是通过构建实体关系图谱来增强 RAG。这种方式不需要外部知识图谱，而是直接采用知识抽取技术对文档块进行处理，构建一个文档特定的临时知识图谱来增强 RAG，称为 KE-RAG（Knowledge Extraction RAG）。一些图数据库如 Neo4J、NebulaGraph、TuGraph 等支持这种形式的 KG-RAG 框架。微软发布的 GraphRAG[111]开源框架也是主要以利用知识抽取技术构建的知识图谱来增强 RAG 的。

KE-RAG 的优势在于避免了对外部知识图谱的依赖，从而降低了实施成本。同时，由于该知识图谱完全基于向量数据库中的文档块，通过抽取技术获得，因而和向量数据库的匹配度很好，检索召回度高。其缺点是高度依赖抽取技术，没有经过人工校验和外部数据增强，可能导致知识质量不高、知识覆盖度小。常见的实施步骤如下。

（1）构建常规的向量数据库，通常包括对文档语料进行切块，训练数据库的向量表示并将其存入向量数据库，建立向量索引。

（2）基于文档语料构建知识图谱，该过程通常可以直接调用大模型来完成，也可以通过一个外部的抽取工具来完成，构建完成的知识图谱存入图数据库。

（3）在检索阶段，用户需要同时对向量数据库和图数据库进行检索，获得相关的文档块及与这些文档块对应的三元组，形成上下文。

（4）将包含知识图谱三元组的上下文输入大模型，生成答案。

进一步深入分析 KE-RAG 的实际工作原理，如图 4-16 所示。在传统索引中，每个数字代表文档块对应的索引。在知识图谱增强的文档索引中，***X***、***Y***、***A***、***B*** 等代表知识图谱中的实体，箭头代表实体关系。可以看到，每个数据块索引都由细粒度更高的实体关系三元组描述，同时，知识图谱建立起了跨越多个文档的实体关系，如数据块 1 中的 ***Z*** 和数据块 3 中的 ***I***，这将大大提高跨数据库的检索增强能力。

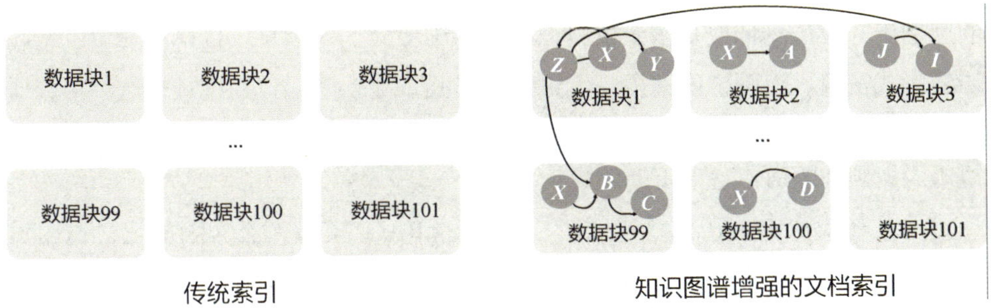

图 4-16　KE-RAG 的实际工作原理

可以看到，基于知识抽取的 KG-RAG 实际上利用抽取技术增强了文档块中存在的实体的关联关系，本质上是一种基于抽取技术的知识索引技术。这种方式比较适合于没有预先定义知识图谱的应用场景。考虑到知识图谱的构建成本通常比较高，这是一种相对低成本的 KG-RAG 实施方式。

HippoRAG[112]是一类比较典型的 KE-RAG 的开源检索增强生成的框架，旨在通过模拟人类记忆模型，为大模型提供长期记忆功能。它将文档集合转化为一个无模式的知识图谱，作为人工海马体索引。在接收到新查询时，HippoRAG 识别查询中的关键概念，并使用个性化 PageRank 算法在知识图谱上进行路径探索，从而在单一检索步骤中完成多跳推理。

具体实现步骤和系统架构如图 4-17 所示。

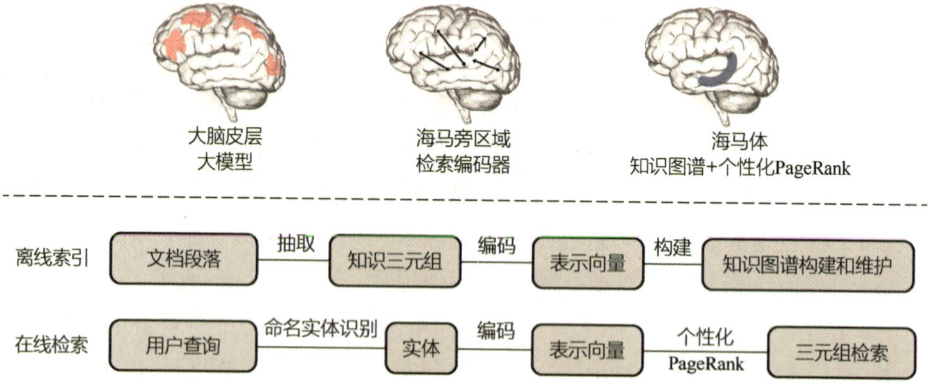

图 4-17　HippoRAG[112]的实现步骤和系统架构

（1）**离线索引**。在这个阶段，HippoRAG 模仿记忆编码过程，利用经过指令精调的强大大模型（人工新皮质）提取知识图谱三元组。该知识图谱是无模式的，利用开放信息抽取从检索语料库的段落中提取关键信号。这些信号以名词短语的形式呈现，使图谱能够更精细地进行模式分离。之后，通过预训练好的检索编码器（类似于海马旁区域的功能），在知识图谱内为相似但不完全相同的名词短语添加额外的边，帮助下游的模式完成。

（2）**在线检索**。在在线检索阶段，HippoRAG 模仿人类大脑的记忆检索过程。首先，大模型从查询中提取出关键的命名实体，并将这些实体与知识图谱中的节点连接。随后，将这些节点作为部分线索，触发人工海马体进行模式完成。最后，利用个性化 PageRank 算法，将查询节点分布的概率传递到相关的子图中，根据 PageRank 算法输出的节点概率对先前索引的段落进行排序，完成检索。

HippoRAG 通过模拟人类记忆机制，集成了知识图谱与个性化 PageRank 算法，为大模型提供了强大的长期记忆与多跳推理能力。

4.4.3　利用外部知识图谱增强的 KG-RAG

很多机构已经建立起知识图谱数据体系，或者自身已经有丰富的结构化数据基础。在这种场景下，通常采用单独构建知识图谱，然后将其与向量 RAG 结合的方式。这种方式一般利用一个已经存在的知识图谱，如 Wikidata。这类知识图谱通常经过了专门的校验和处理，加上 Schema 有严格的管理和控制策略，因而质量比较高。此外，这些专门构建的知识图谱知识覆盖度通常非常高，存在很多向量数据库中不存在的知识，与向量数据库互补性更好。因此，如果应用场景更倾向于扩大 RAG 的知识范围，则应采用融合外部知识库的 RAG。而如果场景更倾向于仅利用知识图谱来提高现有向量数据库的召回效率，则应该利用知识抽取增强 RAG。

KG-RAG 的一个例子是 KG-FiD[113]。FiD（Fusion in Decoder）是一种通过将多段落（Passage）与问句进行拼接来提高 RAG 检索效果的方法，如图 4-18 所示。KG-FiD 将知识图谱引入 FiD，其出发点是认为类似于 FiD 的纯文档 RAG 有一个错误假设，即检索到的段落内容彼此无关。KG-FiD 首先利用外部知识图谱 Wikidata，并融合检索出的段落构建一个既包含段落内部知识又包含从外部知识图谱中检索出的相关知识的知识图谱，然后利用图神经网络基于语义关系对段落迭代实施重排序。通过外部知识图谱中的关联关系，清除与核心实体极不相关的段落，并反过来增强相关性更强的段落。最后将经过知识图谱过滤的段落作为上下文输入解码器，从而提高系统回答的准确性。

SURGE[114]也是一种利用外部知识图谱增强 RAG 的方法，如图 4-19 所示。该框架首先基于用户对话历史从外部知识图谱中检索相关子图，然后利用图神经网络对子图进行编码。接下来，将经过编码的子图与用户对话历史一同输入预训练模型中生成答案。在 SURGE 的设计中，子图编码器与语言模型一起进行端到端训练。训练过程采用了对比学习机制，即通过构建一些反例子图来区分基于检索到的子图产生的反馈信号和不相关的子图产生的反馈信号。

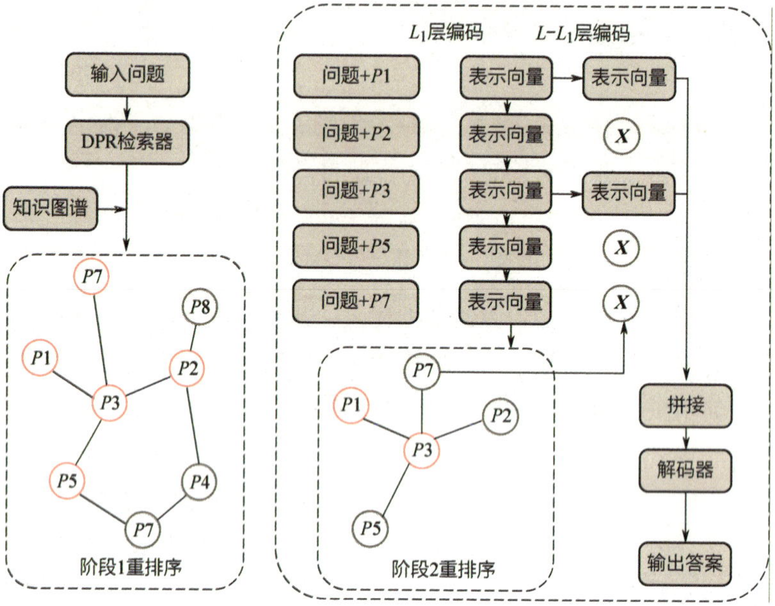

图 4-18 KG-FiD[113]

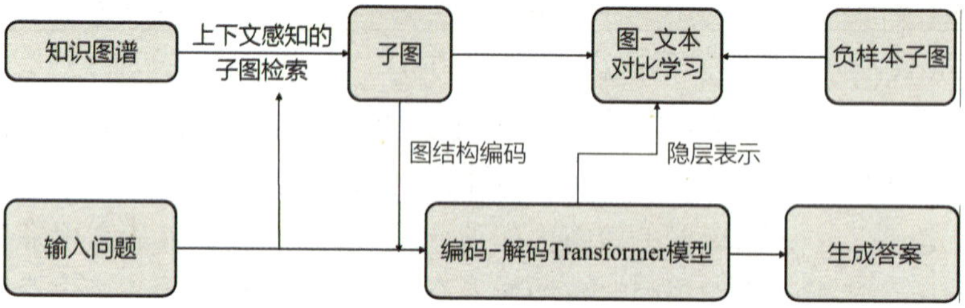

图 4-19 SURGE[114]

4.4.4 融合思维链的多模态 KG-RAG

前面已经介绍了很多 KG-RAG 的实现方法。在实施层面，它们本质上都是将向量数据库和图数据库结合起来构建 RAG。图数据库中存储逻辑性和关联性更强的结构化知识，向量数据库则存储文本、图片等多模态信息。如果把结构化 KG 和各种多模态数据做好链接和关联，就是典型的多模态知识图谱。这个多模态知识图谱既包含逻辑性更强的结构化知识，也包含丰富多样的多模态知识。基于多模态知识图谱可以构建多模态的 KG-RAG。

如果知识图谱没有显式地与多模态数据建立链接，那么可以利用大模型的思维链能力来实现综合知识图谱和向量数据库的检索能力，这对于一些分析类应用比较重要。例如，给定如图 4-20 所示的问句“在刚过去的巴黎奥运会上，中国代表队在乒乓球这个项目中一共获得多少块金牌？”，可能因为时效性问题，大模型自己不能回答，只能借助外部知识库。在回答这个问题时，关于人物、机构的知识来自知识图谱检索，新闻信息则来自文档库检索。而对于不断更新的信息，可能来不及更新知识图谱链接。此时，可以利用大模型将问题分解为多个步骤，形成一条思维链，然后让每步的执行都调用相应的知识库，最后完成回答。

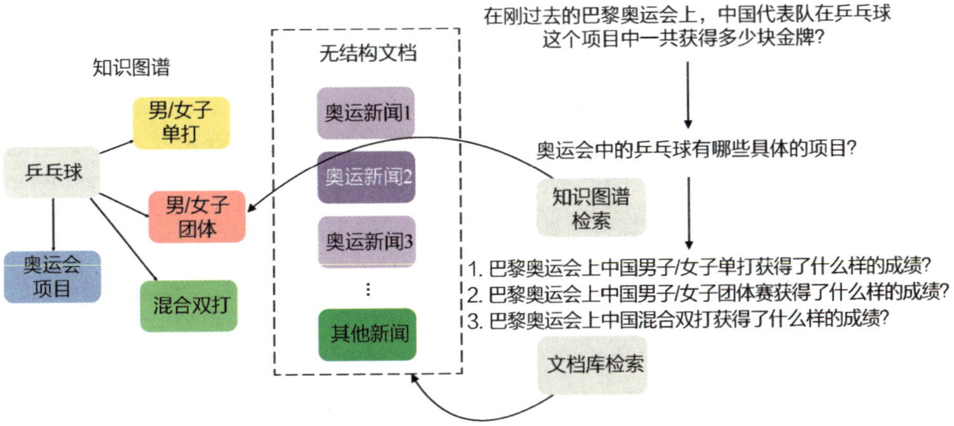

图 4-20　融合思维链的多模态 KG-RAG

总体来说，“RAG+知识图谱+多模态数据”，或者“RAG+图数据库+向量数据库”，正在成为 RAG 应用实现的标准范式之一。它们比提示工程的扩展性好；比微调的成本低，时效性好；比单纯依靠逻辑查询，能更好地把知识图谱文档和大模型问答综合起来，因此具有更多的实用优势。

KG-RAG 是一个飞速发展的领域，截至本书撰写时，已经出现了更多的实现架构和开源框架。例如由蚂蚁集团和浙江大学联合提出的 KAG（Knowledge-Augmented Generation）框架融合了 KE-RAG、利用外部知识图谱增强的 KG-RAG 和知识图谱增强的 SFT 指令精调 RAG 等，这里不再赘述。

4.5 本章小结

检索实际上就是搜索引擎技术，知识图谱原本就是为了解决传统搜索引擎在检索碎片化知识方面的缺陷而被提出的。大模型解决了语言理解的问题，提供了对话形式的检索能力，但因为其训练代价大，以及生成模型所带来的内生幻觉问题，不能完全替代传统搜索引擎技术。因此，检索、知识图谱和大模型三者各有优缺点，能够互补。

本章介绍了知识辅助检索增强的基本概念，强调了在信息检索过程中引入知识结构的必要性。通过引入知识图谱、概念树等知识结构，模型在理解和生成复杂信息时能够表现得更加精准。尤其在面对复杂概念和关系时，知识图谱提供了更深层次的结构化信息支持。通过比较向量 RAG 和 KG-RAG，展示了知识图谱在提高检索精确性和生成质量方面的独特价值。知识图谱不仅能在知识库构建阶段提供深度支持，还能在检索查询阶段优化模型的查询结果，最终提高模型的整体表现。

为了展示知识图谱在 RAG 中的具体应用，本章进一步介绍了几种典型的 KG-RAG 架构。Tree-RAG 通过构建实体或概念树，优化了模型在处理复杂概念时的效率。KE-RAG 则利用知识抽取技术，增强了模型的检索和生成能力。此外，利用外部知识图谱增强的 KG-RAG 结合了更广泛的知识来源，为模型提供更丰富的背景信息。最后，融合思维链的多模态 KG-RAG 通过整合多模态信息和逻辑推理，进一步提高了模型在复杂场景下的表现。每种架构都通过特定方式引入知识图谱，以增强模型的表现。

知识图谱在 RAG 上的浅层次应用，包括利用知识图谱建立文档 RAG、图像 RAG 等数据中的实体关系索引，可以帮助大模型理解多模态数据的语义关系。但知识图谱作为 RAG 更为重要的价值是以 RAG 形式提高模型的查询与推理能力。这将在第 5 章和第 6 章展开论述。

第 5 章
CHAPTER 5

知识增强大模型查询问答

在电商、金融、法律、教育等领域应用中，结构化数据是一种重要的记录和管理领域数据的方式。在应用过程中，人们会不断对这些结构化数据发起查询请求以获得最新的经过聚合的数据，从而更好地完成业务任务和支撑业务需求。很多人员不具有结构化数据查询语言的基础知识，无法自主撰写查询语句来获得数据，因此，基于自然语言的结构化数据查询问答是值得追求和实现的。本章将介绍查询问答的背景知识，包括表示和查询方法等，并分析大模型的查询问答能力，介绍三种不同的基于大模型的知识增强查询问答方法，希望读者对知识增强的大模型查询问答方法的现状和技术路线有初步的了解。

5.1 知识增强大模型查询问答概述

真实的企业级应用中有大量的结构化数据，如用户数据、产品数据、交易数据等，这些数据通常被组织成结构化的形式，存储于特定的数据库中。在应用过程中，人们会频繁地从数据库中获取包含在这些结构化数据中的有用信息。例如在电商应用中，会经常查询某个类目下的商品、某件商品的详情、店铺的经营内容、用户的购买记录等信息。在金融应用中，通常会查询金融事件的详情、某段时间的交易数据、用户持有金融产品的情况等信息。这些结构化数据数量庞大，例如，淘宝、抖音、拼多多、微信等人们常用的软件平台都有数亿个用户，对这数亿个用户的数据进行查询，通常需要依托数据库及配套的查询语言。例如将数据存储于关系数据库中并通过 SQL 进行查询，存储于图数据库中并通过 Cypher 进行查询，存储于 RDF 数据库中并通过 SPARQL 进行查询等。不同的查询语言遵循特定的语法，要正确写出符合意图的结构化查询语句，需要掌握基本的查询语言语法知识并具有一定的实践经验。

对结构化数据有查询需求的人很多，以电商应用为例，运营人员经常需要查询商品详情数据及店铺数据等，市场人员经常需要查询交易数据和用户数据等，但这些人员通常不具有计算机专业技术背景，没有熟练掌握数据库查询语言的语法，因此在查询数据库的数据时需要找技术人员帮忙，或者借助企业内部开发的可视化查询平台。但这样并不方便，一来影响效率，依赖技术人员帮忙无法在需要查询数据时立刻获得结果，二来查询功能受限，可视化查询平台通常包含较为常用的功能，可能并不支持原始查询语言的所有功能。为了让更多的人，尤其是不具有结构化数据查询语言语法背景知识的人，更方便、及时地从结构化数据中获得有用信息，基于自然语言（Natural Language，NL）的结构化查询问答被广泛研究，期望实现用自然语言描述数据查询需求，并自动完成准确的相关数据的查询，这将极大地释放结构化数据的价值。典型的基于自然语言的结构化查询问答研究包括 NL2SQL、NL2SPARQL、NL2GQL 等，这些研究在近几年取得了显著的进展，在一定程度上实现了自然语言到结构化查询的翻译，尤其是针对简单的查询需求，具有不错的翻译准确率。基于自然语言的结构化查询问答的难点主要有两个：一是准确地理解自然语言查询需求，二是转化为语法合法的结构化查询语句。这不仅要求模型具有较好的自然语言理解能力，还要求模型具有较多的结构化查询语言语法知识。

大模型展现了强大的自然语言理解和生成能力，因此将大模型应用于查询问答，提高对自然语言查询需求的理解的准确率，是一个自然的技术发展趋势。通过简单的提示工程并不能让大模型生成足够准确的查询语句，主要原因有两个：一是大模型是在大量的自然语言文本上训练的，尽管训练数据中也包含部分结构化查询语句的数据，但这部分数据只占很小的比例，因此大模型原生的生成查询语句的能力存在缺陷；二是生成准确的查询语句，需要大模型对被检索的结构化数据具有一定的了解，而原始的大模型对被检索的数据是无感知的。针对这两个难点，本章将介绍知识增强的大模型查询问答，围绕背景知识、能力分析及增强方法展开介绍。

5.2 查询问答背景知识

本节将介绍查询问答的背景知识，包括不同的结构化知识表示方式、结构化知识查询方式及已有的查询问答方法。

5.2.1 结构化知识表示

1. 表格

表格（Table）是一种记录具有固定模式的数据的有效方法，一张标准的表格通常包含 m 行 n 列，可以用 r_i 表示第 i 行，用 c_j 表示第 j 列，用 v_{ij} 表示第 i 行第 j 列的值。对于标准的表格，通常第 1 行被称为表头，记录每列所记录信息的名称，从表格第 2 行至最后一行，每行被称为一条记录。表格的示例如图 5-1（a）所示。

2. 知识图谱

知识图谱是一种记录实体和实体之间关系的有效方法。一个知识图谱可以表示为$\mathrm{KG}=\{E,R,T\}$，其中 E 表示知识图谱中的实体集合，R 表示知识图谱中的关系集合，T 表示知识图谱中的三元组，$T=\{(h,r,t)\,|\,h\in E,\ r\in R,\ t\in E\}$，一个三元组的示例为（2024 年奥运会，承办城市，巴黎）。知识图谱的示例如图 5-1（b）所示。

3. 时序知识图谱

时序知识图谱（Temporal Knowledge Graph，TKG）是一种记录事件时间信息的有效方法。一个时序知识图谱可以表示为$\mathrm{TKG}=\{E,R,\tau,Q\}$，其中 E、R 和 τ 分别表示实体集合、关系结合和时间集合，$Q=\{(h,r,t,\tau_s,\tau_e)\,|\,h\in E,r\in R,$

$t \in E, \tau_s \in \tau, \tau_e \in \tau\}$ 表示五元组集合，一个五元组的示例为（2024 年奥运会,承办城市,巴黎,2024.07.26,2024.08.11）。时序知识图谱的示例如图 5-1（c）所示。

4．超关系知识图谱

超关系知识图谱（Hyper-relational Knowledge Graph，HKG）是一种记录多元关系和复杂事实的有效方法。一个超关系知识图谱可以表示为 $\mathrm{HKG} = \{V, R, F\}$，其中 V 和 R 表示超关系知识图谱中的节点和关系，F 表示复杂事实，$F = \{((h,r,t),\{k_i : v_i\})\}$，每个复杂事实由一个主三元组和多个属性-属性值对组成，一个复杂事实的示例为（(奥本海默,博士学位学科,物理学)，{毕业时间：1927 年,导师：马克斯·波恩,就读学校：哥廷根大学}）。超关系知识图谱的示例如图 5-1（d）所示。

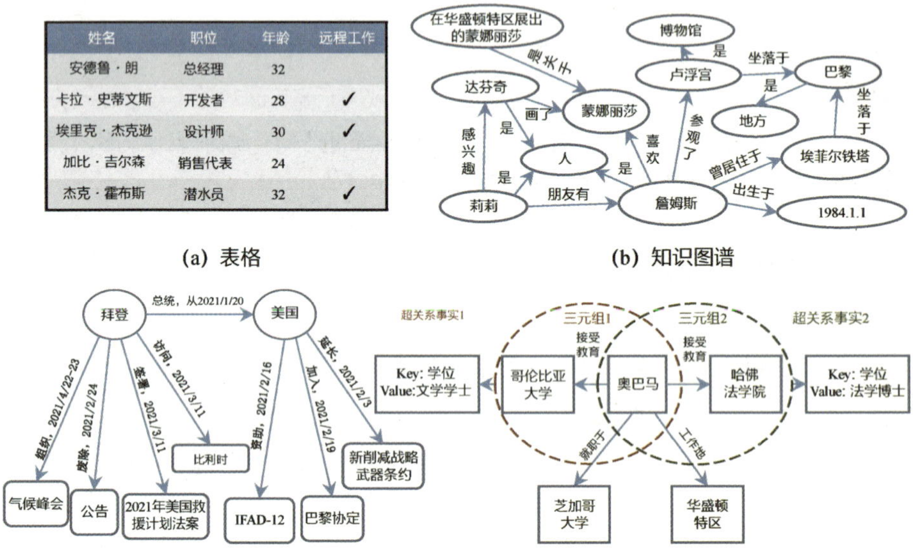

(a) 表格　　(b) 知识图谱

(c) 时序知识图谱　　(d) 超关系知识图谱

图 5-1　不同的结构化知识表示示例

这些不同的结构化知识表示方法为描述世界上的复杂事实和知识提供了丰富的技术选择，尤其是表格和知识图谱，在金融、制造、民生、人文等领域已经被广泛使用，是大量存储领域有用数据的重要方法。

5.2.2　结构化知识查询

5.2.2.1　逻辑查询语言

S-表达式（S-expression）是一种以序列化文本表达半结构化数据的方法，

可用于将图查询语句翻译为序列化的逻辑查询文本。图 5-2 所示的查询可以转化为 S-表达式。

```
    (AND Theater (AND (GE capacity 10000) (JOIN staged_here (JOIN
producer Bob_Boyett)))
```

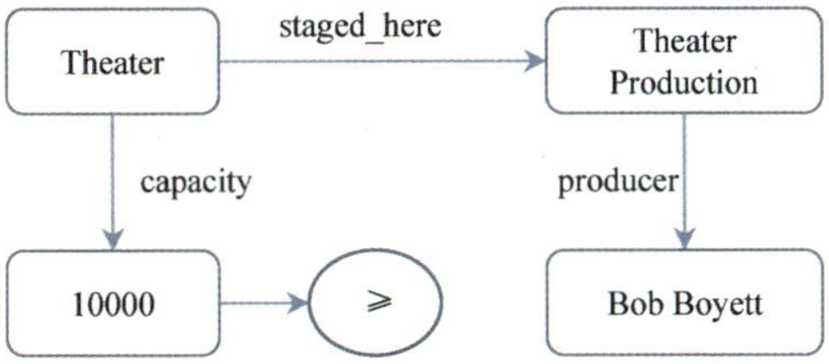

图 5-2　逻辑查询示意图

目前常用于知识图谱查询问答的 S-表达式提出于文献[115]，这种 S-表达式采用基于集合的语义定义，即每个函数接受一些参数输入，参数由一个实体或实体对集合组成，常用的函数包括表示逻辑并集和交集（AND 和 JOIN）。函数定义如表 5-1 所示。

表 5-1　用于知识图谱查询问答的 S-表达式的函数定义

函　　数	返　　回	描　　述
(AND *u*l *u*2)	一个实体的集合	AND 函数返回两个输入参数的交集
(COUNT *u*)	一个只包含一个整数的集合	COUNT 函数返回参数的基数
(R *b*)	一个(实体,实体)二元组的集合	R 函数将输入中的二元组(*x*, *y*)反转为(*y*, *x*)
(JOIN *b u*)	一个实体的集合	将 *u* 和 *b* 中的第二项进行内连接
(JOIN *b*1 *b*2)	一个(实体,实体)二元组的集合	将 *b*2 中的第一个元素和 *b*1 中的第二个元素进行内连接
(ARGMAX *u b*)/(ARGMIN *u b*)	一个实体的集合	返回 *u* 中的 *x*，使(*x*, *y*)在 *b* 中，并且 *y* 是最大/最小的
(LT *b n*)/(LE *b n*)/(GT *b n*)/(GE *b n*)	一个实体的集合	返回所有的 *x*，使(*x*, *y*)在 *b* 中，并且 *v* </ ⩽ />/ ⩾ *n*

S-表达式的参数类型一共有三种，分别是实体集合、实体二元组（entity, entity）集合、实体-值（entity-value）集合。例如实体和实体类别可以组成实体集合，关系对应的头实体和尾实体可以表示为实体二元组集合。基于这些函数和参数的定义，可以组合出复杂的逻辑表达式。除了 S-表达式，逻辑查询语言还

有 Lamda-DCS 等[116]。

5.2.2.2 查询图

查询图是表示查询逻辑的图，其中包含四种节点，第一种是实体节点，即将知识图谱中的实体作为节点；第二种是存在变量节点，即可以被替换为知识图谱中具体实体的节点，也叫作未被实例化的节点；第三种是答案变量节点，即答案的未被实例化的节点；第四种是聚合函数节点，这些聚合函数作用于一个实体集合，包括 argmin 和 count 等。通常来说，一个查询图只有一个答案变量节点，至少有一个实体节点，可以有任意一个变量节点和聚合函数节点。图 5-3 展示的是问题"因《杰夫・普罗布斯特秀》获得提名的电视制片人的第一任妻子是谁?"对应的查询图。

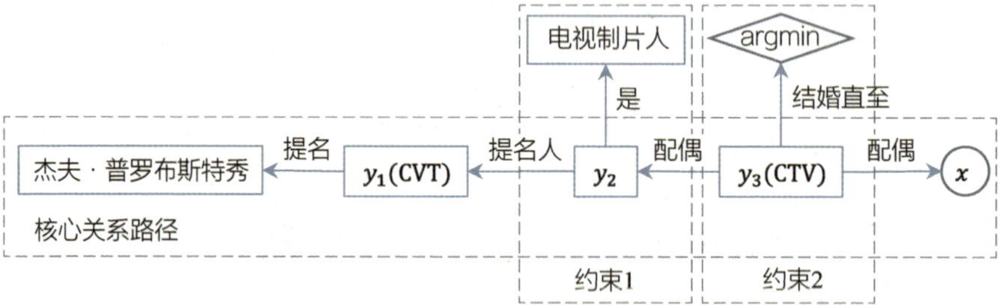

图 5-3 查询图示例

5.2.2.3 图查询语言

将大量的结构化数据存储于图数据库后，当用户需要对图数据库中的数据进行有选择地获取时，需要借助图查询语言完成数据查询，常用的图查询语言主要有两种，一种是 SPARQL，另一种是过程式查询语言，如 Cypher。

（1）SPARQL。SPARQL 是针对 RDF（Resource Description Framework）数据的描述式图查询语言，RDF 是描述网络资源链接关系的资源描述框架 W3C 标准，可以将数据描述为有标签的有向图。SPARQL 查询语句由一个三元组集合构成，每个三元组中的头实体、关系、尾实体都可以是一个变量，查询结果为符合查询语句所描述的图模式的变量的值。图 5-4（a）是一个 SPARQL 查询样例，目标是查询数据中非洲国家及其首都的名称。

（2）Cypher。Cypher 是针对图数据库的图查询语言，最初由 Andrés Taylor 在 Neo.4j 工作期间设计开发，用于对 Neo.4j 图数据库进行查询，最终于 2015 年通过 OpenCypher 项目向公众开放。Cypher 是一种过程式查询语言，查询语句的过程即描述如何在图上操作的过程，如图 5-4（b）所示，常用的关键词包括 MATCH、WHERE 和 RETURN 等。

```
PREFIX ex:
<http://example.com/exampleOntology#>
SELECT ?city ?nation
WHERE {
       ?a ex:cityName  ?city ;
            ex:isMajorCityOf   ?b .
       ?b ex:nationName ?nation ;
            ex:isLocatedIn  ex:Europe .
}
```

(a) SPARQL查询样例

```
MATCH (emplyee:Person {name: 'Alice'})--
{2}(partners:Person)
RETURN DISTINCT partners.name AS name,
partners.born AS bornIn
ORDER BY bornIn
LIMIT 5
```

(b) Cypher查询样例

图 5-4　不同的查询语言样例

5.2.3　查询问答方法

5.2.3.1　逐步生成方法

逐步生成方法采用分步骤的方法生成逻辑查询过程。以基于查询图的知识图谱查询问答方法为例，典型的流程包括以下步骤。

（1）以问题中检测的实体为起点，识别可以回答问题的将实体节点连向答案变量节点的关键关系路径，路径可以由一个或多个关系组成。

（2）根据问题为识别出的关键关系路径添加约束，例如添加实体节点作为查询图的常量约束，添加聚合函数节点增加聚合操作等。

（3）计算前两个步骤生成的查询图和自然语言问题的相似度，对候选的计算进行排序。

（4）根据排序最靠前的几个查询图在知识图谱中进行信息查询，获得答案。

基于查询图的查询问答方法在处理复杂查询问答时的核心挑战是应对巨大的搜索空间，应对方法包括允许进行灵活的约束添加，例如，文献[117]提出了查询图拓展的每个步骤都可以从{extend, connect, aggregate}中选择，而不是严格地按照前面描述的先进行代表路径扩展的 extend 操作，再进行代表添加约束的 conenct 操作，最后进行代表聚合计算的 aggregate 操作。这样可以借助灵活的约束降低中间步骤的搜索空间。

除了分步骤生成查询，另外一种常见的步骤抽象方法是先检索后推理。检索为从结构化数据中通过检索获得有用的数据，例如，知识图谱查询问答中，根据给定的问题，从知识图谱中检索与问题相关的子图，子图检索过程通常包括问题主题实体识别、问题相关实体检索，以及基于相关实体的子图抽取；推理为根据检索获得的有用信息逐步推理得到答案，例如，在知识图谱查询问答中，以检索步骤中抽取出的子图为依据，经过基于模型的推理找到答案实体。检索和推理步骤中很重要的一个任务是问题和结构化数据中元素的语义匹配，例如，知识图谱查询问答利用了问题和知识图谱中的关系的语义匹配，因为在查询和推理阶段都会设计具有语义匹配能力的模块，而这两个语义匹配模块通常是分开设计的，可能具有不同的结构和不同的参数。为了使这两个语义匹配模块的能力互相迁移，UniKGQA[118]采用了同样的模型架构来实现不同阶段的语义匹配，通过分阶段训练、借用训练过的模型参数进行其他步骤模型的参数初始化等方法，实现了统一的语义匹配方法和能力迁移。

根据上述介绍，逐步生成方法的流程设计与具体的查询对象密切相关，例如，知识图谱查询问答逐步生成方法与知识图谱的数据表示形式相关度极高，因此无法被应用于其他形式的结构化数据，如表格、数据库等，迁移能力有限。

5.2.3.2 序列到序列方法

序列到序列方法直接从自然语言问句生成查询语言，该过程可以被比作一个语言翻译的过程，即将自然语言问句当作一种语言，将查询语言当作另一种语言，将自然语言到查询语言的过程看作语言翻译的过程。为了提高查询语言翻译的效果，序列到序列方法通常会引入细粒度的约束信息，并将其与自然语言问句一起作为模型的输入，或者用于约束和修正模型输出的查询语言结果。例如，FC-KBQA[119]通过设计细粒度的元素抽取器，将与问题相关的关系、实体及逻辑表达式骨架整理出来，具体包括用 BM25 和 BERT 模型进行问题到关系的映射，通过命名实体识别方法和高效实体检索方法进行问题到实体的映射，通过 T5 模型生成逻辑表达式骨架，再通过中等粒度的元素约束模块将符合逻辑表达式估计的类别-关系对、关系-关系对及实体筛选出来，将筛选出来的信息同问题一起输入基于 T5 模型的查询语言生成模型中。中等粒度的元素约束模块筛选出的信息同时会被用于初始化生成过程中的动态词表，这些不同粒度的约束有助于生成逻辑一致性更好、更正确的 S-表达式。

已有的序列到序列的方法多基于预训练语言模型实现，由于预训练语言模型不具有从自然语言问句生成逻辑查询语言的泛化能力，通常需要基于一定数量的自然语言问句和逻辑查询语言数据对预训练语言模型进行训练。经过训练的模型具有一定的逻辑查询语言生成能力，但在面对训练时未出现的查询组合或未出现的查询形式时，模型的泛化能力有限。

5.3 大模型查询问答能力分析

大模型问世后，一些之前需要通过外部知识库协助的问答任务可以直接通过大模型完成，因为部分外部知识库如常识知识图谱等包含的知识已经包含在大模型的训练数据集中，大模型记住了相关知识。也有这样的疑问被提出：大模型是否可以完全替代外部知识库辅助的查询问答场景？经过研究，结论是不能完全替代[120]。一方面，虽然用于辅助的外部知识库包含在大模型的训练数据中，但是大模型并不能准确记忆所有知识。例如，Wikipedia 的数据是 GPT 模型训练数据的一部分，但 GPT 模型并不能准确回答所有与 Wikipedia 相关的问题。另一方面，世界是动态的，每天仍然有大量的结构化数据产生，这些数据是大模型训练时未见过的。

1．借助大模型进行查询问答的挑战

大模型具有很好的自然语言理解能力，如何借助大模型进行针对外部知识库的查询问答被广泛研究，其中面临的核心挑战有以下两个。

- 语言模型的输入长度有限，如果外部知识库规模较大，那么数据无法全部放入语言模型的输入中，如何让语言模型高效地感知到外部知识库的相关数据是核心挑战之一。
- 外部知识库，如知识图谱、表格、数据库、JSON 文件等，其中包含的信息是以结构化形式组织的，而大模型接受的文本序列输入是无结构化组织的，这些结构化的数据应该以什么样的方式输入语言模型是核心挑战之二。

2．借助大模型进行查询问答需要具备的能力

为了应对以上挑战和问题，利用大模型进行查询问答的方法应该具有的能力如下。

- 理解外部知识库内容的能力。可以概要、快速地掌握外部知识库中所具有的数据内容，以便更好地进行语义解析和检索。

- 语义解析能力。可以将自然语言问句和描述解析为结构化的逻辑表达式、查询语句或查询图。
- 检索能力。根据自然语言描述的需求，从外部知识库中按需获取相关数据，以辅助语义解析及修正语义解析结果。

5.4 知识增强查询问答方法

5.4.1 基于大模型微调的查询问答

为了增强大模型生成逻辑查询的能力，利用大模型在知识图谱上完成查询问答，ChatKBQA[121]提出了第一个基于微调语言模型的方法，如图 5-5 所示。知识图谱查询问答的任务可以概括为以下三个步骤。

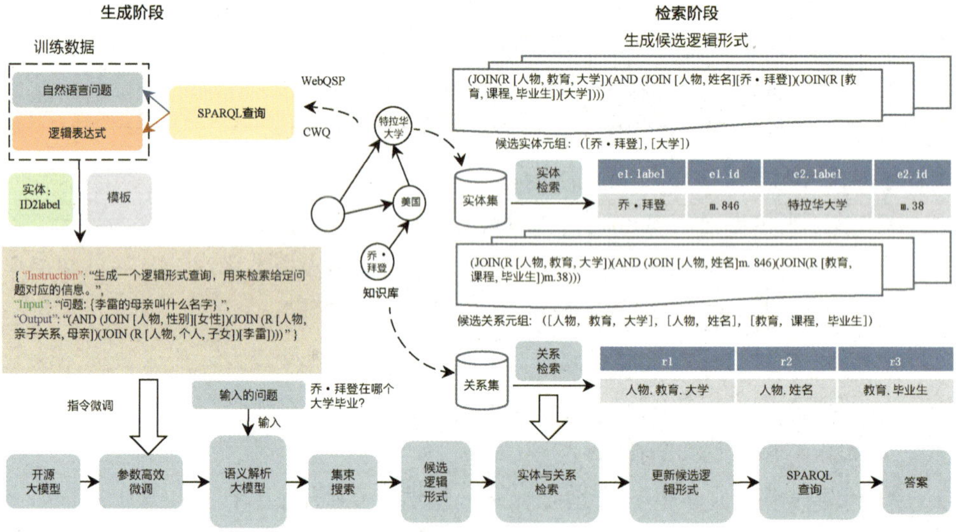

图 5-5　ChatKBQA 的方法流程

（1）$F = Sp(Q)$，将输入的问题通过语义解析函数转化为逻辑表达式，如 S-表达式等。

（2）$q = \text{Convert}(F)$，将逻辑表达式转化为结构化查询语句，如 SPARQL 等。

（3）$A = \text{Execute}(q \mid K)$，根据给定的知识图谱 K，执行查询语句并得到答案。

语言模型对特定的逻辑表达式掌握的程度有限，原生的语言模型将问题转化为逻辑表达式的能力欠佳，为了更好地完成第（1）步，ChatKBQA 以问题 Q 为输入，以逻辑表达式为输出，构造了微调语言模型的指令数据，样例如下。

```
    {"instruction":"Generate a Logical Form query that retrieves the information corresponding to the given quesiton. \n",
    "input":"Question: {what is the name of Justin Bieber brother}",
    "output": "(AND (JOIN [ people, person, gender ] [ Male ]) (JOIN (R [ people, sibling relationship, sibling ]) (JOIN (R [ people, person, sibling s ]) [ Justin Bieber ])))"}
```

通过 LoRA、QLoRA、P-Tuning 等高效的指令精调方法，语言模型可以准确地将输入的问题转化为逻辑表达式。实验结果表明，在掩盖掉逻辑表达式中具体的实体和关系后，上面的指令数据样例中的逻辑表达式将转化为

```
    (AND (JOIN [ ] [ ]) (JOIN (R [ ]) (JOIN (R [ ]) [ ])))
```

经过掩盖后，由语言模型生成的逻辑表达式和正确的逻辑表达式相同的比例高达 91%，说明经过微调后，语言模型生成的逻辑表达式的逻辑正确性很高，而生成逻辑表达式中的具体的实体和关系的准确率相对没那么高。叠加束搜索策略的完整逻辑表达式和正确的逻辑表达式相同的比例为 74%，这也说明了经过微调的语言模型具有一定的逻辑表达式生成能力。

由于语言模型生成的逻辑表达式中的实体和关系不一定能与知识图谱中的实体和关系精确匹配，因此需要通过基于相似度的方法将逻辑表达式中的实体和关系映射到知识图谱中的实体和关系，常用的方法有基于稠密文本编码器的方法，如 SimCSE、Contriver 等，以及基于词频和文档长度的统计方法，如 BM25 等。经过映射后，使用工具将逻辑表达式转换为 SPARQL 查询并执行即得到查询结果。

基于微调的方法可以有效提高大模型生成某种逻辑表达式或某种结构化查询语句的能力，但同时会限制大模型的泛化能力，经过微调后的大模型往往缺乏生成其他未在微调阶段增强的逻辑表达式或结构化查询语句的能力。

5.4.2　基于检索生成的查询问答

只要将有用的、准确的信息和问题一起输入语言模型中，语言模型就可以根据提供的信息回答问题，因此，基于检索生成的大模型结构化知识查询问题被越来越多的学者研究。研究的方法整体遵循先检索，然后将检索的内容进行序列化，再与问题一起输入大模型进行生成的范式。大模型具有极好的泛化能力，可

以理解不同形式的、常见的结构化数据，因此，基于检索生成的查询问答方法具有良好的通用性，具体流程和方法可适用于不同结构化数据的查询问答。下面介绍一种典型的方法——StructGPT[122]。

StructGPT 可以完成知识图谱查询问答、表格查询问答和数据库查询问答。针对不同的结构化数据，StructGPT 设计了不同的查询函数。针对知识图谱数据设计的查询函数有以下两个。

```
Extract_Neighbor_Relations(e) // 从知识图谱中查询实体 e 所具有的关系列表
Extract_Triples(e,{r}) // 从知识图谱中查询以 e 为头实体，以{r}中的关系为关系的三元组
```

通过将这两个查询函数组合，可以从知识图谱中获取回答问题所需的数据。针对标准表格数据设计的查询函数有以下三个。

```
Extract_Column_Name(T) // 从表格 T 中查询所有列的名称
Extract_Columns(T,{c}) // 从表格 T 中查询 c 列的内容
Extract_SubTable(T, {c}, {j}) // 从表格 T 中查询{c}中指定的列和{j}中指定的行对应的内容
```

通过将这三个查询函数组合，可以从表格中获取答案所需的数据。针对数据库设计的查询函数有以下两个。

```
Extract_Table&Column_Name(D) //从数据库 D 中获取所有表格的名称以及表格包含的列名
Extract_Table_information({T}) //获取包含在列表{T}中的表格对应的表名、列名及外键
```

通过将这两个函数及表格函数组合，可以从数据库中获取所需的数据。基于这些函数的设计，StructGPT 的流程如图 5-6 所示。

给定一个针对某种结构化数据的问题，例如，针对知识图谱的问题 q：“姚明的妻子是谁?”，StructGPT 设计了 Invoking-Linearization-Generation 的回答范式，包含如下三个关键步骤。

（1）函数调用（Invoking an Interface）。这个步骤主要用于通过调用前文介绍的函数，从对应的结构化数据中获取和回答与当前问题相关的数据。例如针对问题 q，可以通过两步函数调用实现，首先调用 Extract_Neighbor_Relations("姚明")，会得到“姚明”实体在知识图谱中所具有的关系列表，假设有两个关系["妻子","职业"]，然后调用 Extract_Triples("姚明", ["妻子"])查询以“姚明”为头实体，以“妻子”为关系的三元组，假设查询结果为[("姚明","妻子","叶莉")]，这个三元组即为从知识图谱中查询出来的对回答问题有用的信息。整个过程通过提示工程依赖大模型完成。

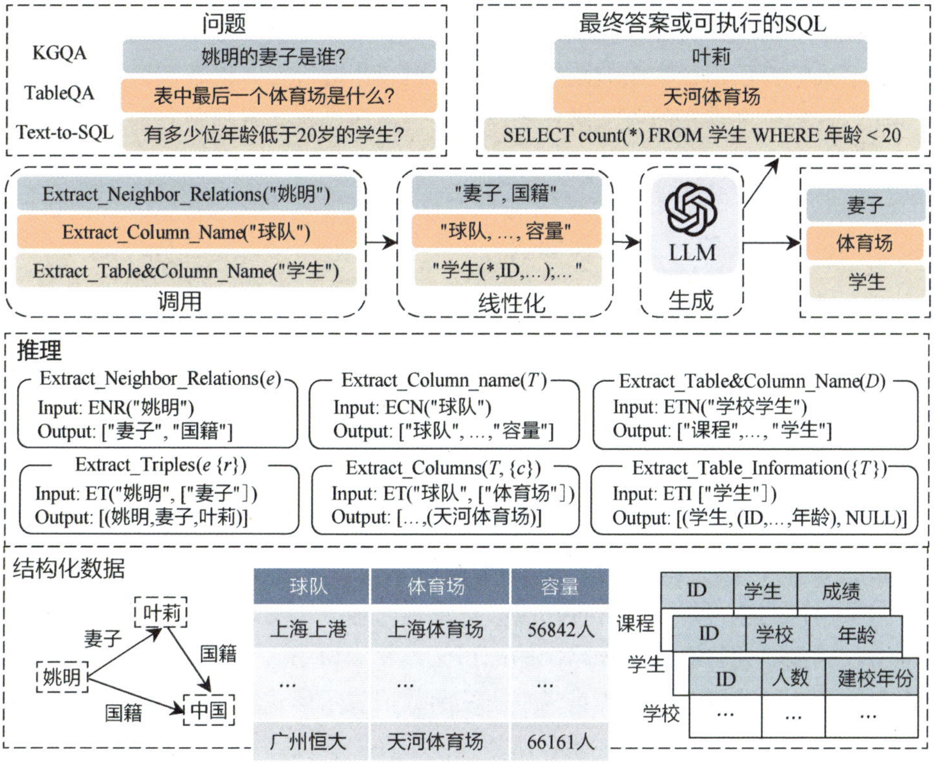

图 5-6 StructGPT 方法流程

（2）信息序列化（Information Linearlization）。这个步骤将第（1）步从结构化数据中获取的有用信息序列化，并转化为文本序列，使语言模型更易理解。例如，将知识图谱中的三元组直接变成用特殊分隔符分开的序列，如“(姚明, 妻子, 叶莉); …”。

（3）大模型生成（LLM for Generation）。这个阶段通过调用大模型获得问题的答案，作者在 StructGPT 中设计了两种指令：一种是“Here are [Y]. Which [X] are most relevant to answer the question [Q]”，其中[Y]是从结构化数据中获取的有用信息，[X]是序列化的结果，[Q]是问题。另一种是“Based on [Y], please generate [Z] for the question [Q]”，其中[Z]是拟输出的目标结果。

通过不断迭代以上步骤，最终由语言模型生成答案或者获得答案的可执行形式化查询语言。通过接口函数设计，StructGPT 实现了用同样的流程从不同的结构化数据中获取有用信息，并输入大模型中生成答案的过程。这种先检索后生成的过程，是完成查询问答任务的一种主要的方法，也有更多的检索生成查询问答方法被提出，例如，为了增强对结构化信息的利用，避免累积误差，Readi[123]提出了交互式的检索路径生成的编辑方法。但相较于通过形式化查询语言获得答案的方法，这类查询问答的方法潜在的问题是会泄露结构化数据中较多的信息给大模型，如果大模型为第三方所有，则可能存在隐私数据泄露的问题。

5.4.3 基于统一表示的查询问答

在大模型出现之前，对于结构化数据的查询通常依赖特定的查询语言，例如表格依赖 SQL 查询语言，知识图谱依赖 SPARQL 查询语言，图数据依赖 Cypher 等图查询语言。不同的查询语言语法差异很大，因此针对某种结构化数据设计的查询问答方法通常不能用于另一种数据的查询问答，例如，基于自然语言的 SPARQL 的查询方法不能直接用于表格的查询问答。大模型的出现让人们对包括知识图谱在内的结构化数据的处理有了更多期待，可以实现用户更友好的查询问答方法。例如，用户不用关心要查询的结构化数据来自哪个知识图谱及哪张表格，只要问问题就可以得到查询结果。更重要的是，实现跨不同结构化数据的查询问答，例如，回答既需要表格中的知识又需要知识图谱中的知识的问题。实现这个目标面临的挑战是不同查询语言语法和数据表示形式的差异所带来的查询问答解决方案和流程的不同和不兼容，一种根本性的解决方案是设计语言模型更友好的统一的表示和查询方法。一个典型的方法是 TrustUQA[124]，它是一种基于条件图的统一的结构化数据查询问答方法。

为了支持不同的结构化数据的查询问答，TrustUQA 提出了一种新的语言模型友好的结构化知识表示方法——条件图（Condition Graph），定义如下。

条件图是有标签的有向图，表示为$\mathrm{CG}=\{N,T\}$，其中 N 表示条件图中的节点，每个节点都有一个对应的字符串表示节点的语义，节点可以是实体、关系、属性及数值等。$T=\{(\mathrm{node1},\mathrm{node2},\mathrm{condition})\mid \mathrm{node1}\in N,\mathrm{node2}\in N\}$是表示节点与节点之间连接关系的条件三元组集合，其中 condition 是一个节点的集合，表示 node1 连接 node2 的条件。

条件图的表达能力较强，例如，可以表示简单的事实，如爱因斯坦出生于乌尔姆 (Born In, Ulm, [Albert Einstein])；也可以表示复杂的实体，如爱因斯坦于 1879 年 3 月 14 日出生于乌尔姆 (date, 14 March 1879, [Albert Einstein, Born In, Ulm])；还可以表示常见的规则，如每个人都有父母 (Person, Has Parents, []) 等。标准的表格、知识图谱、时序知识图谱、超关系知识图谱等都可以通过特定的规则，在没有信息损失的情况下转化为条件图。

TrustUQA 基于条件图的表示，设计了两层查询函数：语言模型查询函数和执行查询函数。针对给定的查询问题，先由语言模型生成查询问题对应的语言模型查询，然后由一个查询翻译器将语言模型查询翻译为执行查询，最后执行查询得到查询问答结果。

其中，语言模型查询被设计为语言模型十分友好的，其主要包含两类查询函数。一类是查询函数，包括一个函数组合 get_information(head_entity, relation, tail_entity, key, value)，这个函数的不同变量组合可以表示复杂的查询问题，如 get_information(head_entity = None, relation = Won, tail_entity = Nobel Prize, key = Year, value > 2000) 对应问题“Who are the Nobel Prize Winners after 2000?”，而 get_information(head_entity = Albert Einstein, relation = Won, tail_entity = Nobel Prize, key = Year, value = None) 对应问题“In which year did Albert Einstein won the Nobel Prize?”。另一类是推理函数，包括集合推理函数和数值计算函数等。

执行查询函数主要包括在有条件的有向图上进行查询时需要用到的函数，包括节点查询函数 search_node( )、条件查询函数 search_condition( ) 和比较函数 compare( ) 等，语言模型查询语句可以通过固定的规则翻译为执行查询函数，翻译过程主要包括查询函数映射、实体映射和关系映射，即将语言模型生成的实体和关系名称映射至条件图中的节点。图 5-7 所示为 TrustUQA 的知识图谱查询问答样例。

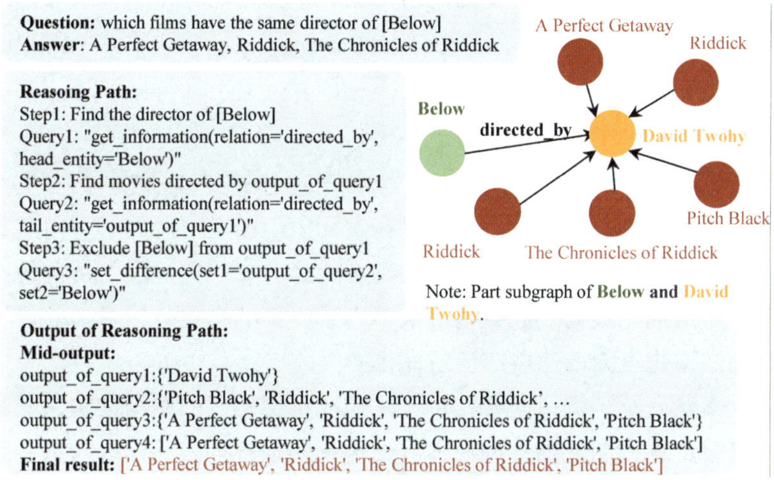

图 5-7　TrustUQA 的知识图谱查询问答样例

基于统一的表示方法和语言模型友好的查询函数设计，TrustUQA 可以实现需要多种不同类型结构化数据支撑的查询。图 5-8 所示的样例综合了 WikiSQL 中的表格、MetaQA 中的知识图谱，以及 CronQuestion 的时序知说图谱中的信息。

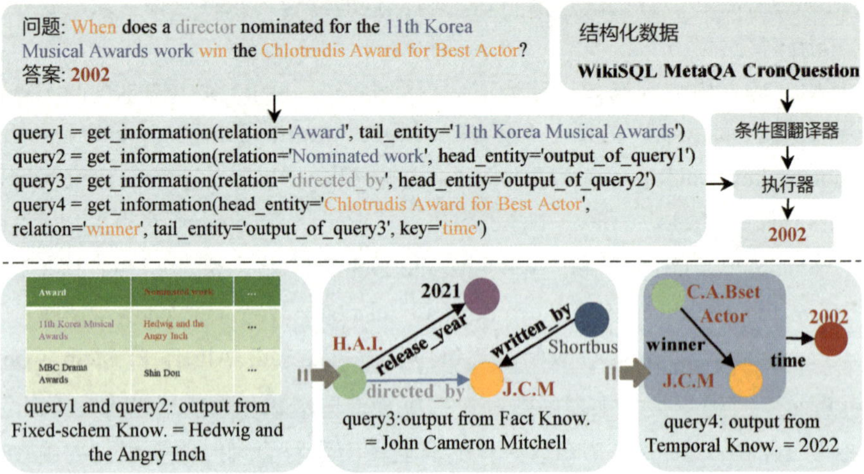

图 5-8　TrustUQA 的多种结构化数据交叉查询问答的样例

TrustUQA 方法展示了基于统一表示和语言模型友好的查询设计，可以实现基于语言模型的针对各种不同结构化数据的查询，不仅可以在统一的框架下实现针对不同的结构化数据的查询，还可以实现多种结构化数据交叉的查询。在实际应用中，用户无须知道需要被查询的结构化数据就可以直接获得结果，具有更好的用户体验。

5.5 本章小结

本章首先从真实应用出发，介绍了在实际应用场景中有大量不同形式的结构化数据，这些结构化数据支撑了业务的正常运行。在应用过程中，业务人员或用户会不断地对结构化数据发起查询请求，为了提高结构化数据查询的体验，基于自然语言的结构化查询方法被广泛研究。

随后，本章介绍了查询问答的背景知识，包括不同的结构化知识表示方法，逻辑查询语言、查询图、图查询语言等结构化知识查询方法，以及已有的查询问答方法，主要包括逐步生成方法和序列到序列方法，重点强调了已有方法的迁移能力有限，模型难以直接迁移到不同形式的结构化数据上进行应用，以及已有方法的泛化能力有限，模型难以泛化到未见过的查询组合上。

最后，本章介绍了知识增强大模型查询问答方法。在介绍方法之前，先对大模型的查询问答能力进行了分析，总结了进行查询问答的语言模型需要具有理解外部知识库的能力、语义解析能力和检索能力。随后介绍了三种类型的方法，分别是基于大模型微调的查询问答、基于检索生成的查询问答和基于统一表示的查询问答。

第 6 章

CHAPTER 6

知识增强大模型推理

高级智能实现的基础之一是具有良好的推理能力，而实现推理与良好的知识表示和运用密不可分。经过多年的发展，知识图谱作为符号知识表示的代表系统，已经具有成熟、高效的推理技术路线，而大模型作为新兴的参数化知识表示的代表系统，也逐渐发展出了具有显著语言处理特色的、可泛化的推理技术路线。语言模型推理和知识图谱推理各具特色，本章将从语言模型推理和知识图谱推理互相增强的角度对知识增强大模型推理展开介绍，并对知识图谱基础模型进行展望。

6.1 知识增强大模型推理概述

知识和推理密不可分，根据已有知识进行推理并解决复杂问题是智能的体现。因此，知识增强大模型推理是大模型研究中的重要内容之一。从不同的角度看，知识推理有多种分类方式。本章将围绕“知识”和“大模型”两个关键词，探讨两种主要的推理方法。

- 语言模型推理：语言模型的参数中存储了大量知识，这种观点已逐渐被学术界和工业界认识和接受，语言模型知识库（LLM-as-KB）[125]概念也被广泛研究，该类研究将语言模型作为存储知识的知识库，并探索其适用场景和能力边界。语言模型成了参数化知识存储和推理的代表系统，基于语言模型的生成任务或多或少地具有推理的性质。
- 知识图谱推理：知识图谱是符号化知识存储和推理的代表性系统，知识图谱中存储的知识和推理规则可以被快速有效地修改，所以对人很友好。借助知识图谱中的知识，可以完成知识图谱外的任务，如问答、推理等，除此之外，也可以完成知识图谱的推理任务，例如关系推理、规则推理等。

本章将从推理任务、推理能力和推理缺陷的成因三个角度，分析语言模型推理和知识图谱推理，介绍这两种推理方法的优缺点及适用场景。此外，本章还将详细介绍知识图谱和语言模型互相借鉴和增强推理的方法，包括以下内容。

- 知识图谱增强语言模型推理：借用知识图谱的知识表示概念和方法增强语言模型的推理，包括知识图谱引导多跳推理链、符号规则引导大模型推理及知识图谱过程监督。
- 语言模型增强知识图谱推理：借用语言模型的语言理解能力和知识推理能力增强知识图谱的推理，包括语言模型增强知识图谱查询推理、关系推理和规则推理。
- 知识图谱基础模型：对结构化知识表示方法知识图谱进行预训练，可以获得完成多种任务的可迁移的知识推理能力，包括知识图谱预训练方法和知识图谱基础模型方法。

本章旨在帮助读者更好地理解大模型时代的知识推理新方法，特别是参数化知识推理系统（如大模型）和符号化知识推理系统（如知识图谱）的推理方法及其相互增强的推理技术。通过本章的介绍，读者能够认识到现有知识推理方法的不足，以及未来可能的研究和发展方向。

6.2 知识推理背景介绍

为方便读者理解知识图谱增强语言模型推理和语言模型增强知识图谱推理的内容，本节先介绍知识推理的背景，包括什么是知识推理；语言模型推理的任务、能力和缺陷成因分析；知识图谱推理的任务、能力和缺陷成因分析；以及知识增强大模型推理的目标。

6.2.1 什么是知识推理

本节将从知识和推理两个角度对知识推理进行介绍，并分析知识与推理之间的关系。

6.2.1.1 符号化知识与参数化知识

第 1 章对“什么是知识”这个问题做了初步的探讨。这里进一步围绕“推理”来探讨“知识”概念的本质。知识是人类在漫长的生存期间通过观察世界总结出的有用信息，它包含人类对世界的事物、现象、规律或原理的认识和提炼。通过总结知识，人类逐渐构建出了属于人类的世界模型，并按照世界模型组织人类社会活动，准确的知识总结和世界模型的构建促进了人类社会的效率提高和文明进步。

对于知识的定义，古希腊哲学家曾展开过讨论。一种被广泛接受的定义为，知识是被广泛论证的真的信念（justified true belief），“被广泛论证”指经过长时间的反复验证的，“真的”指这个世界真实存在的，或者可以被表示为真值为真的声明，“信念”指人类相信的信息，如图 6-1 所示。

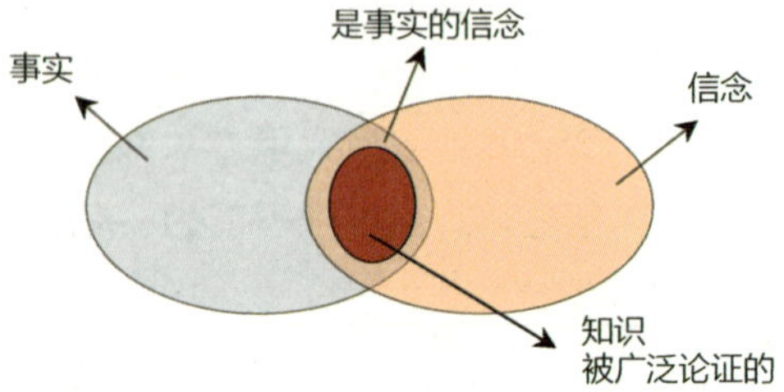

图 6-1 知识的定义

在人类社会的长期发展过程中，文字是知识的主要载体，人们通过各种形式的文字将积累的经验和知识传承下来。随着计算机技术的发展，人们开始研究如何让计算机表示和处理这些知识。20 世纪 60 年代，MIT 提出了第一个自然语言处理系统 ELIZA，通过编码语言模式，使机器在一定程度上能够与人对话。

随后，为了使知识表示方式对计算机更友好，语义网的研究者提出了 RDF 和 OWL 等语义清晰且表达能力丰富的知识表示规范。后来，以图为核心的知识表示方式知识图谱出现，并在工业界得到了广泛应用。至此，人类社会积累的大部分知识以一种人和机器均可理解、可交换的符号化方式被显式地表示了出来。

近年来，大模型在机器自然语言理解能力上的突破，使参数化的知识表示方式逐渐被接受。与符号化的形式显式存储知识不同，参数化知识表示方式将知识嵌入模型的参数中，使模型具有完成需要知识辅助的复杂问答等任务的能力。因此，按照知识表示方式，可以将知识分为符号化知识和参数化知识。

表 6-1 总结了符号化知识和参数化知识的表示方式、代表系统及特点。

表 6-1　符号化知识和参数化知识

知识表示方式	对比项目		
	表示方式	代表系统	特点
符号化知识	以某种人类可以理解的符号化的方式表示知识	知识图谱	人类可理解、易修改更新、易传播交换、覆盖度有限、大规模维护成本高、依赖推理系统、知识边界清晰
参数化知识	以神经网络模型的参数的方式表示知识	大模型	人类不可直接理解、难修改更新、难传播交换、覆盖度广、维护成本高、可应用性强、表示推理一体化、知识边界不清晰

6.2.1.2　什么是推理

推理是高级人工智能系统不可或缺的能力。智能体现是具有理解环境、学习知识、适应情况和解决问题的能力，推理则是嵌入在这些过程中的分析信息、应用逻辑并推断出结论或做出决策的过程。

1．应用推理的例子

欧几里得无穷素数定理证明。对任何一个有限素数的集合 $\{p_1, p_2, \cdots, p_n\}$，证明至少存在一个没有包括在集合中的素数。假设一个数 $Q = p_1 p_2 \cdots p_{n+1} + 1$，显然，$Q$ 不能被 $p_1, p_2, \cdots, p_n$ 中的任何一个数整除，因为 Q 除以这些数的余数都是

1。因此，Q 要么是素数，要么可以被分解成更多素数的乘积。如果 Q 是素数，就发现了一个新的素数，它比 $p_1, p_2, \cdots, p_n$ 中的任何一个都要大。如果 Q 可以分解成更多素数的乘积，那么其中至少会包含一个之前未考虑的素数，同样得出了新的素数。因此，无论 Q 是素数还是可被分解成更多素数的乘积，都可以找到一个新的素数，这意味着素数的集合不可能是有限的，即素数的个数是无限的。

低价二手车常识推理。假设你正在考虑购买一辆二手汽车，你发现这辆车的价格明显低于市场平均价，并且车主声称车子没有任何问题。然而，在查看车辆历史记录时，你发现它曾经发生过两次严重的事故，并且进行过重大维修。基于常识推理，你可以得出以下结论：尽管车主声称车辆没有问题，但事故和维修记录表明这辆车可能存在隐藏的安全问题或机械故障。因此，购买这辆车可能会带来潜在的风险和额外的成本。

珠宝盗窃案事件推理。一名警察正在调查一起珠宝盗窃案。珠宝店的保险柜被破坏了，珠宝被盗。警察到达现场后发现了几个关键线索，包括保险柜周围的工具箱和指纹。通过分析这些指纹，警察可以确定是否有人接触过工具。通过询问附近的居民和商户，警察得知，案发当天晚上，一辆黑色轿车停在珠宝店附近，有人在车内等待。警察检查监控录像，发现一名戴面具的人闯入店内，破坏保险柜并盗走珠宝。这名嫌疑人逃跑时驾驶一辆黑色轿车。此外，警察还发现珠宝店在案发前一天购买了一份高额保险。基于这些线索，警察推理得出：第一，盗窃事件发生在珠宝店购买高额保险之后，可能有人故意制造盗窃事件以获取保险金。第二，黑色轿车是关键线索之一，需要进一步调查其所有者和驾驶者。第三，工具箱中的指纹是另一个关键线索，通过分析指纹可以锁定嫌疑人。警察将继续深入调查并收集证据，以破获这起珠宝盗窃案。

以上三个推理例子具有一些共性，它们均涉及数学概念定义、异常现象识别、多方信息收集等信息分析过程；分情况讨论、反证法、冲突消解、溯因推理等应用逻辑推断过程；以及得出结论的过程。因此，推理的核心是根据已知信息推断出未知信息，从而利用推断出的信息对未来时刻或全局的世界进行更准确的判断。

2. 推理的分类

我们常常听到带有推理的词组，如常识推理、逻辑推理、不一致性推理、溯因推理等，这些都是在不同划分逻辑下的子推理类型。为了使读者对推理有更全面的认识，下面将从不同角度介绍推理类型。

（1）按推理思路划分。

- 归纳推理（Inductive Reasoning）。从特定的事实、案例或观察中推断出一般性规律或结论，是基于对已知样本的观察的规律总结、归纳和应用的过程。例如，根据对每天日出日落的观察，发现太阳每天都有规律地从东方升起，从西方落下，因此推断出今天太阳也会从东方升起，从西方落下。
- 演绎推理（Deductive Reasoning）。从一般性规律、原理或假设出发，推断出特定情况下的结论，是基于已知的前提，应用逻辑规则推断出必然结论的过程。例如，已知前提 1 是所有哺乳动物都有脊椎，前提 2 是人类是哺乳动物，可以通过三段论演绎推理的方法推断出人类有脊椎。
- 类比推理（Analogy Reasoning）。通过比较两个或多个事物之间的相似性，得出关于某一事物的结论，是基于已知情况或领域知识和未知情况或领域知识相似性假设进行推理的过程。推荐系统中的协同过滤方法就是一种典型的类比推理，即如果用户 A 和用户 B 曾购买过相同的商品，那么用户 B 有可能买用户 A 买过的其他商品，从而将用户 B 未买过但用户 A 买过的商品推荐给用户 B。

（2）按完成推理使用的方法划分。

- 统计推理。利用统计学方法，根据统计数据和概率分布推断出未知事物的可能性或关系，统计推理方法依赖对数据的分析和解释。
- 常识推理。基于个人或社会所共同认知的常识和经验进行推理，常识推理在日常生活中非常普遍，是人们对新情况或问题进行理解、判断和决策的常用方法。
- 反证推理。通过假设所要证明的命题为假，推导出一个矛盾的结论，从而得出所要证明的命题为真的结论，是一种典型的演绎推理方法。
- 模型推理。借助人工智能模型完成推理，模型包括具有特定功能的黑盒的神经网络模型或白盒的可解释模型。

（3）按推理目的划分。

- 溯因推理。通过推理，从已知的观察结果或现象出发，找到最可能的解释或原因，试图找到对已知的事实或现象最合理的解释。
- 因果推理。通过推理，确定某个事件或现象是另一个事件或现象的原因，试图在事件或现象之间建立因果关系。
- 预测推理。通过推理，基于已有的信息、趋势或模式，预测未来可能发生的事件、结果或趋势，试图推断和判断未来可能发生的情况，以便做出相应的准备或计划。

- 证明推理。通过推理，证明一个论断、命题或结论的真实性或有效性，借助逻辑推理，从已知的前提出发，推导出所要证明的结论，并确保结论的正确性。

根据上述分类可以看出，推理是人类社会生活中非常普遍的现象，它在解决复杂问题时不可或缺。因此较好的推理能力是一个好的人工智能系统应该具备的能力之一。

6.2.1.3 知识与推理

知识推理是推理的一种，特指系统根据已掌握的知识完成推断的过程，大多数推理任务需要借助相关知识，但也有特殊的推理不依赖知识，比如人们常说的直觉推理，做出推断的过程并没有显式地依赖已掌握的知识，直觉推理的过程不可解释且没有规律。知识推理是一种广泛的、可被显式表示的、被研究比较充分的现象，因此一种被广为接受的推理定义是：

推理（Reasoning）= 知识（Knowledge）+ 推断（Inference）

推理是利用知识进行推断得出结论的过程，即知识推理。以知识的类别为划分依据，常见的知识推理分类如下。

（1）常识知识推理。常识知识推理是指基于个人对于日常生活、社会和世界的常识性了解，运用逻辑推理和常识性思维，对问题进行分析、判断和解决的过程。这种推理通常不需要特定的专业知识，而是依赖人们对于普遍事实、逻辑规律和社会常识的认知和理解。在常识知识推理中，人们通过观察、思考和经验积累，运用逻辑规律和已有的常识进行推理，从而得出合理的结论或解决问题的方法。

（2）数理知识推理。数理知识推理是指基于数学和逻辑知识进行推理和解决问题的过程。这种推理需要具备对数学概念、定理、公式及逻辑规则的理解和运用能力，通常需要较强的逻辑思维能力和数学素养。数理知识推理可以涵盖多个领域，包括但不限于数学、逻辑学、统计学等。在数学方面，数理知识推理可能涉及代数、几何、微积分等分支的知识，以及相关的定理和推理方法。在逻辑方面，数理知识推理通常涉及命题逻辑、谓词逻辑等形式逻辑的推理规则和方法。

（3）关系知识推理。关系知识推理是指基于对事物之间关系的理解和分析，通过推理和逻辑推断来解决问题的过程。这种推理强调的是事物之间的联系、相互作用及彼此之间的影响，以及从这些关系中发现规律和推理结论的能力。关系知识推理可以涉及不同领域和不同类型的关系，包括但不限于因果关系、空间关系、时间序列关系、逻辑关系等。在推理过程中，人们会根据已知的事实或条件，分析事物之间的关系，利用逻辑规则和推理方法，推断出未知的信息或解决问题。

（4）科学知识推理。科学知识推理是指基于科学理论、实验结果和观察数据，运用逻辑和科学方法进行问题分析、假设验证和结论推断的过程。这种推理方法是科学研究和探索的核心，它依赖对科学原理和方法的理解，并通过严密的逻辑推理来解决科学问题。

根据不同的知识表示方法和推理系统，知识推理任务可被转化为不同的任务，例如基于大模型，大部分知识推理任务被转化为问答或文本生成任务，而基于知识图谱，大部分推理任务被转化为复杂查询或图分析任务。后两节将重点介绍基于参数化知识表示的语言模型推理，以及基于符号化知识表示的知识图谱推理，从任务定义、推理能力和推理缺陷成因三个角度进行分析。

6.2.2　语言模型推理

本节将介绍基于参数化知识的语言模型推理。首先介绍语言模型推理的常见任务，通过任务定义典型数据集，介绍评估语言模型推理能力需要考虑的主要因素，随后会以 GPT-4 为例，探讨语言模型的推理能力，包括它在哪些推理任务上表现优异，在哪些推理任务上的效果有待提高，最后分析语言模型推理缺陷的形成原因。

6.2.2.1　语言模型推理任务

语言模型是一种具备综合语言理解能力的智能系统，能够处理多种以语言为表示方式的任务。根据语言模型对不同知识的掌握程度，语言推理任务可以分为语言知识推理、常识知识推理和领域知识推理。

语言知识推理用于测试模型对文字的理解能力，主要任务包括语法树解析、实体识别、指代消解和关系抽取等。常识知识推理用于评估模型在根据常识知识完成任务时的能力。这类任务通常不将常识知识作为输入，主要任务包括常识问答和因果推断。领域知识推理用于测试模型对特定领域知识的掌握和应用能力，主要任务包括领域知识问答和领域知识选择等。

针对不同的推理任务，目前已经有很多用于测试语言模型推理能力的数据集，学术界积累的针对特定任务和目标的数据集主要有以下几类。

（1）世界知识推理。代表性的数据集为 MMLU，这是一个包含了 57 种任务的选择题数据集，涵盖初等数学、美国历史、计算机科学、法律等领域的问题，要在该数据集上获得较好的效果，模型需要具有较为广泛且全面的世界知识。

（2）常识自然语言推断。此类数据集测试模型的自然语言推断能力，即根据给定的句子选择合理的下一句，用于测试模型对常识知识的掌握能力。代表性的数据集有 SWAG 及 HellaSwag。要在这些数据集上获得较好的效果，模型需要具备较为多样的常识知识和常识知识运用能力。

（3）指代消解推理。此类数据集用于测试模型理解句子中代词所指实体的能力，完成指代消解不仅需要模型具有良好的语言理解能力，还需要模型具有一定的常识知识。代表性的具有挑战性的数据集是 Winograd Schema Challenge（WSC），该数据集中包含多组只有一个词不同的两个句子，但同一个代词在两个句子中指代不同的实体，是非常考验模型常识理解能力的数据集。

（4）代码补全推理。部分语言模型在大量代码上进行训练以提高代码理解能力和逻辑推理能力。代码理解数据集主要用于测试模型的代码理解能力，如 HumanEval，它是一个测试模型 Python 代码补全能力的数据集。

（5）阅读理解推理。根据给定的文本回答特定问题，用于测试模型的局部文字和全局文字理解能力，代表性的数据集有 DROP，这是一个需要段落间组合推理的阅读理解数据集。

语言模型具有一定的世界知识和推理能力，为了综合评估模型的推理能力，用于测试人所具有的综合能力的考试数据集也常被用于测试语言模型的综合能力，例如 SAT、GRE、AP、LeetCode 等。表 6-2 总结了不同类型推理任务和数据集之间的关系，*越多说明越需要对应的推理能力。

表 6-2 不同类型推理任务和数据集

代表性任务	语言模型推理数据集			
	代表数据集	语言知识推理	常识知识推理	领域知识推理
世界知识推理	MMLU[126]	*	*	*****
常识自然语言推断	HellaSwag[127]	**	*****	*
指代消解推理	WSC[128]	*****	*****	*
代码补全推理	HumanEval[129]	*	*	*****
阅读理解推理	DROP[130]	*****	*	*

6.2.2.2　语言模型推理能力

大模型大大提高了模型的语言理解、视觉理解能力，例如 ChatGPT 可以自然流畅地与用户进行对话，DALL-E 可以根据用户的输入生成清晰度满足要求的图片。在较好的语言、视觉理解能力的支持下，现有语言模型的推理能力如何呢？如表 6-3 所示，相较于 GPT-3.5，GPT-4 在这些数据集上的表现显著提高，这表明扩大模型规模、增加训练数据、扩增多模态信息的思路可以全面有效地提高语言模型的能力。在这些数据集中，让 GPT-4 表现最差的两个数据集是 HumanEval 和 DROP，这两个数据集涉及 Python 编程和数学计算。完成这两个数据集中的任务需要较强的逻辑推理能力，这表明 GPT-4 的逻辑推理能力仍然存在较大的提升空间。

表 6-3　ChatGPT 大模型推理能力评测

数据集	大模型			
	GPT-4	GPT-3.5	LM SOTA	SOTA
MMLU	86.4%	70.0%	70.7%	75.2%
HellaSwag	95.3%	85.5%	84.2%	85.6
AI2 Reasoning Challenge（ARC）	96.3%	85.2%	85.2%	86.5%
WinoGrande	87.5%	81.6%	85.1%	85.1%
HumanEval	67.0%	48.1%	26.2%	65.8%
DROP	80.9	64.1	70.8	88.4
GSM-8K	92.0%	57.1%	58.8%	87.3%

此外，语言模型领域还有一类任务被称为反向规模评测（Inverse Scaling Prize），即评估那些模型规模越大，性能却更低，也就是与规模法则（Scaling-Law）相反的现象。其中，很多任务需要运用逻辑的演绎推理，以下为一个样例。

（1）如果约翰有宠物，那么约翰有一只狗。

（2）约翰没有狗。

结论：因此约翰没有宠物。请问结论是否正确。

上述问题的答案为：正确。这类问题考验模型能否通过给定的前提条件推断出正确的结论，在这个任务上绝大多数语言模型展现出了较明显的反向规模趋势，即模型规模越大，回答效果越差，说明简单地扩大模型规模无法保证模型的逻辑推理能力得到提高。因此，在推理能力上，目前的语言模型仍然具有较大的提升空间。

6.2.2.3 语言模型推理缺陷成因分析

前文已经提到，目前具有共识的推理的定义为：推理=知识+推断。

从知识的角度来看，语言模型拥有的参数化知识具有边界，包括训练数据中的知识，以及可以从训练数据集中推理出的知识。一方面，在很多应用中，如推荐、规划、问答等，关键问题是如何有效地根据当前所有的信息判断未来的趋势和可能发生的事情。在这些应用中，具有时效性的信息是最重要的，而这些信息往往并不存在于语言模型的训练数据中，因此，在这类推理应用场景中，语言模型会因为知识缺失导致推理效果不佳。另一方面，语言模型具有幻觉问题，导致在推理过程中使用错误的知识，影响推理效果。

从推断的角度来看，语言模型的训练机制天然地不利于模型获得良好的推理能力。以语言模型不擅长的逻辑推理为例进行分析，逻辑推理通常指通过逻辑规则和推断从已知的前提中得出结论的过程，这个过程涉及逻辑规则的提取和运用、已知前提的归纳和总结。语言模型通过自监督的方法对训练数据进行自回归拟合，训练完成后可以根据输入的文本生成下一个词，准确地说，训练完成的语言模型具有根据输入文本预测下一个词的概率分布的能力。但逻辑推理不是一个概率分布预测问题，而是一个确定的、离散的过程，因此语言模型的训练机制并不足以支持模型学习到较好的逻辑推理能力，在下一个词的分布预测过程中，不能进行显式的逻辑规则提出和运用，以及前提的归纳和总结。即便在具有正确知识的前提下，语言模型的逻辑推理能力依然有限，推理效果不佳。

总体来说，以 GPT 为代表的语言模型在逻辑推理方面仍具有较明显的短板，主要原因包括语言模型知识不全、幻觉问题导致的知识不准确、训练机制不支持良好的逻辑推理能力。

6.2.3 知识图谱推理

本节将介绍基于符号知识表示的知识图谱推理，简要分析知识图谱推理任务的特点，以及知识图谱技术支持的推理能力。

6.2.3.1 知识图谱推理任务

知识图谱以元素个数固定的元组表示世界上的知识，如事实、时间、概念体系等，根据元素的组合形式不同，知识图谱包括常规知识图谱、时序知识图谱、超关系知识图谱等，其中常规知识图谱以三元组表示实体和实体之间的关系，如(浙江大学,位于,杭州)，时序知识图谱以五元组表示事实及其发生和结束时间，如(2008 年奥运会,举办地,北京,2008.08.08,2008.08.24)，超关系知识图谱用不固定元素个数的超边表示复杂多样的事实知识，如((玛丽·居里,专业,物理),就读:巴黎大学,学位:硕士)，知识图谱将复杂的事实组织为图，将具有关联的事物表示为图上相连的节点，图中所具有的结构如路径、环、形状图等，可以进行信息推理和挖掘。知识图谱推理的代表性任务如表 6-4 所示。

表 6-4　知识图谱推理的代表性任务

任务		问题定义
查询推理	知识图谱问答	给定自然语言问句，根据知识图谱中包含的信息给出对应的答案
	复杂查询问答	给定具有复杂逻辑组合的形式化结构查询，根据知识图谱包含和隐含的信息给出对应的答案
关系推理	链接预测	给定三元组中的两个元素，预测缺失的元素，包括头实体预测$(?,r,t)$、关系预测$(h,?,t)$和尾实体预测$(h,r,?)$
	实例补全	给定一个实体，预测其缺失的关系和尾实体组合，即$(h,?,?)$
	三元组集合预测	给定一个知识图谱，预测知识图谱中缺失的三元组集合
规则推理	符号规则挖掘	给定一个知识图谱，进行规则挖掘，输出一个可以推理出三元组的符号化规则集合
	可微规则挖掘	给定一个知识图谱，学习一个依据规则逻辑进行推理的神经网络模型，可以端到端地进行知识图谱推理，并从模型中解析出符号化的规则
大图推理	图预训练	基于一系列图数据，训练一个图模型，可以以较小的代价（辅助）完成多种图上的任务
	图外推理	给定一个或多个图，训练一个图模型，可以较好地实现对训练时未见过的元素进行推理的任务，如新节点分类、新关系预测、新图分类等

（1）查询推理。针对给定的问题，通过查询知识图谱中的信息获得答案的过程。如通过 SPARQL 查询 Wikidata 中存储的中国的首都。这类推理任务的难点包括以下两个：将自然语言问句中的实体和关系与知识图谱中的实体和关系对应；处理查询信息在知识图谱中缺失的情况。这两个挑战衍生的任务有两个，一个是知识图谱问答（Knowledge Graph Question Answering，KGQA），另一个是复杂查询问答（Complex Query Answering，CQA）。

（2）关系推理。针对给定的元素，补全三元组中缺失的元素，常用于知识图谱补全。关系推理问题的难点包括：处理具有不同特性的关系，如自反性、传递性、对称性等；确定需要进行关系推理的三元组。关系推理的任务包括三个，第一个是链接预测，即给定三元组中的其中两个元素，预测缺失的元素，包括头实体预测、关系预测及尾实体预测；第二个是实例补全，即给定实体，补全其缺失的关系和尾实体对；第三个是三元组集合预测，即根据已知的三元组预测可能缺失的三元组集合。

（3）规则推理。基于已有的知识图谱，进行普遍存在的推理规则挖掘，如“父亲是$(X,Y) < -$父母有(X,Y), 性别$(Y,$男$)$”，这类规则也可以用于知识图谱补全，推断缺失的信息；又如“not $R(X,X) < -$Irreflexive(R)”，这类规则可以帮助检测知识图谱中的冲突信息，提高知识图谱质量。这类推理问题的难点在于：应对复杂多样的规则形式；应对超大的潜在规则搜索空间。规则推理方法可以分为：符号规则挖掘，即基于符号空间的搜索和规则剪枝完成规则挖掘；可微规则挖掘，即基于向量空间学习隐式地完成规则挖掘。

（4）大图推理。基于超大规模的图，进行知识挖掘和推理，如基于海量的论文引用网络发现潜在的合作者、相似学者、关联论文、新兴研究社区等。这类推理问题的难点包括：有效地、高效地对超大规模的图进行表示和学习；充分融合并利用图中的复杂图结构信息、文本信息、图片信息进行学习和挖掘。

6.2.3.2 知识图谱推理能力

基于知识图谱可以完成许多推理任务。存储概念体系、推理公理的本体层，可以完成概念包含推理、缺失概念补全、关系性质挖掘、不一致性检测等任务。存储三元组事实的实例层，可以完成缺失三元组预测、推理规则挖掘、实体对齐、复杂查询问答等任务。与语言模型不同，知识图谱推理能力的实现不仅依赖知识图谱中的数据，还依赖知识图谱推理模型，例如，基于符号表示的推理方法，推理模型为 HermiT 等符号推理机；基于神经网络的推理方法，推理模型为 TransE 等神经网络模型。近十年知识图谱推理的研究进步主要来自神经网络模型推理，知识图谱神经网络模型经历了三个发展阶段，第一个阶段为基于浅层表示学习的模型方法，第二个阶段为基于神经网络的多层模型方法，第三个阶段为基于预训练的深层模型方法。

1．基于浅层表示学习的模型方法

典型的基于浅层表示学习的知识图谱推理方法是知识图谱嵌入学习方法，即将知识图谱中的实体表示为特定低维向量空间中的元素，例如实数空间中的向量、球体、立方体等；将知识图谱中的关系表示为特定低维向量空间中的元素映射函数，如平移变换、旋转变换、非线性变换等。实体嵌入和关系映射函数组合可以计算三元组的真值、实体的相似度、关系之间的组合关系等，因此常被用于链接预测、实体对齐、规则挖掘等任务。一个经典的知识图谱嵌入学习方法是 TransE[131]，将知识图谱嵌入低维实数空间，将实体表示为向量，将关系表示为平移变换。对于一个真值为真的三元组(h,r,t)，假设它们的向量表示满足 $\boldsymbol{h}+\boldsymbol{r}=\boldsymbol{t}$，通过头实体向量和关系向量的加和计算得到尾实体的表示，从而完成尾实体预测。通过学习，相似的实体在向量空间中的表示将较为相似。实体向量也可以作为其他任务模型的输入特征，例如推荐、问答等，从而帮助这些任务模型利用知识图谱中的信息。基于浅层表示学习的模型方法具有效率高、预测效果好的优势，但预测过程依赖元素的嵌入表示，只适用于直推式的推理任务，即推理任务的元素限定于模型训练时见过的元素，模型无法完成对与训练时未见过元素相关的预测。

2. 基于神经网络的多层模型方法

知识图谱可以看作一个有关系的有向图，具有较强的图属性，基于神经网络的典型知识图谱推理方法是关系图神经网络模型。多层关系感知的图神经网络包含基于图拓扑的消息传递机制，可以感知图上的多条信息，完成实体和实体之间深度的拓扑信息融合，而且可以在消息传递过程中融入推理目标，实现在不同推理目标下实体的不同表示。一个典型的关系图神经网络模型是 R-GCN[132]，它将卷积神经网络的思路应用于知识图谱，是最早的关系图神经网络模型。R-GCN 模型作为知识图谱的编码器，得到实体的表示，每层 R-GCN 会聚合实体的邻居实体信息并更新实体的表示，在聚合过程中充分考虑了实体和邻居实体的连接关系，经过多层 R-GCN 聚合得到的实体表示会被输入任务解码器，用于完成具体的任务，如链接预测、三元组分类、实体分类等。与浅层表示学习模型类似，图神经网络得到的节点表示也可以作为特征增强知识图谱下游任务，与浅层表示学习模型不同的是，图神经网络可以通过聚合计算得到实体的表示，结合特殊的设计可以应用于知识图谱归纳式推理任务，完成针对训练时未见过元素的预测，具有外推推理能力。但基于图神经网络的方法通常无法叠加过多层次，深层图神经网络模型会因为过度平滑或过度压缩问题而出现预测效果显著下降的现象。

3. 基于预训练的深层模型方法

大模型是由预训练语言模型发展而来的，预训练语言模型在大量文本数据上进行自监督的预训练，然后在少量数据上进行有监督的微调，具有一定规模的预训练语言模型具有以较低的训练代价完成不同自然语言处理任务的能力。受预训练思想的影响，知识图谱领域也出现了预训练模型。一个典型的成果是PKGM[133]，这是一个具有图谱查询和补全能力的浅层表示学习模型，在具有超十亿级三元组的电商知识图谱上进行了预训练。经过预训练的 PKGM 可以为电商知识图谱中的实体提供一组表示向量，并将其作为商品的特征输入下游任务模型中，提高商品推荐、商品分类、商品对齐等任务的效果。随后，基于预训练的知识图谱模型尝试用深层模型在多个图谱上进行预训练，并将其迁移至新的图谱上完成新的任务。一个典型的成果是 KGTransformer[134]，它是一个以子图序列为输入的基于 Transformer 的模型，预训练任务是从子图中构建的自监督任务，包含子图掩盖实体预测、掩盖关系预测和实体对匹配预测。该模型具有建模图结构知识的能力，在应用到新的图上时只需要训练得到新图谱中的实体和关系表示，模型主体的参数无须变化，因此可以快速应用到新的图谱上，具有较好的迁移能力。但是在新的图谱上，模型依然需要进行少量训练，KGTransformer 尚不具备零样本知识图谱推理能力。

6.2.3.3 知识图谱推理缺陷成因分析

1. 知识图谱推理存在的缺陷

尽管基于知识图谱模型可以完成缺失信息补全、冲突知识检测、潜在规则挖掘等推理任务，但知识图谱推理依然具有以下缺陷。

（1）**可完成的推理类型有限**。如前文所述，人类社会中存在的推理任务有很多种，每种推理任务都依赖对应的知识表示和知识推理方法，最常见最灵活的知识表示方式是文本。知识图谱也是一种知识表示方式，但只能支持可以基于知识图谱表示的推理，而固定结构化形式的知识图谱只能表示人类社会中的一部分知识，因此理论上可完成的推理类型有限。

（2）**数据可迁移性有限**。无论是基于浅层表示学习的模型方法，还是基于神经网络的多层模型方法，或是基于预训练的深层模型方法，都相对擅长完成与模型训练过程中见过的元素相关的推理，对于模型训练过程中未见过的元素相关的推理能力较差，即使有一些方法赋予模型外推式推理能力，其推理效果也远不如直推式，因此当前的知识图谱推理方法不具有较好的数据可迁移性。

（3）**任务泛化性有限**。目前的知识图谱推理模型多针对某个具体的任务设计，例如，主要针对知识图谱补全的知识图谱表示学习方法，模型训练的损失函数针对特定推理任务而设计，不同任务的输入/输出表示方法差异较大，不像语言模型可以将输入/输出统一为文本。因此，经过训练的模型能完成与训练目标相关的任务，但通常无法直接完成训练任务以外的任务，例如没有额外的计算，知识图谱补全模型通常无法完成规则挖掘任务。当前的知识图谱推理方法不具有很好的任务泛化性，尤其不具有体现智能的零样本推理能力。

2. 知识图谱推理存在缺陷的原因

造成知识图谱缺陷的原因主要如下。

（1）**知识图谱表示的知识类型有限**。知识图谱作为一种结构化的知识表示方式，最常见的表示方法是用三元组表示事实，而三元组只能表达二元关系，表达能力有限，因此又发展出了能表达多元关系的超关系知识图谱（Hyper-relational KG）、可以表达时序关系的时序知识图谱（Temporal KG），以及能够表达事件关系的交织知识图谱（Nested KG）。但依然有一些知识是这些知识图谱无法表示的，例如逻辑组合知识“如果预报明天要下雨，那么小明会带雨伞出门，小红会穿防雨的衣服出门”，这类知识很难用已有的知识图谱表示，除非设计一些具有特定结构的知识图谱。现有知识图谱能表示的知识只占人类社会知识的一部分，不能支持其与无法表达的知识相关的推理。

（2）**知识图谱的知识覆盖度不全**。知识图谱的构建通常有两种方法，一种是人工构建，依赖领域专家将领域知识进行结构化梳理，这种方法需要大量的人工工作，极大地依赖少数人所具有的知识；另一种是半自动化构建，例如通过关系抽取方法从文本中自动抽取特定关系的三元组，这种方法可以快速地大量构建知识图谱，但准确率通常不及人工构建。目前的半自动化构建方法依赖预定义的关系列表，尚无法实现无约束的全自动的知识抽取。无论是人工构建的知识图谱还是半自动化构建的知识图谱，知识覆盖率始终有限，具有显著的知识覆盖不全的问题，因此需要进行知识图谱补全，以及潜在知识挖掘等推理。目前规模较大且依然在增长的 Wikidata 知识图谱，其特定领域的信息覆盖率依然有待提高。因为存在知识覆盖不全的问题，大多数任务通常并不会仅依赖知识图谱完成，这使知识图谱推理成为锦上添花的技术，但很难被单独应用。

（3）**知识图谱的理解依赖文本**。理解知识图谱所需的信息主要有两种，一种是图结构信息，也是知识图谱相较于文本具有特色的信息，自知识图谱提出以来，很多工作研究了基于知识图谱图结构的信息挖掘方法。另一种是文本信息，知识图谱中具有丰富的文本信息，如实体的描述文本、实体的名称等，这些文本信息极大地帮助了人们理解知识图谱中的实体和关系的内涵。在不给定文本的情况下，仅通过图结构对知识图谱进行理解是有困难的，例如给定中国的名称“中华人民共和国”，人们马上就可以对中国这个实体有深刻的认知，因为人们会通过文字下意识地利用自己掌握的知识对实体进行理解，这是没有文字的有向图做不到的。理解知识图谱需要依赖文本信息，而受限于机器进行自然语言理解的瓶颈，已有的知识图谱推理方法尚不能充分利用文本信息。

6.2.4 知识增强大模型推理的目标

以大模型为代表的语言模型推理受到训练代价和训练机制的限制，在处理模型训练以后出现的知识及逻辑推理任务上具有固有缺陷。而以结构化知识图谱表示为代表的知识图谱推理表示具有知识类型有限、覆盖度不全，以及文本理解能力差的固有缺陷，因此有必要通过知识增强大模型推理，实现能力更强、学习代价更小的推理系统，如图 6-2 所示。

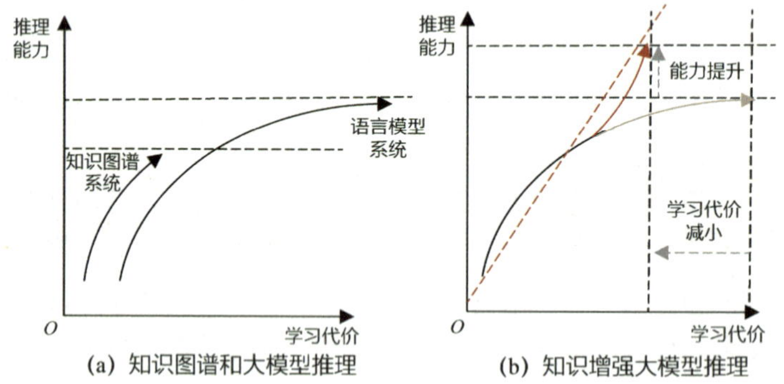

图 6-2 知识增强大模型推理目标

本节将从推理能力和学习代价两个维度阐述知识增强大模型推理的目标。图 6-2（a）展示了具有推理能力的知识图谱系统和语言模型系统获得一定推理能力的学习代价曲线和推理能力上限曲线。对于知识图谱系统和语言模型系统而言，在增加一定学习代价的情况下，其推理能力会获得提高，但有以下区别。

（1）语言模型系统的推理能力上限比知识图谱系统的推理能力上限高，图 6-2（a）中的两条虚线表示了对应系统的推理能力上限，理论上，**文本可表示的知识范围比结构化知识图谱可表示的知识范围大很多**，因此语言模型系统的推理能力上限比知识图谱系统的高。

（2）在知识图谱可达的推理能力范围内，知识图谱系统获得对应推理能力的学习代价比语言模型系统低，知识图谱系统是一个离散的符号系统，获取推理能力并不像语言模型系统一样需要以超大规模的模型参数为基础，因此知识图谱系统推理能力线性提高的学习代价比语言模型系统小，但不具有像语言模型系统一样的涌现能力。

通过上述分析可以得出以下结论：语言模型系统的推理能力上限高，知识图谱系统的推理能力线性提高的学习代价小。将二者结合的知识增强大模型推理目标可以总结为：**在一定的语言模型系统基础上，通过融合其他知识形式，以较小的学习代价，提高已有语言模型系统的推理能力，同时尽可能提高语言模型系统固有的推理能力上限**，如图 6-2（b）所示。

6.3 知识图谱增强语言模型推理

大模型具备较好的生成能力，在文本补全、对话问答等偏向自然语言原生应用的任务中有令人印象深刻的表现。但在面对复杂知识推理任务时，大模型的表现欠佳。首先，这类任务需要复杂的或最新的知识支撑回答问题，而这些支撑知识可能并不在大模型的预训练数据中，语言模型的参数知识不包含回答问题需要的所有知识，因此这类任务仅仅依靠语言模型无法完成，需要外部知识库的辅助。其次，这类任务需要深度的、交互的推理过程，深度的推理过程指回答某类问题需要多步推理，难以由模型直接生成答案，交互的推理指回答问题的推理过程需要获得外部知识库或交互环境的反馈，并根据反馈决定后面的推理。根据以上分析可以看出，增强语言模型推理的一种有效途径是结合外部知识库，而外部知识库的典型代表是知识图谱——一种符号化的、存储了准确信息的、可以获得交互反馈的知识表示方式。因此，知识图谱增强语言模型推理是一种自然且合理地提高语言模型推理能力的技术路线。

下面主要介绍三种知识图谱增强语言模型推理的方法。

（1）知识图谱引导多跳推理链。用知识图谱辅助多跳推理链生成，并在多跳推理步骤执行过程中提供交互反馈。

（2）符号规则引导大模型推理。在思维链中植入符号逻辑推理过程，借助更精确、更简洁的符号表示来缓解自然语言表示的歧义性和简要性问题。

（3）知识图谱过程监督。用知识图谱生成高质量的针对复杂问题的思维过程数据，用于监督语言模型的问题拆解和回答问题的规划过程。

6.3.1 知识图谱引导多跳推理链

第 3 章介绍了知识图谱增强的思维链，本章侧重于从推理的视角重新审视

“知识图谱思维链”概念。

语言模型的功能可以被朴素地理解为根据输入的文本序列，输出最合理的文本序列，例如在问答场景中，输入文本序列为问题，输出文本序列期望为问题对应的答案。当输入的问题较为复杂时，例如给定违法犯罪案件描述，以及多个犯罪嫌疑人的证词，目标是推理出凶手是谁，语言模型直接输出答案的难度较大。因此，输入/输出提示方法（Input-output Prompting）、思维链提示（Chain-of-Thought Prompting）、自洽（Self-Consistency）、思维树[135]、思维图[136]等方法被提出用于优化语言模型输出答案的过程，提高输出答案的准确性，这类方法的核心思想是允许在语言模型输出答案之前，进行分步骤的思考和推理，并重复选择共性答案，可以被统称为思维链方法。思维链方法被证明可以有效提高大模型的逻辑推理能力，但仅可以提高在大模型能力范围内的任务的推理能力，即假设大模型具有足够的生成答案所需的知识，同时具有将问题拆解为多个正确的推理步骤的能力，但需要外部知识库辅助的复杂知识推理任务不在语言模型单独可解的范围内，因此需要通过知识图谱思维链方法融合外部知识，以提高思维链过程的准确性。

知识图谱思维链方法的代表工作之一是 ToG[137]，该方法通过交互式知识图谱上的路径游走来获取生成答案所需的信息。如图 6-3 所示，输入一个问题，ToG 会根据问题迭代地检索（search）、剪枝（prune）、推理（reasoning），完成针对特定问题的知识图谱的路径探索。

知识图谱中的路径探索结果由实体和关系交替组成，例如“Canberra--capital of -- Australia -- prime minister -- Anthony Albanese -- political party -- Labor Party”路径中的一次关系和实体组合（例如 capital of -- Australia）可以被理解为知识图谱中的一跳推理。因此，路径探索的基本单元可以被定义为以某一实体为中心节点，选择知识图谱中以该中心节点为头实体的一个三元组作为路径中的一跳。下面以图 6-3 所示的推理过程的第一步为例，对该过程进行简要介绍。给定问题“What is the majority party now in the country where Canberra is located?”（堪培拉所在国家目前的多数党是哪一个？），ToG 会通过语言模型抽取问题中的主题实体（如该问题中主题实体为 Canberra），以主题词为中心实体进行图上的探索。

（1）关系探索。基于已有的路径信息和中心实体，选择一个以中心实体为头实体或尾实体的三元组，并以该三元组中的关系作为下一跳探索中的关系。该步骤包括通过 SPARQL 语句查询中心实体具有的所有关系集合，通过写提示的方法让语言模型从关系集合中选择三个最可能的下一跳探索关系，例如语言模型可能会从 Canberra 的所有关系集合中选择{capital of, country, territory} 三个关系，因此，路径被拓展为{(Canberra, capital of), (Canberra, country), (Canberra, territory)}。

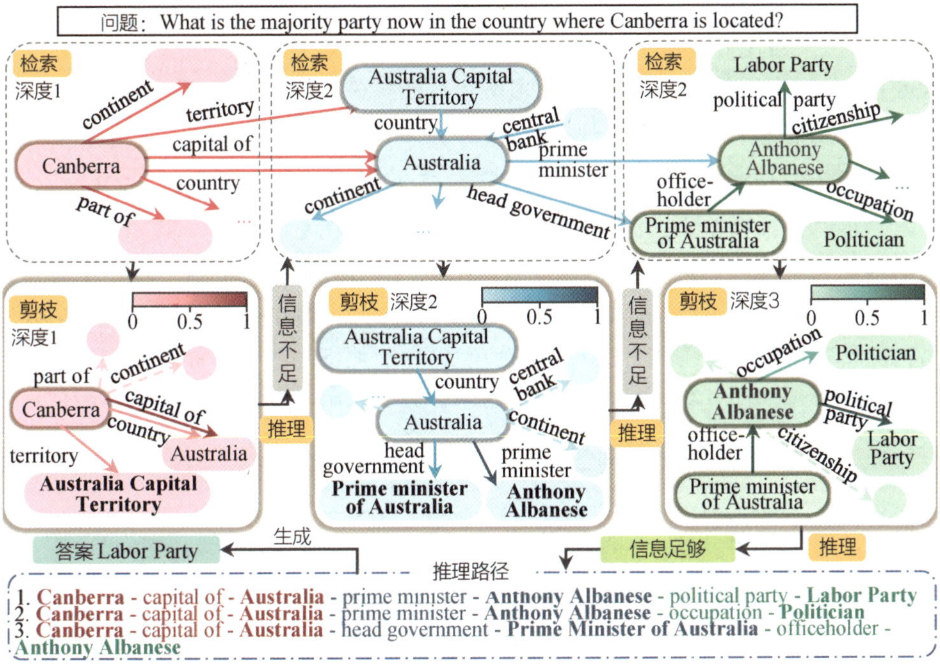

图 6-3　ToG 方法示意图

（2）实体探索。基于已有路径的信息和路径末尾的关系，选择一个末尾关系所连接的实体作为路径中下一跳探索的实体。利用 SPARQL 查询获得末尾关系连接的所有实体集合，利用写提示的方法指导语言模型给实体集合中的所有实体打分，并选出最可能的实体作为下一跳探索的实体。例如，经过实体探索，路径可能被拓展为{(Canberra,capital of,Australia),(Canberra,country,Australia),(Canberra, territory,Australian Capital Territory)}。

（3）推理。根据已探索的路径，让语言模型判断当前的路径信息是否足够支撑生成答案，如果已足够，则生成答案，如果不足够，则重复关系探索和实体探索步骤，进行路径扩展。该步骤通过写提示的方法实现。

ToG 从知识图谱中抽取多样的多跳的路径作为语言模型生成答案的基础，这种在图上进行思考的过程可以帮助语言模型进行深度推理，同时，图上游走过程的每步都与语言模型有深度的交互，将外部知识与语言模型自身的推理能力充分结合。除了基于游走的方法，实现图上思考的方法还有路径发现、邻居拓展等[138]。

CoK（Chain-of-Knowledge）[139]采用知识图谱等外部数据源来动态地修正语言模型思考过程中的事实错误，延续了验证后编辑（verified-and-edit）[140]的思想。针对一个问题，CoK 采用少样本思维链（Few-shot CoT）的方式生成多步推理的逻辑理由，以及问题所需要知识所来自的领域（例如事实领域知识、医药领域知识、物理领域知识、生物领域知识等），用 ChatGPT 或微调的 LLaMa-2-8B 模型生成第一步逻辑理由所需的知识检索查询语句，如 SPARQL、SQL 或自然语言查询，再根据检索回的知识，对第一步逻辑理由进行修正。例如，根据检索回的知识"doctoral advisor of Ralph Alpher is George Gamow."将逻辑理由从"Ralph Alpher was advised by Hans Bethe."修改为"Ralph Alpher was advised by George Gamow."，实现了利用外部知识库提高推理过程的知识准确性。

这些工作证明，知识图谱深度参与语言模型思维链的生成和修正，可以提高语言模型的推理能力，实现更好的复杂任务推理问答效果。

6.3.2 符号规则引导大模型推理

辅助提高语言模型推理能力的思维链方法包括思维链、思维树、思维图，以及知识图谱思维链方法，它们显式地提高了语言模型在很多任务上的推理能力。这些方法均以自然语言表示推理过程，用自然语言序列描述推理的计划、步骤和结论等。但由于自然语言的推理具有歧义性和简要性（abstractive nature），一方面，自然语言描述可能不够准确；另一方面，自然语言的推理倾向于基于已有信息进行总结抽象而不是进行具象化。因此，其他的表示方式也被用于提高语言模型的推理能力，例如用伪代码描述推理过程，用数学公式表示推理过程中的数值计算等，其中也包括符号演绎推理，即在思维链中融合符号表示的逻辑推理过程，该类方法被称为符号规则引导的大模型推理。

演绎推理是指基于给定的前提（premise）和声明（statement）得出结论，一个演绎推理示例如下。

前提：企鹅不会飞。企鹅是一种鸟。

声明：鸟都会飞。

结论：声明是错的。

以上是基于自然语言的演绎推理，基于符号表示的演绎推理依赖特定的符号表示方法，以下是一个基于一阶谓词逻辑的演绎推理示例。

前提：∀A ∀C (A,父亲是,B) & (B,父亲是,C) -> (A,爷爷是,C)

声明：（小明,父亲是,张三）(张三,父亲是,张大)

结论：（小明,爷爷是,张大）

相比基于自然语言的演绎推理，基于符号表示的演绎推理过程具有明确、精准、简洁的特点，因此可以缓解自然语言推理的歧义性。

典型的方法之一是 SymbCoT（Symbolic Chain-of-Thought）[126]，其核心思想是利用符号演绎推理过程提高语言模型的思维链效果。针对一个自然语言的推理问题，该方法包括 4 个步骤，如图 6-4 所示。

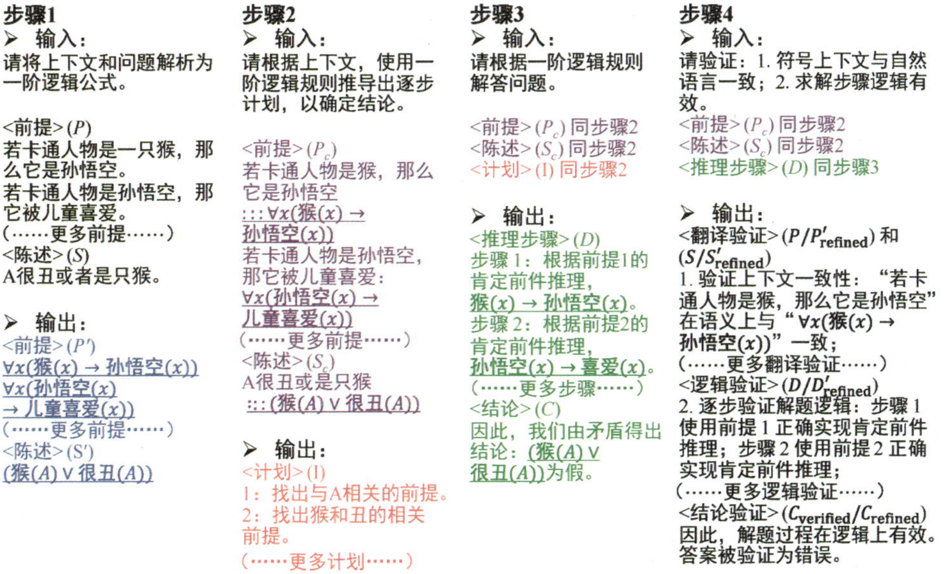

步骤1
➢ 输入：
请将上下文和问题解析为一阶逻辑公式。
<前提>(P)
若卡通人物是一只猴，那么它是孙悟空。
若卡通人物是孙悟空，那它被儿童喜爱。
(……更多前提……)
<陈述>(S)
A很丑或者是只猴。
➢ 输出：
<前提>(P′)
∀x(猴(x) → 孙悟空(x))
∀x(孙悟空(x) → 儿童喜爱(x))
(……更多前提……)
<陈述>(S′)
(猴(A) ∨ 很丑(A))
步骤2
➢ 输入：
请根据上下文，使用一阶逻辑规则推导出逐步计划，以确定结论。
<前提>(Pc)
若卡通人物是猴，那么它是孙悟空
::: ∀x(猴(x) → 孙悟空(x))
若卡通人物是孙悟空，那它被儿童喜爱：
∀x(孙悟空(x) → 儿童喜爱(x))
(……更多前提……)
<陈述>(Sc)
A很丑或是只猴
::: (猴(A) ∨ 很丑(A))
➢ 输出：
<计划>(I)
1：找出与A相关的前提。
2：找出猴和丑的相关前提。
(……更多计划……)
步骤3
➢ 输入：
请根据一阶逻辑规则解答问题。
<前提>(Pc) 同步骤2
<陈述>(Sc) 同步骤2
<计划>(I) 同步骤2
➢ 输出：
<推理步骤>(D)
步骤1：根据前提1的肯定前件推理，
猴(x) → 孙悟空(x)。
步骤2：根据前提2的肯定前件推理，
孙悟空(x) → 喜爱(x)。
(……更多步骤……)
<结论>(C)
因此，我们由矛盾得出结论：(猴(A) ∨ 很丑(A))为假。
步骤4
➢ 输入：
请验证：1. 符号上下文与自然语言一致；2. 求解步骤逻辑有效。
<前提>(Pc) 同步骤2
<陈述>(Sc) 同步骤2
<推理步骤>(D) 同步骤3
➢ 输出：
<翻译验证>(P/P′refined) 和 (S/S′refined)
1. 验证上下文一致性：“若卡通人物是猴，那么它是孙悟空”在语义上与“∀x(猴(x) → 孙悟空(x))”一致；
(……更多翻译验证……)
<逻辑验证>(D/D′refined)
2. 逐步验证解题逻辑：步骤 1 使用前提 1 正确实现肯定前件推理；步骤 2 使用前提 2 正确实现肯定前件推理；
(……更多逻辑验证……)
<结论验证>(Cverified/Crefined)
因此，解题过程在逻辑上有效。答案被验证为错误。

图 6-4　SymbCoT 步骤示例

- 步骤 1：用语言模型将自然语言上下文翻译为符号表示。
- 步骤 2：与 CoT 类似，基于自然语言上下文和符号表示上下文，生成得到答案的推理计划。
- 步骤 3：根据自然语言上下文、符号表示上下文和推理计划，逐步得到答案。每步推理都涉及利用给定前提得出中间结论，这个步骤用混合符号和自然语言的序列表示。
- 步骤 4：验证步骤 1 的翻译是否正确，验证步骤 3 的推理步骤是否正确，如果这两个步骤正确，则输出对应的答案；如果这两个步骤不正确，则利用语言模型对其进行改写，并输出改写后得到的答案。

实验证明，在思维链过程中增加符号演绎推理可以有效提高语言模型的逻辑推理能力。

在实际应用中，许多任务需要用到演绎推理方法，但缺乏实现符号演绎推理的必要条件之一——符号规则数据。为了在非演绎推理任务中利用语言模型的演绎推理能力，HtT[141]的作者提出了 Hypotheses-to-Theories 方法，将语言模型推理分为两步，第一步进行归纳式规则学习和验证，第二步进行演绎式规则应用推理。在归纳式规则学习和验证步骤中，HtT 让语言模型生成训练样本的推理规则，并基于置信度和覆盖率等指标保留质量较高的规则。在演绎式规则应用推理步骤中，HtT 将第一步学习得到的规则转化为具有层次结构的易于大模型理解的表示形式，如类 XML 标签，然后让大模型在每步推理过程中选择对应的推理规则，并根据所选择的规则生成中间推理结果，这个过程类似于 SymbCoT 方法中的步骤 3。最后，经过以规则为依据的多步推理后，HtT 生成最终的答案。在需要依赖复杂逻辑推理能力的任务上的实验证明，增加了规则学习和规则推理后，GPT-3.5、GPT-4 等大模型在数值推理及关系推理等任务上实现了比使用少样本思维链更好的效果。

规则推理可以分为前向推理和后向推理，前向推理根据规则和声明得到结论，而后向推理根据当前的推理目标对推理步骤进行递归拆解，根据规则将每个不能被证实或证伪的步骤拆解为多个子步骤，直至当前目标可被证实或证伪，或者达到最大推理步骤限制。前向推理和后向推理的示意图如图 6-5 所示。

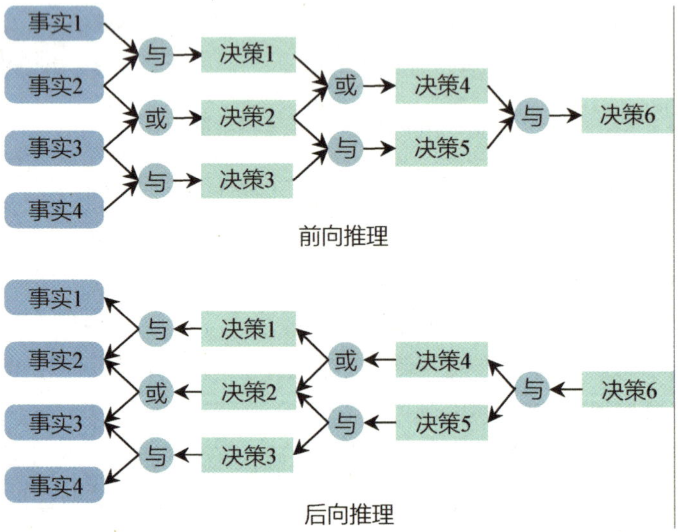

图 6-5　前向推理和后向推理的示意图

LAMBADA[142]的作者提出将后向推理用于提高语言模型的推理能力。具体来说，给定一个事实集合和规则集合，LAMBADA 包括四个核心模块，第一个是事实检测模块，会根据当前的目标，先从事实集合中选择最相关的事实，再根据选择的事实判断当前的目标是否可被证实或证伪；第二个是规则选择模块，会先判断每条规则能推理出的结论，再判断哪些规则的结论和当前的目标是一致的；第三个是目标拆解模块，将暂不能被证实或证伪的大目标拆解为多个可被证实或证伪的小目标；第四个是结论记录模块，记录所选择的规则能推理出的结论是否支持证实当前的目标。LAMBADA 方法示例如图 6-6 所示。

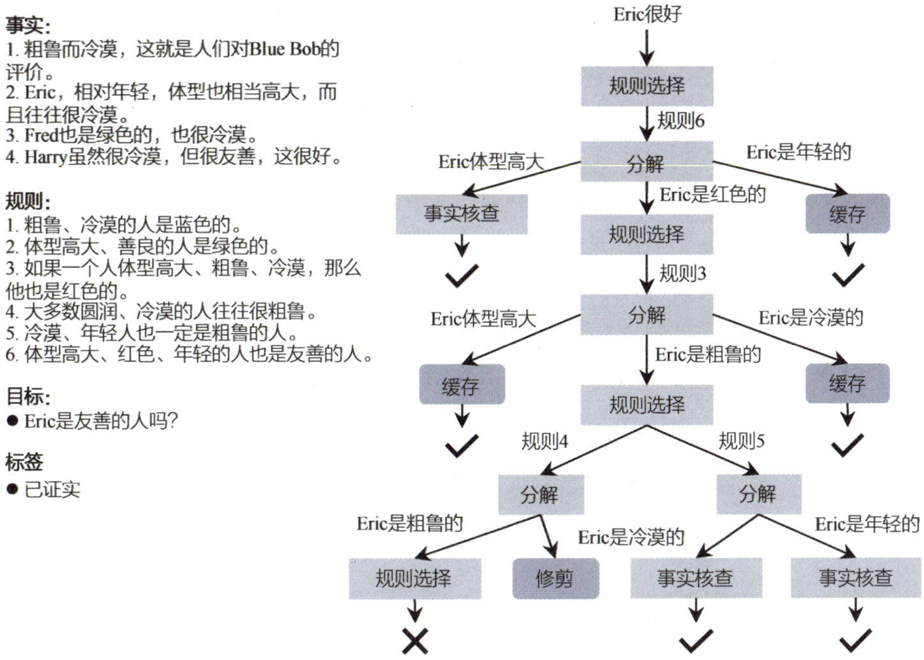
事实:
1. 粗鲁而冷漠，这就是人们对Blue Bob的评价。
2. Eric，相对年轻，体型也相当高大，而且往往很冷漠。
3. Fred也是绿色的，也很冷漠。
4. Harry虽然很冷漠，但很友善，这很好。
规则:
1. 粗鲁、冷漠的人是蓝色的。
2. 体型高大、善良的人是绿色的。
3. 如果一个人体型高大、粗鲁、冷漠，那么他也是红色的。
4. 大多数圆润、冷漠的人往往很粗鲁。
5. 冷漠、年轻人也一定是粗鲁的人。
6. 体型高大、红色、年轻的人也是友善的人。
目标:
● Eric是友善的人吗?
标签
● 已证实
Eric很好
规则选择
规则6
分解
Eric体型高大
Eric是年轻的
Eric是红色的
事实核查
缓存
规则选择
规则3
分解
Eric体型高大
Eric是冷漠的
Eric是粗鲁的
缓存
缓存
规则选择
规则4
规则5
分解
分解
Eric是粗鲁的
Eric是冷漠的
Eric是年轻的
规则选择
修剪
事实核查
事实核查

图 6-6　LAMBADA 方法示例

LAMBADA 采用 PaLM 540B 大模型，在 ProofWriter、ProOntoQA、ParaRules 上取得了比思维链及前向推理方法更好的效果。

鉴于大模型出色的语言理解能力，未来将自然语言作为知识表示的方法，将大模型作为推理机，可能会形成一套新的知识表示和推理范式，与形式化语言表示加符号推理机等同。符号规则引导大模型推理的方法可以将符号逻辑推理过程嵌入语言模型的推理过程中，提高语言模型的推理能力。在这个技术发展方向上，已有的知识图谱推理研究对提高大模型推理能力具有很大的借鉴意义。

6.3.3 知识图谱过程监督

复杂知识推理是检验语言模型推理能力的典型任务，这类任务涉及多条知识的组合，例如“与中国和俄罗斯接壤的国家有哪些？”，这个问题需要计算与中国接壤的国家集合和与俄罗斯接壤的国家集合的交集。除了计算交集，复杂知识推理通常还涉及计算并集、差集、否定集合、数值等。目前，大模型在复杂知识推理上的效果欠佳，尤其是对于参数规模小于 10B 的模型。

提高语言模型复杂知识推理能力的关键是让语言模型学会将复杂的知识推理问题拆解为多个简单的知识推理问题。典型的方法有基于思维链的提示增强方法、基于检索增强的方法，以及提示增强和检索增强融合的方法。这类方法可以在不改变语言模型参数的情况下，提高语言模型的复杂知识推理能力，适用于参数量较大、基础推理能力较好的大模型，例如参数量在 100B 以上的大模型。对于基础推理能力相对较弱的小参数量语言模型，用问题拆解和规划的标记数据对语言模型进行微调是更常用的方法，这类方法通过监督语言模型的推理过程，提高其推理能力，因此也被称为过程监督方法。

人工标记是获取复杂逻辑问题的拆解和规划数据的方法，但人工成本高，难以获得大量的过程监督训练数据。知识图谱中存储了大量结构化数据，很容易进行知识的逻辑组合，如图 6-7 所示。

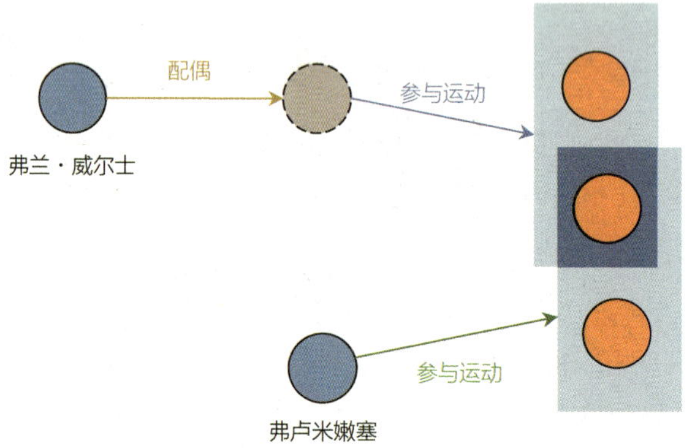

图 6-7 复杂知识逻辑组合样例

以弗兰·威尔士为起始实体，通过关系“配偶”和关系“参与运动”查询到其妻子从事的运动项目，同时可以通过关系“参与运动”查询到弗卢米嫩塞从事的运动项目，二者求交集即可以知道弗兰·威尔士的妻子和弗卢米嫩塞同时从事的运动项目是什么。这个查询过程可以对应回答问题“弗兰·威尔士的妻子和弗卢米嫩塞同时从事的运动项目是什么？”的推理过程。基于此启发，LPKG[143]方法利用知识图谱生成语言模型推理过程的监督训练数据，通过有监督的微调来增强语言模型对复杂知识推理问题的规划和拆解能力，如图 6-8 所示。

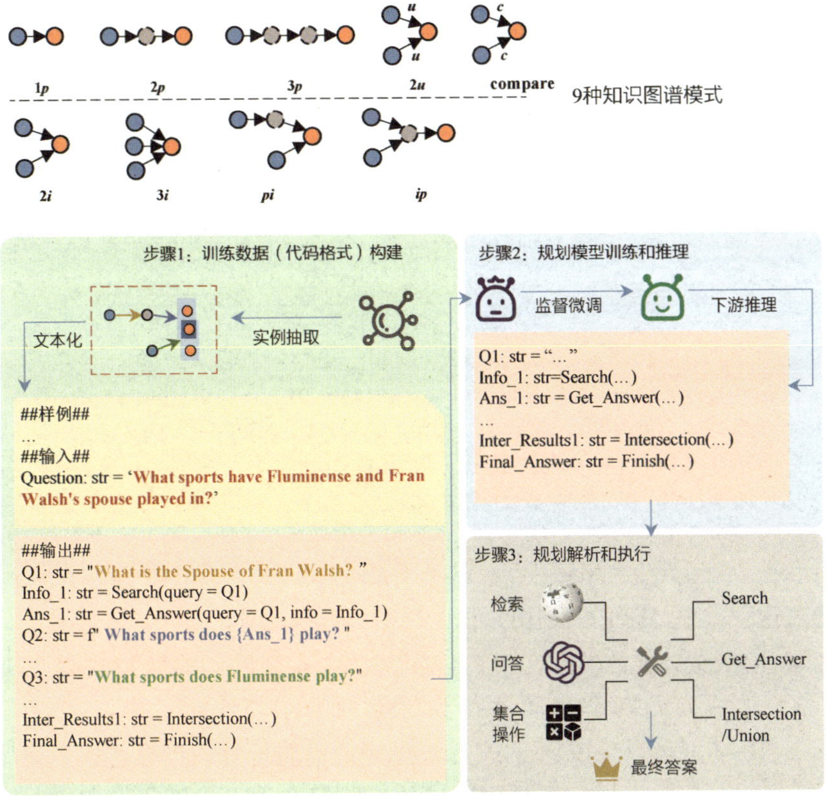

图 6-8　LPKG 流程

LPKG 利用知识图谱构造回答复杂问题的规划数据，如图 6-8 中的步骤 1 所示。为了大量构造此类数据，该方法定义了 9 种基本的知识图谱模式，每种模式代表知识图谱中的某种固定结构的子图，例如 $1p$ 表示以图中蓝色实体为头实体，查询某关系下的尾实体，也可称作一跳实体查询；同理，$3p$ 表示三跳实体查询，$2u$ 表示对两个不同的实体进行一跳实体查询并求实体并集。这些模式由固定的结构组成，将知识图谱模式中的抽象实体节点和关系变量替换为具体的实体和关系，便可以得到一个知识图谱中符合模式定义的子图，这个过程也叫作实例化。知识图谱模式实例中包含多个知识图谱查询和逻辑组合操作，LPKG 利用语言模型将每步操作写成一个问题，例如“What is the Spouse of Fran Walsh?”对应以 Fran Walsh 为头实体、以 Spouse 为关系的一跳实体查询，即（Fran Walsh, Spouse,? ）。同时，LPKG 利用语言模型生成完整的知识图谱模式实例所对应的自然语言问题，例如图 6-8 中，知识图谱模式实例对应的复杂知识问题是“What sports have Fluminense and Fran Walsh's spouse played in?”。LPKG 将复杂知识问题和每步的问题组织成代码的形式，如下所示。

```
    Original_Question:str = 'What sports have Fluminense and Fran
Walsh's spouse played in?'
    Sub_Question_1:str = " What is the Spouse of Fran Walsh? "
    Info_1:str = Search(query = Sub_Question_1)
    Ans_1:str = Get_Answer(query = Sub_Question_1,info = Info_1)
    Sub_Question_2:str = f" What sports does {Ans_1} play? "
    Info_2:str = Search(query = Sub_Question_2)
    Ans_2:str = Get_Answer(query = Sub_Question_2,info = Info_2)
    Sub_Question_3:str = "Q3:What sports does Fluminense play?"
    Info_3:str = Search(query = Sub_Question_3)
    Ans_3:str = Get_Answer(query = Sub_Question_3,info = Info_3)
    Inter_Results1:str = Intersection(Answer1 = Ans_2,Answer2 =
Ans_3)
    Final_Answer:str = Finish_The_Plan(Answer = Inter_Results1)
```

通过这种方式，LPKG 利用知识图谱中的数据大量、快速地生成数据，这些数据可以用于微调语言模型，使语言模型学会根据输入的原始问题（Original Question）生成问题拆解步骤并得到答案的方法。实验证明，经过微调的 LLaMa-3-8B 模型可以生成比 GPT-3.5 更好的问题拆解和推理过程。类似地，COM[144]是一个从常识知识图谱中构造的多跳复杂知识推理问题和答案的数据集，在该数据集上微调语言模型，也可以提高语言模型的复杂逻辑推理能力，具体表现为提高零样本的领域内和领域外的问答效果。

这些工作说明，根据知识图谱自动生成具有复杂逻辑组合的问题和回答问题的过程数据，可以提高语言模型的复杂知识推理问题拆解能力和答案生成能力，且效果显著。

6.4 语言模型增强知识图谱推理

知识图谱作为一种符号化的知识表示和推理方法，其自身有很多推理任务，包括从知识图谱中获取所需数据的查询推理、推断出知识图谱中缺失三元组的关系推理、应用规则推理出新的三元组或不一致信息的规则推理等，这些推理任务不仅可以提高知识图谱的数据质量，还可以提高知识图谱服务其他任务的效果，比如问答等任务。

现有的知识图谱推理模型多基于表示学习和神经网络方法构建，这些方法针对特定的任务学习知识图谱中的实体和关系的向量表示，并基于这些向量表示设计神经网络模型完成对应的推理任务，通常能实现不错的推理效果。但这些方法具有两方面不足：首先，这些方法着重于利用知识图谱中的图结构信息，但除了图结构信息，知识图谱中的实体和关系通常还具有丰富的文本信息，这些文本信息并未被已有的知识图谱推理方法充分利用；其次，基于实体和关系表示学习的方法难以应对知识图谱的动态变化，当知识图谱中的实体和关系发生变化时，需要更新模型的实体和关系表示，很明显，当知识图谱中的数据频繁发生变化时，这类方法的泛化性和迁移性较差。以自然语言文本处理能力及良好泛化性见长的语言模型，可以很好地弥补上述不足，因此语言模型增强知识图谱推理被广泛研究，也被认为是有前景的增强知识图谱推理效果的方法。

本节从以下三个方面介绍语言模型增强知识图谱推理的方法和思路。

- 语言模型增强知识图谱查询推理。借用语言模型，提高知识图谱查询推理的效果，难点是在查询过程中推理出缺失的信息，并从知识图谱中获得所需的数据。
- 语言模型增强知识图谱关系推理。借用语言模型，可以从知识图谱中推理出实体之间缺失的关系。
- 语言模型增强知识图谱规则推理。借用语言模型，优化从知识图谱中进行规则学习的效果，挖掘出更多高质量的规则。

6.4.1　语言模型增强知识图谱查询推理

知识图谱查询推理任务针对给定的组合查询问题，根据知识图谱中已有的知识给出答案，例如，查询“哪些诺贝尔奖得主不来自欧洲或者北美？”，如图 6-9 所示。

从以上示例可以看出，与简单的知识图谱查询不同，查询推理的问题涉及知识图谱中的多步推理，多步推理之间具有复杂的逻辑组合关系，包括逻辑或、且、非组合，对应需要求答案之间的交集、并集和补集等。

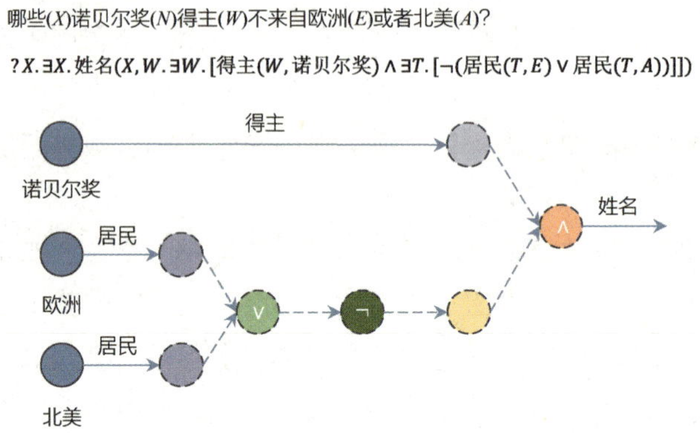

图 6-9　知识图谱查询推理示例

查询推理方法的主要思路是将查询语句映射到不同的几何空间中，如向量空间、矩形空间、双曲空间、概率分布空间等，通过几何空间中的运算来模拟逻辑或、且、非的操作，以计算出答案的表示并将其映射至符号表示得到答案。但这类方法有显著的缺陷，首先，这类方法仅支持部分一阶逻辑表达式，难以应对更复杂的查询推理问题；其次，模型的训练依赖特定的知识图谱，训练完成后无法泛化至新的知识图谱上；最后，模型只有在不同的查询模式下进行训练，才能具有回答对应的查询推理问题的能力，如果知识图谱出现新增的数据，则模型适应新数据的训练成本较高。语言模型具有高可泛化的推理能力，因此，借助语言模型提高知识图谱查询推理任务的效果和可应用性，是一种可行的方法。

LARK[145]提供了一种用语言模型完成知识图谱复杂查询的方法，与传统查询方法不同，该方法没有使用结构化查询语言（如 SPARQL）进行查询，而是用语言模型完成查询，LARK 方法的流程如图 6-10 所示。

给定一个复杂结构化查询 Q，LARK 方法包含如下步骤。

- 生成文本化查询摘要：将 Q 转化为文本描述，即查询提示。为了尽可能缩短文本的长度，以便将更多的知识图谱信息输入语言模型，在 Q 对应的文本描述中，将实体替换为 ID 表示，舍去实体的文字信息。
- 查询分解：已有工作证明语言模型处理简单任务的效果比处理复杂任务好，因此该方法将完整查询进一步拆解为多个单步查询，形成分解提示，并让语言模型逐步完成查询，以得到答案。
- 邻居检索：根据输入的结构化查询 Q 中的实体，在知识图谱中检索这些实体的 k 跳邻居子图，这个子图会被序列化成文本，作为上下文信息输入语言模型。

- 生成答案：根据检索的邻居信息，语言模型按照查询拆解的步骤，逐步完成查询，并得到最终的答案。

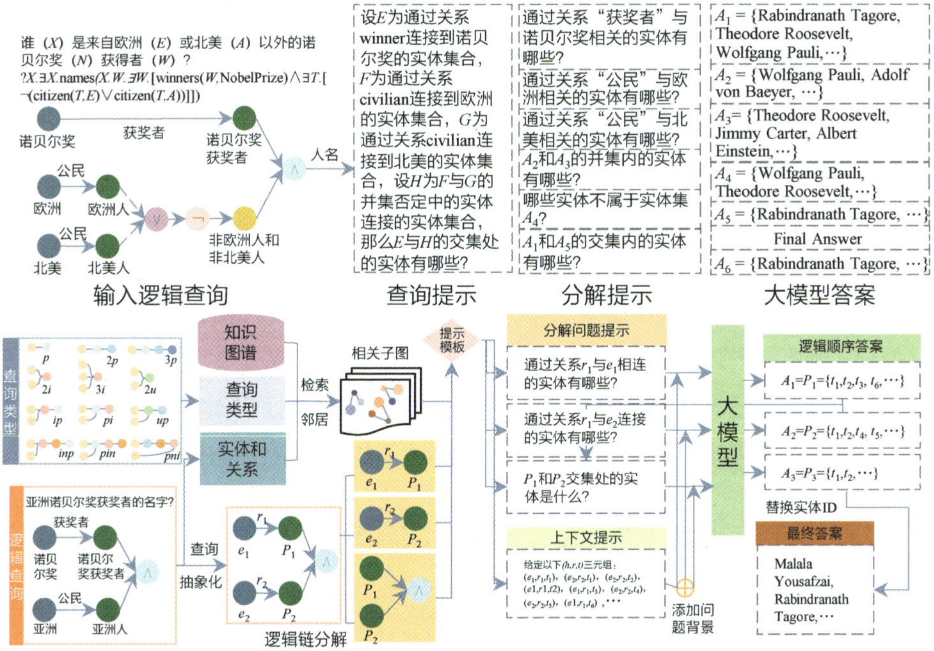

图 6-10　LARK 方法的流程

实验证明，LLaMA-2-7B 和 LLaMA-2-13B 可以在一定程度上完成知识图谱复杂查询，其中单跳查询的效果比多跳查询的效果更好，参数更大的语言模型 ChatGPT 的查询效果更好，证明了用语言模型进行知识图谱查询的可行性。实验还发现，如果保留实体和关系的名称，则语言模型的查询效果相较于使用 ID 的效果没有显著提高，甚至会下降，这是因为保留名称的三元组所占的语言模型输入 Token 数量比使用 ID 的方式更多，导致在同样的 Token 数量限制下，保留名称的方式输入语言模型的三元组数量更少，丢失了部分邻居信息。因此，在语言模型增强知识图谱查询推理的方法中，在限定 Token 数量的前提下最大化输入语言模型的知识图谱信息的有用性，是非常值得研究的方向。

6.4.2　语言模型增强知识图谱关系推理

知识图谱的关系推理任务目标是预测知识图谱中暂不存在的关系，关系推理方法的典型方法有知识图谱嵌入学习方法、图神经网络方法、融合文本的神经网络方法等。其中，知识图谱嵌入学习方法具有较好的图结构学习能力，但文字理解能力较差，而大模型具有良好的语言理解能力，能够借用内在的参数化知识对新出现的实体、名称改变的实体等进行合理的推理。

KG-LLM[146]尝试了将大模型用于知识图谱关系推理任务，它将知识图谱关系推理任务看作一个序列到序列的任务，将知识图谱中的训练三元组组织为文本序列，用 P-Tuning 或 LoRA 等轻量微调方式对开源的大模型 ChatGLM 和 LLaMA 等进行指令精调，使大模型具有完成三元组分类、实体预测、关系预测等任务的能力，如图 6-11 所示。实验结果表明，经过微调的大模型的关系推理能力得到了显著提高。为了使大模型感知知识图谱中的结构信息，在实体预测任务中，KG-LLM 还将已知实体的邻居实体文本加入序列，但这种仅仅将邻居实体转化为文本序列输入语言模型的方法无法捕捉知识图谱中丰富的图结构信息，如频繁子图、路径、关系模式、拓扑关联性等，因此在使用语言模型增强知识图谱关系推理的过程中，有必要研究如何让语言模型感知丰富的图结构信息。

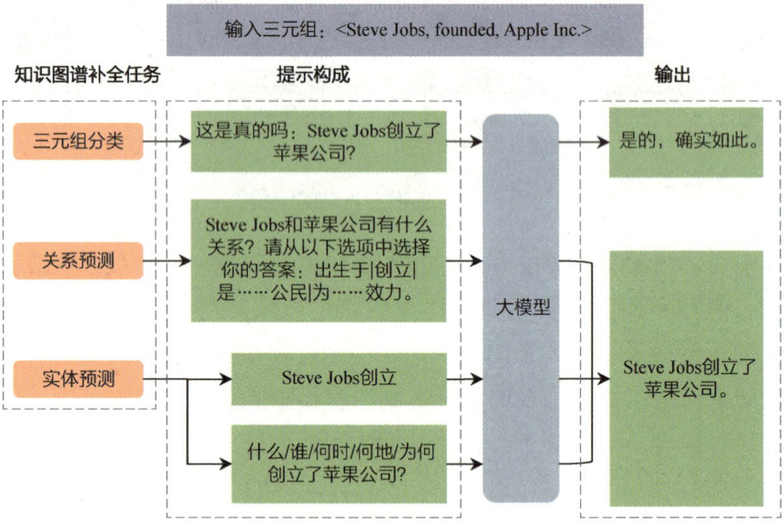

图 6-11　KG-LLM 方法微调数据示意图

语言模型自身没有良好的编码知识图谱中结构信息的方式，为了提高模型对结构信息的利用效率，研究者提出了 KoPA[147]方法。KoPA 是一种大模型结构感知方法，其实现包括了结构感知的语境学习（In Context Learning，ICT）方法、结构感知的指令精调方法，以及基于知识前缀适配器的结构感知方法。

下面以关系推理中的经典任务三元组分类为例进行介绍。给定一个需要判断正误的三元组(h,r,t)，在语境学习方法下，为了让模型感知到头实体 h 和尾实体 t 的结构信息，除了将三元组的文本信息输入语言模型，还会将知识图谱中 h 和 t 的邻居与其组成的三元组输入语言模型。类似地，在结构感知的指令精调方法中，用于指令精调的文本不仅包括三元组的文本，还包括三元组的一跳子图文本。基于这种指令数据进行微调的大模型可以借助一跳子图文本更好地理解三元组的含义，并生成对应的分类结果。

这两种方法充分利用了实体的一跳子图信息，而知识图谱中的结构信息复杂，实体三跳以内的子图通常对关系预测有帮助。但三跳子图通常包含成百上千甚至更多的三元组，受到语言模型输入文本长度的限制，全部以文本形式输入语言模型并不可行。

KoPA 方法采用基于知识前缀适配器的结构感知方法，通过知识图谱嵌入学习方法对知识图谱的结构进行编码，其学习到的实体和关系的表示涵盖了知识图谱中关于该实体和关系的结构信息。但其与文本的 Token 不在同一个向量空间中，语言模型并不能直接理解这些实体向量，因此，KoPA 采用了基于知识前缀适配器的方法。

如图 6-12 所示，KoPA 通过一个全连接层将三元组的头实体、关系、尾实体向量映射到文本空间，将其作为特殊的 Token 放于输入文本的最前面，并输入语言模型。训练过程中将实体关系向量冻结，通过少量轮次的轻量微调，即可使语言模型感知到从知识图谱嵌入模型中获得的实体关系向量中包含的结构信息，从而获得更优的三元组分类关系预测结果。

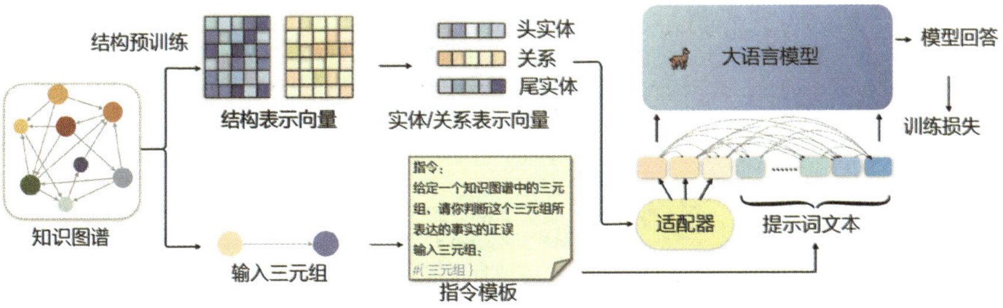

图 6-12 KoPA 方法流程

6.4.3 语言模型增强知识图谱规则推理

逻辑规则揭示了知识图谱中关系的逻辑关联，一条规则的样例为：

爷爷是$(X,Y) <--$爸爸是(X,Z) & 爸爸是(Z,Y)，这条表示“爸爸的爸爸是爷爷”。这种规则可以用于预测知识图谱中缺失的三元组、检测知识图谱中存在的错误和冲突信息、减少知识图谱的三元组存储空间、提供可解释的知识图谱推理方案等。

以前，这类逻辑规则通常依赖人工编写，存在效率低规则量少的问题，逻辑规则学习便成为一个重要的服务规则推理的任务。近些年，许多知识图谱逻辑规则挖掘方法被提出，基本思想是图上的频繁模式挖掘，例如挖掘知识图谱中常存在的闭合路径作为规则。这种方法依赖图模式的匹配和统计，具有搜索空间大、搜索效率低的问题，更重要的是，此类方法主要利用知识图谱中的图结构信息进行规则挖掘，没有利用关系的语义信息。

知识图谱中的实体和关系常常具有短文本概要，这些文本为理解实体和关系提供了丰富的语义信息，例如通过对关系文字语义的理解，可以写出这种规则：子女有$(X,Y) <--$妈妈是(Y,X)，这利用了任务关系常识知识。

大模型也具有这种能力[148]，有学者提出利用大模型辅助进行规则挖掘的方法 ChatRule[149]，如图 6-13 所示。给定一个要挖掘规则的关系，该方法通过深度搜索从知识图谱中搜索出该关系的一些闭合路径，将这些路径作为规则样例放入指令文本，与让语言模型生成规则的指令一起输入大模型。

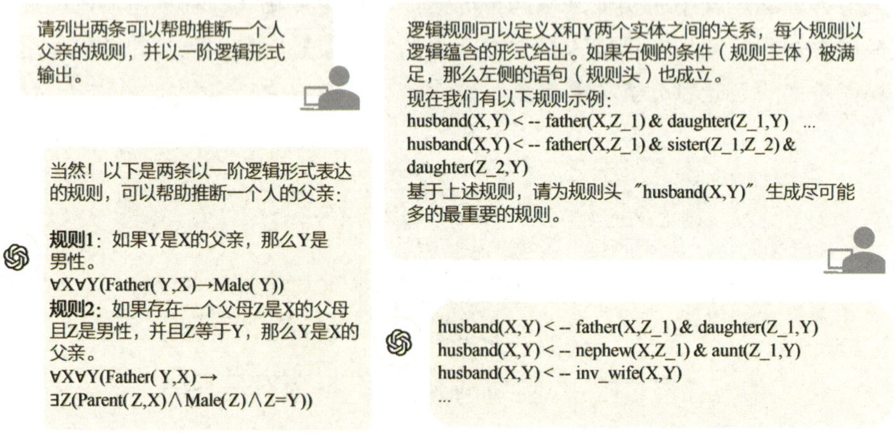

请列出两条可以帮助推断一个人父亲的规则，并以一阶逻辑形式输出。
当然！以下是两条以一阶逻辑形式表达的规则，可以帮助推断一个人的父亲：
规则1：如果Y是X的父亲，那么Y是男性。
∀X∀Y(Father(Y,X)→Male(Y))
规则2：如果存在一个父母Z是X的父母且Z是男性，并且Z等于Y，那么Y是X的父亲。
∀X∀Y(Father(Y,X)→
∃Z(Parent(Z,X)∧Male(Z)∧Z=Y))
逻辑规则可以定义X和Y两个实体之间的关系，每个规则以逻辑蕴含的形式给出。如果右侧的条件（规则主体）被满足，那么左侧的语句（规则头）也成立。
现在我们有以下规则示例：
husband(X,Y) < -- father(X,Z_1) & daughter(Z_1,Y) ...
husband(X,Y) < -- father(X,Z_1) & sister(Z_1,Z_2) & daughter(Z_2,Y)
基于上述规则，请为规则头 "husband(X,Y)" 生成尽可能多的最重要的规则。
husband(X,Y) < -- father(X,Z_1) & daughter(Z_1,Y)
husband(X,Y) < -- nephew(X,Z_1) & aunt(Z_1,Y)
husband(X,Y) < -- inv_wife(X,Y)
...

ChatGPT生成规则的样例　　　　ChatRule生成规则的指令样例

图 6-13　利用大模型辅助进行规则挖掘

由于语言模型可能生成错误的或不合理的规则，对于语言模型生成的规则集合，ChatRule 通过经典的规则质量评估指标 Confidence、PCA Confidence 和

Head Coverage 等对规则进行质量打分，保留高质量的规则作为最终的规则学习集合。实验证明，ChatRule 可以生成质量非常高的规则集合，并基于这些规则集合实现较好的知识图谱补全效果。

大模型具有较好的关系语义理解能力，将大模型和已有依赖图结构的知识图谱规则挖掘方法结合，可以实现基于图结构和关系语义的规则挖掘，挖掘出质量更高形式更丰富的规则。

6.5 知识图谱基础模型

基础模型是伴随大模型的发展产生的新概念，指在某些领域具有基础设施作用的模型。基础模型具有良好的泛化性，可以应用于多种任务，理想情况下可应用于该领域的任意任务。目前，以 ChatGPT 为代表的大模型可以被视为自然语言理解领域的基础模型，以 Stable Diffusion 模型为代表的文生图模型正在逐渐发展成为计算机视觉领域的基础模型。

知识图谱是有效的不可或缺的结构化知识表示手段，研究者也在探索实现知识图谱基础模型的有效路径。已有的知识图谱推理模型在训练好之后，往往只能应用于特定的知识图谱和特定的任务，例如在 Wikidata 子数据集上训练好的链接预测模型只能应用于 Wikidata 上的链接预测任务，既不能用于 WordNet 上的链接预测，也不能直接用于 Wikidata 上的其他推理任务，如规则挖掘等。在知识图谱基础模型研究的道路上，不断拓展模型的泛化能力是研究的重点，提高泛化能力的方向主要有两个。

- 提高任务泛化性：在零样本或较少样本的情况下，将模型应用于不同的任务并取得不错的效果，期望知识图谱基础模型可以应用于任何与知识图谱相关的任务，包括三元组分类、链接预测、规则挖掘、实体对齐、关系抽取等。
- 提高图谱泛化性：在零成本或较少成本的情况下，将模型应用于任意给定的知识图谱，并在该知识图谱相关的任务上取得较好的效果，期望知识图谱基础模型经过训练后可以成为更多领域图谱实现推理的基础。例如 Wikidata、OneGraph 等开放知识图谱，以及电商、电信、金融等私有的领域知识图谱等。

然而，在知识图谱上实现这两种泛化性并不容易。自然语言的基本表示元素（Token）的个数是有限的，所有的自然语言都可以被建模为一个序列，每个元素具有固定的前序元素和后续元素，这是在大量语料上进行下一个词预测，使语言模型学习到通用的自然语言理解能力的基础。然而，这两个基础条件知识图谱都不具备。

- 一方面，知识图谱的基本元素是组成有标签的有向图的实体和关系，知识图谱中的实体和关系可能增加或减少，因此，实体和关系为基本元素的空间是无限的，不像自然语言中的基本元素是有限的。
- 另一方面，知识图谱将知识组织为有标签的有向图，图中的实体所具有的邻居节点个数不一，有的中心实体具有成百上千个邻居节点，而尾部实体可能只具有一两个邻居节点，不像自然语言中每个词都只具有一个前序词和一个后续词。

以上问题目前并未被完全解决，知识图谱基础模型还处于探索阶段。知识图谱预训练方法的研究为知识图谱基础模型的发展奠定了良好的基础，下面分别介绍知识图谱预训练方法和知识图谱基础模型方法。

6.5.1 知识图谱预训练方法

语言模型预训练经历了从词向量学习到模型预训练的发展过程，知识图谱预训练也经历了同样的发展过程。最开始，大家研究的是知识图谱的嵌入学习，旨在利用知识图谱中的三元组，学习实体和关系的向量表示，也称知识图谱嵌入。基于这些嵌入可以计算出三元组的得分，模拟三元组的真值，例如对的三元组得分较高（低），而错的三元组得分较低（高）。

典型的知识图谱嵌入方法是 TransE[150]，受到 Word2Vec 工作的启发，其将知识图谱映射到低维实数空间中，将实体表示为空间中的向量，将关系表示为空间中从头实体 $\boldsymbol{h}$ 到尾实体 $\boldsymbol{t}$ 的映射。具体来说，对于一个对的三元组$(\boldsymbol{h},\boldsymbol{r},\boldsymbol{t})$，TransE 假设头实体向量 $\boldsymbol{h}$ 加上关系向量 $\boldsymbol{r}$ 将得到尾实体的向量 $\boldsymbol{t}$，如图 6-14 所示，并基于此假设在训练数据集上对模型进行训练。

经过训练的 TransE 可以有效地预测三元组的尾实体，例如给定一个头实体 $\boldsymbol{h}$ 和尾实体 $\boldsymbol{r}$，将 $\boldsymbol{h}$ 和 $\boldsymbol{r}$ 相加得到预测的尾实体向量，再将其与所有候选实体嵌入计算相似度，将与预测尾实体向量最近似的嵌入所对应的实体视为模型预测的尾实体。在 TransE 被提出后，更多的知识图谱嵌入方法被提出，表示空间更多样了，除了实数空间，还有复数空间、四元数空间、概率分布空间等。这些知识图谱嵌入方法可以有效地针对特定知识图谱中的实体和关系学习其在向量空间的表示，这些表示蕴含了实体之间的语义相似度和语义组合等信息，因此知识图谱嵌入方法被广泛应用于链接预测、实体对齐、本体学习等任务，为知识图谱预训练方法提供了技术基础。

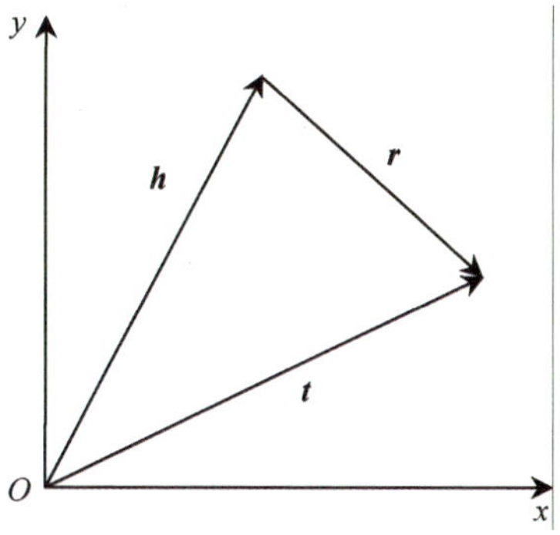

图 6-14　TransE 方法的空间假设

受到知识图谱嵌入学习方法的启发，知识图谱预训练模型（Pre-trained Knowledge Graph Model，PKGM）[133]被提出。该模型在一个大规模的知识图谱上进行预训练，并被应用于该图谱服务的多种下游任务中。PKGM 针对亿级的电商知识图谱提出，该电商知识图谱为众多任务提供知识图谱服务，包括语义搜索、智能问答、商品推荐等。

知识图谱通常以提供三元组数据的方式为其他任务提供服务，这会导致：针对不同任务繁复的数据选择和查询；下游任务需要设计融合知识图谱三元组数据的算法模型；知识图谱的不完整性会导致误差传导。

为了避免这些问题，使商品知识图谱更方便、更有效地为下游任务服务，PKGM 方法融合了“预训练+知识向量服务”的模式，在不直接访问商品知识图谱中三元组数据的情况下，以知识向量的方式为下游任务提供知识图谱服务。该方法主要包含两个步骤，一是商品知识图谱预训练，目标是使预训练后的模型具有进行完整知识图谱服务的能力，二是以统一的方式为下游任务提供知识图谱服务。

1．PKGM 预训练

基于知识图谱的知识查询可以简单概括为以下两类：一类是查询知识图谱中的三元组，例如给定头实体 $\boldsymbol{h}$ 和关系 $\boldsymbol{r}$，查询或预测尾实体 $\boldsymbol{t}$；另一类是查询知识图谱中实体所具有的关系。给定实体集合，综合这两类查询可以获得知识图谱中完整的与集合中实体有关的三元组。为了让模型具有提供这类知识图谱服务的能力，PKGM 模型主要包含两个模块，一个是三元组查询模块，另一个是关系查询模块。

三元组查询模块的核心是设计三元组得分函数并用于评估三元组的正确性，出于计算快速且有效的应用需求，PKGM 在三元组查询模块中采用了 TransE[131]方法。关系查询模块的核心是设计得分函数用于判断头实体是否具有某个关系，PKGM 为每个关系定义了一个映射矩阵，并假设如果一个头实体 $\boldsymbol{h}$ 具有以 $\boldsymbol{r}$ 为关系的三元组，那么通过关系 $\boldsymbol{r}$ 的映射矩阵，头实体 $\boldsymbol{h}$ 的表示可以映射为 $\boldsymbol{r}$ 的表示。同理，如果 $\boldsymbol{h}$ 不具有且不应具有以其为头实体、以 $\boldsymbol{r}$ 为关系的三元组，那么头实体 $\boldsymbol{h}$ 的表示经过映射后将远离 $\boldsymbol{r}$ 的表示。最终，一个三元组的得分为三元组查询模块得分和关系查询模块得分之和。

2．PKGM 知识图谱服务

预训练后的 PKGM 提供的知识图谱服务主要包含两种，一种是三元组知识图谱服务，另一种是关系知识服务。PKGM 的三元组知识图谱服务为输入的头实体和关系提供尾实体向量。PKGM 的关系知识图谱服务为判断头实体和关系是否具有关系提供存在向量。

经过预训练，在下游任务应用中，给定一个实体 e 及 k 个目标关系，PKGM 通过三元组知识服务和关系知识服务提供多个服务向量，这些服务向量可以作为下游任务中商品的有效向量特征输入下游任务模型。在商品分类、同款商品对齐及推荐等任务上的实验证明了相比于传统方法，PKGM 的知识向量服务有效地提高了任务效果，其中推荐任务的性能平均提高了 6%。同时，实践结果证明了在样本较少的数据上，提高的效果更明显。

PKGM 方法实现了在大规模知识图谱上进行预训练并服务多种任务，达到了一次预训练多次多任务使用的效果，但这种预训练方法依然有两方面不足。

- 不具有知识图谱数据上的可迁移性。在电商知识图谱上进行该方法的预训练，预训练后的模型只能用于提供电商知识图谱的服务向量，不能用于其他知识图谱的向量服务。
- 预训练模型不能直接用于下游任务。在具体的下游任务中，依然需要根据任务目标设计对应的模型，并在有标签的数据上进行有监督训练。而预训练语言模型 BERT 对同样的模型，经过低成本微调就可以完成多种下游任务。

因此，知识图谱结构预训练方法 KG-Transformer[127]被提出，实现了用预训练模型完成多种下游任务的目标。3.3 节对 KG-Transformer 进行了详细介绍，其微调示意图如图 6-15 所示。

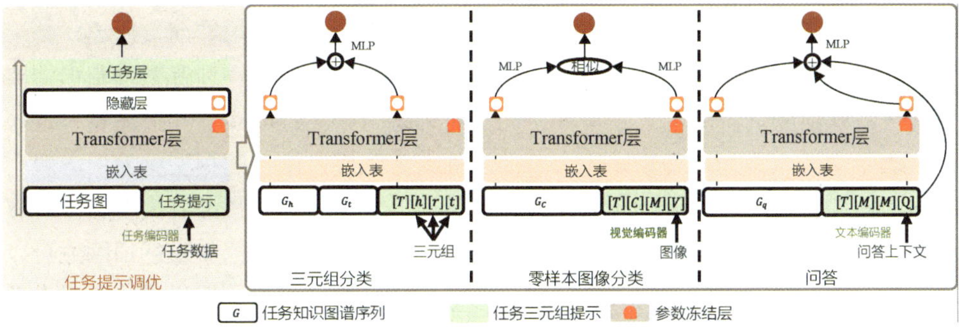

图 6-15 KG-Transformer 微调示意图

KG-Transformer 的实验证明：首先，在具有不同结构的知识图谱上预训练，可以使模型学习到知识图谱中的全局图结构知识，仅基于任务图谱无法充分学习这些结构知识；其次，使用固定参数 θ 的方式调整预训练的模型，可以更好、更快地保持预训练的知识图谱中学到的图结构知识并将其迁移到下游任务中。

从 TransE、PKGM 和 KG-Transformer 三个典型的模型中可以发现，在知识图谱预训练方法中，研究者已经探索了扩大预训练的知识图谱数据规模、统一预训练模型应用方式、统一知识图谱推理模型三个方向，技术方案正在朝着一个模型完成多种任务和一次训练多次应用的方向发展，期望未来能出现更统一更具有泛化性的知识图谱基础模型。

6.5.2 知识图谱基础模型初探

现代机器学习方法的“预训练+微调”和“预训练+提示学习”范式，使模型在训练之后可以以较低的训练成本或零训练成本完成多种任务，包括训练时未见过的任务，具有很好的泛化性，这种模型也被视为可能的领域基础模型。这种基础模型已经在某些领域初现原形，如自然语言处理领域的 BERT、GPT、LLaMA 等，计算机视觉领域的 Stable Diffusion 等。基础模型的实现依赖以下两个基本要素。

- 恒定的表示空间：任意输入都可以在这个恒定的表示空间中被表示，例如语言模型依赖一组固定的 Token 列表，任意一个自然语言句子输入模型，都可以映射为这组 Token 组成的序列，计算机视觉模型的输入可以用图片的像素组成表示。
- 统一的模型架构：任意任务都可以用统一的模型架构完成，例如生成式语言模型将任意的自然语言处理任务转化为文字生成任务，将所有任务都定义为基础的下一个词预测，并用统一的多层 Trasnformer 模型完成。

这两个基础条件在知识图谱现有的技术路线下还未实现。如前文所述，基于嵌入学习的预训练方法不具有恒定的表示空间，只能将包含在训练数据集中的实体和关系映射到训练时的表示空间，无法将训练时未见过的实体和关系有效地映射到表示空间。另外，基于嵌入学习的预训练方法没有统一的模型框架，一般会针对不同的任务设计对应的预测函数。基于 Transformer 的预训练模型初步具有统一的模型架构及统一的表示空间，但是需要针对不同的数据集进行训练才可以将实体和关系映射到统一的表示空间，并且需要针对不同的数据集进行低成本训练才能完成对应的任务，不具有零样本迁移能力。

实现恒定的表示空间的重点是学习一种具有不变性的表示空间，这种不变性体现为可以完成具有完全不同实体和关系的知识图谱的表示。为此，研究者展开了很多归纳式知识图谱表示学习方法[151]的研究，使知识图谱推理方法经过训练学习后，可以实现对包含训练时未见过的实体或关系相关的三元组的链接预测。ULTRA[152]是第一个统一的、可学习的、可迁移的知识图谱表示学习方法，实现了仅在三个知识图谱数据集上进行训练，就可以完成 57 个知识图谱数据集上的链接预测任务的效果，初步证明了面向知识图谱推理任务——链接预测——构建知识图谱基础模型的可能性。针对一个知识图谱上的链接预测任务$(\boldsymbol{h},\boldsymbol{r},?)$，如图 6-16 所示的(刘德华,流派,?)，ULTRA 方法通过如下三个步骤完成预测。

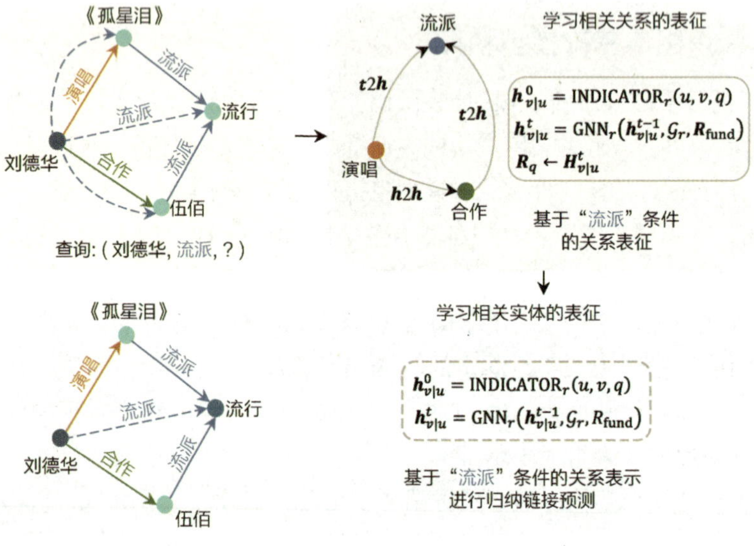

图 6-16　ULTRA 方法流程示例

- **基于知识图谱构建关系图 G_r**。G_r 以知识图谱中的关系为节点，关系节点之间的关系有四种，也被称为元关系：尾实体-头实体关系（***t*2*h***）、头实体-头实体关系（***h*2*h***）、头实体-尾实体关系（***h*2*t***）、尾实体-尾实体关系（***t*2*t***），其中尾实体-头实体关系表示对于被连接的关系节点 1 和关系节点 2，在知识图谱中存在一个实体既是关系节点 1 的尾实体也是关系节点 2 的头实体，其他三种关系类似。这四种元关系在不同的知识图谱中是共有的。经过转换后的关系图与具体的实体无关。
- **根据关系图，获得关系的表示，即 $\boldsymbol{R}_q \mid (q, \boldsymbol{G}_r)$**。包括两个步骤，首先，根据当前的预测目标 $(\boldsymbol{h}, \boldsymbol{r}, ?)$，通过不同的标记技巧（labeling tricks），对关系图中的关系节点进行初始化，例如全部初始化为全 1 的向量，或者初始化为 $\boldsymbol{r}$ 为 1，其他为 0 的向量。然后，通过一个图神经网络模型 NBFNet[153]在关系图的关系节点之间进行消息传递，得到关系节点的表示 $\boldsymbol{R}_q$。
- **以 $\boldsymbol{R}_q$ 为原始知识图谱中关系的初始特征，进行归纳式知识图谱推理**。包括三个步骤，首先，根据当前的预测目标 $(\boldsymbol{h}, \boldsymbol{r}, ?)$，在原始知识图谱中对实体节点进行初始化，具体来说，将 $\boldsymbol{h}$ 初始化为 $\boldsymbol{R}_q$ 中 $\boldsymbol{r}$ 的表示，其他实体初始化为 0 向量；其次，通过类似 NBFNet 的图神经网络模型在原始知识图谱上的实体节点之间进行消息传递；最后，通过一个多层全连接层网络将节点表示映射为数值 $p(\boldsymbol{h}, \boldsymbol{r}, \boldsymbol{v})$，表示节点 v 作为目标三元组 $(\boldsymbol{h}, \boldsymbol{r}, ?)$ 的尾实体的得分。

在三个常用数据集上训练后，基于 ULTRA 方法的模型可以直接完成任意知识图谱上的链接预测，这也被称为零样本设定。同时，基于 ULTRA 方法的模型支持在特定的数据集上进行微调，再进行链接预测，这被称为微调设定。总体来说，在零样本设定下，经过训练的基于 ULTRA 方法的模型，相比于目前需要在每个数据集上单独训练的最优模型，在 57 个数据集上的平均链接预测结果更好，并且基于 ULTRA 方法的模型在微调设定下的结果比零样本设定下的结果更好，具体结果如图 6-17 所示。

ULTRA 方法实现了面向知识图谱链接预测推理任务的基础模型，具有针对链接预测任务的恒定的表示空间和统一的模型架构，但不具有以下知识图谱基础模型期望的能力：完成多样的知识图谱推理任务的能力，包括概念推理、规则挖掘、实体对齐等；充分利用知识图谱中的文本信息的能力。目前也有方法训练融合文本和知识图谱的基础模型如 DRAGON[154]，可以完成知识图谱增强的问答等任务。因此，知识图谱基础模型的技术路线尚不清晰，值得研究者和从业者进一步探索。

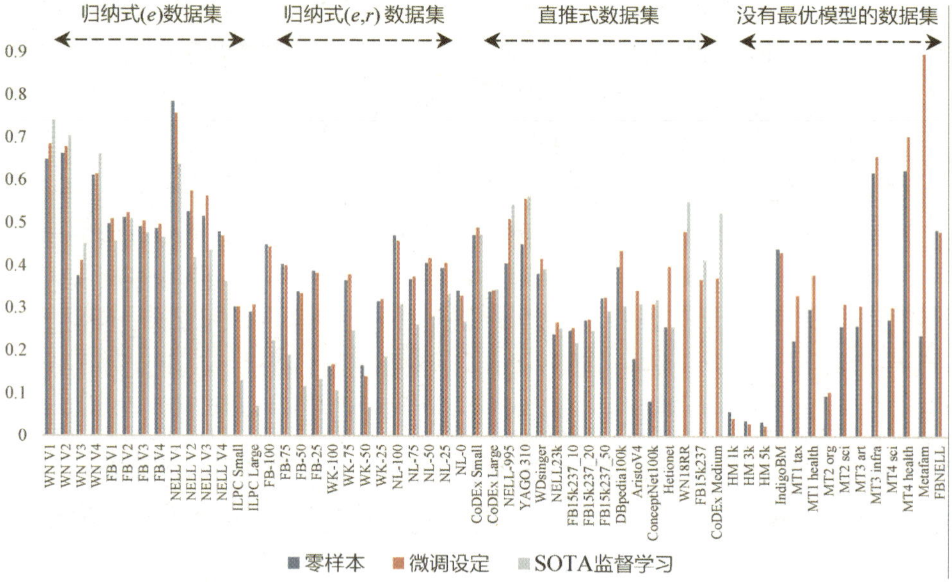

图 6-17　基于 ULTRA 方法的模型在 57 个数据集上的链接预测结果

6.6 本章小结

本章首先简要地介绍了知识和推理的定义和分类，对比了符号化知识和参数化知识，重点说明了知识与推理是密不可分的，推理的实现依赖知识。

其次介绍了语言模型推理和知识图谱推理的任务和推理能力，说明了语言模型推理缺陷的成因主要有大模型知识不全、幻觉问题导致的知识不准确、训练机制不支持良好的逻辑推理能力，而知识图谱推理缺陷的成因主要有知识图谱表示的知识类型有限、知识覆盖度不全、文本理解不充分。这些分析说明了知识增强大模型推理的目标是以更小的代价提高模型的推理能力上限。

再次分别从两个方面介绍了知识增强大模型推理，包括知识图谱引导多跳推理链、符号规则引导大模型推理、知识图谱过程监督等知识图谱增强语言模型推理的思路，以及语言模型增强知识图谱查询推理、关系推理、规则推理等思路，说明了知识图谱和大模型互相增强推理能力有多种实现路径。

最后对知识图谱基础模型进行了展望，强调了基础模型实现的基础是恒定的表示空间和统一的模型架构，介绍了已有的知识图谱预训练方法和知识图谱推理基础模型，包括实现恒定表示空间和模型架构的不同方法。这也说明了目前还没有公认的技术路线，能够实现具备多样的知识图谱推理任务能力的基础模型。同时，如何充分利用知识图谱中的文本信息，也有待在未来进一步研究。

第 7 章

CHAPTER 7

知识增强幻觉抑制

随着大模型在人工智能领域的普及，其卓越的性能引人注目。然而，幻觉问题的存在严重影响了大模型的可靠性和实用性。所谓幻觉，是指大模型生成的内容看似合理但实际上错误，人们难以完全信任这些模型。这不仅影响了模型的可靠性，还可能对依赖它们的应用和服务造成严重后果。因此，检测和抑制大模型幻觉对于提高大模型的可靠性和实用性具有重要意义。

幻觉检测与抑制的核心在于准确识别模型生成的幻觉内容，并采取措施减少或消除这些幻觉。知识增强为解决这个问题提供了新思路。通过引入外部知识并创新模型架构和训练方式，有望显著提高生成内容的可靠性和准确性。知识既可以作为额外的事实依据，减少虚构内容的产生；也能帮助模型学习更准确的语义关系，减少因概念混淆导致的错误。在幻觉抑制方面，检索增强生成利用外部知识弥补模型不足；知识约束解码优化内在逻辑，使生成的内容更符合事实；知识对齐优化提高模型的知识理解能力；知识表征编辑直接修改模型参数，使其快速适应新知识。这些方法从不同角度抑制幻觉，取得了显著进展。

本章将界定幻觉问题，并分析其在数据与模型两个层面的成因。基于此分析，本章系统梳理了基于模型自身信息（如输出概率、采样一致性等）和外部知识库两大类幻觉检测方法，以及四类典型的知识增强幻觉抑制技术路线。有效检测并抑制大模型中的幻觉，对于提高大模型的性能、保障应用安全具有重要意义，知识增强为缓解大模型幻觉问题提供了行之有效的解决方案。

7.1 知识增强幻觉抑制概述

大模型的出现为 NLP 带来前所未有的突破。其中，由 OpenAI 开发的 ChatGPT 模型更是引起了全球的广泛关注。ChatGPT 以其卓越的对话能力和广博的知识储备，迅速成为增长最快的网络平台之一。用户只需输入简单的提示，ChatGPT 便能生成流畅、连贯且富有洞见的回复，并能够完成写作、编程、问答等任务，彰显了人工智能的巨大潜力。然而，大模型虽然在许多自然语言理解和生成任务上取得了显著的性能提高，但它们仍存在一个严重的问题——幻觉（hallucination）。

幻觉问题指的是语言模型生成的文本存在事实错误或虚构内容的现象。如图 7-1 所示，当被问及“中国长城是什么时候修建的，其修建的主要目的是什么？”，大模型可能会错误地断言长城是公元前 3 世纪修建的。大模型生成这类错误的历史事件或虚构的科学事实，可能会误导用户，带来不良后果。

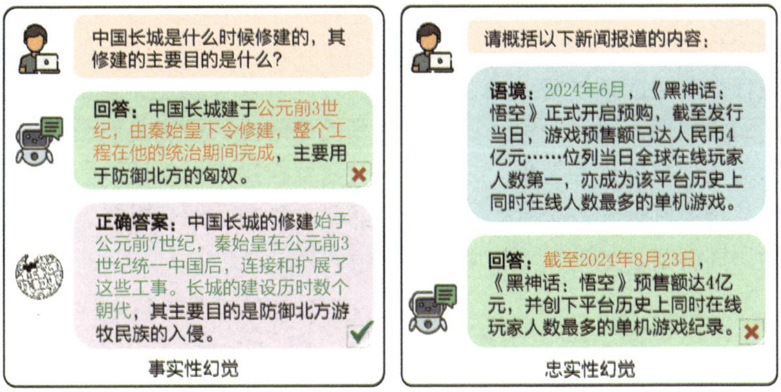

图 7-1　大模型幻觉

大模型难以准确把控自身知识的边界，时常会妄下定论，生成幻觉内容。这主要有以下原因：首先，当前语言模型主要基于海量的网络文本数据进行预训练，其中不可避免地存在错误和噪声，模型可能会记住其中一些错误知识，并在生成过程中重复这些错误。其次，传统的语言模型本质上是一个基于统计关联的黑盒模型，给定输入，它倾向于生成在训练数据中出现频率最高的内容。这种范式能够产生流畅自然的文本，但并不能保证内容的事实准确性。最后，当前的语言模型还缺乏常识推理和因果理解的能力，难以对知识进行深入的理解和推断，从而导致幻觉问题的产生。

幻觉不仅妨碍了大模型的实际部署，还可能导致错误信息的传播，影响其可靠性和安全性。因此，开发出能够检测大模型输出响应中幻觉的检测器迫在眉睫，以便向用户警示潜在风险，并推动更可靠的大模型的发展。幻觉检测旨在识别生成文本中存在的事实错误或不一致之处，主要方法包括利用外部知识库进行事实核查、对生成的内容进行事后校验、利用信息提取和事实核查技术筛选出存在错误的陈述。此外，还可以通过模型蒸馏和对比学习等技术，让模型学习区分事实陈述和主观判断，从而提高其可靠性。

除了幻觉检测，幻觉抑制也旨在从源头减少幻觉的产生。研究者提出了两种方法。一种方法是在训练过程中引入外部知识库，通过将文本与结构化的知识进行对齐，提高模型的事实准确性。另一种方法是在生成过程中引入可控机制，让模型根据给定的证据或知识约束其输出，减少胡乱猜测和虚构。还有研究尝试将因果推理和常识知识融入语言模型，为其赋予类人的判断和理解能力。尽管这些方法取得了一定的进展，但如何彻底解决大模型的幻觉问题仍是一个开放的研究课题。

需要指出的是，幻觉并非全然不好，在某些应用场景下，需要适度的创造性和想象力，例如创意写作、开放式对话，关键是让模型学会区分不同类型的任务，知道什么时候应该严格遵循事实，什么时候可以合理发挥想象。总体来说，大模型的幻觉问题凸显了当前人工智能技术的局限性，提醒我们在享受其便利性的同时，需要保持理性和警惕。未来的研究需要在提高模型性能的同时，兼顾其可解释性、可控制性和安全性，这需要自然语言处理、知识表示、机器推理等多个领域的协同创新，推动人工智能走向可信。

7.2 大模型幻觉背景

7.2.1 大模型幻觉问题定义

幻觉可以分为以下两类。

- **内在幻觉（Intrinsic Hallucination）：**模型生成的内容与输入信息存在冲突或不一致。例如在摘要任务中，摘要包含了源文档中没有的信息，或者与源文档的某些陈述存在矛盾。
- **外在幻觉（Extrinsic Hallucination）：**模型生成了一些在输入中完全没有提及，但又难以验证真伪的信息，例如某个人物的生日、邮箱或电话号码等。值得注意的是，这些额外信息有时候是真实的，只是需要借助外部信息源进行验证。

除了传统的以文本为主的大模型，多模态大模型（Multimodal Large Language Model，MLLM）也面临着幻觉问题的挑战。多模态大模型不仅需要处理文本信息，还需要理解和生成与其他模态（如图像、视频等）相关的内容。因此，针对多模态大模型的幻觉研究，除了与事实冲突的幻觉，还包括生成的文本响应与所提供的视觉内容的不匹配，即跨模态不一致性。这种区别表明，针对大模型的研究成果不能简单地移植到多模态语言模型上。因此，迫切需要全面审视多模态大模型在幻觉现象方面的最新进展，以激发新的思路，促进该领域的进步。本节从统一的视角对多模态大模型中的幻觉问题进行了以下分类和探讨。

（1）**模态冲突幻觉：**多模态大模型有时会生成与其他模态输入冲突的输出，导致出现诸如错误的物体、属性或场景文本等问题。具体可分为以下几类。

- 目标幻觉：识别出给定图像中不存在或分类错误的对象类别。
- 属性幻觉：错误描述对象的属性，如颜色、形状、材质等。
- 关系幻觉：错误评估对象间的相互关系，例如人与对象的互动或相对位置。

（2）**事实冲突幻觉：**多模态语言模型的输出可能与已建立的事实知识矛盾。这可能体现在以下两个方面。

- 图生文的模型可能会生成偏离实际图像内容的叙述，或加入无关的事实。
- 文生图的模型则可能生成与文本提示中的事实知识不符的视觉内容。

这种分类有助于系统地理解和解决多模态大模型在处理跨模态信息时出现的不一致性问题，进而推动相关技术的进步和应用。需要注意的是，由于多模态大模型需要处理不同类型的信息，其幻觉问题的复杂性可能超过纯粹的大模型。未来的研究应该深入探索多模态大模型特有的幻觉现象，开发针对性的评估和缓解策略，以提高模型生成内容的准确性和可靠性。

7.2.2 大模型幻觉成因

本节将从数据和模型两个层面分析大模型出现幻觉的根本原因。

7.2.2.1 数据层面

训练数据的质量是导致大模型产生幻觉的重要原因之一[155]。在数据收集过程中，通过众包或网页爬取获得的语料可能包含大量虚假或错误的信息，模型记忆了这些噪声数据，从而导致幻觉。此外，训练数据中过多的重复信息也会导致模型知识记忆出现偏差，增加出现幻觉的风险。因此，构建高质量的训练语料对于缓解大模型的幻觉问题至关重要。

当输入查询涉及预训练数据中很少提及的概念时，即使是经过微调的语言模型也更容易产生幻觉[156]。这主要是因为预训练数据没有提供足够的监督信号，难以纠正模型对这些不熟悉概念的错误理解。值得注意的是，即使查询来自与微调数据相同的分布[157]，如果查询所需的知识在预训练数据中很少出现，那么语言模型也可能产生与事实不符的幻觉输出。

除了数据质量问题，大规模语料中信息分布的不均衡也是导致幻觉的一个重要因素。Wikipedia 等常用语料在不同主题的覆盖上存在显著差异[158]。一些不常见的人名、小众领域知识在语料中出现的频次很低，导致模型难以从中学到准确、全面的知识，因此，当模型遇到关于这些主题的开放式查询时，更容易凭空臆想。另外，当从具有多种条件的语言模型中查询知识时，某些条件会遮蔽其他条件（知识遮蔽），从而导致幻觉输出[159]。

7.2.2.2 模型层面

除了数据因素，语言模型自身的局限性也是导致幻觉现象的重要原因。尽管当前的大模型取得了令人印象深刻的效果，但它们仍然是基于统计关联的黑盒模型，缺乏人类那样的知识表示和推理能力。接下来将具体介绍模型层面导致幻觉的几个因素。

（1）**解码策略与不确定性**。模型在生成文本时采用的解码算法（如 top-p 采样）[160]如果设置不当，则可能增加输出的不确定性，从而导致更多的幻觉现象。

（2）**模型结构与复杂度**。尽管强大的大模型通常拥有较为先进的架构，但模型的内部机制和结构设计仍可能影响其处理新信息的能力。

（3）**暴露偏差与适应性**。从预训练到微调再到实际应用，模型可能面临暴露偏差问题[161]，即训练条件与测试条件不一致。尤其是在生成长篇文本时，这种不匹配可能导致模型基于不完全的知识基础做出错误的推断。

（4）**知识冲突与遗忘**。模型在预训练阶段可能错误记忆或混淆实体知识，基于实体的知识冲突可导致模型产生错误回答[162]。此外，随着模型的更新和微调，早期学习的知识可能被覆盖或遗忘，从而在处理特定查询时引发幻觉。

综上所述，数据和模型层面的局限性共同导致了当前语言模型的幻觉问题。要可靠地抑制幻觉，一方面需要提高训练数据的质量，减少噪声和偏差；另一方面需要针对性地设计解决方案，比如利用更可靠的微调方法和奖励模型，以及开发能够引导模型表达不确定性的策略，以减轻幻觉现象，从而提高模型的可靠性和真实性。

7.2.3　大模型幻觉检测与抑制意义

大模型幻觉的检测与抑制对于提高大模型的可靠性和实用性具有深远的意义。

（1）**提高大模型输出的可信度**。幻觉现象会显著降低模型输出的准确性和可信度。当用户依赖大模型提供的信息进行决策或执行任务时，幻觉输出可能导致错误判断，带来负面后果。通过有效的幻觉检测与抑制，可以显著提高模型输出的准确性，确保用户获得的内容更加可靠，从而增强用户对模型的信任。

（2）**提高大模型的透明度和可解释性**。大模型的可解释性是一个重要的研究方向。当前的大模型大多是基于大规模数据训练的黑盒模型，其内部机制复杂且难以被完全理解。通过幻觉检测与抑制，可以更好地理解模型的内部工作机制，进而优化模型结构和训练过程，增强模型的可控性和可解释性，从而更好地满足不同应用场景的需求。

（3）**保障信息安全与合规**。在涉及敏感信息和合规性要求的应用场景中，幻觉现象可能带来严重的安全风险。例如，在医疗诊断、法律咨询或金融服务等领域，错误的信息可能导致法律纠纷、经济损失甚至危及生命。幻觉检测与抑制有助于在这些关键领域中保障信息的准确性和合规性，减少潜在风险。

（4）**支持复杂任务的执行**。在需要复杂推理和知识整合的任务中，幻觉现象会显著影响任务的执行效果。例如，在自动化科研文献综述、技术文档撰写等应用中，幻觉输出可能导致错误的结论和误导性信息。通过有效的幻觉检测与抑制，模型可以在复杂任务中提供高质量的结果，助力科研和技术创新。

（5）**推动人工智能伦理的发展**。随着人工智能技术被广泛应用，其伦理问题也日益受到关注。幻觉现象涉及模型输出的真实性和可靠性，是人工智能伦理的重要组成部分。通过研究和实践幻觉检测与抑制技术，可以推动人工智能伦理的发展，确保技术应用符合社会价值和道德标准。

7.2.4 知识增强与幻觉抑制

大模型幻觉检测与抑制不仅是提高模型性能的技术需求，更是保障应用安全、提高用户体验和推动技术进步的重要手段。通过有效的幻觉检测与抑制，能够为大模型在各个领域的广泛应用提供坚实的基础，确保其在实际应用中发挥最大的价值。然而，单纯依靠大模型内部的改造，很难彻底解决幻觉问题。尽管优化模型结构和训练方法可以在一定程度上缓解幻觉现象，但仅仅依靠大模型本身，难以完全检测和消除幻觉问题。

为了更有效地检测和抑制大模型的幻觉现象，需要从根本上增强模型的知识表示和推理能力。一个有前景的方向是将外部知识与语言模型进行融合。知识增强可以从多个方面帮助大模型减少幻觉。

首先，高质量的外部知识库可以为模型提供可靠的事实依据。在问答、对话等任务中，模型可以直接利用知识库中的信息进行回答，而不是凭空猜测或生成不准确的内容。这有助于提高模型输出的事实准确性，减少幻觉现象。

其次，知识库中包含了丰富的概念和实体之间的关系信息，如同义、上下位、因果关系等。在训练中融合这些结构化知识，可以帮助模型学习更准确的语义表示，形成更合理的概念关联。这不仅有利于提高模型的语义理解能力，也能够减少由于概念混淆而产生的幻觉。

最后，引入符号推理等机制，可以赋予模型更强的逻辑推理能力。在知识库的支持下，模型可以通过符号推理得出合理的结论，而不是依赖不可靠的直觉或猜测。这对于需要复杂推理的任务尤为重要，有助于降低盲目生成导致的幻觉风险。

7.3 大模型幻觉检测与抑制

在生成式语言模型的发展中，幻觉问题亟待解决，其核心问题在于如何准确地识别出模型生成的幻觉内容，并采取相应措施减少或消除这些幻觉。这两方面的研究对于提高大模型生成内容的可信度具有重要意义。

7.3.1 幻觉问题检测方法

幻觉检测是应对大模型幻觉问题的第一步。由于语言模型生成内容的开放性和多样性，准确评估其事实准确性是一个充满挑战的任务。传统的自动评估指标如 BLEU、ROUGE 等无法有效捕捉幻觉现象，人工评判虽然可靠但成本高昂。因此，研究者探索了多种自动化的幻觉检测方法，主要可分为两大类：基于模型自身检测和基于外部知识库检测。前者利用语言模型内部信息如输出概率分布、采样一致性等来评估可靠性，后者则借助 Wikipedia 等知识库来验证事实准确性。两类方法相辅相成，为幻觉检测提供了多个视角。

7.3.1.1 基于模型自身检测

基于模型自身检测主要是利用语言模型自身的能力来评估其输出结果是否存在幻觉。其中，被研究最广泛的是基于采样一致性的方法。这类方法利用模型自身的输出概率分布或多次采样的一致性来评估生成结果的可靠性。如果模型对某个输出的概率明显高于其他候选，或者多次采样生成的内容保持一致，则认为这个输出可能是可靠的。反之，如果大模型生成许多概率相近的候选，或者每次采样得到的结果变化很大，则其输出可能存在幻觉。

例如，SelfCheckGPT[163]提出了一种采用简单采样策略来检验大模型输出的响应中是否存在幻觉的方法，且无需外部数据库资源，如图 7-2 所示。其核心思想是，如果模型对于某概念有确切知识，那么多次随机采样的响应会呈现出高度相似性，并包含一致的事实；相反，对于模型虚构的事实，不同样本间会因随机性而产生分歧和矛盾。

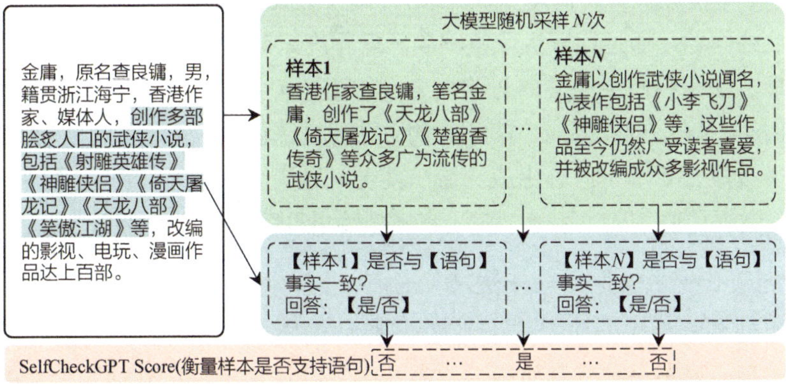

图 7-2 SelfCheckGPT 示意图

如图 7-3 所示，牛津大学团队发表于 *Nature* 的研究工作尝试量化一个大模型产生幻觉的程度，使用语义熵的方法判断生成的内容忠于源内容的程度，从而快速检测大模型的幻觉。该方法无须标注数据，且在多个数据集和任务上表现出色[164]。

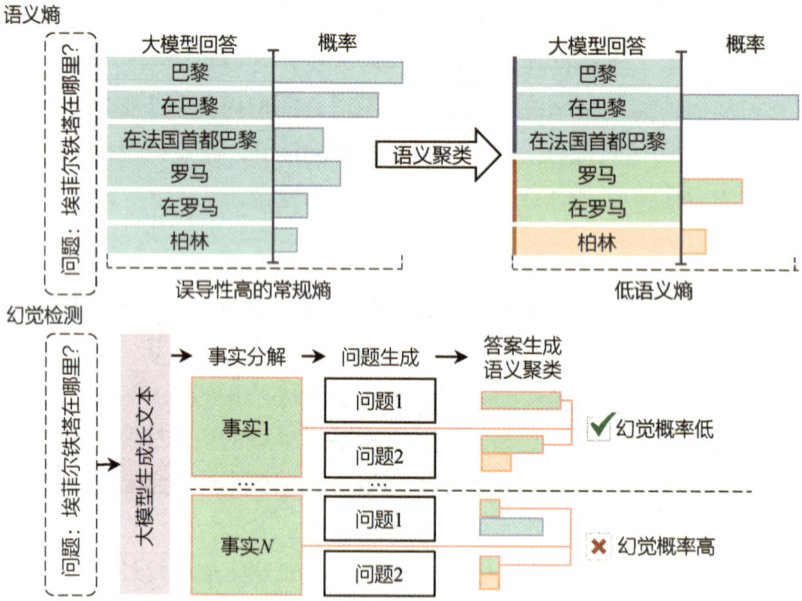

图 7-3　语义熵与虚构幻觉内容检测

除了基于采样一致性的方法，更有基于问答交互与自然语言推理的策略被应用于幻觉检测中。问答方法构造与输入信息相关的问题，并比较模型生成答案与预期的匹配程度。例如，问题生成（QG）模型生成一系列问答对，然后让 QA 模型回答这些问题，通过比较生成答案的匹配程度来衡量模型的幻觉问题[165]。自然语言推理方法则判断生成文本与输入之间的蕴含关系，例如，基于依存蕴含关系（Dependency Arc Entailment，DAE）的方法通过评估生成文本的事实一致性[166]，相比句子级蕴含和基于问题生成的方法能更好地识别事实不一致。这些方法共同拓展了幻觉评估的手段，增加了对语言模型输出可靠性的评判维度。

7.3.1.2　基于外部知识库检测

基于外部知识库的检测方法[167]旨在验证大模型生成内容的事实准确性。这种方法的核心思路是，先从生成的文本中抽取陈述，然后在外部知识库中搜寻支持性证据。如果能够找到足够的佐证，则可以认为该陈述是真实可靠的；反之，则有可能存在幻觉。这种检测范式需要解决的关键问题包括：如何高效地从海量知识库中检索与陈述相关的证据、如何准确地匹配证据与陈述的语义关联，以及如何综合多源证据得出最终的判断结果等。

为了解决这些问题，研究者提出了一些创新性的检测框架。其中，FacTool[168]进一步将这个流程泛化，提出了跨领域、跨任务的事实错误检测框架FacCHD，如图 7-4 所示。除了搜索引擎，它还引入了代码解释器、计算器等外部工具来收集证据，并利用大模型的推理能力根据收集到的证据判断陈述的事实准确性。这种框架拓展了传统的事实检测方法，使其能够适用于更广泛的应用场景。然而，随着多模态大模型的兴起，仅依赖文本证据的检测方法面临新的挑战。为此，UniHD[169]进一步聚焦于检测多模态大模型在图像-文本和文本-图像生成任务中产生幻觉的现象。如图 7-5 所示，该框架通过自主查询一系列辅助工具知识，以统一视角定义和评估多模态幻觉。这项工作填补了现有事实检测方法在多模态场景下的空白，为构建更加稳健和可靠的多模态大模型奠定了基础。

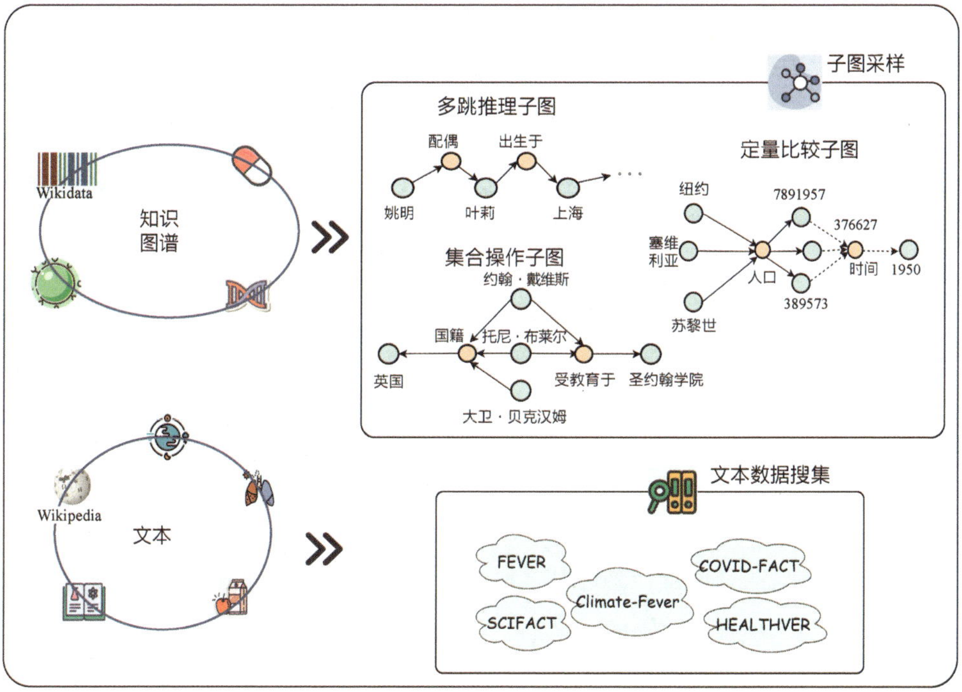

图 7-4 FacCHD 框架采用多样化的源数据搜集方法

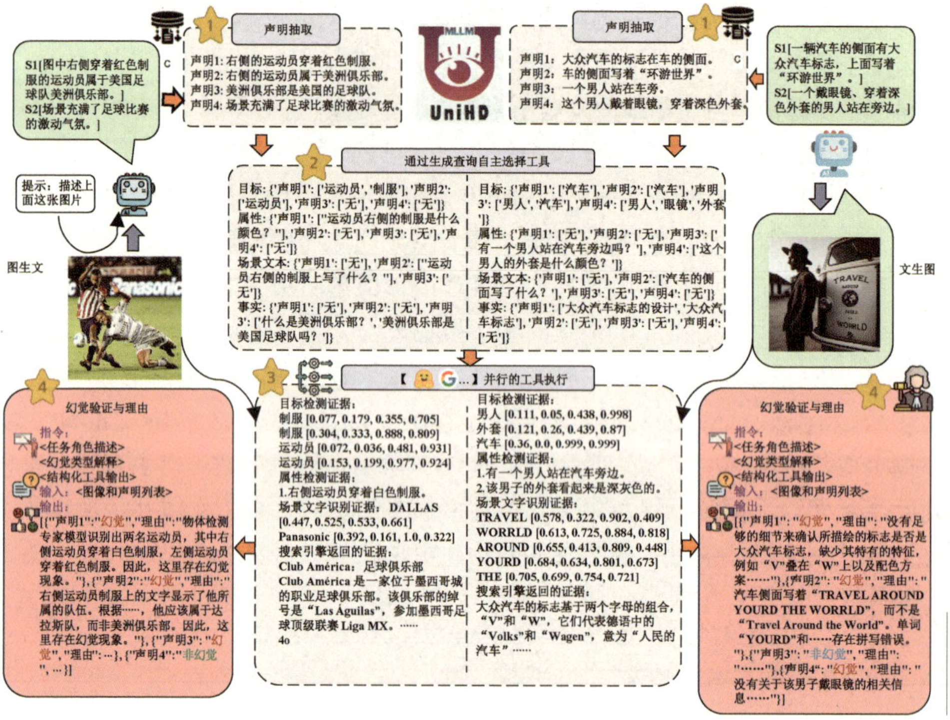

图 7-5 UniHD 框架

除了通过幻觉检测来评估大模型生成的内容中是否包含幻觉，构建高质量的幻觉评估数据集也广受研究者关注。大规模、多样化的幻觉检测数据集能够更全面地评估不同幻觉检测方法的性能，推动该领域的发展。AMBER[170]提出了一种无须依赖大模型的多维度幻觉评估基准，适用于生成任务和分类任务，能有效评估存在的幻觉、属性幻觉及关系幻觉。此外，随着对话系统的广泛应用，评估对话级别的幻觉现象变得尤为重要。DiaHalu[171]是首个对话级别的幻觉评估基准，该基准利用 ChatGPT 生成多个领域的多轮对话，并通过人工调整模拟真实人机交互，构建了包含多种幻觉类型的完整数据集。除此之外，一系列数据集（如 FaithDial[172]、FELM[173]、HaluEval[174]、FactCHD[175]等）涵盖了问答、摘要、多模态等任务，为全面评测幻觉提供了基准。这些数据集的构建，推动了幻觉检测技术在不同应用场景下的发展。

总体来说，幻觉检测技术在近年取得了长足发展。综合运用基于模型自身和基于知识库的方法，结合不同粒度、模态的分析视角，借助高质量评测基准，现有工作极大地提高了检测语言模型生成内容的可靠性。然而，幻觉检测仍面临知识库覆盖不足、陈述匹配难等挑战，实现广泛应用还需进一步创新。未来亟须在更大规模知识、更细粒度推理、更全面评估等方面持续突破，为应对更加开放的场景下的幻觉问题做好准备。

7.3.2　知识增强幻觉抑制

幻觉现象的归因可以分为数据层面和模型层面。在数据层面，包括训练集在众包或爬取过程中包含了虚假信息，或存在过多重复信息可能导致模型的知识记忆出现偏差，因此可以在构建训练集过程中，确保语料的高质量，并在构建后进行过滤、选择、验证等数据清洗工作。而在模型层面，更多地归因于模型在预训练阶段记忆了错误的知识，模型在解码过程中采取高不确定性的采样算法诱导出幻觉，以及训练与测试阶段的数据存在曝光误差（如生成较长回复时更容易出现幻觉等因素）。针对这些问题，可以采取相应的知识增强策略进行缓解，主要包括：检索增强生成、知识约束解码、知识对齐优化和知识表征编辑。下面将围绕这四种不同的策略分别展开介绍。需要注意的是，实际操作中可能会将几种策略结合使用，因此它们之间并没有明确的界限，这里只是为了便于说明，并非唯一的划分方式。

7.3.2.1　检索增强生成

检索增强生成旨在通过外部权威知识库来增强大模型的响应，而不是依赖可能过时的训练数据或模型的内部知识。RAG 通过引入外部知识解决大模型输出中的准确性和时效性的关键问题[176, 177]，弥补大模型自身知识的不足，从而减少幻觉的产生。这种范式需要解决的核心问题包括：如何高效地检索与查询相关的外部知识、如何将检索到的知识与模型现有知识进行融合，以及如何利用知识引导模型生成更加可靠的内容等。根据知识引入的时机，现有的检索增强生成方法可以分为生成之前检索、生成期间检索和生成之后检索三大类。

1. 生成之前检索

生成之前检索的方法是在生成响应之前进行信息检索。例如，LLM-Augmenter[167]提出了一个模块化的框架，用于增强黑盒语言模型（如 ChatGPT）的外部知识和自动反馈能力。LLM-Augmenter 包含以下关键模块。

（1）知识整合器（Knowledge Consolidator）。该模块利用信息检索技术，从 Wikipedia、新闻文章、专有数据库等各种外部知识源中检索与当前查询最相关的原始证据。

（2）提示引擎（Prompt Engine）。该模块基于整合的证据、历史对话、反馈等生成提示，并将提示输入语言模型以生成候选响应。

（3）效用（Utility）。该模块使用一组任务特定的效用函数来评估候选响应的事实准确性、流畅性和信息量。

（4）策略（Policy）。该模块负责选择下一个系统动作以最大化期望奖励，如使用知识整合器获取证据、使用提示引擎生成候选响应、将响应返回给用户等。通过迭代地生成候选响应、评估其效用，并利用反馈修改提示，LLM-Augmenter 能够显著抑制语言模型的幻觉，同时保持生成响应的流畅性。

2. 生成期间检索

生成期间检索是一种更加灵活的检索增强生成方法，允许语言模型在生成过程中自主决策是否需要额外的外部知识。最具代表性的工作如 Self-RAG 框架[178]，引入了一个检索令牌（Retrieval Token），由语言模型决策是否需要召回额外的文档。如果需要，则调用检索模块检索相关文档；如果不需要，则直接根据当前输入生成答案。在检索得到多个候选文档后，Self-RAG 进一步引入了一个批评令牌（Critique Token），将每个单个文档分别与用户问题拼接，并行推理判断该文档是否真正相关有效。具体来说，模型会对每个文档生成相关性标签和支持度标签，前者判断文档是否与问题相关，后者进一步判断文档能否支持生成具体答案。最终只保留那些被预测为相关且能够支持答案生成的文档，并将其与用户问题再次拼接作为输入，由语言模型生成最终的答案。通过在生成期间灵活检索外部知识，并借助批评令牌对检索到的知识进行筛选，Self-RAG 能够避免引入不相关或无用的知识，更加高效地利用外部信息，同时减少了对参数知识的依赖，从而有效地提高了生成内容的事实准确性。

其他相关的方法如 Varshney 等[179]提出的利用模型 Logit 输出值来识别幻觉并通过检索知识进行纠正；D&Q 框架[180]则在预测阶段使用外部工具查询可靠的问答基础，允许回溯并在需要时启动新的搜索；ToolFormer[181]引导模型在生成序列中通过特殊标记增加工具调用的动作，即模型自主决策何时调用工具，最后将工具执行结果集成到输出中得到答案。

3. 生成之后检索

在生成之后检索方面，目前研究聚焦于利用外部信息修正生成结果，从而减少幻觉。其中一个具有代表性的工作是 Woodpecker 框架[182]，如 7-6 所示。该框架巧妙地利用了在特定任务上能力更强的模型，对多模态大模型的输出进行事后验证和修正。具体来说，Woodpecker 框架分为以下五个阶段。

（1）关键概念提取。利用语言模型从多模态大模型生成的描述中提取出关键概念。

（2）问题生成。基于提取出的关键概念，利用语言模型提出一些围绕这些概念、有助于验证描述真实性的问题，如物体的数量、属性等。

（3）视觉知识验证。利用视觉基础模型（如目标检测模型、VQA 模型等）对上一步提出的问题进行回答。

（4）视觉知识构建。将问题和回答组织成一个结构化的视觉知识库，涵盖图像中物体层面和属性层面的事实性信息。

（5）幻觉修正。在视觉知识库的指导下，利用语言模型修正多模态大模型原始输出中存在的幻觉，同时加入对应的检测框作为证据，便于人工核查描述的可靠性。

Woodpecker 能够事后诊断和修正多模态大模型输出中的幻觉错误，且整个过程是即插即用的，不需要重新训练模型。

此外，Self-Refine[183]让模型通过迭代生成-纠错的方式不断自我修正进一步减少了幻觉。RARR[184]则借鉴事实核查工作流，使生成内容与检索到的证据保持一致，同时保留原始特性，且在语言模型生成后无缝操作。RHO[185]利用知识图谱中的关联实体和关系谓词的表示来生成更忠实的响应；FLEEK[186]作为一个具有用户友好界面的智能工具，能够自动帮助终端用户进行事实验证和纠正。

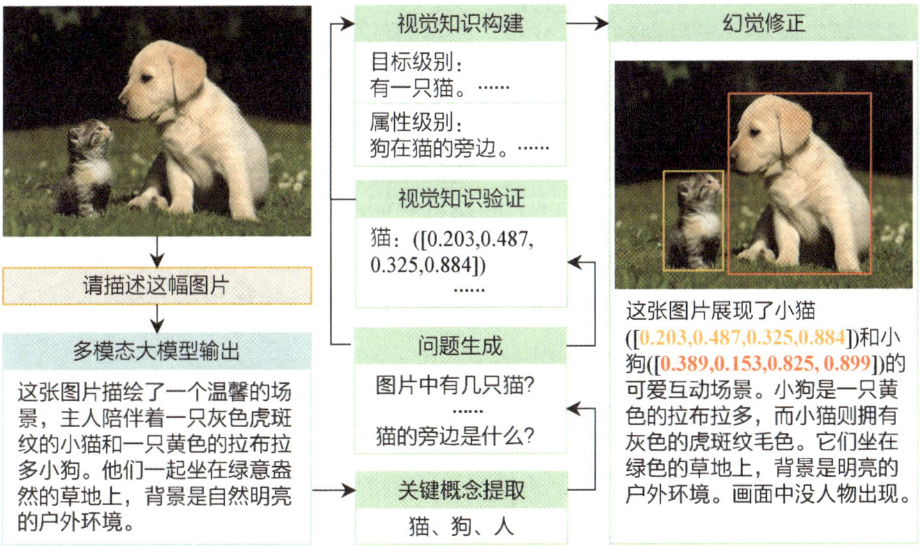

图 7-6　Woodpecker 框架

综上所述，基于检索的知识增强方法的优势在于能够利用外部高质量知识，弥补模型自身知识的不足。通过实时检索，模型能够获取与当前查询最相关的证据，而不是仅依赖自身的“记忆”。对于不断更新的知识，只需维护知识库，就能够快速反应，不依赖具体的基座模型，方便切换和升级。当然，这种方法的效果仍然受限于模型，其功能较为简单，只利用了模型的信息整合、阅读理解与推理能力，同时依赖高质量的检索结果，需要知识库有很好的覆盖面。

7.3.2.2 知识约束解码

除了基于外部知识的检索增强方法，研究者还探索了通过知识约束解码的方式来减少幻觉。这类方法旨在提高模型内在的知识感知和推理能力，使其能够更好地利用上下文信息，减少幻觉的产生。解码策略通常涉及设计专门针对模型生成阶段的技术。在幻觉方面，这些技术旨在通过引导生成阶段朝向真实或上下文特定的生成，减少生成输出中幻觉的发生[187]。本节将分别介绍基于大模型和多模态大模型的典型解码策略。

1. 基于大模型的知识约束解码

对比层解码（Decoding by Layer-wise Contrast，DoLa）是一种新颖而有效的策略，旨在缓解预训练大模型中的幻觉，而无须借助外部知识调节或额外微调[188]。DoLa 的核心思想是利用大模型中层次化编码的事实性知识。具体来说，DoLa 通过动态选择合适的早期层和后期层，并对比它们在投影到词汇空间后的逻辑差异，得到下一个词的概率分布。这种做法能够放大后期层中蕴含的事实性知识，同时减弱早期层中的语言学知识，从而抑制不正确事实的生成。如图 7-7 所示，DoLa 在解码时动态地选择一个早期层作为未成熟层（premature layer），并将其与最后一层即成熟层（mature layer）进行对比。通过从成熟层的对数概率中减去未成熟层的对数概率，DoLa 能够更好地凸显大模型高层中蕴含的事实性知识。此外，DoLa 几乎不增加推理延迟，因此具有很好的实用性。与其他方法相比，DoLa 无须外部信息检索或模型微调，完全依赖大模型内在的知识，实现简单、推理高效，适用于不同规模的大模型。

与 DoLa 类似，CAD 策略[189]也遵循对比输出分布的思路。CAD 放大模型在有和没有上下文时输出概率之间的差异，在模型的先验知识与提供的上下文相矛盾时特别有效。ITI 技术[190]则聚焦增强大模型的“真实性”，通过识别具有高线性探测准确性的稀疏注意力头，并在推理期间沿着这些真实相关的方向转移激活，重复干预直到生成整个答案，以提高大模型的性能。

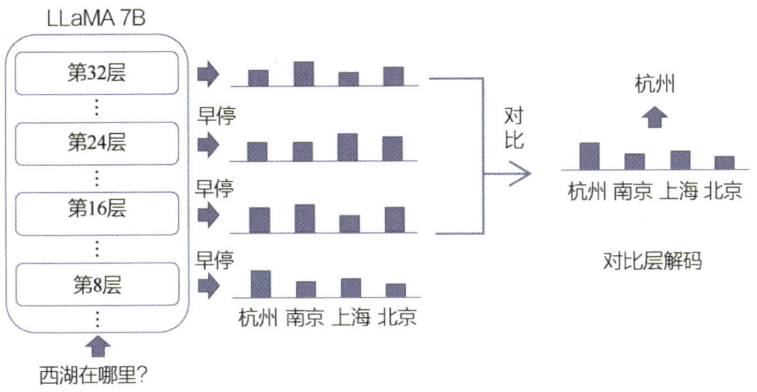

图 7-7　DoLa 解码框架

2. 基于多模态大模型的知识约束解码

基于多模态大模型的知识约束解码近年来受到了广泛关注。OPERA 解码方法[191]着眼于多模态大模型的幻觉问题，通过对自注意力矩阵进行精细分析，发现幻觉内容与知识聚合模式密切相关。具体而言，模型往往倾向于在生成新 Token 时过度关注少数总结性和引导文本生成的关键词或短语（Summary Token）。模型有时会过度依赖这些关键词或短语，而忽略了图像中的其他重要视觉信息，导致生成的文本与图像描述出现偏差，从而产生与图像无关的内容，这种现象被称为过度信赖（over-reliance）。为了缓解过度信赖问题，OPERA 在集束搜索解码的候选 Token 选择步骤中引入了加权得分，使具有过度信赖模式的候选 Token 的优先级降低。此外，考虑到知识聚合模式的滞后性，OPERA 还提出了"回顾-再分配"策略，在发现聚合模式时回溯到 Summary Token 的位置。重新选择能避免此类模式的更好候选 Token。通过在基准测试和幻觉评估上的广泛实验，以及 GPT-4V 的评估，OPERA 展示了显著的、通用的幻觉缓解性能，而无须引入任何额外的数据、知识或训练。

DeCo 解码方法[51]利用多模态大模型中间层的前置视觉知识来动态纠正解码过程，从而减少幻觉。DeCo 动态选择合适的前置层，并将其中的知识按比例整合到最终输出的 Logits 中进行调整。此外，DeCo 还引入了动态软调制系数，以保留生成响应的原始风格。DeCo 无须训练，可与贪心搜索、Top-p 采样和集束搜索等各种经典解码策略集成，并可无缝应用于不同的多模态大模型中。

除了 OPERA，其他几种基于知识约束的解码方法也被提出并用于减少幻觉。视觉对比解码（VCD）[192]通过对比原始和扭曲视觉输入得到的输出分布来减少对象幻觉。指令对比解码（ICD）[193]进一步通过对比标准和干扰指令下的分布来减少幻觉。CLIP 引导的解码（CGD）[194]则利用 CLIP 模型在解码过程中引导模型选择更符合图像内容的句子。这些方法从不同角度出发，利用视觉或文本形式的外部知识对模型施加约束，取得了一定的幻觉抑制效果。

综上所述，基于参数的知识约束解码方法通过对模型内部的改进，使其具备一定的知识感知能力。这些方法通过在模型解码阶段施加不同的约束或使用调整机制，引导模型更加依赖上下文、事实依据或视觉输入信息，从而提高生成内容的真实性和忠实度。这些技术侧重于优化模型参数使用效率和内在逻辑，而非外在信息检索，使模型在生成时既保持高效又能减少幻觉，尤其适用于实时性要求较高的场景。

7.3.2.3 知识对齐优化

知识对齐优化旨在通过构建知识相关的优化目标，引导模型学习如何恰当地利用和表达知识，从而提高生成内容的事实准确性和一致性。这类方法通常需要构建偏好数据集或利用外部知识库，设计合适的损失函数来调整模型参数，使其生成的文本能够与参考知识保持一致，同时兼顾易读性和友好性。

FactTune[195]提出了两种方法提高语言模型生成文本的事实性，无须人工标注数据，如图 7-8 所示。第一种方法是利用外部知识库来评估生成文本与参考信息的一致性。具体而言，它使用信息检索技术从知识库中检索与生成文本相关的事实，然后计算生成文本与这些事实之间的相似度作为一致性得分。第二种方法是直接利用语言模型本身对事实的置信度来估计事实性。它假设语言模型对于事实陈述的输出概率较高，而对于虚假陈述的输出概率较低。因此，可以将语言模型的输出概率作为事实性的衡量指标。FactTune 在这两种自动生成的偏好数据上微调语言模型，最终显著提高了生成文本的事实准确性。

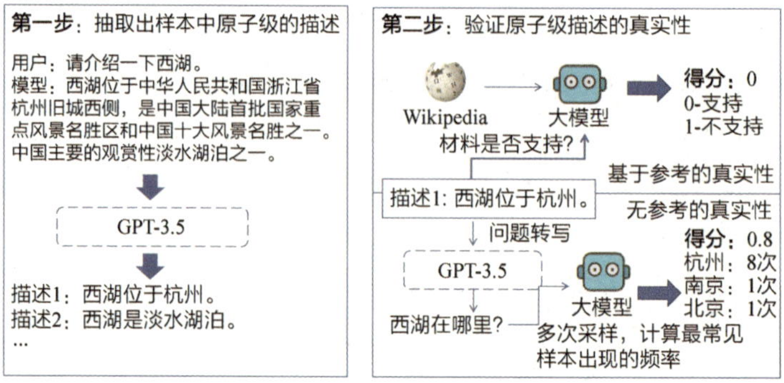

图 7-8 FactTune 框架

KnowPAT[196]是另一个具有代表性的知识对齐优化方法，如图 7-9 所示。与 FactTune 的无监督方式不同，它构建了一个偏好数据集，其中包含了模型生成的答案及人类对这些答案的偏好评判。通过让模型学习这些偏好数据，KnowPAT 引导模型掌握恰当利用领域知识的能力。此外，KnowPAT 还设计了一个新的对齐损失函数，用于调整模型参数，使其生成的答案能够符合人类偏好。实验结果表明，KnowPAT 在保证答案质量的同时，提高了文本的易读性和友好性。

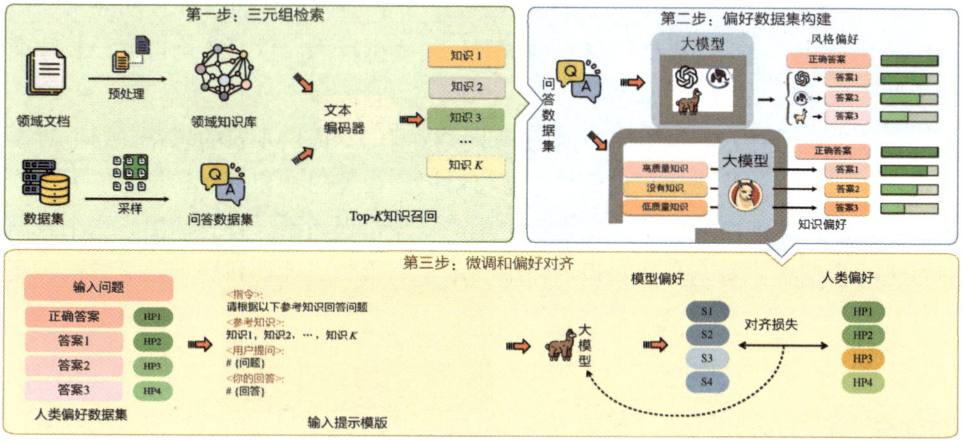

图 7-9　KnowPAT 框架

总体来说，知识对齐优化通过构建知识相关的偏好数据和优化目标，为语言模型提供了重要的学习信号，帮助其更好地理解和表达结构化知识。与检索增强生成和知识约束解码相比，知识对齐优化更加侧重于通过调整参数来提高模型自身的知识感知和推理能力，而不是依赖外部信息的干预。但同时，构建高质量的偏好数据和设计有效的优化目标也是这类方法面临的主要挑战。未来的工作可以探索更加自动化和高效的知识对齐优化策略，并将其与其他类型的幻觉抑制技术结合，进一步提高语言模型生成内容的可靠性和一致性。

7.3.2.4　知识表征编辑

知识表征编辑是一种通过修改预训练语言模型的内部参数或新增额外参数，使其能够快速适应新知识，同时保留原有语言理解和生成能力的方法。这种方法可以在不重新训练整个模型的情况下，有效地为模型注入新的、高质量的知识。

在这个领域，推理时干预方法 TruthX[197]是一项具有代表性的工作。TruthX 通过识别和编辑语言模型内部表示中的特征来激活其真实性。具体而言，它使用自编码器将语言模型的表示映射到语义空间和真实空间，并应用对比学习来识别真实空间中的真实编辑方向。通过在真实空间中编辑向量，TruthX 可以控制语言模型产生真实或幻觉响应，从而缓解语言模型产生幻觉的问题。

另外，研究发现，在语言模型的内部激活中，有相当一部分是向量的稀疏线性组合，每个向量都对应有意义的特征[198]。但在默认情况下，很难确定哪些向量是有意义的。稀疏自编码器是一种很有前景的无监督方法，可用于找到因果相关的、可解释的向量方向[199]。这种方法有助于实现可解释的许多预期应用，例如检测和修复幻觉、可靠地解释和调试意外的模型行为，以及防止自主 AI 智能体的欺骗或操纵。

总体来说，知识表征编辑技术为减少大模型幻觉提供了新的思路。通过对模型内部知识表示的优化，知识编辑方法可以提高模型的知识获取和推理能力，使其能够更准确、连贯地利用知识进行生成，减少错误和不一致的输出。这个方向值得进一步探索，特别是在知识的精细表示、编辑的连续性和稳定性等方面，还有待突破。

7.4 本章小结

本章介绍了当前大模型面临的主要挑战之一——幻觉问题。幻觉问题严重影响大模型的可靠性和实用性。本章界定了幻觉问题的内涵，分析了其成因，并指出检测和抑制大模型幻觉对于提高模型性能、保障应用安全具有重要意义。

针对幻觉检测，本章梳理了两大类主流方法：基于模型自身检测和基于外部知识库检测。前者利用模型内部信息如输出概率分布、采样一致性等来评估生成内容的可靠性，代表性工作包括蒸馏模型比对法、SelfCheckGPT 等；后者借助 Wikipedia 等外部知识库验证生成内容的事实准确性，代表性工作包括 FacTool 等。此外，进一步总结了一系列高质量的幻觉评估数据集，为全面评测幻觉检测方法奠定了基础。

在幻觉抑制方面，本章重点探讨了知识增强的四类典型技术路线。检索增强生成通过外部高质量知识弥补模型自身知识的不足，减少无中生有的幻觉。知识约束解码侧重于优化模型参数使用效率和内在逻辑，使模型生成内容时更加依赖事实和上下文信息。知识对齐优化通过构建偏好数据集和优化目标，提高模型的知识获取和推理能力。知识表征编辑直接修改模型的内部参数，在保留原有能力的同时快速地吸收和应用新的知识信息，以保持其性能和相关性。

综上所述，知识增强是缓解大模型幻觉问题的重要突破口。然而，彻底解决大模型幻觉问题仍需在知识表示、符号推理、因果理解等方面取得进一步突破。未来研究应致力于增强模型自身的知识感知和逻辑能力，同时兼顾效率、可解释性和安全性等因素，最终打造出高性能、可信赖的新一代大模型，推动人工智能领域的健康可持续发展。

第 8 章

CHAPTER 8

大模型知识编辑

大模型通过对海量文本序列进行预训练，实现了对世界知识的处理和操作，展现了大规模参数化神经网络在知识习得和表达上的巨大潜力。然而，这些模型在知识更新、错误纠正、偏差及安全隐患等方面仍存在挑战。同时，由于模型参数量增加，更新成本高昂且稳健性难以保障，因此研究高效、低成本的知识编辑技术具有重要意义，这有助于深入理解知识存储与更新机制，实现知识谬误纠正和安全隐私保护。

本章首先对知识编辑任务进行了界定和阐述，然后对现有的知识编辑方法进行了归类和讨论，最后介绍了知识编辑工具框架 EasyEdit 和 OneEdit，并分析了知识编辑方法的应用前景。利用知识编辑技术对大模型的知识更新能力进行增强具有重要的价值和意义。

8.1 大模型知识编辑概述

在深度学习和预训练技术的推动下，ChatGPT、Qwen、Mistral、LLaMA、ChatGLM、文心一言、百川等大模型在自然语言处理领域取得了重大突破。这些大模型预先将大量的、以文本形式为主的全球知识学习到神经网络中，通过参数化空间对知识进行加工和处理，展现了大规模参数化神经网络在吸收和描绘世界知识方面的巨大潜力。与传统基于符号的知识工程相比，大模型的隐性参数知识展现了强大的表达能力和优良的任务泛化性能。

然而，大模型在处理和理解知识方面仍然存在一些挑战和问题，包括知识更新的困难，以及模型中潜在的错误、偏差和安全隐患等。随着模型参数量变大，大模型的更新成本逐渐变得高昂，而且更新后的模型稳健性难以保障。大模型知识编辑是指通过直接修改模型内部参数或附带的知识库，改变模型的输出或行为的过程，且避免对其他输入产生负面影响。这种方法不仅可以节省大量的时间和资源，还可以使模型在适应新的任务或数据集上有更多的策略选择。研究大模型知识编辑技术具有以下重要意义。

- 可以深入理解大模型知识存储与更新机制。
- 实现高效、低成本的大模型知识更新以缓解知识谬误、幻觉等问题。
- 擦除大模型中隐私、有害的内容，以实现有害知识遗忘和保护隐私的目的。

如图 8-1 所示，当在某些样本上预测错误时，大模型可以使用知识编辑的方法解决。例如在语言模型中，对于问题“世界上最高的山是？”如果模型错误地给出了答案“乞力马扎罗山”，那么可以通过大模型知识编辑将这个错误答案更正为“珠穆朗玛峰”。

大模型知识编辑方法一般可分为内部更新方法和外部干预方法。内部更新方法通过定位等方式对大模型参数进行局部更新，外部干预方法则在保留大模型原参数的前提下植入参数补丁或进行提示上下文增强。从本质上讲，大模型微调、检索增强生成和局部参数更新都是实现大模型知识编辑的技术手段。目前，基于内部更新的大模型知识编辑方法在小批量事实知识更新方面已经取得了较好的效果，但仍然较难实现知识间的泛化，并且存在破坏大模型通用能力的隐患。相比之下，基于外部干预的大模型知识编辑方法对大模型通用能力的影响较小，但存在资源消耗大等问题。此外，目前大模型知识编辑的持续更新能力、稳健更新能力较弱，且存在被误用导致模型安全隐患的风险。

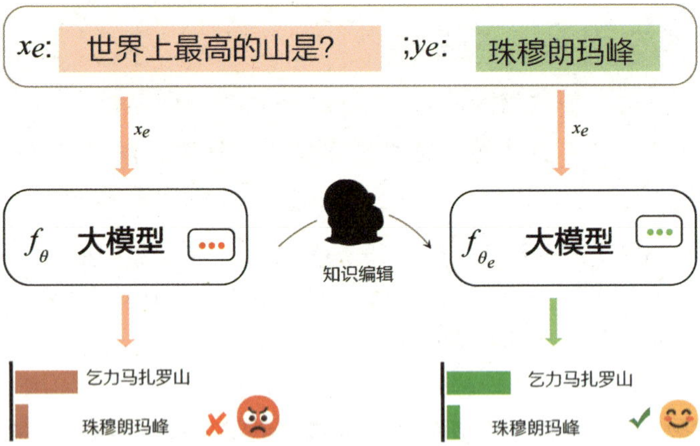

图 8-1　大模型知识编辑示例

8.2 大模型知识编辑问题

8.2.1　什么是大模型知识编辑

大模型知识编辑旨在高效地修改模型在特定输入或领域内的行为，并避免对其他输入产生负面影响。如图 8-1 所示，通过模型知识编辑可以实现将大模型内的错误事实知识从“世界上最高的山是乞力马扎罗山”高效更新为“世界上最高的山是珠穆朗玛峰”，且不影响其他与之无关的知识。

具体来说，模型知识编辑的主要目标是有效地调整基础模型 f_θ（其中 θ 表示模型的参数）在特定编辑描述符 (x_e, y_e) 上的行为，同时不影响模型对其他样本的行为。最终目标是创建一个编辑后的模型，记为 f_{θ_e}。给定一个包含编辑输入 x_e 和编辑标签（输出）y_e 的编辑描述符，期望编辑后的模型产生输出 $f_{\theta_e}(x) = y_e$。

$$f_{\theta_e}(x) = \begin{cases} y_e & , x \in I(x_e, y_e) \\ f_\theta(x), & x \in O(x_e, y_e) \end{cases}$$

知识编辑过程通常会影响一系列与编辑实例密切相关的输入的预测，这些输入的集合被称为编辑范围（Editing Scope）。成功的模型知识编辑方法应该适用于编辑范围内的所有实例 $I(x_e, y_e)$，同时不会影响范围外实例 $O(x_e, y_e)$ 的行为。

下面介绍几个评估模型知识编辑效果的指标。知识编辑的评估指标由 Cao 等[200]提出的成功率和失败率发展而来，主要包括可靠性（Reliability）、泛化性（Generalization）和局部性（Locality）等基础指标，随着研究更加深入，Meng 等[201]提出了流畅度（Fluency）和一致性（Consistency）指标，Yao 等[202]提出了可迁移性（Portability）指标，Huang 等[203]提出了可维持性（Retainability）指标，Meng 等[204]提出了在多实例编辑场景下使用的可扩展性（Scalability）指标。这些指标都被用于评估编辑的性能，除此之外，还包括根据编辑和预测所消耗的时间评估编辑的效率和编辑后模型的预测效率（Efficiency）。下面介绍几个基础的大模型知识编辑评估指标。

8.2.1.1　可靠性

可靠性（最早被称为 Efficacy[200]）指标是评估知识编辑是否成功最基础的指标，在特定的输入/输出对 $e=(x_e, y_e \to *_y^e)$ 的作用下，在 x_e 输入上的输出表现中，在分类等任务中往往使用以下公式来计算单条样本上的编辑可靠性。

$$\text{Efficacy} = 1\{f_{\theta'}(x_e) = *_y^e\}$$

式中，$f_{\theta'}$ 表示 f_θ 经过编辑后的模型，计算多个样本的可靠性时取均值即可。但是，因为文本生成任务需要输出预测序列，所以 Meng 等[201]使用另外一种分开计算可靠性分数（Efficacy Score）和可靠性程度（Efficacy Magnitude）来综合反映可靠性的方式。

$$\text{Score} = 1\{p_{f_{\theta'}}(o^* \mid (s,r)) > p_{f_{\theta'}}(o \mid (s,r))\}$$

$$\text{Magnitude} = p_{f_{\theta'}}(o^* \mid (s,r)) - p_{f_{\theta'}}(o \mid (s,r))$$

式中，$p_{f_{\theta'}}(o^* \mid (s,r))$ 表示在输入 (s,r) 下编辑后的模型生成 o 序列的概率，使用 Teacher-Forcing 生成概率。成功率分数也是基于该处的可靠性分数计算的，区别是成功率分数还包括对泛化性指标的计算。

8.2.1.2　泛化性

泛化性指标计算了编辑后的模型在相似输入 $x \in X_e$，$x \neq x_e$ 上的输出表现。这要求更新的知识必须能被推广到训练集中未出现但具有相似或相关含义的其他输入上，确保编辑后的模型具有泛化性，有助于防止模型过度拟合某一特定输入。主流的计算方法如下。

$$\text{Generalization} = E_{x \in X_e, x \neq x_e} 1\{f_{\theta'}(x) = *_y^e\}$$

同样地，Meng 等[201]使用了泛化性分数和泛化性程度来表示泛化性，这里不再赘述。在知识编辑中，自然语言固有的多样性决定了某一特定的知识三元组可以对应各种合理的输入。这些语义上等价的输入可能涉及句法、形态学、文体，甚至语言等方面的差异。现有研究大多通过不同策略预先定义每个编辑操作的具体合理输入空间。例如，Meng 等[201]提出的 CounterFact 数据集中将涉及不同方面但语义相关的提示作为输入来计算泛化性，还有一些工作使用 GPT-4 生成相似的提示模板用于泛化性计算。

8.2.1.3 局部性

局部性指标衡量了编辑后模型在与编辑样本无关的输入下维持原本输出的能力。在大多数情况下，编辑的知识是模型所具备知识的一小部分，所以在编辑时不影响其他知识的探测和表达也格外重要，这决定了知识编辑能否实际应用于大规模预训练语言模型中。主流的计算方法如下。

$$\text{Locality} = E_{x \in O_e} 1\{f_{\theta'}(x) = f_{\theta}(x)\}$$

在实际计算时，由于 O_e 不像 X_e 那样容易采样，因此往往需要人工制定采样策略。Meng 等[201]的采样策略是在集合 (s_n, r, o) 中采样，其中 s_n 表示与编辑样本不同的头实体，其关系和尾实体相同，编辑后尾实体输出保持不变，这样能够保证编辑范围的边界足够“紧致”。实际上，局部性还体现在模型其他任务性能所受到的影响上，这要求 O_e 的采样范围更大，但目前对此并没有统一的标准，所以反映在指标上比较片面。

此外，流畅度指标计算 N-gram 交叉熵用于评估编辑后模型生成的输出是否流畅；一致性指标计算编辑后模型在输入 x_e 和共享输出 o^* 的输入上生成文本单词的 TF-IDF 向量之间的余弦相似度，用于衡量语义的一致性；可迁移性指标计算编辑后模型在使用头实体别名、相反关系和在编辑知识相关其他知识上的测试表现，实现了对 x_e 的拓展；可维持性指标衡量在序列编辑下历史编辑的可靠性维持水平；可扩展性指标计算一次性编辑多个样本和每次编辑一个样本的差异，用于衡量多实例编辑的性能。

评估数据集主要包括 zsRE[200]、CounterFact[201]、ParaRel[208]、MQuAKE[216]、ECBD[205]等由知识三元组构建的数据集；事实检测数据集 FEVER[200]；问答数据集 NQ[206]和情感分析数据集 ConvSent[206]等。

8.2.2 大模型知识分析方法

深度理解大模型的知识机制是实现模型知识编辑的基础。大模型知识分析方法旨在解释大模型内部如何工作，并揭示特定组件和输出之间的精确因果关系。大模型知识分析方法可以分为两大类：基于观察的方法和基于干预的方法。

8.2.2.1 基于观察的方法

基于观察的方法旨在观察大模型的内部信息，将一些组件的输出直接投影成人类可理解的形式，包括以下几种。

（1）**Logit lens**。通常通过 Unembedding Matrix 将前向传播的隐藏层状态投影到词表上（具体的单词）。

（2）**探针**。探针是一个经过精心训练的分类器，其分类性能用于判断某个表达是否和模型特定的行为相关。

（3）**稀疏表征**。稀疏表征通过稀疏自编码器（Sparse Autoencoders，SAE）或稀疏字典学习将大模型前向传播中的表达投影到高维空间，该高维空间具有很强的稀疏性。高维空间中的向量更容易表达单独的含义（单语义）。

8.2.2.2 基于干预的方法

基于干预的方法通过干预策略对大模型进行直接干预，以识别关键组件，这些关键组件对于特定知识至关重要。通常，基于干预的方法包括以下三个步骤。

- 正常运行：大模型根据输入（“2024 年美国总统是__”）生成正确答案（“拜登”）。
- 损坏运行：通过向输入或模型的神经元引入噪声，破坏干净运行中基础模型的生成过程。
- 恢复运行：通过从某些组件中恢复未受噪声影响的信息，恢复正确答案。这些组件被认为掌握此类知识（“2024 年美国总统是拜登”）。

通常包括以下几种策略。

1. 因果中介分析

因果中介分析包括 Activation Patching 和 Path Patching。

- Activation Patching 用于定位大模型中重要的组件。该方法包括以下三个步骤。首先，正常运行一个展示语言模型能力的提示。随后，损坏运行使用相同的提示，但在其中一些重要的标记中引入噪声，使模型无法展示该能力。最后，恢复运行使用损坏运行的所有激活值，但将定位组件的激活值替换为干净运行的值。恢复丢失的能力表明被修补的组件是重要的。
- Path Patching 用于定位组件之间的重要连接。为了评估组件 A 和组件 B

之间的连接是否重要，路径修补对组件 A 的输出应用激活修补，但仅沿着作为组件 B 输入的路径进行。如果观察到行为的变化，则认为这两个组件之间的连接是重要的。

2. 剔除/消融

剔除/消融主要用于识别对某一语言模型行为重要的组件。移除特定组件并分析语言模型行为的变化，显著的变化表明该组件是重要的。移除组件的方法包括零化（用零向量替代组件的输出）、均值（用来自同一输入分布的随机样本输入的均值替代输出）和重采样（用另一个随机输入的输出替代原输出）。

基于观察和干预的两类方法通常结合起来分析大模型中的知识。例如，OpenAI 的超级对齐团队开源了 Transformer Debugger 工具，使用该工具无须编写任何代码就能迅速地探索大模型的内部结构。这种工具使用 GPT-4 分析 GPT-2 的输入与输出之间的关系，推测不同神经元可能负责的语言特性编码，例如词性、句法结构和上下文关联等。如果移除某个神经元导致模型处理名词短语的能力明显减弱，则表明该神经元很可能与名词短语的编码有关。通过这种方式，能更深入地探索模型的内部逻辑，从而更加深入地理解它的工作原理，这在一定程度上提高了模型的解释性和透明度。

8.2.3 大模型知识存储机制

在众多研究工作对大模型中的知识进行探测和挖掘的同时，还有一些工作开始研究语言模型内部参数和存储知识之间的关联。Transformer 架构因具有自注意力（Self-Attention）机制而被应用于自然语言处理甚至计算机视觉领域的预训练模型（BERT 等）中。自注意力层能够在输入序列中捕获长距离依赖关系，是 Transformer 的关键组成部分。每个 Transformer 块都包含一个自注意力模块和一个前馈网络（Feed-Forward Network，FFN）模块。Transformer 的输入矩阵可以表示为 $\boldsymbol{X} \in \mathbb{R}^{n\times d}$，该层的自注意力和前馈网络可以表示为以下公式（省略了自注意力的尺度化项和前馈网络的偏置项）。

$$\boldsymbol{Q}_h = \boldsymbol{X}\boldsymbol{Q}_W^h,\ \boldsymbol{K}_h = \boldsymbol{X}\boldsymbol{K}_W^h,\ \boldsymbol{V}_h = \boldsymbol{X}\boldsymbol{V}_W^h$$
$$\text{Self}-\text{Att}_h(\boldsymbol{X}) = \text{Softmax}(\boldsymbol{Q}_h\boldsymbol{T}_K^h)V_h$$
$$\text{FFN}(\boldsymbol{H}) = \text{Act}(\boldsymbol{H}\boldsymbol{W}_1)\boldsymbol{W}_2$$

式中，$\text{Self}-\text{Att}_h(\boldsymbol{X})$ 代表多头（Multi-Head）注意力中的一个；$\boldsymbol{H}$ 是多头注意力结果拼接经过残差和规范化（Add&Norm）后的隐藏状态；$\text{Act}(\cdot)$ 代表激活函

数，在 BERT 中是 ReLU。

Transformer 的强大能力吸引了研究者对其内部的知识存储机制进行深入的分析与研究，图 8-2 展示了其研究现状。起初，研究者为了扩大自注意力层在语言模型中发挥的重要作用，提出将前馈层直接省去，并为注意力层增加持久化的记忆向量，最终取得了可比的效果。基于此，后续研究者[207]发现前馈层可以被看作一种键值对（Key-Value）映射，键的作用是捕捉输入中的模式信息，值则将匹配的模式映射到词表的分布上。也就是说，语言模型的前馈层可以看作一种存储的记忆，这些记忆中存储了语言模型的很多知识。

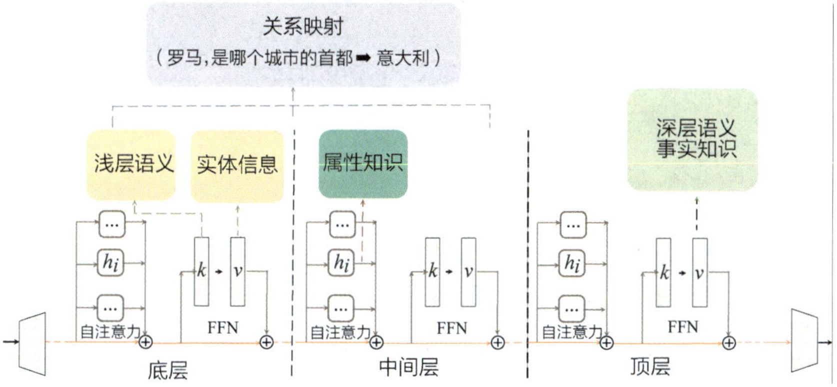

图 8-2　大模型知识存储机制研究现状

Dai 等[208]遵循这种观点，使用梯度归因分析将前馈层中的激活值看作某些事实知识的选择性表达，称这些激活单元为**知识神经元**（Knowledge Neuron），并且根据这项发现实现了对特定知识的更新和删除（此时还没有对知识编辑进行严格定义），如图 8-3 所示。基于知识神经元理论，研究者在多语言的预训练语言模型[209]中发现了与语言表达相关的独立神经元，以及一些共同表达一个知识的退化神经元。

除此之外，还有一类方法采用因果追踪（Causal Tracing）的思路进行语言模型的归因分析，这些方法在自回归（Autoregressive）模型（如 GPT 等）中的表现更加出色。由于自回归模型的注意力是单向的，因此最终的下一个词元（Next-Token）输出分布所依赖的变量的因果关系十分明确。这样可以描述自回归模型各个隐藏层的信息流向，对于第 i 个词元，第 l 层的隐藏层输出 $(l)_h^i$ 的信息来自第 $l-1$ 层的隐藏层输出 $(l-1)_h^i$、第 l 层的注意力输出 $(l)_a^i$ 和多层感知机（MLP）输出 $(l)_m^i$。

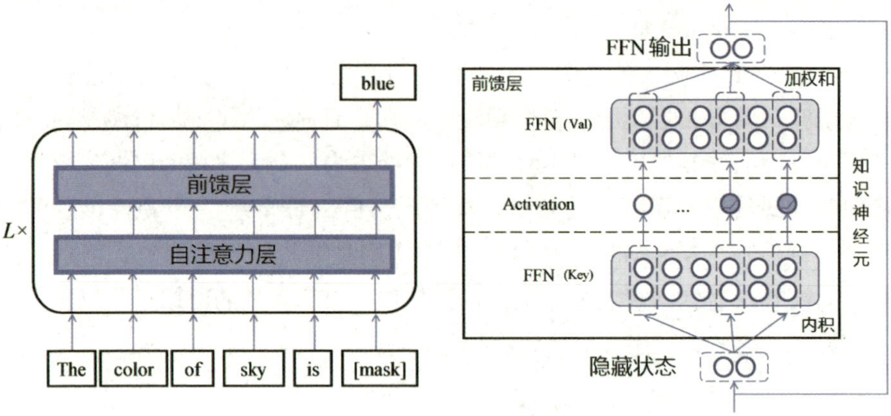

图 8-3 语言模型中的知识神经元

$$(l)_h^i = (l-1)_h^i + (l)_a^i + (l)_m^i$$
$$(l)_a^i = \mathrm{attn}^{(l)}((l-1)_h^1, (l-1)_h^2, \cdots, (l-1)_h^i)$$
$$(l)_m^i = (l)_W^{\mathrm{proj}} \sigma((l)_W^{fc} \gamma((l)_a^i + (l-1)_h^i))$$

式中，$\mathrm{attn}^{(l)}$ 表示第 l 层的注意力计算函数；$(l)_W^{\mathrm{proj}}$ 和 $(l)_W^{fc}$ 分别表示多层感知机的两个参数矩阵；$\sigma(\cdot)$ 和 $\gamma(\cdot)$ 表示非线性激活函数。根据这种确定的信息流向，Meng 等[201]使用了一种“扰乱-恢复”的思路来探索在特定输入下，因果图中影响最终模型输出的关键节点，并把这些节点看作该输入/输出相关信息所存储的参数的位置。具体来说，他们首先对原模型在输入 (s,r) 下进行预测得到 o，并记录各个隐藏层的状态，进而对输入中的 s 所包含的词元的向量进行扰动 $\boldsymbol{h}(0) := \boldsymbol{h}(0) + \epsilon$，获得扰动后的模型输出 o^*。在恢复阶段，将记录的隐藏层状态从因果图自上游向下游进行恢复，当输出能够从 o^* 恢复到 o 时，说明该节点在因果图中具有重要性，因为只有关键节点的变化才会影响最终的输出结果。最终的结果表示，与注意力参数相比，各个节点的 MLP 参数在结果输出的归因中发挥了更重要的作用。这种因果追踪的方法成功将特定的知识进行更精确的定位。随后，他们在此基础上做了更加深入的分析，实验结果表明浅层网络的作用是丰富头实体 s 的属性和关系传递，深层网络进行属性抽取用于最终输出。这些研究使人们更加深入地了解了模型参数的具体作用，为后续精准的知识编辑奠定了坚实的基础。

也有研究认为，知识存在于微调后大模型权重空间中的一个区域[210]。他们发现，对一个大模型在相似数据集上进行微调后，得到的模型在权重空间上彼此接近。然而，Niu 等[211]认为，尽管 MLP 神经元可能展现出一些所谓的知识模式，但它们仅仅是大模型对外呈现的数据相关性，而非真实的内在知识机理。基于此，Yao 等[212]提出了“知识回路”概念，将语言模型中稀疏的子图结构协同用来存储和表达语言模型的知识。如图 8-4 所示，这些回路是模型内部的子图，由注意力头、多层感知器等组件组成，协同工作以便编码和回忆知识。知识回路的发现为知识编辑提供了明确的目标，使编辑过程能够更有针对性地改善模型的输出，减少错误信息，同时保持模型原有能力的完整性。通过分析知识回路，可以深入理解知识编辑对模型内部机制的影响，进而设计出更有效的策略来提高语言模型的准确性和可靠性。

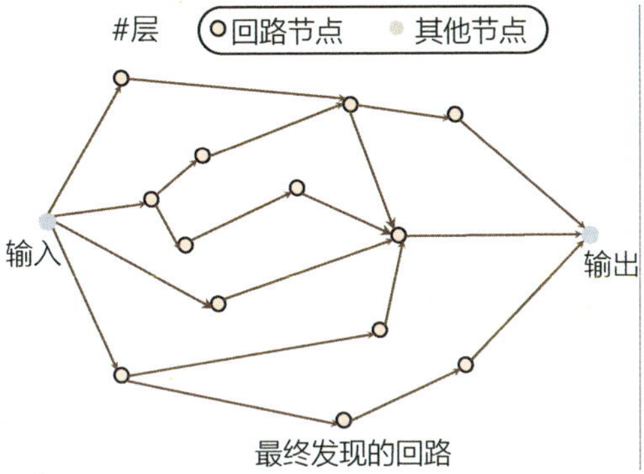

图 8-4　语言模型中的知识回路

8.3 模型知识编辑方法

大模型知识编辑侧重于通过改变模型参数来精准影响模型表现，以避免在特定应用场景中进行大规模参数微调。根据在编辑过程中将知识引入大模型的位置不同，可以将大模型知识编辑方法分为两种类型，如图 8-5 所示。

1. 基于外部干预的知识编辑方法

基于外部干预的知识编辑方法利用外部存储来储存新知识进行编辑或增加额外需要训练的参数，而不修改预训练的权重。其中，预训练的知识可以在原模型中完全保留。基于存储的策略能够记录需要编辑的知识并具有良好的可扩展性，因为存储器易于扩展以融入新知识。通过引入额外参数来学习新知识的方法更多采用了高效参数微调的思路，并且巧妙避免了微调中的灾难性遗忘问题。

2. 基于内部更新的知识编辑方法

基于内部更新的知识编辑方法通过限制参数更新范围或更新策略来避免对预训练语言模型内部知识造成较大影响，使其区别于简单的微调。该方法应用于大模型时需要优化的参数量很大，可能在编辑效率上存在不足。通过定位语言模型中与特定知识相关的参数，可以更新与编辑相关新知识的参数，这种局部修改的主要优势在于只更新模型参数的一小部分。

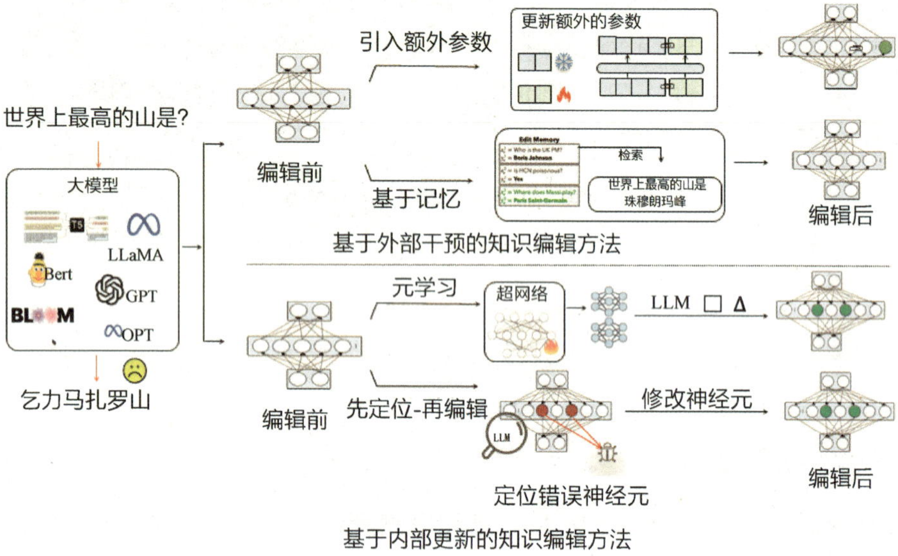

图 8-5　大模型知识编辑方法分类

基于内部更新的知识编辑方法与基于外部干预的知识编辑方法相比，在内存效率方面具有显著优势。后面将分别介绍这两种方法。

8.3.1　基于外部干预的知识编辑方法

在基于外部干预的知识编辑方法中，最经典的是 Semi-Parametric Editing with a Retrieval-Augmented Counterfactual Model（SERAC）。如图 8-6 所示，SERAC[10]是一种无须依赖编辑目标且不依赖预训练模型参数更新梯度的方法。

SERAC 是一种基于存储的半参数化编辑方法，它通过存储显式地编辑并学习如何在需要时调节基础模型的预测，将编辑后的样本存储在一个缓存中，而不对原始模型进行修改。

SERAC 包含以下三个主要组件。

- **编辑记忆**（Edit Memory）：直接存储用户提供的编辑描述。
- **作用域分类器**（Scope Classifier）：判断新输入是否与存储的编辑示例相关。

- **反事实模型**（Counterfactual Model）：如果作用域分类器确定存在相关的编辑示例，则使用输入和相关的编辑示例来预测输入标签。

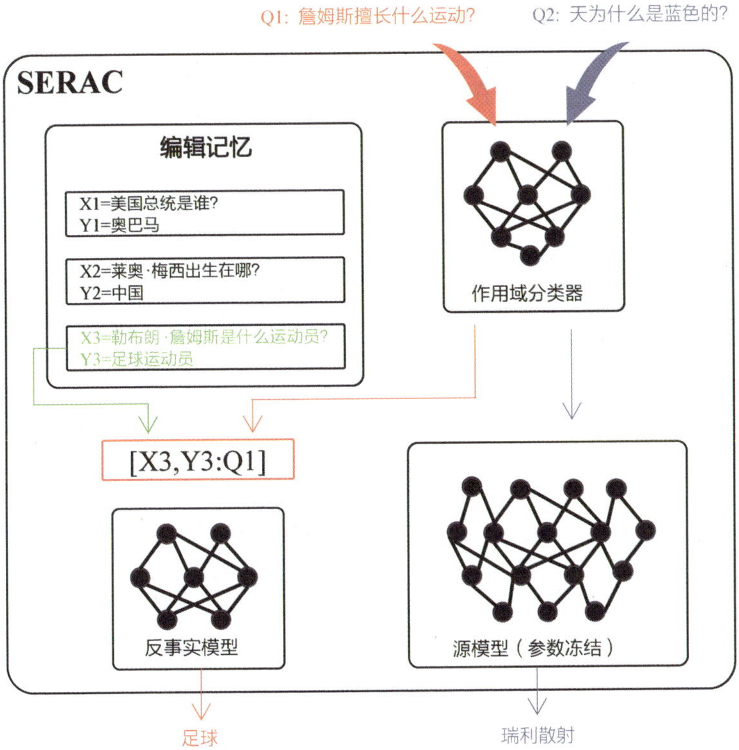

图 8-6 SERAC 编辑方法图示

基于这三个组件，SERAC 的工作流程如下：①接收一批编辑并将其添加到编辑记忆中。②对新输入进行分类，由判别模型判断其是否属于缓存中任何编辑示例的作用域。③如果输入被判断为属于作用域，则检索最相关的编辑示例，并使用反事实模型基于新输入和检索到的编辑示例进行预测。④如果输入被判断为不属于任何编辑的作用域，则可以直接使用源模型进行预测。

除了 SERAC，还有很多不同类型的知识编辑方法。例如，除了使用参数化知识作为外部缓存，也可以使用人类可读的形式存储。语言补丁[213]（Language Patcher）通过整合自然语言中的补丁进行编辑，它的一个重要特点是：赋予实践者创建、编辑或移除补丁的能力，而不需要频繁地重新训练模型。这种特性不仅简化了开发过程，还增强了编辑模型的适应性，方便被移植到其他模型中使用。还有一些研究致力于推动基于存储的方法：Madaan 等[214]在对话系统的基础上增加了存储人类反馈的缓存，当回答相关问题时使用缓存的相关反馈来改善对话系统的回答，这种方式为每个用户保存了独特的偏好用于个性化模型输出。IKE[215]通过上下文学习将新的知识信息赋予预训练语言模型。这些示例将在输入受到编辑影响时改变对特定输入的预测。特别地，IKE 通过将事实知识存储为提示来保证通用性和局部性之间的平衡，这遵循了上下文学习的方式。注意，在这个过程中，框架将所有新知识转化为自然语言输入语言模型。尽管 IKE 通过上下文学习有效地编辑了知识，但它无法解决涉及多重关系等更复杂的问题，同时，这种改变输出的方式在编辑样本的个数不断增加时，也会产生不断变长的输入序列，这意味着更长的输出时间。基于 IKE、GMeLLo 和 PokeMQA[217]使用基于存储的方法来解决多个编辑间的多跳推理问题，模型会根据多跳推理解析需要的知识并检索知识缓存用于后续推理，PokeMQA 还实现了基于存储方法中的冲突处理。基于存储的方法保持原始模型中的参数不变，通过外部干预（如记忆模块或附加模型参数）来修改特定的输出结果。该方法的一个显著优势在于对原始模型的扰动极小，从而确保了未编辑知识的一致性。这种方法允许进行精确调整，而不必对模型架构进行全面重构。根据待编辑知识的规模，该方法可能有较大的存储需求，因此在采用这种方法时，保留原始模型完整性和考虑实际存储容量的平衡成为一个重要的问题。

这些外部干预的策略主要针对模型外部的记忆，与此同时，还有一些方法将外部知识作为语言模型内部的额外参数，这些方法如下。

Transformer-Patcher[203]在最后一个前馈层中引入了一些可训练神经元用来改变模型的行为，这些可训练神经元被称为补丁（Patcher），同时保留所有原始参数，以避免降低模型的整体性能。通常，这些改进前馈层结构的方法可以表述如下。

$$\mathrm{FFN}(h)=\mathrm{Act}(h\boldsymbol{W}_1)\boldsymbol{W}_2+\mathrm{Act}(h\cdot k_{\mathrm{p}}+b_{\mathrm{p}})\cdot v_{\mathrm{p}}$$

式中，h 表示隐藏状态；k_{p} 表示补丁键；v_{p} 表示补丁值；b_{p} 表示补丁偏差量；Act 表示激活函数；$\boldsymbol{W}_1$ 和 $\boldsymbol{W}_2$ 表示参数矩阵。引入的补丁在大小上是灵活的，可以准确地被激活以编辑特定知识，而不影响其他模型参数。CaliNet 使用对比知识评估的方法检测预训练语言模型中的错误知识，并通过在原神经网络中添加与前馈层并行的旁路网络进行训练，相比 Transformer-Patcher 的参数训练更加高效。NKB[218]和 MPN[219]在原理上也采用了这种做法，后者使用该方法来解决跨语言编辑的问题。

GRACE[220]的思路是将适配器集成到预训练模型的特定层中，这种适配器包含一个由键和值组成的离散字典，其中每个键代表前一层生成的缓存激活，每个对应的值被解码为目标模型输出，这个字典会随时间系统地进行更新。GRACE的适配器实现了一种延后机制，能够针对给定输入在字典中进行决策，这种做法在保留原始模型完整性和实用性之间获得平衡，既能保持模型的基础性能，又能通过适配器灵活应对各种任务，从而有效利用字典中的信息。通过这种方式，适配器可以在不显著改变原有模型结构的前提下，针对性地调整模型对于不同输入的响应，从而提高模型在特定下游任务上的表现和泛化能力。

MELO[221]使用了高效参数微调中 LoRA 的做法，为每簇相关编辑样本训练一个 LoRA 块，根据编辑范围的概念构造出一个向量库，根据向量库选择适合的 LoRA 块进行编辑，并且根据向量的影响范围对编辑簇进行增加或者合并，在此基础上增加或合并相应的 LoRA 块，这种方法在一定程度上最小化了添加参数的数量。

WISE[222]设计了一个双参数记忆编辑方案，如图 8-7 所示，WISE 通过**主记忆**存储预训练知识，并引入**侧记忆**来专门存储编辑后的知识。侧记忆可以被视为一种**中期记忆**，它结合了长时记忆的泛化能力和基于检索的工作记忆的可靠性与局部性。仅在侧记忆中进行编辑，并训练一个路由器来决定在处理查询时应使用哪种记忆。为了实现连续编辑，WISE 还设计了一种**知识分片机制**，将不同的编辑集合存储在独立的、正交的子空间中，最后将这些编辑合并为统一的侧记忆。

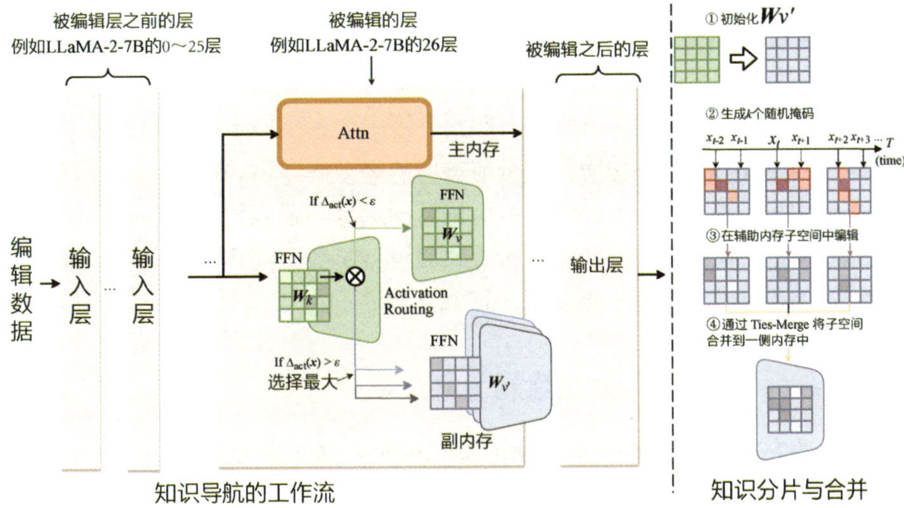

图 8-7　WISE 双参数记忆编辑方案示意图

主记忆存储模型在预训练阶段学到的知识。

（1）**侧记忆**（$\boldsymbol{W}_{v'}$）。作为一个副本，记录模型在编辑后的更新信息。

$$\mathrm{FFN}_{\mathrm{out}}(x)=\begin{cases}\mathcal{A}(\boldsymbol{x})\cdot \boldsymbol{W}_{v'}, & \text{如果}\ \|\mathcal{A}(\boldsymbol{x})\cdot(\boldsymbol{W}_{v'}-\boldsymbol{W}_{v})\|_2>\epsilon \\ \mathcal{A}(\boldsymbol{x})\cdot \boldsymbol{W}_{v}, & \text{否则}\end{cases}$$

（2）**知识分片**。将侧记忆划分成不同的随机子空间，以存储编辑信息。具体来说，对于第 i 个编辑碎片，为其生成一个随机梯度掩码 $\boldsymbol{M}_i$。这些掩码确保了每次编辑都仅在侧记忆的特定子空间中进行，从而实现了编辑的局部化和正交化。

$$\boldsymbol{W}_{v'}^{i}\leftarrow \boldsymbol{W}_{v'}^{i}-\eta(\boldsymbol{M}_i\odot \boldsymbol{g}_i(\boldsymbol{W}_{v'}^{i}))$$

（3）**自适应 Gate**。采用基于激活的门控策略来决定在给定查询时使用主记忆还是侧记忆。门控激活指示器的计算方式是比较侧记忆和主记忆的激活差异。基于边界的损失函数确保编辑查询的激活指标比无关查询大，具体目标是：编辑查询的激活值应大于无关查询，且二者之间的差异超过设定的阈值 γ。

$$L_a=\min_{\boldsymbol{W}_{v'}}\{\max(0,\ \Delta_{\mathrm{act}}(\boldsymbol{x}_i)-\alpha)+\max(0,\beta-\Delta_{\mathrm{act}}(\boldsymbol{x}_e))+$$

$$\max(0,\ \gamma-(\Delta_{\mathrm{act}}(\boldsymbol{x}_e)-\Delta_{\mathrm{act}}(\boldsymbol{x}_i)))\},$$

$$\mathrm{s.t.}\,\boldsymbol{x}_e\in\ {}_{\mathrm{edit}},\ \boldsymbol{x}_i\in\ {}_{\mathrm{irr}}$$

（4）**知识合并**。通过 Ties-Merg 技术，可以将各个子空间的知识合并为一致的表征，从而实现参数的高效利用。WISE 能够在持续编辑的环境下有效避免知识冲突，保障在知识更新的同时，维持模型的泛化能力和局部性。

总体来说，大多数通过增加额外参数来编辑知识的方法都遵循两个原则：①增加的参数尽量少，防止增加模型在推理阶段的计算量；②对增加参数的训练或微调尽量高效，防止编辑过程的时间消耗过大。在这两个原则的指导下，大部分增加参数的知识编辑方法使用了目前热门的高效参数微调策略，一些方法在保证编辑过程的效率之外还增加了一些措施精确选择与输入相关的参数并作用于原模型改变输出。但这些方法增加的参数和原模型参数之间具有独立性，这可能会使新知识无法在一些任务上被探测。

8.3.2 基于内部更新的知识编辑方法

如图 8-5 所示，基于内部更新的知识编辑方法主要分为两种：基于元学习（Meta-Learning）和基于“先定位-再编辑”的方法。

元学习的方法使用一个超网络来学习语言模型的参数更新值，其中最具代表性的是 MEND[223]。在 MEND 之前，KnowledgeEditor[200] 提出知识编辑的概念并在无须昂贵的微调的情况下改变了错误的预测。具体来说，它通过约束优化训练超网络来修改知识，同时不影响与编辑无关的预训练知识。然后在推理时使用训练好的超网络预测权重进行更新。在 KnowledgeEditor 的基础上，SLAG[224]进一步为两种类型的输入添加了指标：不在期望编辑集 XE 中但与 E 逻辑相关的输入；形式上与编辑知识相似但不会改变预测结果的输入。

然而，由于大模型的参数规模庞大，传统的如 KnowledgeEditor 和 SLAG 超网络方法通常仍需要较多的参数与计算来更新它们。为了应对这种挑战，MEND 采用了一种梯度分解的机制。它利用小型辅助编辑网络将微调获得的梯度转化为对预训练模型中权重的编辑。由于梯度通常是高维对象，因此利用低秩分解来实现转换。特别是，MEND 将梯度映射函数参数化为具有单个隐藏层的 MLP，相比编辑模型大大减少了参数量。

对于一个全连接层的梯度 ∇W^{ℓ}，MEND 将其分解为秩一的形式，即 $\nabla W^{\ell}=\sum_{i=1}^{B}\delta_i^{\ell+1}u_i^{\ell}$，其中 $\delta_i^{\ell+1}$ 是损失对下一层预激活的梯度，u_i^{ℓ} 是 i 层的输入。MEND 网络 g^{ℓ} 接受 $\delta^{\ell+1}$ 和 u^{ℓ} 作为输入，输出伪激活 $\tilde{u}^{\ell}$ 和伪梯度 $\tilde{\delta}^{\ell+1}$，然后计算新的梯度更新 $\tilde{\nabla}W^{\ell}=\sum_{i=1}^{B}\tilde{\delta}_i^{\ell+1}\tilde{u}_i^{\ell T}$。

MEND 的训练损失由两部分组成，一部分是编辑成功损失 L_e，这个损失函数用于衡量模型在经过编辑后，对于特定的输入 x'_e 和期望的输出 y'_e 的预测准确性。它确保编辑后的模型能够在编辑输入及其语义等价的变体上产生正确的输出。

$$L_e=-\log p_{\theta_{\tilde{W}}}(y'_e\,|\,x'_e)$$

另一部分是编辑局部性损失 L_{loc}，用于量化编辑对不相关输入的影响，这个损失函数用于确保编辑操作的局部性，即编辑不应该影响模型对不相关输入的预测。这是通过计算编辑前后模型在随机采样的不相关输入 x_{loc} 上的预测分布之间的 KL 散度（Kullback-Leibler divergence）来实现的。

$$L_{\text{loc}}=\text{KL}(p_{\theta_W}(\cdot\,|\,x_{\text{loc}})\,\|\,p_{\theta_{\tilde{W}}}(\cdot\,|\,x_{\text{loc}}))$$

通过这种方式，MEND 实现了快速的知识编辑，可以操作大型预训练语言模型。

此外，还有一类方法采用了约束性微调（Constrained Fine-tuning）策略[225]对知识进行编辑。这类方法通常应用特定的约束，以防止非目标知识受到模型编辑的影响。通过这种方式，知识编辑被转化为一个约束优化问题，通过限制更新前后参数的范数来规范更新。虽然限制范数有助于防止原有知识的遗忘，但微调过程可能效果不佳。

使用特殊策略或知识编辑相关损失函数的方法来更新模型参数的做法不需要对预训练语言模型进行知识的归因分析，这种方法的好处在于，在对语言模型的知识存储机制了解尚不全面时，从更大的参数空间更新参数可能会使编辑的泛化性更好，问题在于这种方式需要一定的网络微调或超网络训练成本。

随着对语言模型的知识机制进行深入的研究分析，“先定位-再编辑”的思路应运而生。其中最具代表性的是 ROME[201]。在使用因果追踪进行知识定位的基础上，ROME 提出了更新某个前馈层（或称 MLP 层）用于编码新知识的方法。将式中的参数矩阵 $(l)_W^{\text{proj}}$ 看作一种线性相关存储器，可以表示为 $\boldsymbol{K}(l)_W^{\text{proj}}=\boldsymbol{V}$，并使用 Moore-Penrose 伪逆来求得 $\boldsymbol{K}$ 和 $\boldsymbol{V}$，此时的优化目标是将参数矩阵由 $(l)_W^{\text{proj}}$ 更新为 $(l)_{\hat{W}}^{\text{proj}}$，这个更新过程在编辑样本 e 的条件下进行，表示为：

$$\min\|\boldsymbol{K}(l)_{\hat{W}}^{\text{proj}}-\boldsymbol{V}\|\ \text{s.t.}(l)_{\hat{W}}^{\text{proj}}k^{*}=h^{*}$$

这里需要编码的头实体信息的 k^* 是通过采样多个样本计算第一层矩阵的输出平均值获得的，而目标激活值 h^* 通过优化语言模型后续层输出正确答案的概率来计算。对 $(l)_W^{\text{proj}}$ 进行秩一（Rank-One）的更新操作，保证在样本相关输入下该前馈层能够根据 k^* 获得正确的输出 h^*，进而得到答案。后来，Meng 等[204]进一步提出了将上述编辑策略推广到编辑多个知识的方法——MEMIT，解决了 ROME 一次只能编辑一个知识的问题，并证明了该方法在上千个编辑样本的条件下能够保持性能的优越性。

还有众多研究也使用了这种“先定位-再编辑”的思路：知识神经元使用知识预测输出相对于激活函数的激活值的偏导数来确定表达该知识的知识神经元。PMET[226]改进了残差归因的部分，采用平方根策略将残差传播至更深的前馈层，以便将更精确的知识编辑信息传递到关键层。这些基于定位的方法通常根据前馈层可以作为键值存储器的假设，其实验结果也证明了这种假设。但有研究[227]质疑知识定位和归因过程的必要性，这些研究不仅探索了编辑知识的可能性，也极大丰富了语言模型的可解释性探索。

总体来说，基于外部干预的知识编辑方法不改变原模型的参数，而是在原有模型基础上增加存储编辑知识的存储器或参数来训练新的知识。这种方法最大限度地保留了原模型的性能，并具有一定的可移植性。它的缺点在于可能需要额外的训练成本，尤其是当编辑样本数量众多时，不仅增加了显存负担，也导致了更大的推理消耗。基于内部更新的知识编辑方法通过超网络（Hypernetworks）或知识定位（Knowledge Locating）等技术更新原模型参数，在不增加参数量的情况下改变了模型中的隐含知识，但编辑难度较高，且难以保证知识编辑的局部性，多次编辑可能会导致模型整体性能显著下降，使其在实际场景中变得不可用。

8.4 模型编辑影响分析

8.4.1 知识能力影响

在研究知识增强模型编辑时，需要关注其对模型知识能力的影响。其中，局部性、泛化性和稳健性是三个关键方面。下面具体介绍。

1. 局部性分析

（1）**属性（部分）知识是否被改变，也叫 Other Attribution**。在编辑之后，模型应保持主体的关键属性不发生变化。比如修改 Grant Hill 的职业时，不应该影响 Grant Hill 的国籍属性。当前的编辑方法在“Other Attribution”方面表现出色，只修改目标特征而不影响其他属性。直接微调（如 FT-L）则很容易破坏知识的结构。

（2）**事实知识是否会被干扰，也叫 Distract Neighbourhood**。之前的研究发现，如果在其他的输入前拼接编辑的实例，那么模型倾向于受编辑事实的干扰，并继续产生与编辑相关的结果而不是具体的问题。在“Distract Neighbourhood”设置中，模型知识编辑的表现普遍较差，这反映在与表格中的结果相比性能下降。IKE 是一个例外，由于固有要求编辑事实在输入之前拼接，因此其性能相对稳定。

（3）**其他任务性能是否会被影响，也叫 Other Task**。大模型的前馈网络不仅具有知识，还具有解决特定任务的能力，而在编辑语言模型的知识时，很有可能影响模型的能力，因此，Yao 等[202]使用了 PIQA 数据集来评估模型知识编辑是否可能对其他任务（常识推理）的性能产生负面影响。对于 Other Task 任务，保留参数的方法大体保持了性能。相反，改变参数的方法往往会对性能产生负面影响。尽管参数发生了变化，但 MEMIT 仍然在常识任务中保持了不错的结果，具有较好的局部性。

2. 泛化性分析

Yao 等[202]发现现有的模型知识编辑数据集的构造及评估指标很大程度上只关注句子措辞上的变化，并没有深入研究模型知识编辑对许多相关逻辑事实的更改，因此引入了**可迁移性（Portability）**指标，衡量编辑后的模型在知识迁移方面的可靠性，其主要考虑三种场景：主语替换、反向关系及一跳推理。

（1）**主体替换**（Subject Replace）。由于大多数改写句子只是对关系进行重新表述而保留主体描述，因此通过将问题中的主体替换为别名或同义词来测试模型是否能将编辑的属性泛化到同一主体的其他描述上。

（2）**反向关系**（Reversed Relation）。当编辑主体和关系的目标时，目标实体的属性也会改变。通过筛选合适的关系（如一对一关系）并询问反向问题，测试模型的处理能力，以检查目标实体是否得到了更新。

（3）**一跳推理**（One-hop Reasoning）。修改后的知识应该能够被编辑的语言模型用于下游任务。例如，将"Watts Humphrey 就读于哪所大学"的答案从 Trinity College 改为 University of Michigan，显然，当问模型"Watts Humphrey 大学时期居住于哪个城市？"时，理想模型应该回答 Ann Arbor 而不是 Dublin。

3．稳健性分析

Li 等[228]发现，当同时编辑多个知识点时，编辑之间可能会互相影响，如图 8-8 所示。

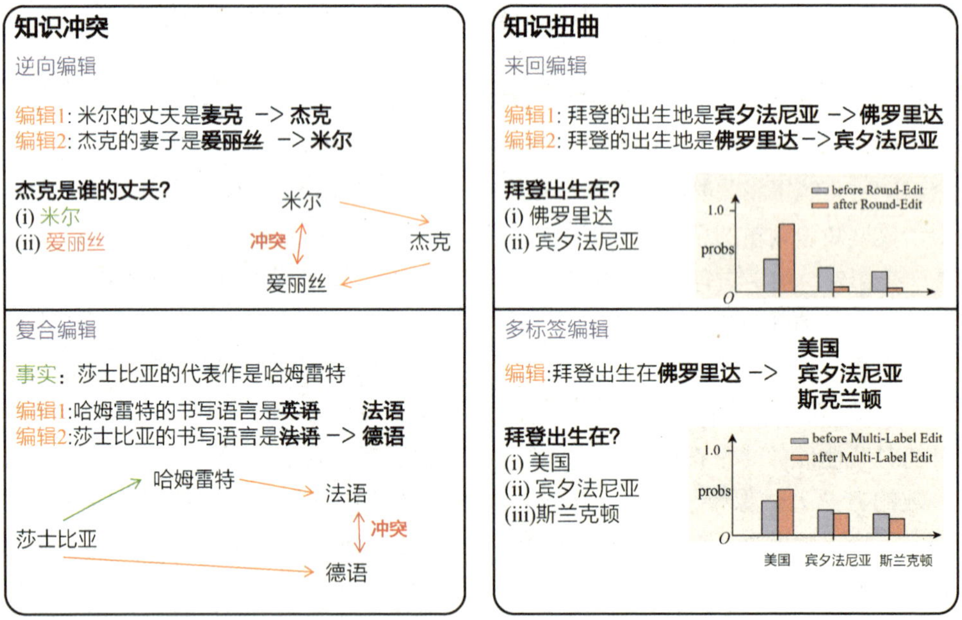

图 8-8 大模型知识编辑的稳健性分析

（1）当知识点之间存在某种关系约束时，如果某些旧知识未能成功更新，则可能在模型中引入知识冲突。这种冲突发生在旧知识和新知识之间，表现为模型在处理相关联的知识点时出现的矛盾或不一致。

（2）当编辑样本属于一个复杂的知识结构时，知识编辑过程中可能难以保持样本的均衡性，进而导致模型中已有的知识结构遭到破坏。这种现象被称为知识扭曲。

探索和评估这两类问题并构建知识编辑稳健性基准尤为重要。首先，这有助于揭示现有知识编辑方法的潜在弱点，从而引导方法在进行知识编辑时关注模型知识的一致性问题。其次，通过这样的探索，有助于开发出不会对模型造成潜在危害的稳健知识编辑方案。这不仅能够确保在进行知识编辑时，不会对模型的内部原有知识产生潜在的负面影响，还能够提高长期应用知识编辑时模型的可靠性。

8.4.2　通用能力影响

在对语言模型进行特定知识修改时，期望这个过程不会对模型的通用能力造成负面影响。当前的知识编辑方法能够在少量样本的情况下对语言模型进行有效的编辑。然而，现有研究指出，随着编辑次数的增加，语言模型的通用能力，包括数学推理和常识问答等，可能会受到影响。尽管目前两种主流的编辑方案在现有的知识编辑评估指标（可靠性、泛化性和局部性）上表现尚可，但它们仍未达到可以实际应用的水平。这种现状的主要问题在于，随着编辑样本的增多，现有知识编辑方法对模型性能的负面影响逐渐显现。同时，知识编辑可能给模型带来的潜在副作用尚未完全明确，仍需进一步研究。具体而言，尽管模型在特定的评估指标上表现良好，但其在其他任务上的能力可能会受到不同程度的损害。

因此，当前的研究重点之一是完善知识编辑领域的评估体系。有研究者发现，通过知识编辑的方式改变模型参数并不能确保模型真正掌握丰富的语境信息。另有研究者指出，目前的泛化性评估未充分考虑知识推理场景下的泛化问题。这些研究者在完善知识编辑方法的评估基准方面进行了有益的探索，但这些努力仍不足以全面验证知识编辑方法的可靠性和实用性。

8.5　应用与实践

8.5.1　EasyEdit 开源知识编辑工具实践

下面介绍大模型知识编辑工具框架 EasyEdit，它基于 PyTorch 和 HuggingFace

集成了多种高效的模型知识编辑方法，可以快速地编辑模型，有效地将新的和定制的知识注入大模型。如图 8-9 所示，EasyEdit 以统一的框架接口使用户可以轻松上手编辑模型。

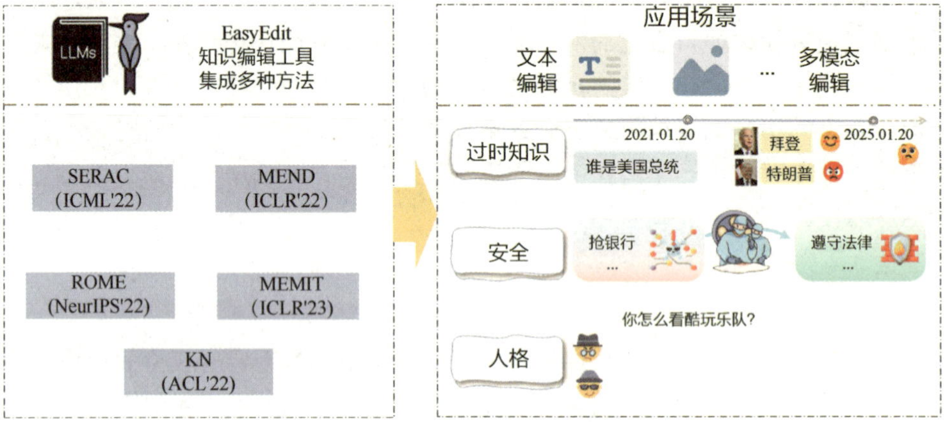

图 8-9　EasyEdit 示意图

具体使用步骤如下。

（1）定义需要编辑的模型，例如 GPTJForCausalLM。

（2）选择合适的模型编辑方法，例如 MENDHyperParams、MEMITHyperParams 分别表示选择 MEND 和 MEMIT。

（3）提供编辑描述符（输入提示符）和编辑目标（输出目标），例如（[修改] 美国总统的名字是：鲍里斯 • 约翰逊）。

（4）提供评估数据（可选），用于评测编辑的可靠性、泛化性，其他下游任务保持能力，以及可移植性、效率等。

（5）进行编辑和评估。

如图 8-10 所示，用户使用 ROME 方法修改 LLaMA：美国总统从原始输出的 Donald Trump 变为 Boris Johnson。从编辑时间及可靠性的角度来看，ROME 有效且快速地将定制化的知识注入了 LLaMA（耗时为 5s，准确率为 100%）。

EasyEdit 系统不仅内置了对多种模型的支持，还具有较好的可扩展性。如图 8-11 所示，用户能够直接在相应的模块中封装新的方法，并随即调用这些新增的方法，这个过程提高了系统的灵活性和用户的使用体验。此外，针对编辑方法的评估环节，EasyEdit 设计了专门的接口以便进行扩展。通过这些接口，用户可以方便地定义新的评估指标和评估方式，并直接在数据类型中进行相应的修改，从而满足多样化的评估需求。

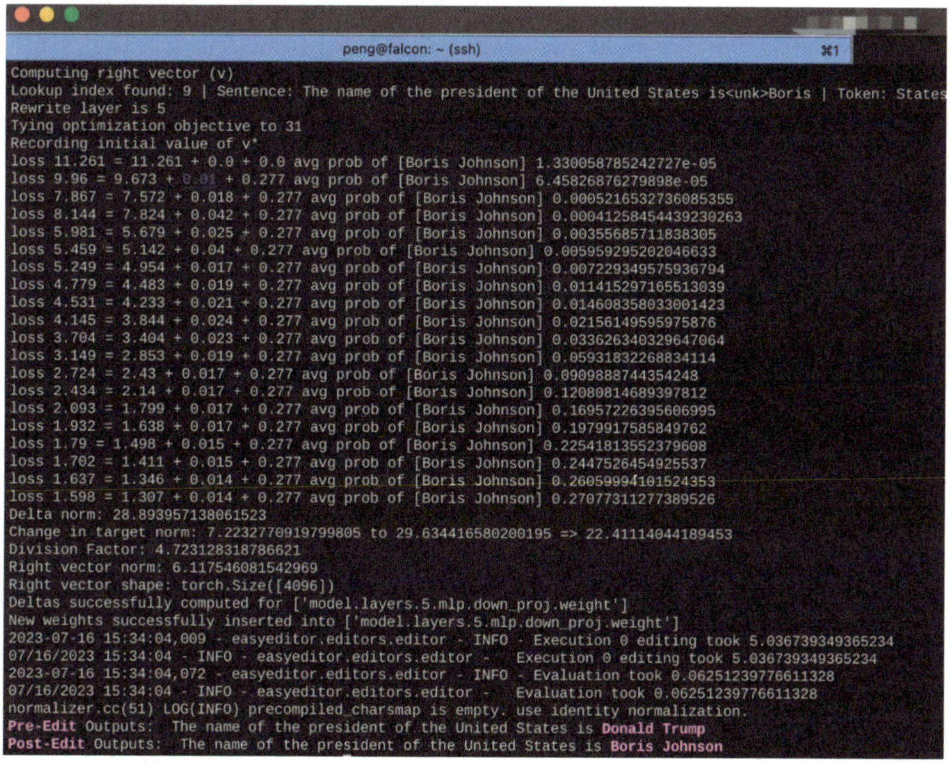

```
Computing right vector (v)
Lookup index found: 9 | Sentence: The name of the president of the United States is<unk>Boris | Token: States
Rewrite layer is 5
Tying optimization objective to 31
Recording initial value of v*
loss 11.261 = 11.261 + 0.0 + 0.0 avg prob of [Boris Johnson] 1.330058785242727e-05
loss 9.96 = 9.673 + 0.01 + 0.277 avg prob of [Boris Johnson] 6.45826876279898e-05
loss 7.867 = 7.572 + 0.018 + 0.277 avg prob of [Boris Johnson] 0.0005216532736085355
loss 8.144 = 7.824 + 0.042 + 0.277 avg prob of [Boris Johnson] 0.00041258454439230263
loss 5.981 = 5.679 + 0.025 + 0.277 avg prob of [Boris Johnson] 0.00355685711838305
loss 5.459 = 5.142 + 0.04 + 0.277 avg prob of [Boris Johnson] 0.005959295202046633
loss 5.249 = 4.954 + 0.017 + 0.277 avg prob of [Boris Johnson] 0.007229349575936794
loss 4.779 = 4.483 + 0.019 + 0.277 avg prob of [Boris Johnson] 0.011415297165513039
loss 4.531 = 4.233 + 0.021 + 0.277 avg prob of [Boris Johnson] 0.014608358033001423
loss 4.145 = 3.844 + 0.024 + 0.277 avg prob of [Boris Johnson] 0.02156149595975876
loss 3.704 = 3.404 + 0.023 + 0.277 avg prob of [Boris Johnson] 0.033626340329647064
loss 3.149 = 2.853 + 0.019 + 0.277 avg prob of [Boris Johnson] 0.05931832268834114
loss 2.724 = 2.43 + 0.017 + 0.277 avg prob of [Boris Johnson] 0.0909888744354248
loss 2.434 = 2.14 + 0.017 + 0.277 avg prob of [Boris Johnson] 0.12080814689397812
loss 2.093 = 1.799 + 0.017 + 0.277 avg prob of [Boris Johnson] 0.16957226395606995
loss 1.932 = 1.638 + 0.017 + 0.277 avg prob of [Boris Johnson] 0.1979917585849762
loss 1.79 = 1.498 + 0.015 + 0.277 avg prob of [Boris Johnson] 0.22541813552379608
loss 1.702 = 1.411 + 0.015 + 0.277 avg prob of [Boris Johnson] 0.2447526454925537
loss 1.637 = 1.346 + 0.014 + 0.277 avg prob of [Boris Johnson] 0.26059994101524353
loss 1.598 = 1.307 + 0.014 + 0.277 avg prob of [Boris Johnson] 0.27077311277389526
Delta norm: 28.893957138061523
Change in target norm: 7.2232770919799805 to 29.634416580200195 => 22.41114044189453
Division Factor: 4.723128318786621
Right vector norm: 6.117546081542969
Right vector shape: torch.Size([4096])
Deltas successfully computed for ['model.layers.5.mlp.down_proj.weight']
New weights successfully inserted into ['model.layers.5.mlp.down_proj.weight']
2023-07-16 15:34:04,009 - easyeditor.editors.editor - INFO - Execution 0 editing took 5.036739349365234
07/16/2023 15:34:04 - INFO - easyeditor.editors.editor -   Execution 0 editing took 5.036739349365234
2023-07-16 15:34:04,072 - easyeditor.editors.editor - INFO - Evaluation took 0.06251239776611328
07/16/2023 15:34:04 - INFO - easyeditor.editors.editor -   Evaluation took 0.06251239776611328
normalizer.cc(51) LOG(INFO) precompiled_charsmap is empty. use identity normalization.
Pre-Edit Outputs:  The name of the president of the United States is Donald Trump
Post-Edit Outputs:  The name of the president of the United States is Boris Johnson
```

图 8-10　基于 EasyEdit 修改模型知识

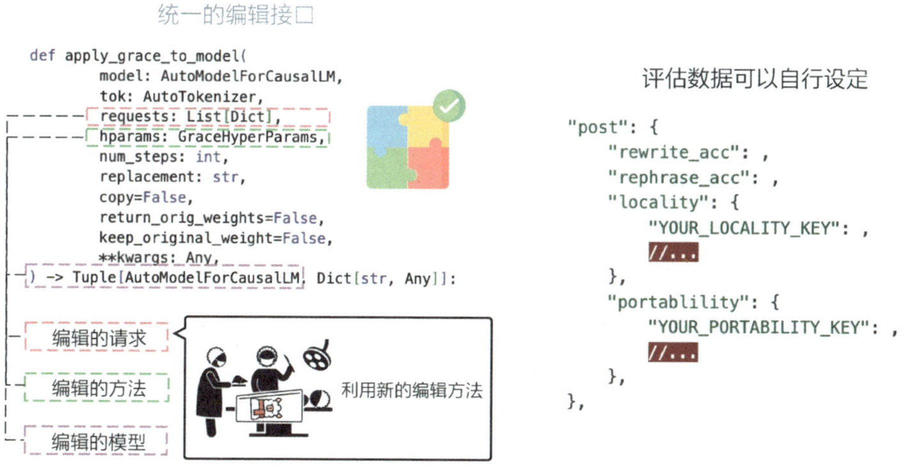

图 8-11　EasyEdit 的扩展性

8.5.2 OneEdit 知识编辑框架

接下来介绍基于 EasyEdit 的、融合了符号知识图谱和大模型的稳健知识编辑系统 OneEdit。如图 8-12 所示，OneEdit 是一个神经符号协作知识编辑系统，它依靠符号知识图谱的精确性和大模型的广泛知识覆盖，缓解了传统知识表示方法在扩展性和实时更新方面的局限性。系统由 Interpreter、Controller 和 Editor 三个主要模块组成，其中 Interpreter 负责理解用户意图并转换输入，Controller 管理编辑请求并解决知识冲突，Editor 则应用这些编辑来同时更新知识图谱和大模型。OneEdit 采用空间换时间的策略，通过存储编辑参数来减少资源消耗，并通过特别设计的机制来处理覆盖冲突和反向冲突，确保了知识编辑的准确性和效率。OneEdit 进一步推动了知识编辑的发展，为后续更强大可靠的知识模型的构建奠定了基础。

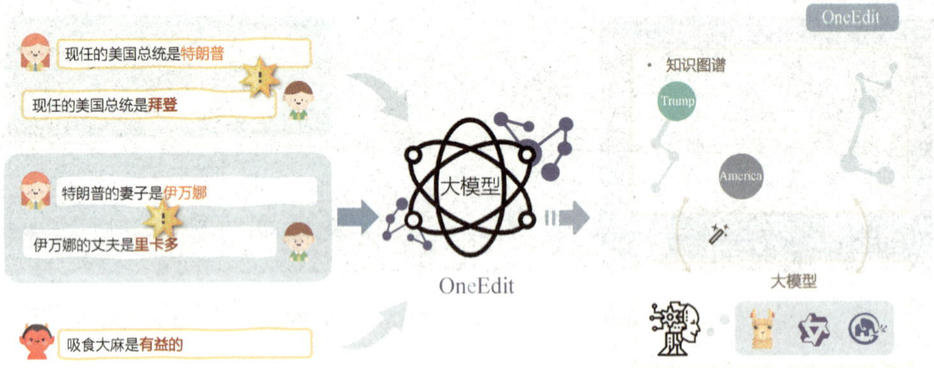

图 8-12　OneEdit 示意图

8.5.3 大模型知识编辑应用

8.5.3.1 可信大模型

1. 可控生成

可控生成是指能够指导语言模型生成符合特定要求和约束的文本，大模型知识编辑技术可以有效地对语言模型的生成内容进行控制。Jiang[229]基于知识编辑的方法，引入两个阶段——对齐阶段（Alignment Phase）和推理阶段（Inference Phase）——实现了对大模型输出内容的精确控制。对齐阶段确保了模型的知识库与最新的信息保持一致，推理阶段则利用这些对齐后的知识来生成准确、连贯的文本。通过这种方法，大模型能够在接收到新的知识输入时，在相关领域进行可靠和逻辑一致的编辑，同时保留那些与编辑目标不直接相关的信息和语言表达能力。知识编辑技术可以为大模型提供一种更高级别的智能化控制能力，在支持处理复杂的应用场景，如聊天机器人、内容推荐和自动摘要时，能够确保生成的文本既满足用户的期望，又保持语言的流畅性和自然性。通过知识编辑技术的精确引导，模型可以在一定程度上避免输出过时或不准确的信息，从而提高用户体验和信息的可靠性。

2. 大模型安全与监管

知识编辑不仅可以纠正事实知识谬误，还可以应用于大模型安全与监管。在理想情况下，社会友好且可信的人工智能系统不仅应具备准确的知识，还应展示适当的社会规范和价值观。这包括避免有偏见或有害的语言和观点，以及展示对多样化视角和经验的一致性理解。近期，一些工作开始探索将知识编辑技术应用于构建更可信的人工智能，例如去毒及面对隐私问题的防御策略。Wang 等[230]在语义级别上定位大模型有毒区域并擦除该有毒区域。一般来说，对广泛的对抗性输入进行概念性知识编辑可以消除大模型中的有害概念，从而提高大模型的安全性。此外，大模型在庞大的语料库上训练可能会无意中学习到偏见信息，导致模型内编码负面刻板印象和社会偏见；大模型在广泛的网络数据语料库上训练后通常带有泄露敏感或机密信息的缺陷，这将带来严重的隐私问题。知识编辑可以使大模型在不损失通用能力的前提下避免暴露个人隐私信息。Tian 等[231]提出将知识遗忘作为一种修改大模型并阻止其生成特定知识文本的方法，利用梯度信息来精确地识别需要遗忘的范围及不需要遗忘的范围，使大模型遗忘隐私信息但保留通用知识。现阶段，该领域还需要进一步研究和开发有效且可验证地从大模型中清除潜在敏感知识的技术及全面的评估基准来严格测试这些方法的能力。

8.5.3.2　个性化智能体

随着技术的进步，我们期待未来每个大模型（智能体）都能拥有个性化的记忆，可以捕捉和反映个体用户的独特性，还能在保护隐私的同时为用户提供定制化的服务和体验。知识编辑技术为构建可更新的个性化大模型提供了一种高效的方法，允许模型在不重新训练的情况下吸收和整合新知识。这种技术对于保持个性化模型的时效性和准确性至关重要，特别是在快速发展和不断变化的领域。通过精心设计的知识编辑过程，个性化模型能够持续学习和适应，同时保持其原有能力的完整性和效率。这种方法不仅可以降低模型知识更新的计算成本，适配终端应用智能体等低资源场景，还可以提高模型在处理新情况时的灵活性和准确性，促进实现智能和自适应 AI 系统。

8.6 本章小结

本章介绍了近期国内外大模型知识编辑的部分相关工作。大模型知识处理能力的持续提高进而实现通用人工智能是学术界和工业界共同的追求。大模型知识编辑技术的突破可以促进大模型对新知识、新技能的快速且永久习得，实现神经符号知识互相转换与高效处理，还可以在大模型出现致命错误或安全隐患时及时定位根源并实现快速干预和控制。此外，大模型知识编辑技术有利于促进大模型知识机制的研究，通过对参数的干预和分析实现对“电子大脑”的深度理解。

第 9 章
CHAPTER 9

知识增强多模态学习

本章全面探讨了知识增强在多模态学习中的关键作用，旨在帮助读者进行深刻的理解。本章内容涵盖知识在多模态学习中的重要性，详细分析了人类认知系统如何通过整合多种记忆来处理多模态信息，以及知识图谱在这个过程中发挥的关键作用。进一步地，本章探讨了多模态任务和生成模型的基本概念与发展现状，剖析了当前多模态大模型在推理过程中面临的主要问题与挑战。针对具体应用领域，本章详细介绍了知识增强视觉问答的基本过程，并通过典型案例展示了知识图谱在提高视觉问答系统精度和稳健性方面的显著效果。此外，本章还深入分析了知识增强在跨模态检索中的优化作用，特别是在多模态语义检索中的应用效果。对在资源受限的情况下，低资源多模态学习如何依托知识图谱实现突破进行了详细的阐述，并通过零样本学习的实际案例进一步说明。本章探讨了在多模态生成任务中，视觉叙事与文图生成的创新应用，展示了知识图谱如何推动这些任务的进步。本章还探讨了大模型在多模态幻觉检测中的应用，通过结合领域知识，分析了现有方法的局限性，并展望了未来的发展机遇。通过本章的内容，读者将全面理解知识与多模态学习之间的深度关联，了解知识增强多模态学习的前沿进展，为未来的研究与应用开辟新路径。

9.1 知识增强多模态概述

在现代人工智能领域，将多模态感知和决策认知视为相互独立的单元进行考虑可能不是最合适的策略。这种观点与人类的认知机制密切相关，因为人脑中积累的记忆是社会适应和生存的关键基础，能促使人们进行有意义的行动和互动。人类的记忆通常由不同的模态信号组成，不仅支撑着日常功能，还在复杂决策过程中起着至关重要的作用。

9.1.1 人类认知系统

认知理论普遍认为，人类的认知系统包括以下两个子系统。

- 直觉系统：负责快速、无意识、非语言的认知过程，即感知层面的系统。现代深度学习主要处理的就是这种系统。
- 逻辑分析系统：能够执行有意识、逻辑化、规划性、推理及语言表达等复杂任务的系统。尽管深度学习在这方面仍有局限性，但知识图谱正好满足了这种系统的需求。

这两个系统分别对应于人类的两种记忆。

- 条件反射类记忆。通过反复的实践与发展，个体能增强直觉和类比推理能力，这些能力是浅层知识的表现。例如，孩子通过观察和实践学习识别不同的物体和声音。此类知识结合感官输入（如视觉、听觉、触觉）能极大地提高日常任务的执行效率，是现代多模态任务的核心。例如，自动驾驶汽车需要处理来自摄像头（视觉）、雷达（触觉）、麦克风（听觉）的信息以安全导航。
- 长尾知识类记忆。涉及复杂概念和信息，需主动记忆和深入思考才能掌握，如高等数学或外语等。在多模态学习中，知识图谱用于捕捉和结构化复杂的长尾知识，帮助机器理解和推理，增加学习系统的深度。

9.1.2 融合两种记忆

一个值得探讨的问题是：这两个系统和记忆是独立存在的，还是一体的两部分？目前，语言和知识的符号空间与神经网络的向量空间仍是两个割裂的领域。能将这两个系统和记忆融为一体吗？

认知科学家道格拉斯·霍夫施塔特认为："记忆是高度重建的。在记忆中搜索时，需要从大量的事件中挑选重要的，忽略不重要的，这种选择过程实际上就是感知。”DeepMind 联合创始人哈萨比斯也提到，“能否从感知出发，利用深度学习系统从基本原则中学习？能否构建出高级思维和符号思维呢？”，这些观点暗示认知的核心过程与感知密切相关，甚至可能是同一过程。

9.1.3　知识图谱与多模态学习

利用知识图谱的向量表示，可以通过表示学习获取概念、类层次、实体和关系的嵌入，进一步获取图结构、路径和子图的嵌入。同时，本体嵌入和规则学习有利于在向量空间内实现一些简单的逻辑推理。这些嵌入技术将文本中的词、短语、句子，图片或视频中的对象、语义关系，以及知识图谱中的实体、概念和关系投影到统一的表示空间，或许能为感知与认知的无缝融合提供可能。

在机器学习中，多模态涉及图像、视频、音频、语义文本之间的学习，尤其是图像与文本的多模态学习。模态可以被广泛定义为不同类型的信息及其表示形式，例如人类的触觉、听觉、视觉、嗅觉，以及各种传感器，如雷达、红外等。甚至两种不同语言，或在不同情况下采集的数据也可以视为不同模态。而在多模态学习中，知识图谱发挥着重要的作用。它通过捕捉复杂的知识网络，为多模态学习任务提供了结构化知识背景，帮助机器更好地理解和处理多种类型的数据。这不仅提高了系统对复杂问题的处理能力，还有效避免了在大规模预训练中常见的问题，如信息幻觉和知识模糊化等。

知识增强的多模态学习是一个动态且互补的领域，通过综合运用条件反射类记忆和长尾知识类记忆，以及利用知识图谱的结构化索引和存储功能，可以有效提高人工智能系统的性能和适应性，如图 9-1 所示。这种综合方法不仅符合人类处理复杂情境的自然方式，也是推动未来人工智能发展的关键路径。

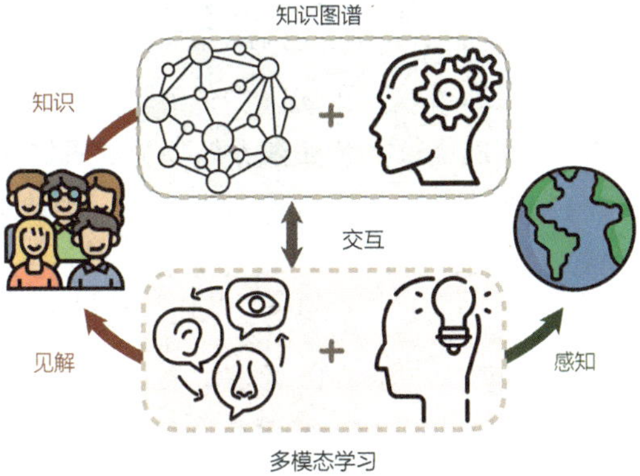

图 9-1　知识图谱与多模态学习[232]

9.2 多模态与大模型

在现代人工智能领域，多模态学习已经成为一个热门话题。多模态学习涉及让机器有效地处理并整合来自不同感官渠道的信息，如文本、图像、声音等，以更好地模拟人类的感知和认知能力。这种方法不仅能增强模型的理解能力，还能在多种应用场景中实现更加精准和灵活的响应。随着技术的进步，尤其是大模型的发展，多模态学习的潜力不断增加，应用范围迅速扩展。

9.2.1 多模态任务简介

多模态学习要求模型同时处理并融合来自不同数据源的信息，这些数据源可能包括文本、图像、视频和声音等。通过这种方式，模型能够获得比单一模态更为丰富的信息，提高处理复杂问题的能力。

多模态学习的核心挑战在于如何有效整合不同模态的信息。研究者使用多种方法来融合和分析不同模态的数据。多模态学习能通过改善信息的完整性和上下文理解来提高决策质量，其关键在于信息的对齐和融合。

- **对齐**：在不同模态之间建立关联，使相关信息能够正确匹配和结合。例如，在处理视频和音频任务时，声音变化需要与视频中的视觉元素精确对应。
- **融合**：将对齐后的数据合成为一个统一的表示，综合各个模态的信息，为后续处理和分析提供丰富的数据。

多模态学习通常依赖深度学习网络，这些网络能够从各模态中学习高层次特征，并将它们整合到一个共同的特征空间中。这个过程不仅涉及特征的提取，还包括特征的选择和优化，以确保模型能够从每个模态中提取最有用的信息。通过将多种数据源编码到一个共同的潜在空间中，多模态学习形成更精确和全面的数据表示，为任务空间映射提供丰富的输入，实现比单一模态更佳的性能。研究表明，全模态学习能更接近真实的全局最优解，从而在整体任务上表现得更好。

多模态学习可被广泛应用于复杂环境中解决问题，例如在自动驾驶中，车辆需要处理摄像头的视觉信息、雷达的空间信息及车载传感器的动态信息。多模态学习能够有效整合这些不同类型的数据，提供更准确的环境感知和决策支持。再如，在医疗影像分析中，通过结合 X 光、CT 扫描和 MRI 等多种成像技术的数据，多模态学习能够帮助医生获得更全面的病变信息，从而做出更准确的诊断。跨模态数据融合不仅提高了诊断的准确性，也提高了处理复杂医疗数据的效率。

根据多模态学习的多样性和复杂性，可以将其任务分为以下几类。

（1）**生成**。多模态生成任务涉及创建与输入模态相对应的新内容。例如，图像描述（Image Captioning）生成要求模型根据输入的图片生成描述性文字。此外，音视频生成任务，如合成视频中的对话，也属于多模态生成的典型应用。在这些任务中，模型需要深入理解每种模态的内容，并将这些理解融合以产生准确和自然的输出。

（2）**推理**。多模态推理任务要求模型不仅要理解各个单独的模态，还要在它们之间建立逻辑关系。例如，视觉问答（Visual Question Answering，VQA）需要模型对图像内容进行解析，同时理解相关的问题，并给出正确的答案。这类任务测试了模型在多模态上下文中的逻辑推理和决策能力。

（3）**理解**。多模态理解任务侧重于对多种类型数据的深入解析和理解，如视频理解需要分析视频中的视觉元素、音频信号和可能的文字说明，这要求模型具备跨模态的信息整合能力，能够提取和利用来自不同源的相关信息。

（4）**分类**。多模态分类任务涉及对包含多种模态的数据进行分类。例如，社交媒体内容的情感分析可能需要同时考虑文本、图像和表情符号等信息。这种任务展示了多模态学习在理解和处理综合信息方面的优势。

（5）**检索**。多模态检索任务涉及从大规模多模态数据集中检索与查询最相关的信息。例如，跨模态检索可以基于文本描述来查找相应的图像或视频，这要求模型能够理解并匹配不同模态之间的语义关系。

（6）**预训练**。多模态预训练任务通过在大规模多模态数据集上训练模型来学习通用的特征表示，这些特征随后可以被应用于特定的下游任务。这类方法通常能够提高模型在特定任务上的表现和适应性。

随着技术进步和数据量的增加，多模态学习的应用范围和影响力将继续扩大。未来研究可能会探索更深层次的跨模态融合技术，优化模型的处理效率和普适性，同时解决模型训练和部署中的资源消耗问题。此外，多模态学习有望在增强现实、虚拟现实、智能家居等领域得到应用，提供更为丰富和真实的用户体验。通过不断优化多模态学习技术，未来智能系统在理解和互动方面会更加贴近人类的自然行为模式。

详细介绍各种多模态学习任务超出了本书的范围，为便于读者理解后续有关知识增强多模态学习的内容，下面重点从多模态生成模型和多模态大模型两个方面进行具体介绍。

9.2.2 多模态生成模型

前面的章节介绍了多模态学习中的生成任务，这些任务通过整合不同模态的信息来创造新的内容。本节将进一步探讨多模态生成模型，特别是视频生成和图像生成领域的最新进展。这些技术的进步不仅展示了深度学习在自然语言处理和计算机视觉领域的融合创新，也因其巨大的应用价值和潜在的商业化前景，成为当前研究和应用的热点。

近年来，随着生成模型的发展，Sora 等先进的多模态生成模型在视频和图像创作方面表现出卓越的能力。这些模型能够综合文本描述和视觉信息，自动生成与文本匹配的视觉内容，如根据文本描述生成相应的图像或视频。在图像生成任务中，模型不仅需要解析和理解文本描述，还要将其转换为视觉元素，如风景、人物或特定场景。

多模态生成的一个关键技术挑战是如何准确地理解和转换跨模态信息。多模态生成模型必须能够精准捕捉文本中的语义细节，并将其转换为视觉表现，这要求模型具备强大的特征提取、信息对齐和生成策略优化能力。此外，生成图像或视频的质量很大程度上取决于模型对复杂语义的理解深度及其创造性表达的能力。

在文本到图像合成中，自然语言描述用于生成视觉上准确且上下文相关的图像。历史上，生成对抗网络曾主导该领域，但在图像稳定性和质量上面临挑战。近年来，扩散模型以其稳定性和图像质量成为文本到图像合成的研究焦点，拓展了从文本描述到可视化渲染的可能性。

扩散模型（如知名的 Stable Diffusion 方法[233]）逐步将随机噪声转换为结构化图像，这个过程涉及多个迭代步骤。在“前向和后向扩散”过程中，模型从高斯噪声中学习生成数据。在文本到图像的背景下，模型以文本描述为条件生成相关图像。例如，无分类器引导的创新提高了生成图像的准确性和保真度，无须额外的分类器。这种方法增强了模型对文本指令的遵循能力，提高了生成图像的相关性和质量。

在现有文本到图像的生成模型中，DALL-E、GLIDE、Imagen 及 Stable Diffusion 等是典型的代表。

- **DALL-E 和 DALL-E 2**。由 OpenAI 开发，能够根据简短的文本描述生成图像。如图 9-2 所示，DALL-E 2[234]采用了 CLIP（对比语言-图像预训练）模型，显著提高了图像质量和文本对齐能力。该模型通过分层方法逐步生成高分辨率图像，增强了图像的真实感和细节丰富度。

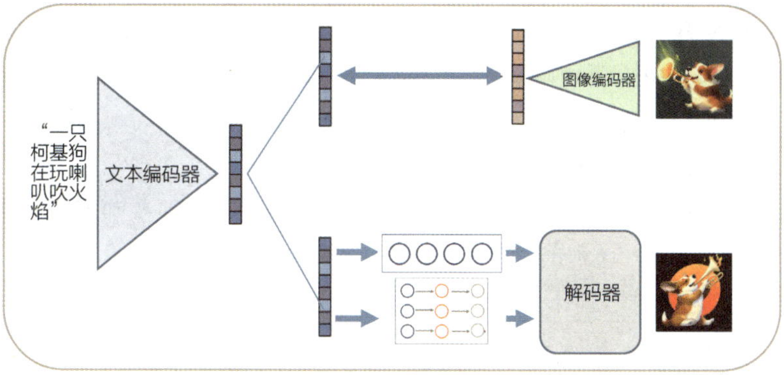

图 9-2　DALL-E 2[234]生成案例

- GLIDE。由 OpenAI 开发，采用无分类器引导的扩散模型，提高了图像生成的质量和与文本描述的匹配度，生成的图像更加逼真。
- Imagen。由谷歌开发，特别注重图像的高保真度和与文本描述的一致性，使用 T5 作为文本编码器，并采用改进的扩散模型，优化文本引导的生成过程。
- Stable Diffusion[233]。开源的文本到图像模型，特别注重在生成高质量图像的同时保持较低的计算成本。该模型采用了潜在扩散模型（Latent Diffusion Model，LDM），先将图像编码到一个低维潜在空间，在此空间中再执行扩散过程，如图 9-3 所示。这种技术减少了模型的计算需求，使其更适合在普通硬件上运行。Stable Diffusion 还将引入文本作为条件，使生成的图像不仅质量高，而且能够精确地反映文本的描述。

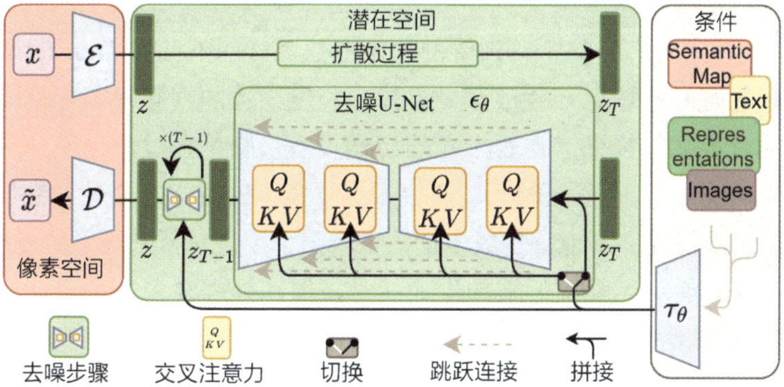

图 9-3　多模态生成关键技术：Stable Diffusion[233]

自从 2022 年 ChatGPT 发布以来，人工智能技术发生了变革，深刻影响了日常生活和各行各业的互动方式。在此基础上，OpenAI 于 2024 年推出了名为 Sora 的**文本到视频生成**模型，它标志着人工智能技术在多模态学习领域的一次重大突破。与早期的视频生成技术相比，Sora 能够根据简短的文本提示生成长达一分钟的视频，这些视频不仅质量高，而且内容丰富，能够精准地反映用户的指令和意图，如图 9-4 所示。这种能力使 Sora 在动态模拟真实世界场景方面展现出巨大的潜力，尤其是在内容创作、教育培训及娱乐等领域。

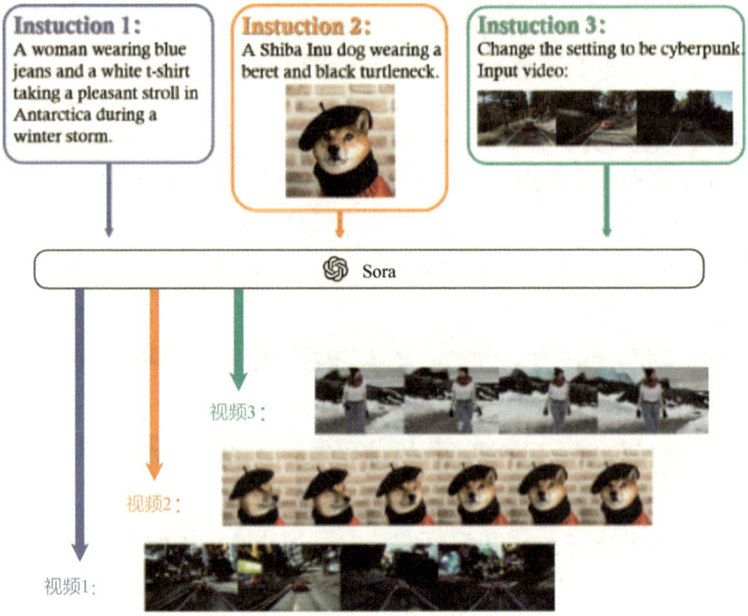

图 9-4　基于质量的 Sora[235]视频生成

Sora 的技术核心是基于预训练的扩散变换器（Diffusion Transformer），通过有效处理和融合时空信息，生成与文本提示高度一致的视频内容。模型通过时空压缩器将输入视频转换为潜在表示，然后通过多步骤扩散过程去噪并精细化视频内容。此外，Sora 采用空间时间潜在块，确保视频的视觉连贯性和细节丰富性。这种技术创新不仅提高了视频生成质量，也增强了模型对复杂场景的处理能力。

尽管 Sora 展示了强大的视频生成能力，但在处理复杂物理互动和精确时间序列方面仍面临挑战。例如，在模拟物体碰撞和运动时，生成的视频可能不完全符合现实物理规律。在人机交互方面，Sora 在理解复杂用户指令及其精确表达上仍需改进。未来的发展方向包括优化模型的时空理解能力、提高生成内容的物理准确性、深化对世界知识的掌握，并增强对自然语言指令的理解。此外，随着技术的发展，确保模型使用的安全性和伦理，防止内容滥用，也是 Sora 面临的重要挑战。

随着技术进步，多模态生成模型在处理复杂场景和任务时的性能不断提高，未来的研究可能会集中在提高模型生成效率、增强多样化数据输入适应能力及生成过程中的创新性和逼真度上。这些进展将进一步推动多模态学习技术的发展，扩大其在创意媒体、自动化内容生成和虚拟现实等领域的应用范围，展示出巨大的经济价值和社会影响力。

9.2.3　多模态大模型

本节将深入探讨多模态大模型，特别是那些结合了语言和视觉处理能力的模型。这些多模态大模型通过整合不同类型的数据处理能力，展现了巨大的潜力，不仅推动了人工智能技术的前沿发展，还在多种实际应用中表现出卓越的性能。

大模型通常具有海量的参数，并利用大规模数据进行预训练，能够捕捉丰富的语言规律和知识。与小模型相比，大模型数据覆盖更广、网络结构更深，具备更强的推理能力和泛化能力。在此基础上，多模态大模型进一步整合了来自不同模态（如文本、图像、视频等）的信息，以实现复杂的理解和生成任务。在多模态学习的初期，研究主要集中在特定任务上，如图像标注和视觉问答，通常使用简单的神经网络模型处理特定的输入模态，早期的模型如 CNN-RNN，被用于联合处理图像和文本。随着 BERT、GPT 等预训练语言模型的成功，研究者开始探索将这些大模型应用于多模态数据的可能性。例如，ViLBERT 和 LXMERT 等模型通过在视觉和语言任务上进行联合预训练，显著提高了模型在多模态任务中的表现。

近年来，随着模型规模的扩大和训练技术的进步，多模态大模型正向更高层次的语言理解和生成能力迈进。这些模型通过大规模数据集预训练，展现了在多模态理解和创造性任务上的强大能力，不仅能理解文本和图像之间的关系，还能根据文本生成高质量的图像。如图 9-5 所示，现在主流的多模态大模型的工作流程可以分为两部分——多模态理解和多模态生成。MM-LLMs 接收多种模态的输入数据，如文本、图像、视频和音频，然后用相应的模态编码器进行处理，将其转换为统一的表示形式，再将这种统一表示输入大模型主干，再次对其进行处理并生成隐含表示，最后由模态生成器生成所需的模态信息。

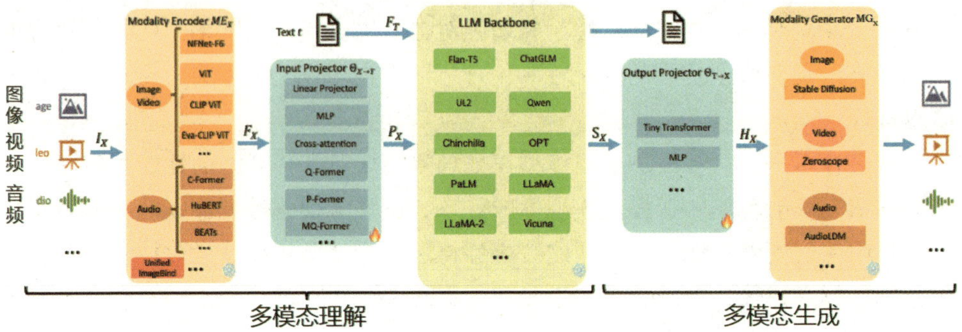

图 9-5　多模态大模型的工作流程[236]

多模态大模型的核心技术以预训练的单模态基础模型为起点，通过多模态预训练（MM PT）和多模态指令调整（MM IT）增强模型对多模态输入的处理能力。这个流程涉及多个环节，包括数据预处理、模态编码、模态融合、预训练、微调和应用部署等。此外，现有的多模态生成模型可以外接到多模态大模型中，使其具备多模态生成能力（如图像和视频生成）。

未来的技术迭代将集中于提高模型的多模态理解和生成能力，通过优化模型架构和训练流程使模型适应不同应用场景。在接下来的三年内，预计这些技术将朝着更高效的信息融合和更精准的用户意图对齐方向发展。

MM-LLMs 的发展既面临机遇，也面临挑战。随着技术的进步和数据资源的丰富，多模态大模型有潜力在多种实际应用中发挥巨大作用，如自动内容生成和智能助理等。然而，这也带来诸多挑战，包括用户数据隐私保护、模型偏见防治、模型可解释性提高及外部知识注入等[232]。研究者需要开发新的技术方法来提高模型的安全性和公平性，同时需要制定相应的政策和规范，以确保技术的健康发展。

多模态大模型正在推动人工智能向更高效、更智能的方向发展，未来在各种应用领域的潜力将被继续挖掘和扩展。通过持续的研究和改进，这些模型将为产业界和学术界带来更多的创新机会和实际效益。

9.3 知识增强视觉问答

利用知识（图谱）来增强多模态学习最常见的场景是视觉问答，本节将优先探讨这种问题。

9.3.1　视觉问答与知识图谱

多模态视觉问答（Visual Question Answering，VQA）是一项涉及图像和语言的推理任务，它要求模型在给定图像和相关问题的情况下生成准确的答案。VQA 任务不仅要求模型能够结合视觉和语言模态，更要求模型能够深入理解图像内容，并结合问题进行复杂的推理。例如，当询问图像中人物的行为时，模型需要识别图像中的关键信息并结合上下文做出合理的推断。VQA 的复杂性在于，它涉及的不仅是视觉信息的提取，还需要对语言的语义进行精确的理解和整合。

VQA 的主要挑战在于如何有效地整合和处理来自视觉和语言两种模态的信息。这两种模态的表示形式和信息结构各不相同，要求模型具备强大的特征提取、语义对齐和跨模态信息融合的能力。此外，VQA 任务常常涉及复杂的上下文和长尾知识，这些知识超出了日常常识的范围，无法通过常规的数据训练直接获取。为解决这些难题，当前的 VQA 模型通常采用结合卷积神经网络、循环神经网络或 Transformer 的架构。卷积神经网络被用于提取视觉特征，循环神经网络或 Transformer 则用于处理语言信息，之后通过多模态融合技术将这些特征结合在一起，形成统一的理解和推理框架。

在多模态视觉问答任务中，知识图谱起到了关键的支持和增强作用。知识图谱作为结构化的知识存储库，提供了丰富的背景信息和语义关系，在模型处理涉及复杂语义的任务时提供必要的知识支持。在 VQA 任务中，当问题涉及历史事件、地理位置或专业术语时，知识图谱能够为模型提供背景信息，提高模型生成答案的准确性和相关性。例如，当问题涉及图像中的某个特定地点时，知识图谱可以为模型提供该地点的历史背景，从而使模型生成更符合实际的答案。知识图谱还可以帮助模型理解图像中人物行为背后的动机。例如，当看到一个人在厨房里拿着刀时，知识图谱中关于厨房和刀具的常识性知识可以帮助模型推断该人可能是在准备食物。这种背景知识对于准确回答视觉问答中的复杂问题至关重要。

通过将知识图谱与多模态视觉问答任务结合，能够显著提高模型的推理能力和答案的准确性。知识图谱为 VQA 任务提供了结构化的背景知识支持，帮助模型在处理复杂和多样化数据时更加智能和灵活。这种结合不仅提高了模型在面对长尾知识和复杂语境时的表现，还提高了其在真实世界应用中的稳健性和可靠性。

9.3.2 知识增强视觉问答的基本过程

在知识增强的视觉问答任务中，知识图谱支持的理解与推理是关键环节，其目标是利用背景知识图谱来推导出准确的答案。通常情况下，这类任务包括四个主要环节：知识检索、知识表示、知识感知的模态交互和知识感知的答案确定。这些环节既可以单独使用，也可以组合使用，以形成一个完整的工作流程。在 VQA 任务中，通过整合外部知识库，模型能够支持更复杂的问题分析和更深入的推理，提高回答的准确性和深度。

1. 知识检索

知识检索阶段致力于从各种外部来源中提取相关知识，不仅限于知识图谱，还包括非图谱组织的文档集合，例如 Wikipedia。这些技术从早期的基于匹配和密集嵌入相似度的方法，发展到可学习的检索和预训练语言模型生成技术，扩展了知识整合的范围，提高了效率[232]。常见的知识检索的方法如下。

基于匹配的检索[237, 238, 239, 240, 241, 242]。这是最初级的检索方式，通常使用 RDF 查询、实体链接和 BM25 等技术从知识库中匹配和提取相关信息。例如，通过分析问题中的关键词，系统可能会在一个大规模的知识库中，如 ConceptNet，寻找与这些关键词相关联的概念和关系，如图 9-6 所示。

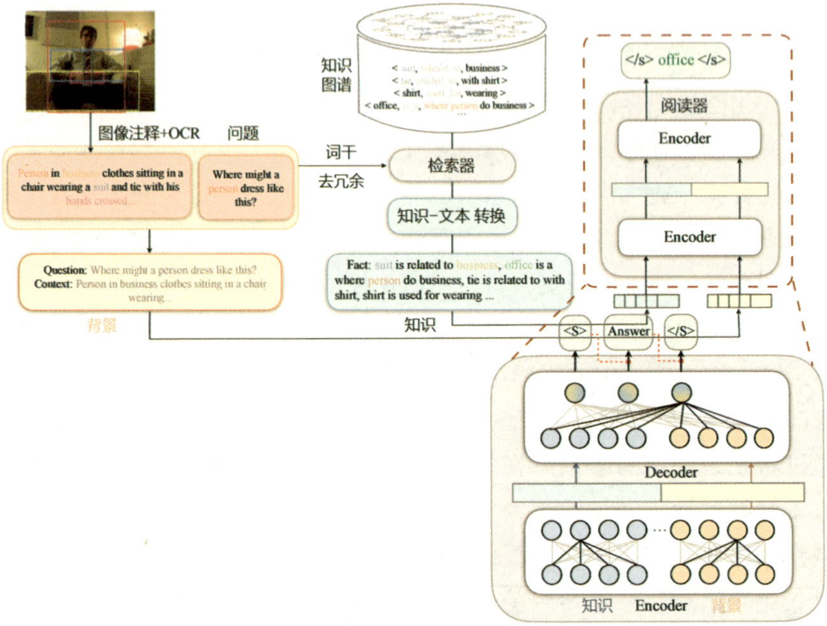

图 9-6　基于知识检索的常识 VQA LaKo[243]

基于嵌入的检索[244]。随着机器学习技术的发展，许多系统开始采用基于向量的嵌入技术来提高检索效果。这包括将文本、实体和关系转换成高维空间中的向量，然后通过计算向量之间的相似度来检索信息。这种方法可以处理语义上相似但表述不同的概念，提高检索的准确性和灵活性。

基于学习的检索[243, 245, 246]。更先进的检索方法涉及使用预训练的语言模型（如 BERT 或 GPT）来生成检索的查询，或直接从大规模语料库中提取相关信息。这种方法可以理解和处理更复杂的查询，同时能够利用语言模型理解自然语言的能力，提取出更丰富的语义信息。

跨模态检索[247]。在多模态学习任务中，跨模态检索尤为重要。这涉及将文本查询与图像、视频等非文本数据关联起来。例如，系统可能需要理解图像内容，并将其与文本问题中的信息结合起来，从而从知识库中检索出最相关的信息。

动态检索。随着对话或交互过程的进行，系统可能需要不断地更新其检索的策略和焦点，以适应问题的变化和对话上下文的发展。这要求系统具有较强的适应能力和实时处理信息的能力。

知识检索面临以下挑战：首先，知识覆盖面有限，即使知识库庞大，仍可能出现信息不全的情况，系统需具备推理能力，以通过已有知识推测或生成缺失信息；其次，知识时效性尤为重要，特别是在处理实时数据或当前事件时，知识库信息可能未及时更新，系统需能快速接入实时数据源或更新知识库；再次，从非结构化数据源检索时可能引入噪声和错误信息，如何精确提取相关知识是关键挑战；另外，在多模态推理中，系统需整合和理解文本、图像、音频等多模态信息；最后，处理复杂查询时，系统需具备更高的自然语言处理能力，能有效理解和检索涉及多个概念和关系的复杂查询。

2. 知识表示

知识表示涉及选择适当的格式，将符号性知识图谱与多模态大模型整合，这种决策对于有效地将知识融入多模态推理任务至关重要。例如，一些研究将知识图谱中的实体和关系视为单词，使用嵌入方法如 Glove 将它们转换为连续向量[232]。常见的知识表示方法如下。

符号表示法。在传统的知识图谱中，知识通常以符号的形式表示，如实体、关系和属性。这种方法依赖明确的逻辑结构和预定义的语义，使知识的组织和查询变得非常直观。然而，符号表示法在处理模糊性或非结构化数据时可能存在限制。

嵌入表示法[248, 249]。为了更好地处理语义信息并支持复杂的推理任务，许多研究采用嵌入技术将知识图谱中的实体和关系映射到连续向量空间中。这种表示方法可以通过机器学习模型来学习，使相似或有关联的实体在向量空间中距离更近。嵌入表示法不仅能提高知识处理的灵活性，还能有效地支持跨模态数据的整合。

图结构表示法[250]。考虑到知识图谱本身就是一种图结构，使用图神经网络（Graph Neural Network，GNN）等技术直接在图上进行学习和推理，是一种自然而有效的表示方法。这种方法可以直接利用实体间的关系来保持知识的结构性，同时利用神经网络强大的学习能力来提取深层次的特征。

混合表示法。在某些复杂的应用场景中，单一的表示方法可能难以满足需求，而混合表示法结合了符号表示、嵌入表示和图结构表示等多种方法的优势，可以更全面地捕捉知识的多维度信息。例如，可以将实体的符号属性和通过嵌入学习到的向量属性结合起来，以此来丰富实体的语义表达。

序列化文本表示法。随着预训练语言模型如 BERT 和 GPT 的普及，许多研究开始探索使用这些模型处理序列化的文本表示知识。可以利用这些强大的模型将知识图谱中的实体和关系转化为自然语言句子，以此来提取知识的深层次语义，如图 9-6 所示。

知识表示在多模态学习任务中面临诸多挑战。首先，不同模态的数据具有不同的特性和表达形式，因此如何有效地融合来自图像、文本和知识图谱等不同模态的信息，是知识表示的核心问题，设计一个统一且有效的表示框架成为当前研究的热点。其次，知识库内容不断变化，随着时间推移和数据积累，新的知识需要被添加，而旧的知识可能需要更新或删除，因此在动态环境中维持知识的时效性和准确性，同时确保知识表示的稳定性，是一个复杂的技术挑战。最后，随着知识图谱规模的增大，保持知识表示的效率和可扩展性也愈发重要，大规模知识处理对高效算法和计算资源提出了更高的要求，这给算法设计和硬件设施都带来巨大挑战。

3. 知识感知的模态交互

知识感知的模态交互是多模态推理的核心，反映了人类在理解世界时如何应用知识。这个阶段可能涉及直接合并多模态向量，通过多层感知机等方法实现模态交互[232]。常见的模态交互技术如下。

向量融合技术[251]。在许多知识感知的多模态学习任务中，常见的做法是将不同源的数据转换为向量形式，然后通过各种融合技术进行整合。常用的方法包括向量拼接、向量加权和、向量乘积等。这些方法虽然技术成熟，但可能需要辅以更复杂的网络结构来处理融合后的高维信息。

注意力机制[252]。注意力机制在多模态学习中的应用已经非常广泛，它可以有效地为不同部分的信息赋予不同的权重，从而突出对当前任务更为重要的信息。在知识感知的模态交互中，注意力机制不仅可以应用于文本和图像，还可以扩展到知识图谱中的实体和关系，以强化模型对知识的利用效率。

图神经网络[250]。鉴于知识图谱本身的图结构特性，使用图神经网络处理知识图谱中的数据成了一个自然而有效的选择。通过图神经网络，可以在保持知识结构的同时，有效地编码实体间的复杂关系，并将这种结构化知识与其他模态的数据进行交互。

跨模态融合网络[253]。为了更好地处理和融合来自不同模态的数据，跨模态融合网络被设计用来学习不同模态之间的相互关系和相互依赖性。这类网络通常包括多个模块，每个模块处理一种模态的数据，通过网络中的交互层将不同模块的信息融合在一起，实现更深层次的信息整合。

序列模型与生成模型[254]。在一些复杂的多模态任务中，如视觉对话或自动内容生成，模态交互不仅需要处理静态的数据，还要处理序列数据。在这些情况下，序列模型（如 LSTM 或 Transformer）和生成模型（如 GAN 或 VAE）可以用来处理时间序列的数据并生成新的内容。

模态交互面临多重挑战。首先是模态差异性问题，不同模态的数据具有本质的差异，例如图像是连续的视觉信号，文本是离散的语言符号，知识图谱则是结构化的关系数据，设计能够跨越这些差异的交互机制是实现有效模态交互的关键。其次是在多模态交互过程中，如何确保不同模态的数据在时间和空间上正确对齐，尤其是在处理视频和语音等时序数据时，数据同步问题显得尤为重要。随着模型和任务的复杂度增加，模态交互的计算成本也在上升，如何在保证交互效果的同时有效控制计算成本，是实现实用多模态系统的一大挑战。

4. 知识感知的答案确定

在生成和预测答案的过程中，知识感知的答案确定起着关键作用。此阶段常与知识感知的模态交互阶段重叠，特别强调这两个方面的关联性。答案确定的关键方法如下。

信息提取[247, 255]。在某些知识问答系统中，答案可以直接从知识图谱或相关文档中提取。例如，通过解析问题关键词和图像内容，系统可能会从知识库中查找与之相关的实体或属性，然后直接将这些信息作为答案。这种方法常见于需要精确事实回答的场景。

分类方法[256, 257, 258]。在许多视觉问答任务中，对于选择题形式的问题，答案的确定往往是一个分类问题。这里涉及的是使用机器学习分类器，如支持向量机、深度神经网络等，来预测问题的答案。模型通常会根据问题和图像内容及相关的知识，输出一组可能的候选答案，然后选择最合适的一个。

基于规则的决策[242]。在一些特定的应用中，答案可能通过一系列预定义的规则来确定。这些规则基于专家知识和先前的经验，指导模型如何根据检索到的信息来生成或选择答案。例如，在医疗诊断系统中，基于患者的临床指标和相关医学知识，系统可能会通过一套复杂的逻辑判断来推荐治疗方案。

生成方法[259]。对于开放式的问答任务，答案可能不是简单选择或直接提取的，而需要生成一段连贯的文本。在这种情况下，可以使用自然语言生成技术，如序列到序列的模型（Seq2Seq）、注意力机制、Transformer 等，根据问题的内容和相关的知识来生成答案。

混合方法[260]。在实际应用中，以上方法往往会结合使用。例如，系统可能先使用分类方法来缩小答案的范围，再通过生成方法来精细化答案的表述，或者在生成答案后使用规则进行校验和优化，如图 9-7 所示。

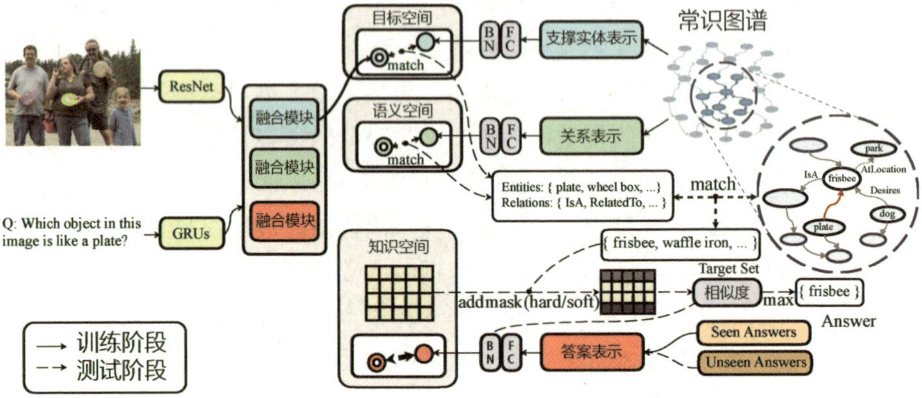

图 9-7 基于知识图谱掩码的常识 VQA 答案确定[260]

答案确定阶段面临的主要挑战包括答案的准确性和可靠性、一致性和连贯性，以及多模态数据的整合。首先，确保系统提供准确且可靠的答案不仅依赖强大的算法和大量的训练数据，还需要有效的验证和调整机制。其次，在生成文本答案时，维持答案的逻辑一致性和语言连贯性是一个重要问题，这要求模型不仅要理解单个问题或知识点，还要把握整个对话或文档的上下文。最后，在多模态任务中，整合来自不同模态的信息以支持答案的确定也是一个技术难点，特别是在视觉问答中，系统需要同时处理文本问题和图像内容，并将这些信息与相关知识结合起来，生成合适的答案。

9.3.3 典型案例：知识增强多模态视觉问答

传统的 VQA 方法主要关注图像中的显性信息，缺乏对开放场景的理解能力，当答案不在图像中，而需要依赖外部知识时，这些方法显得力不从心。针对这种问题，研究者提出了零样本 VQA（ZS-F-VQA[260]），该模型试图在训练样本中从未出现过的对象、问题或答案上进行预测，这要求模型具有利用外部知识的能力。他们提出了一种基于知识图谱的 ZS-VQA 算法，并引入了一种基于掩码的学习机制，以更好地整合外部知识。这种方法的核心思想是将 VQA 任务从传统的分类任务转变为基于映射的对齐任务，以处理未见过的答案预测。如图 9-8 所示，具体而言，该研究工作提出了以下几个关键步骤。

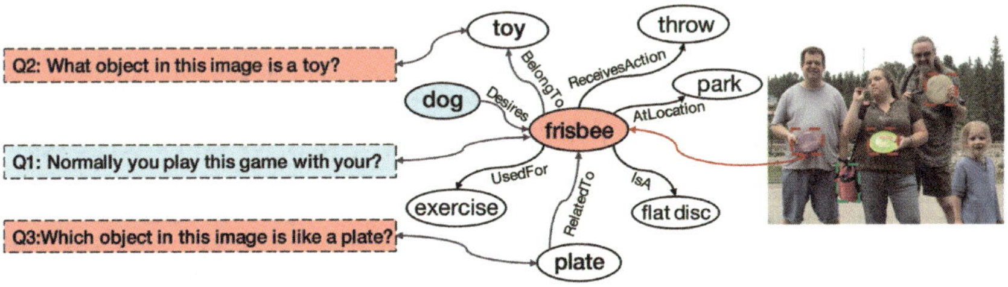

图 9-8 基于知识图谱的零样本常识视觉问答（ZS-F-VQA）[260]

- 特征映射空间学习：分别学习语义空间（关于关系）、对象空间（关于支持实体）和知识空间（关于答案）的特征映射。每个空间用于对齐图像问题对（I-Q 对）的联合嵌入与相应目标的映射。
- 掩码策略：根据知识图谱中的事实三元组，使用硬掩码或软掩码调整答案的预测分数，这能够有效缓解管道模型的错误级联问题。
- 知识图谱的使用：在 VQA 任务中，使用知识图谱三元组的知识迁移结合掩码策略来提供外部常识知识以辅助答案预测。

现有的基于知识的 VQA 方法通常侧重于更好地结合外部知识，而忽视了视觉特征的充分利用。许多方法仅使用整个图像或滑动窗口的方式提取视觉特征，用于检索外部知识，却忽略了对象区域之间的重要关系。此外，在最终的回答模型中，这些方法并未充分利用视觉特征，常常将问题和检索到的知识融合为一个纯粹的自然语言处理模型。REVIVE[261]的核心在于，理解对象及其之间的关系对于基于知识的 VQA 至关重要。REVIVE 的方法流程如图 9-9 所示。

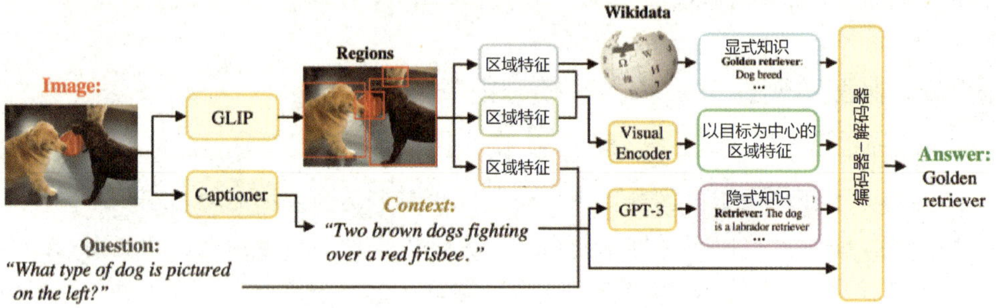

图 9-9 REVIVE 的方法流程

具体而言，REVIVE 包含了以下几个关键模块。

- 区域特征提取模块。REVIVE 方法的第一步是区域特征提取。给定一张图像，首先，使用对象检测模型 GLIP 来确定对象区域的位置。然后，通过对图像的裁剪获取区域提案，从这些区域中提取对象中心的视觉特征。这些视觉特征以及对象的位置信息将被用于进一步的知识检索。最后，通过视觉语言模型 CLIP 为每个区域提案生成标签描述，从而获取更丰富的语义信息。
- 对象中心的知识检索模块。REVIVE 方法结合了显式知识和隐式知识的检索功能。显式知识主要是从外部知识库（如 Wikidata）中获取相关的事实和描述。具体来说，将区域特征与知识库中的条目进行匹配，获取与区域提案最相关的知识条目作为显式知识。对于隐式知识，REVIVE 使用 GPT-3 等大模型，通过文本提示生成可能的答案及其解释。这些提示包括区域标签、问题和上下文等信息，以确保检索到的隐式知识与图像内容和问题密切相关。
- 编码器-解码器模块。在获取显式和隐式知识及区域信息后，REVIVE 将这些信息融合到一个基于 Transformer 的编码器-解码器模型中。具体来说，显式知识、隐式知识和区域特征通过各自的编码器编码为向量表示，并与上下文感知的问句一起输入解码器中生成最终的答案。

REVIVE 方法通过区域特征提取、显式知识和隐式知识检索，以及基于 Transformer 的编码器-解码器模型，实现了对复杂视觉问题的准确回答。外部知识如 Wikidata 在其中扮演了关键角色，尤其在显式知识检索中，通过提供结构化的背景信息，能够使模型有效匹配和关联区域特征与外部知识库中的条目，从而提高模型对新信息的理解和推理能力。最终，结合起来的外部知识与隐式知识，在编码器-解码器模块中得到了充分利用，生成了更为精准和连贯的答案。

9.4 知识增强跨模态检索

9.4.1 跨模态检索与知识图谱

跨模态检索（Cross-Modal Retrieval，CMR）是多模态学习中的重要任务，其目的是根据一种模态的查询来获取另一种模态中的相关数据。跨模态检索的核心挑战在于如何在不同模态之间建立有效联系，使模型能够理解和匹配这些异构信息。例如，模型需要通过文本查询检索相关图像，或通过给定图像查找对应的文本描述。跨模态检索被广泛应用于图像与文本配对、视频内容索引及多媒体信息的综合搜索等领域。为了实现这个目标，模型必须能够理解不同模态的特征，并将它们投影到一个共享的表示空间中，在这个空间中，不同模态的特征可以通过计算相似度来确定查询与候选数据之间的匹配度。这种表示学习方法允许模型基于特征相似性进行检索，而不直接比较原始数据。为此，模型不仅需要具备单一模态特征的提取能力，还需要能够捕捉跨模态的关系和交互。

例如，在从图像到文本的检索任务中，模型需要识别图像中的视觉元素，如物体、场景和动作，并将这些信息与相应的文本描述联系起来。相反，在从文本到图像的检索中，模型需要解析文本描述中的关键内容，并找到与之对应的视觉内容。通常，模型会使用卷积神经网络提取图像特征，并使用循环神经网络或Transformer 编码文本信息，之后通过余弦相似度、欧几里得距离等相似性度量，在共享表示空间中进行匹配。

跨模态检索任务不仅依赖外观信息，还依赖非视觉属性，利用背景知识图谱来实现更接近人类语义理解的检索，可以大大提高模型的检索能力和理解深度。知识图谱作为一种结构化的知识库，包含大量的实体和关系，可以为跨模态检索提供丰富的语义信息和背景知识。以下是知识图谱在跨模态检索任务中的主要应用价值。

丰富的背景知识支持。知识图谱能够提供丰富的超出视觉信息的背景知识。例如，在图像中识别出一个物体时，模型不仅可以获取物体的外观特征，还可以利用知识图谱中的信息了解物体的功能、用途、相关事件等。这种背景知识的补充使模型能够在检索过程中更好地理解和匹配不同模态的数据。例如，当用户搜索“航天员”的图像时，知识图谱可以提供相关的历史事件、著名航天员的名字等，从而帮助模型更精准地检索相关的图像。

增强语义理解和推理能力。跨模态检索不仅需要表面上的匹配，还需要深层次的语义理解。知识图谱通过其结构化的关系网络帮助模型进行语义推理。例如，当文本描述中提到“高个子运动员扣篮”时，模型可以通过知识图谱理解“扣篮”与“篮球”的关系，从而更准确地检索包含篮球运动的图像。知识图谱中的语义关系和类别层次结构可以帮助模型更好地捕捉模态之间的语义关系，提高检索的准确性。

处理模糊和隐喻信息。文本描述中的信息有时可能是模糊的或隐喻性的，而这些信息通常难以通过简单的视觉特征匹配来实现。例如，描述一个“铁人三项运动员”时，模型需要理解“铁人三项”包括游泳、自行车和跑步。知识图谱可以提供这些活动的详细信息，使模型能够在图像检索中更准确地找到相关的运动图像。这种对于隐喻和模糊信息的处理能力，使模型能够更好地应对实际应用中的复杂查询。

改善长尾现象。在跨模态检索中，长尾现象是一个常见的问题，即少数频繁出现的对象或概念占据了大部分数据，而多数对象或概念则相对稀有。知识图谱通过提供这些稀有对象的详细信息，帮助模型更好地理解和匹配长尾对象。例如，在搜索涉及特定文化或历史背景的图像时，知识图谱可以提供相关的文化习俗、历史事件等背景信息，从而提高检索结果的相关性和准确性。

跨模态检索任务通过结合多模态特征和知识图谱，显著提高了检索模型的理解能力和精准度。知识图谱在其中扮演了关键角色，不仅提供丰富的背景信息和语义支持，还增强了模型的语义推理和长尾现象处理能力，使跨模态检索在实际应用中变得更加可靠和有效。

9.4.2 典型案例：知识增强多模态语义检索

尽管现有方法在利用视觉语义嵌入和单模态知识（如文本知识）来连接图像和文本方面表现出了有效性，但它们往往忽视了图像和文本之间的隐含多模态知识关系。这种忽视会在图像包含文本中未直接描述的信息时，阻碍模型连接图像和文本的能力。为了解决这种问题，研究者提出了 MKVSE（Multimodal Knowledge Enhanced Visual-Semantic Embedding），即一种多模态知识增强的视觉语义嵌入方法，如图 9-10 所示。

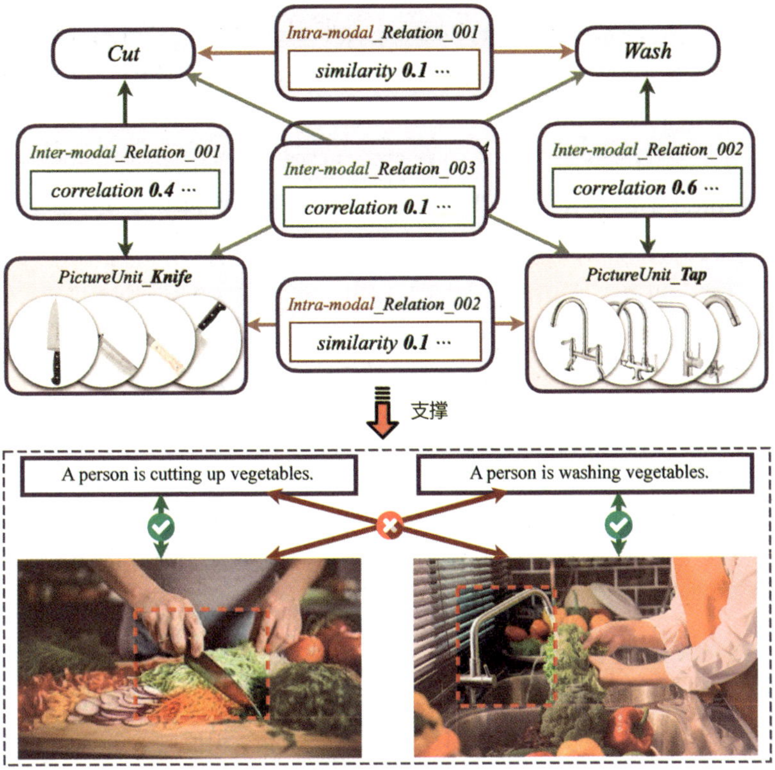

图 9-10　多模态知识增强的视觉语义嵌入方法

MKVSE 通过多模态知识图谱显式表示隐含的多模态知识关系，并将其注入视觉语义嵌入，以支持图文检索任务。MKVSE 的主要创新点在于提出了多模态知识图谱和多模态图卷积网络（Multimodal Graph Convolution Networks，MGCN），具体方法包括以下几部分。

（1）**全局嵌入**。MKVSE 为每个输入图像和文本生成全局特征表示。

- **图像的全局嵌入**：通过 Bottom-Up and Top-Down（BUTD）注意力模型检测显著区域，选择置信度最高的前 36 个兴趣区域。提取每个区域的特征向量，并通过全连接线性投影，将这些特征投影到 D 维空间中，最终通过池化函数生成图像的全局嵌入。
- **文本的全局嵌入**：使用预训练的 BERT 模型提取单词表示，并将这些表示投影到 D 维空间中，使用相同的池化函数生成文本的全局嵌入。

（2）**多模态知识图谱**。多模态知识图谱用于显式表示图像和文本之间的隐含关系，包括模态内语义关系和模态间共现关系。

- **实体**：从 Visual Genome 数据集中选取最频繁出现的图像对象和文本单词作为实体，文本实体由 GloVe 嵌入表示，图像实体则表示为同类别特征的平均池化。
- **关系**：计算实体之间的共现关系矩阵和路径相似度矩阵，路径相似度通过 WordNet 的路径相似度计算得出，以便在语义空间中区分其他实体。

（3）**多模态图卷积网络（MGCN）**。多模态图卷积网络用于在多模态知识图谱上进行推理，以充分利用隐式多模态知识，包括以下两个步骤。

- **单模态关系推理**：在图像和文本实体上分别进行推理，生成语义空间中区分其他实体的语义特征。
- **跨模态关系推理**：在整个多模态知识图谱上进行推理，连接基于共现关系的多模态实体，生成所有实体的表示。

（4）**嵌入增强**。通过使用多模态知识图谱中的实体嵌入增强输入图像和文本的全局嵌入。具体来说，采用多头注意力机制，将输入图像和文本的全局嵌入与多模态知识图谱的实体嵌入进行编码，生成增强的嵌入。这种增强方式有助于注入多模态知识关系，使模型能够学习文本和图像之间的隐含连接，提高图文检索的性能。

MKVSE 通过引入多模态知识图谱和多模态图卷积网络，将隐含的多模态知识关系注入视觉语义嵌入，显著提高了图文检索任务的性能。它通过全局嵌入、多模态知识图谱构建和嵌入增强，增强了模型对图像和文本之间隐含关系的理解，使其在面对复杂多模态数据时，能够更准确地进行检索。

9.5 知识增强低资源多模态学习

9.5.1 低资源学习与知识图谱

多模态分类任务旨在利用来自不同信息源的数据对特定对象或目标进行分类，这些信息源通常包括文本、图像、音频等不同模态的数据。每个模态都提供特定的特征信息，例如图像的视觉特征或文本的语义信息。然而，传统的机器学习或深度学习技术依赖大量的训练样本来训练模型，这在实际应用中常常难以实现，特别是在数据呈长尾分布或者随时会出现新类别的开放域场景中。在这种情况下，数据通常是低资源的，模型难以获取足够的训练样本进行预测。为应对这种挑战，低资源学习被提出，包括少样本学习和零样本学习。少样本学习处理的是数据量少的情况，零样本学习则在没有训练样本的情况下，通过知识迁移实现对新类别的分类。

在低资源多模态学习中，传统方法主要依赖映射基方法、数据增强方法和传播基方法来实现分类性能的提高。映射基方法通过将图像和基于知识图谱的类语义映射到一个共享的向量空间，使模型能够在没有大量样本的情况下仍能识别新类别。数据增强方法通过生成未见类的图像或特征来扩展训练数据集，以解决样本不足的问题。而传播基方法利用类间关系，通过知识图谱中的语义关联，将已知类别的知识传递到未见类别，提高模型的分类能力。

知识图谱作为一种外部知识资源，在低资源多模态学习中具有以下重要作用。

（1）**丰富语义关系**。知识图谱描述了类别之间的语义关系，辅助模型实现知识迁移。例如，知识图谱可以通过将“斑马”描述为一种具有马形身体、虎纹条纹和黑白颜色的动物，帮助没有见过斑马图像的模型推断其外观[262,263,237,264,265,266]。

（2）**增强特征迁移**。在特征迁移方法中，知识图谱提供了类间的语义关联，帮助模型更好地理解和传递特征，从而实现对新类别的准确分类。

（3）**支持零样本学习**。知识图谱作为外部知识来源，弥补了训练数据的不足，为模型提供关于新类别的背景信息，增强了模型在零样本情境下的推理能力。

（4）**改进数据增强方法**。知识图谱有助于生成语义上相关的样本，改进数据增强方法，通过提供关联特征和类间关系，生成更具代表性的未见类样本。

知识图谱在低资源多模态学习中，通过提供丰富的语义信息和特征关联，显著提高了模型在少样本和零样本学习中的表现。它不仅支持知识迁移和特征传递，还改进了数据增强方法，使模型在面对新类别和数据稀缺问题时，仍能进行准确的分类预测。

9.5.2　典型案例：知识增强的零样本学习

下面介绍一个知识增强零样本分类的典型实例。OntoZSL 是一个知识增强零样本分类的典型实例，该框架将本体作为先验知识，不仅包含类别的文本和结构描述，还通过生成模型（如生成对抗网络）为未见类生成训练样本。OntoZSL 的核心包括四部分：本体编码器、特征提取器、生成模型和零样本分类器，这四部分共同构成了一个完整的 ZSL 框架，用于图像分类和知识图谱补全任务。

1．本体编码器

本体编码器的主要功能是从本体中学习类别的语义表示（Class Embeddings）。

具体来说，本体由概念节点（如图像类别、图像属性等）、属性边（如类别之间的关系）和 RDF 三元组（如类别的定义和描述）组成。为了将这些信息嵌入统一的向量空间中，论文提出了一种文本感知的本体嵌入技术。该技术将结构化的 RDF 三元组和文本描述嵌入一个共同的空间中，并通过三元组的得分函数来优化这些嵌入。

本体编码器的具体步骤包括：首先使用 TransE 方法对本体中的(c_i, p, c_j)三元组执行嵌入计算，得分函数为$f_{\text{TransE}}(c_i, p, c_j) = -\| c_i + p - c_j \|$。然后对本体中的文本描述进行编码，并将其映射到与结构化嵌入相同的空间，通过交叉和加和的得分函数将两种嵌入类型融合在一起。最后将结构化嵌入和文本嵌入拼接在一起，形成最终的类别嵌入。

2. 特征提取器

特征提取器的功能是从图像中提取真实数据的表示。在零样本图像分类任务中，论文采用了预训练的 ResNet101 来提取图像的特征。这些特征将作为生成模型的参考数据。

3. 生成模型

OntoZSL 框架中的生成模型基于典型的生成对抗网络结构。生成器（Generator）和判别器（Discriminator）是 GAN 的两个核心组件。生成器生成的特征来自随机噪声和类别嵌入，判别器则用于区分生成的特征和真实的特征。具体来说，生成器的损失函数由三部分组成：Wasserstein 损失、分类损失和支点正则化，正则化用于调整生成特征的类间区分度。判别器的损失函数则包括 Wasserstein 距离和梯度惩罚，用以确保判别器的 Lipschitz 约束。

4. 零样本分类器

通过训练好的生成器，OntoZSL 能够生成未见类的样本特征。然后，这些生成的特征可以用于训练一个标准的 Softmax 分类器来预测未见类的测试样本。在标准的 ZSL 设置中，只对未见类进行分类，而在广义 ZSL 设置中，同时对已见类和未见类进行分类，如图 9-11 所示。

OntoZSL 框架通过本体编码器从本体中学习类别的语义表示，并结合特征提取器从图像中提取真实数据的特征，然后利用生成模型基于生成对抗网络生成未见类的样本特征，最终通过零样本分类器进行分类。在零样本图像分类任务中，OntoZSL 不仅能够在未见类出现时提供合理的分类结果，还能通过知识图谱补全任务展现其优势。通过本体编码器、特征提取器、生成模型和零样本分类器的协同工作，OntoZSL 为零样本分类任务提供了一个有效的解决方案。

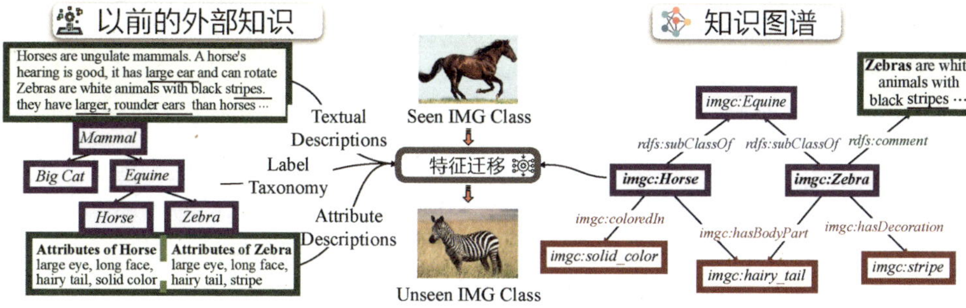

图 9-11　知识图谱引导的零样本图像分类[236]

9.6 知识增强多模态生成

9.6.1 多模态生成任务概述

多模态生成任务是指利用多个模态的数据源（如文本、图像、音频等）生成目标内容的任务。模型在这些任务中不仅需要理解和处理输入数据的多种形式，还需要生成新的内容，如文本、图像、视频等。例如，文本到图像生成任务要求模型根据输入的文字描述生成相应的图像，图像描述生成任务则从图像中提取信息并生成对应的文字描述。这些任务的核心挑战在于如何跨模态有效传递信息，并确保生成内容的连贯性和准确性。随着深度学习技术的进步，以及生成对抗网络、变分自编码器和注意力机制等技术的应用，多模态生成任务在自然语言处理和计算机视觉领域得到了广泛关注，效果显著提高。

在多模态生成任务中，知识图谱作为一种结构化的知识存储方式，发挥着关键作用。它不仅提供了丰富的背景知识，还能帮助模型进行语义推理和逻辑推断，从而提高生成内容的质量和连贯性。知识图谱具有从视觉图像或文本描述生成文本、视觉对象或图形数据的能力。此外，知识图谱通过引入从概念网络中检索的三元组，增强词生成阶段的潜在词汇概率，从而提高描述的语义深度。以下是知识图谱在这些任务中的主要价值。

- **提供背景知识和语义理解：** 知识图谱为图像中的对象、动作和场景提供先验知识，帮助模型生成更为准确和丰富的描述。
- **提高稀有和长尾数据的处理能力：** 知识图谱提供稀有对象或场景的丰富信息，填补数据集的空白，优化生成效果。

- **支持逻辑推理和事实核查**：知识图谱支持逻辑推理和事实核查，确保生成内容的真实性和准确性。

例如，在图像描述（Image Captioning，IC）任务中，知识图谱可以提供必要的先验知识，帮助构建语义图，从而生成有意义的描述，特别是在视觉元素不明显的情况下。此外，知识图谱还能弥补图像标准描述的不足，通过提供事实核查支持，增强生成内容的质量。具体来说，知识图谱在图像描述生成中通过实体链接和符号规则直接融入描述模型，结合概念间的共现分数，指导语义图的构建和描述的生成。例如，检测到的视觉概念可以与知识图谱中的相关事件进行匹配，然后使用自然语言生成工具从预定义规则构建的场景描述图生成描述。

又如，视觉叙事（Visual Storytelling，VST）将一系列图片转换为连贯的故事，要求模型识别单个图片的内容并理解跨图片的上下文。知识图谱在此过程中提高了生成叙事的多样性、合理性和连贯性。如将图像中的概念与背景知识图谱链接，通过高级模型为生成连续故事提供支持，或者改进句子生成和故事质量评分。

多模态生成任务受益于知识图谱的引入，知识图谱通过提供语义背景、逻辑推理和事实核查，显著提高了任务的内容质量和生成效果。知识图谱的应用不仅丰富了模型的理解能力，还提高了生成的连贯性和合理性。

9.6.2 典型案例：知识增强视觉叙事

这里以知识增强视觉叙事（KG-Story[267]）为例介绍知识增强多模态生成的常见思路。

现有的视觉叙事方法主要依赖单一的训练数据集，生成的故事往往单调且缺乏词汇多样性。视觉叙事的挑战之一在于如何在图像之间建立有意义的关系，进而生成连贯的故事。大多数现有方法将其视为一个顺序图像字幕生成问题，忽略了图片之间的关联，这导致生成的故事较为分散，不连贯。

为了解决这些问题，KG-Story[267]框架利用外部知识图谱来丰富故事生成模型，使其能够生成更有趣的故事。KG-Story 包括三个主要阶段：单词提取（distill）、单词丰富（enrich）和故事生成（generate）。该方法不仅在丰富阶段使用外部资源，还在提取和生成阶段利用这些资源，从而最大限度地利用外部知识来提高故事的质量。单词提取阶段提取图像相关词汇并减少冗余，单词丰富阶段通过知识图谱关联图像和概念，确保叙述逻辑性，故事生成阶段采用位置编码和回指生成技术，增强故事的结构性与流畅度。以下是对每个阶段的详细描述。

1. 单词提取

在这个阶段，KG-Story 从每张输入图像中提取代表性词汇。这个步骤的目的是从图像中提取与故事生成相关的概念词汇。具体而言，采用预训练的 Faster R-CNN 作为图像特征提取器，并使用 Transformer-GRU 模型作为术语预测器。

（1）图像特征提取。使用 Faster R-CNN 从图像中提取特征，特别是置信度最高的前 25 个物体的特征，从而降低计算复杂度。

（2）术语预测。将提取的图像特征输入 Transformer 编码器和 GRU 解码器，结合注意力机制进行术语预测。为了解决故事生成中的冗余问题，KG-Story 引入了句内重复惩罚，在集束搜索中计算每个术语的分数时，会对重复的术语进行惩罚。

2. 单词丰富

在这个阶段，KG-Story 使用外部知识图谱来丰富从输入图像中提取的术语集。具体来说，通过以下步骤实现。

（1）关系提取。将从图像序列中提取的术语对进行配对，并在知识图谱中查询所有可能的关系对，得到一跳或两跳关系。这些关系有助于连接图像之间的概念，使故事更加连贯。例如，通过在知识图谱中找到的“毕业生-获取学位”的关系来连接“毕业生”和“学位”这两个术语。

（2）路径选择。使用 RNN 语言模型计算每个关系路径的困惑度（perplexity），选择困惑度最低的路径作为下一步故事生成的输入。此步骤模拟了人类在生成故事时通过想象来连接不相关图像的过程。

3. 故事生成

最后一步是使用经过丰富的术语集生成最终的故事文本。在这个阶段，KG-Story 利用 Transformer 架构生成故事，并进行了三项重要的修改。

（1）长度差异位置编码（Length-Difference Positional Encoding，LDPE）。在原有 Transformer 模型的基础上，加入长度差异位置编码，以处理不同长度的故事。LDPE 允许模型学习生成可变长度故事的能力，克服了传统位置编码的局限性。

（2）回指表达生成（Anaphoric Expression Generation）。采用核心指代替换策略，通过对故事进行核心指代解析，将代词替换为原始实体，增强生成故事中代词的使用能力。这有助于模型生成更加自然的人物描述和更加连贯的故事。

（3）重复惩罚。引入句内和句间重复惩罚，进一步减少故事生成中的冗余现象。在 beam search 中应用惩罚机制，减少了故事文本中的重复词汇，使生成的故事更加流畅。

总体而言，KG-Story 通过整合外部知识图谱，提高了视觉叙事任务的连贯性和多样性，克服了传统方法的局限性，展现了知识增强在多模态生成任务中的潜力。

9.7 知识增强多模态幻觉检测

9.7.1 领域知识与大模型幻觉检测

多模态大模型是用来处理和理解多种输入模式（如文本、图像、音频等）的人工智能系统。这些模型通过整合来自不同模态的信息，能够提供更为丰富和准确的分析结果。多模态大模型与传统多模态模型或者多模态预训练模型最大的区别在于参数量和预训练数据的规模有了大幅提高，与之协同产生的大模型涌现能力使其 AGI 能力比传统模型更加出色。然而，多模态大模型依然存在“幻觉”问题，即模型可能会生成与预期数据不一致或与现实世界知识矛盾的输出，如图 9-12 所示。

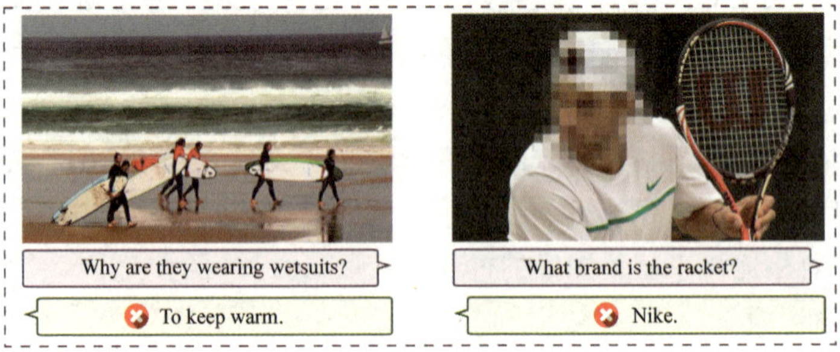

大模型应用到缺乏背景视觉知识的多模态推理任务

大模型应用到缺乏细粒度视觉知识对齐的多模态生成任务

图 9-12 利用多模态知识缓解多模态大模型的幻觉问题[232]

1. 引起多模态大模型幻觉的原因

（1）**数据偏差**。训练数据中的不平衡或偏见可能导致模型在面对未见过的情况时做出错误的推断。模型在训练过程中对数据的误解或不完全理解也可能造成数据偏差。例如，现有的多模态模型往往使用预训练的视觉编码器，这些编码器在处理与训练数据分布不一致的新数据时，可能无法正确理解视觉内容，导致生成与实际情况不符的输出。

（2）**模型架构限制**。尽管多模态模型能够处理不同类型的输入数据，但其内部的融合机制可能不足以完全理解跨模态的复杂关系。在多模态场景中，由于模态之间的复杂交互和对齐误差，这些问题可能会变得更加突出。例如，一个训练不足的视觉语言模型可能会将图像中的对象与错误的文本描述相关联，从而产生不准确或与实际情况不符的输出。

（3）**过度拟合**。模型可能在训练过程中学习到过度特定的模式，而不是通用的规律，导致其在实际应用中无法正确理解新的或变化的情境。许多现有的多模态评估样本并不需要视觉内容即可解答问题，这说明在这些样本的评估中，视觉内容并未真正被利用[268]。此外，数据泄露问题表明，模型训练过程可能无意中包含了评估样本，使模型能够“记忆”这些样本而非真正理解多模态输入。这两个因素都可能导致多模态模型在没有适当视觉输入的情况下也能给出答案，从而产生幻觉现象。

（4）**知识缺乏**。多模态模型在训练时可能没有获得足够的世界知识，使其在面对需要广泛背景知识的任务时表现不佳。知识的整合可以使这些模型不仅能在感知层面上理解数据，还能在语义层面上进行推理和生成，从而实现更深层次的理解和交互。此外，外部知识为模型提供了必要的背景信息和上下文，使模型能够更准确地解释输入数据并产生合理的输出[262]。多模态大模型还特别需要视觉依赖性的知识，来确保在解答问题时不仅仅依赖文本信息[268]。

2. 引入外部知识用于解决多模态大模型的幻觉问题

引入外部知识被认为是解决多模态大模型幻觉问题的有效策略，可以显著增强多模态大模型的性能。

（1）**改善数据理解**。通过引入关于对象、场景、事件的外部知识（如事实数据库、知识图谱等），模型能够更好地理解各种数据之间的内在联系和逻辑，从而提高其输出的准确性和可靠性。LION 模型[269]通过引入双层视觉知识增强，即精细的空间感知视觉知识和高层次的语义视觉证据，来丰富模型的视觉信息处理能力。这种知识的引入，不仅提高了模型对视觉信息的理解能力，也增强了其在多模态任务中的表现能力，如图像描述和视觉问答。

（2）**增强推理能力**。外部知识可以帮助模型完成更复杂的推理任务，如通过比较模型输出与已知事实，识别并纠正那些不符合逻辑或现实的输出。结构化知识（如知识图谱、数据库）的融入能够使模型在执行特定任务（如事实验证、知识问答）时表现出更高的准确性和可靠性。检索与排序增强的方法是通过在多模态大模型中引入外部知识库来增强模型的性能[270]。这种方法不仅提高了模型在面对细粒度和广泛类别时的准确性，也提升了模型在少样本和零样本学习任务中的表现。通过检索相关的类别信息并利用多模态大模型进行精确排序，模型能够更准确地识别和分类图像中的对象。

（3）**训练数据增强**。使用知识丰富的标注可以帮助训练数据覆盖更广泛的情况，减少数据偏差，提高模型的泛化能力。首先，通过对模型输入的知识富集，可以帮助模型建立更准确的语义关联，提高复杂查询的响应质量。其次，知识可以作为一种正则化手段，帮助模型在面对有限或未见过的数据时做出合理的推断[262]。

（4）**交叉模态验证**。知识可以用于验证不同模态之间的一致性，如图像中的文本描述应与视觉内容相匹配[239]。这种交叉验证有助于发现和修正幻觉。

知识图谱在多模态大模型中通过提供丰富的语义背景和逻辑推理支持，显著提高了模型的理解能力和输出准确性。它不仅帮助模型更好地处理复杂的跨模态任务，还有效减少了幻觉现象的发生，使多模态大模型在实际应用中更为可靠和可信。

9.7.2 典型案例：知识引导的多模态幻觉检测

知识引导的多模态幻觉检测是一种利用外部知识和工具来识别和纠正多模态大模型输出中可能出现的“幻觉”问题的方法。幻觉问题指的是模型生成的输出与实际输入或已知事实不符的情况。为了解决这个问题，研究者提出了将幻觉分为模态冲突幻觉和事实冲突幻觉（UNIHD 和 MHaluBench）的统一视角分类方法。模态冲突幻觉指模型输出与其他模态输入不一致的情况，如图像描述中的物体或场景文本与实际图像内容不符；事实冲突幻觉则指模型输出与已知事实不符的情况。

此外，细粒度幻觉检测的关键在于对模型生成的每个具体声明进行评估，而非简单地评估整个响应，从而更准确地识别和解释幻觉的来源。为了增强幻觉检测的可靠性，还引入了多种辅助工具，如对象检测工具、属性检测工具、场景文本识别工具和事实检查工具，这些工具的结合使模型能够更精确地检测潜在的幻觉。

UNIHD 框架如图 9-13 所示，包括以下几个关键步骤。

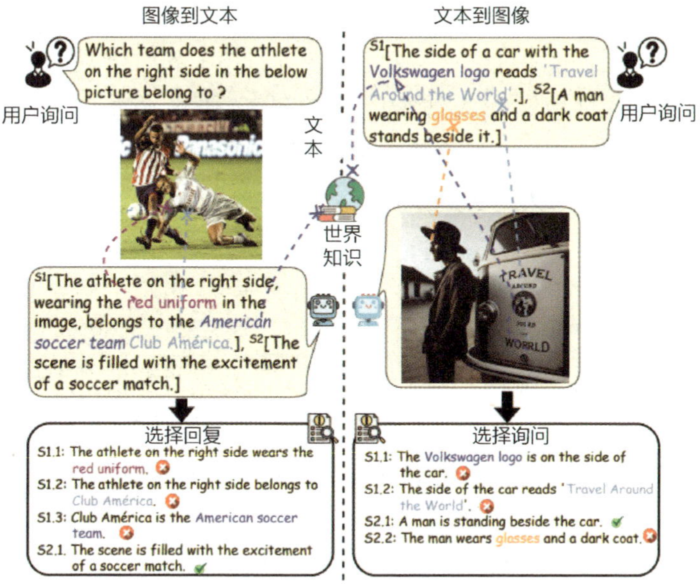

图 9-13　UNIHD 框架

（1）**关键声明提取**。从模型的生成响应中提取核心声明。在图像到文本生成任务中，这些声明来自模型的文本输出；在文本到图像生成任务中，这些声明来自用户的查询。提取这些声明的目的是为后续的工具验证提供具体的验证对象。

（2）**自主工具选择**。对于每个提取的声明，模型生成适当的问题来确定需要使用的工具类型。这个过程涉及生成针对特定声明的问题，并根据问题的类型选择相应的工具。例如，对于一个属性相关的声明，模型会生成类似于“图像中的对象是什么颜色？”的问题，并调用属性检测工具进行验证。

（3）**并行工具执行**。根据生成的问题，相关工具同时执行任务以提供证据。这些工具包括对象检测工具、属性检测工具、场景文本识别工具和事实检查工具，它们分别负责捕捉和验证与声明相关的不同信息。

（4）**幻觉验证与解释**。收集工具输出的证据后，模型对每个声明进行二元分类，判断其是否为幻觉，并提供解释理由。这个步骤确保模型的判断具有合理性和透明度。

UNIHD 框架需要多种工具和技术的结合。对象检测使用如 Grounding DINO 的先进模型，通过输入关键词返回检测到的对象及其位置；属性检测由多模态大模型如 GPT-4V 和 Gemini 实现，用于回答特定属性问题；场景文本识别工具如 MAERec 用于识别图像中的文本，并提取其坐标信息；事实检查则通过 Serper Google Search API 执行，以验证文本的真实性。

总体来说，知识引导的多模态幻觉检测通过引入外部知识和多种工具，提高了多模态大模型在处理复杂输入时的准确性和可靠性。通过细粒度的声明提取、自主工具选择与并行执行，以及透明的幻觉验证与解释过程，该框架为多模态幻觉检测提供了一个强有力的解决方案。

9.8 本章小结

本章深入探讨了知识增强多模态大模型，突出了将知识图谱与多模态学习系统相结合的重要性及潜力。首先探索了多模态学习的基础理论和实践应用。然后详细分析了知识图谱如何与多模态学习相结合，以提高模型的理解和推理能力。最后对知识图谱支持的多种多模态任务进行了阐述，包括分类、推理、生成和检索等，展示了知识图谱在提高多模态学习效果中的关键作用。尽管目前的成就颇为显著，但知识增强多模态大模型的发展仍面临多方面的挑战。

（1）**自动化知识获取与更新**。未来的研究可以探索如何自动化地从多模态数据中提取和更新知识图谱，以保持知识的时效性和准确性。包括利用机器学习技术自动识别和归纳新的知识，以及实时更新知识图谱中的信息。

（2）**多模态知识图谱增强的多模态大模型**。未来的多模态知识图谱应更深入地整合文本、图像、声音等多种模态的知识，构建更加全面和细致的语义网络[271]，如图 9-14 所示。例如，通过深层次语义解析和实体关系抽取，将不同模态中表达的相同实体和事件关联起来，形成统一的、多维度的知识表示。这种深度集成能够帮助模型更好地理解在不同情境下相同知识的多种表现形式，提高模型的泛化能力并扩大模型的应用范围。

（3）**深层次知识理解与推理**。在多模态学习中进一步融入复杂的推理机制，使模型不仅能使用知识图谱完成基础的分类或检索任务，还能进行更高级的抽象思维和推理。例如，通过构建能够进行因果推理和假设验证的模型，可以更好地处理更复杂的问题。

（4）**跨模态知识融合的创新方法**。探索新的算法或框架，更有效地整合来自不同模态（如文本、图像、声音等）的知识。这不仅需要改进现有的数据融合技术，还需要创新设计能够处理和理解大规模跨模态数据的知识图谱。

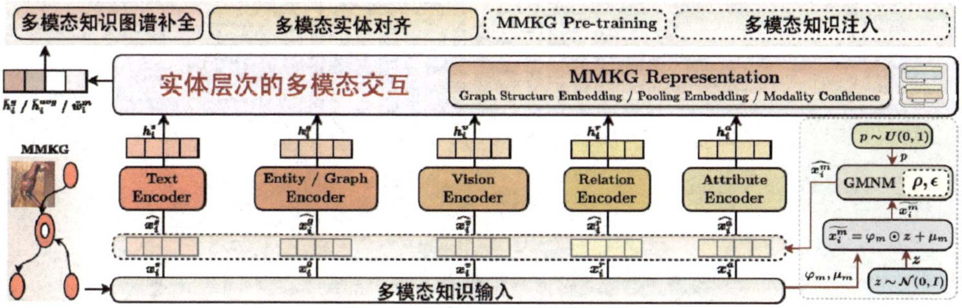

图 9-14 多模态知识图谱增强的多模态大模型[271]

（5）**应用于新兴技术领域**。随着技术的发展，知识增强的多模态学习可以被应用于更多领域，如智能机器人、自动驾驶汽车及个性化医疗等，每个领域都能从结构化的知识和多模态数据处理中获益。

（6）**伦理、隐私和安全性问题**。在设计和实现知识增强的多模态模型时，需要充分考虑伦理和隐私保护问题。确保技术的发展不仅能遵循科技伦理标准，还能保护用户的数据安全和隐私。

最后，未来的发展不仅需要技术上的突破，还应注重跨领域的合作和应用场景的拓展。随着知识增强多模态大模型在各个领域的深入应用，有望看到更多智能系统在实际任务中表现出更高的效率和精确度。

第 10 章 CHAPTER 10

知识智能体与世界模型

ChatGPT 主要实现的是机器与人之间的智能交互，而 AGI 的终极目标是实现机器与人、机器与环境，以及机器与机器之间的全方位智能交互。智能体（Agent）在人工智能中泛指具象化的智能个体。具身智能体是指物理存在，具备智能感知能力，并可以与环境互动的人工智能系统，如人形机器人。未来的人工智能系统当然不是单一的大模型系统，而是多智能体相互协作，服务于人，且能够与环境充分交互的系统。从“知识”的角度来看，每个智能体都应该拥有自己的知识库，以及对知识库进行操作的能力。

本章重点探讨知识库和 AI 智能体之间的关系，特别是在知识增强单个智能体的规划能力以及知识增强多智能体的协同能力方面，介绍了一些研究工作。大模型智能体是正在飞速发展的新领域，而利用知识库来增强大模型智能体的能力还处于初始阶段。因此，本章的内容将着眼于前沿展望。同时，作为本书的最后一章，本章还从大模型的知识机制、知识增强的具身智能体和世界知识模型三个方面，结合“符号知识”对未来人工智能进行了展望。

10.1 概述

AI 智能体（Artificial Intelligence Agent）是指能够自主感知环境、进行决策并采取行动以实现某种目标的人工智能系统。智能体通常具备以下特征。

- 感知能力：通过虚拟或物理的传感器收集虚拟或物理环境信息。
- 推理与规划能力：基于收集的环境信息，通过算法或逻辑进行推理，并规划最优行动策略。
- 自主行动能力：基于推理和规划执行行动，并自主与环境交互，影响环境状态。

AI 智能体可以存在于不同的形式中，如虚拟元宇宙环境中的对话机器人、物理环境中的人形机器人等。智能体通常使用感知-决策-行动循环，实时与动态环境交互，其复杂性覆盖从简单的规则驱动到复杂的强化学习系统。

在大模型问世之前，基于深度学习的智能体技术在强化学习、机器人、控制学等领域早已被广泛研究，但受到深度学习基础模型能力的限制，这些技术并没有得到广泛的关注。大模型问世后，以其强大的生成能力在各种自然语言处理任务上取得了惊人的表现，研究者想到用它代替传统的深度学习决策模型。作为智能体的大脑，大模型以自然语言、结构化语言、符号化语言等为媒介与人类或环境进行交互，执行智能体任务。

知识图谱和 AI 智能体也有着深刻的历史渊源。早期的知识图谱技术如 RDF、OWL 等设计的本意是便于互联网多智能体进行知识获取，并作为智能体之间的知识交换格式。例如，OWL 语言的前身之一 DAML 的名字正是 DARPA Agent Markup Language 的首字母缩写。语言模型技术的成熟为多智能体之间进行知识交换和知识交互提供了新的方式。工具增强的大模型可以帮助智能体自主地学习其他智能体的调用和交互方式，当自己的知识无法解决当前问题时，自主地去寻求其他智能体的协助，并且无须基于由人工定义的知识交换接口。

大模型能显著提高智能体之间的语言交互与语义理解能力，但并不能完全解决知识表示和知识交换问题。实际上，每个智能体都应该有一个专属的知识库，就像一个人，既有擅长的工具能力，又有擅长的知识领域。更进一步地，可以构建辅助智能体之间进行协作的知识图谱，为智能体的知识交换提供更加精确的知识描述，增加智能体之间的知识交换的准确性。在需要多智能体协作完成一个任务时，知识图谱可以辅助大模型生成复杂的智能体协同流程和协作逻辑，同时可以在人和智能体的交互协作过程中，帮助人与多智能体形成知识社区，如图 10-1 所示。

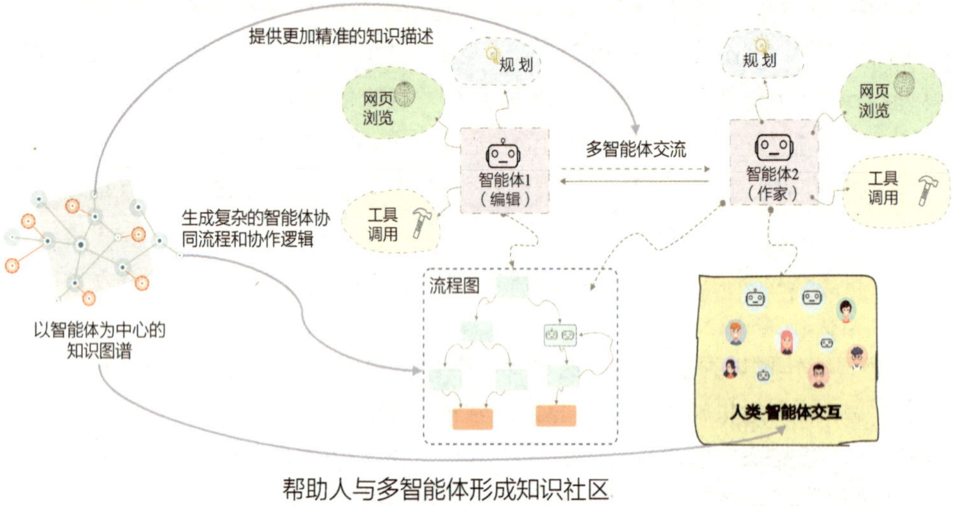

图 10-1　知识增强 AI 智能体

综上所述，大模型的出现给 AI 智能体技术带来新的希望，大模型本身缺乏真实世界的知识，这促成了知识增强的大模型智能体的出现。知识图谱为 AI 智能体提供了深层次的知识和语义推理能力，帮助其更高效地处理复杂任务并增强交互能力。

10.2 AI 智能体与工具调用

10.2.1 什么是 AI 智能体

几十年前，当“智能体”概念初现端倪时，它便承载着人类对智能无限探索的梦想与哲学思考。随着时间的推移，人类对智能的理解日益深入，这个过程充满了对自身认知、能力及存在意义的反思与探索。从最早的简单程序到如今的 AI 智能体，我们见证了一场由哲学与技术等诸多因素共同推进的智能革命。AI 智能体的发展不仅预示着 AI 技术新时代的到来，也象征了理念本身的持续演进。我们现在常说的 AI 智能体，是指能够自主、互动地感知环境并具有目标导向行为的实体[272, 273]，这将是实现通用人工智能的关键。

事实上，人类很早就开始探索智能的概念。早在亚里士多德时代，哲学家们就描述过具备欲望、信念、意图及行动能力的实体。此外，18 世纪法国启蒙时期的丹尼斯·狄德罗进一步提出高度智能的有机体可以展现出类似人类的智能。这些思想不仅预示了现代智能体的理念，而且揭示了古人对自动化和模拟智能的早期探索。从古希腊神话中的铜制机械人塔洛斯可以守护克里特岛并具备自动防御功能，到中国战国时期墨子制造的自动飞行木鸢，这些虽与现代智能体技术相差甚远，但展现了古人对自动化和智能模拟的想象和尝试。这些早期的思考为今天 AI 智能体领域的爆炸性成长奠定了哲学和想象的基础。

进入 20 世纪中叶，艾伦·图灵提出的图灵测试[274]首次尝试系统性地判断机器是否能展现出与人类相似的智能，这个里程碑推动了人工智能作为一个独立的计算机科学领域的发展。1956 年的达特茅斯会议正式定义了 AI 系统，开启了后续的技术革新。随后，20 世纪 70 年代，明斯基的 MIT 小组开发的“Copy Demo”机器人系统展现了基于观察、规划和操作的复合 AI 系统的潜力[275]。进入 1995 年，詹宁斯等[276]将 AI 智能体定义为一个在特定环境中自主行动以实现其设计目标的计算机系统，并强调了其中三个关键概念：情境性、自主性、灵活性。而多智能体系统由多个相互作用的智能体组成，能够在解决问题时采取合作、协调和谈判等复杂的互动模式。当智能体之间可以在系统通信规范的约束下使用一些约定的语言来共享信息时，这种方法可能带来多个智能体的共赢。因此，知识查询操作语言 Knowledge Query Manipulation Language（KQML）和智能体通信语言 Agent Communication Language（ACL）被设计出来，旨在实现和促进多个智能体的协作。

进入 21 世纪，大模型的出现标志着 AI 智能体发展的关键转变，如图 10-2 所示。OpenAI 发布 GPT-2[277]后，又接连推出了 GPT-3[278]、GPT-4[279]等大模型，它们不仅加速了 AI 智能体在自然语言处理领域的应用，也为 AI 智能体提供了全新的发展契机。全球各大组织纷纷推出横跨不同领域和应用的大模型，如 LLaMA[280]、BLOOM[281]等。AutoGPT[282]、Generative Agent[283]、BabyAGI 等基于大模型的 AI 智能体迅速涌现，推动了大模型的发展与应用进入新的阶段。与传统 AI 智能体主要在特定任务中发挥特定能力不同，大模型智能体主要通过卓越的语言处理能力，在理解和生成语言方面展示出更广泛的适用性和深度。这种能力的提高不仅拓展了 AI 智能体的应用领域，也为理解和应用人工智能开辟了新的路径[284, 285]。

总体来说，AI 智能体的发展历程是人类对智能本质深入探索的历史。从最初的哲学设想到现代的技术实现，AI 智能体不断演进，体现了技术与哲学的深度融合。随着大模型智能体的兴起，人类将迈入一个全新的 AI 应用时代，进一步拓展 AI 的哲学和技术边界，推动智能的未来向更广泛的领域发展。

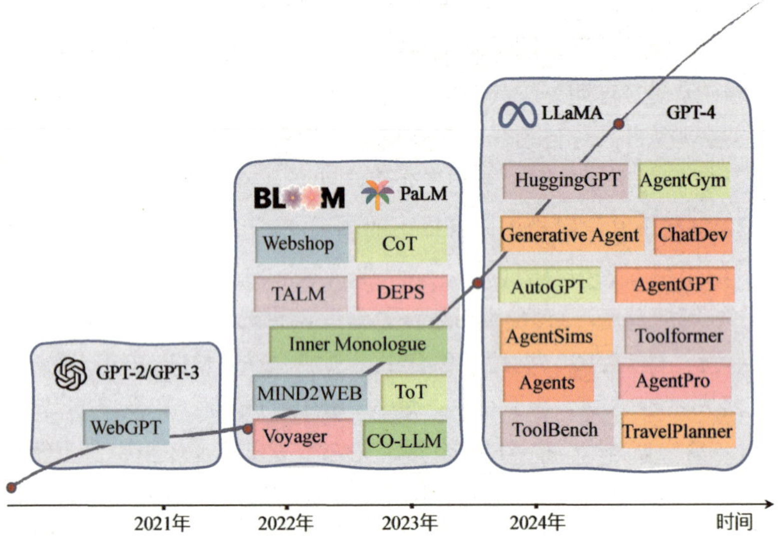

图 10-2　21 世纪以来大模型的发展

10.2.2　AI 智能体架构

本节主要介绍 AI 智能体的构建及其关键要素，特别是个性（Personality）、记忆（Memory）、工具使用（Tool Use）和规划（Planning）四大主要组成部分，如图 10-3 所示。个性使每个智能体拥有独特的行为模式和反应方式；记忆提供了存储和回顾经验的能力，使智能体能够基于过往信息进行反思和学习；规划赋予智能体设定目标和制订达成这些目标的计划的能力，以适应复杂多变的环境；工具使用则展现了智能体利用外部资源解决问题的能力。这些元素共同作用，不仅增强了 AI 智能体的自主性和适应性，还使它们能够更加高效地完成任务，展现出与众不同的“智能”特质。通过综合这些关键组件，AI 智能体可以更好地模拟人类在面对问题时的行为表现，从而在多样化的领域中发挥重要作用。

1. 个性

在 AI 智能体的构建过程中，个性是核心组成部分，它不仅影响智能体的行为模式，还关系到与用户互动和沟通的方式。个性由一系列独特的思想、情感、行为和特质组成，这些因素共同塑造了智能体的独特性格。

随着大模型的不断进步，它们开始模拟人类的偏好表达。通过吸收包含人类创作的数据集，大模型能够在生成的内容中模仿人类属性，从而在不同上下文中表现出相互交织的状态和特性。例如，心智理论（Theory of Mind，ToM）的概念涉及归因于他人看不见的认知状态，如知识、意图、信仰和欲望。已有研究表明，大模型能够表现出类似理论心智的行为，即推断他人的心理状态[286]。此外，研究者还采用了心理学评估技术来评估大模型的个性。例如，通过使用 Myers-Briggs Type Indicator（MBTI）[287]，研究者试图确定大模型是否具有类似人类的个性。有些研究发现，即使在经过指导性微调后，一些模型还是表现出了一些暗黑的人格特征[288]。

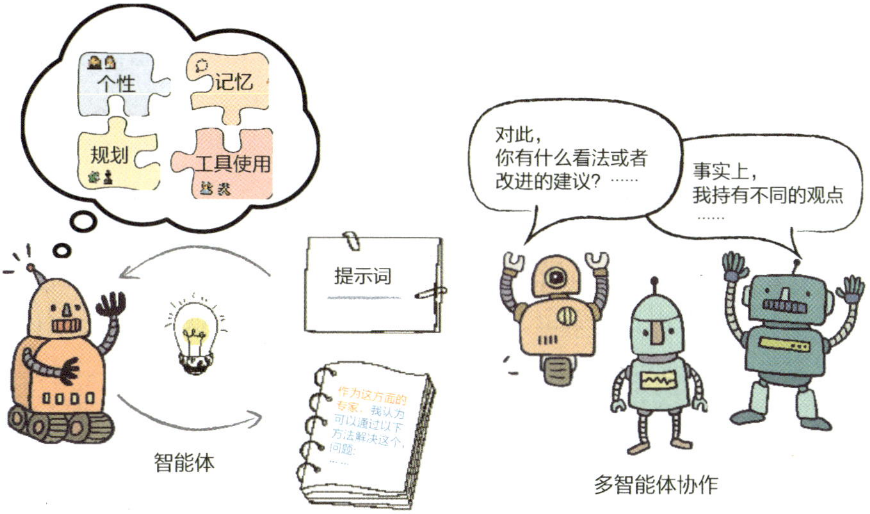

图 10-3 AI 智能体的典型架构

在实际应用中，个性化提示（Persona Prompt）的使用对智能体的行为也有着显著的影响。通过高质量的提示和特定的角色设置，大模型能更好地展现其任务性能。这种基于角色扮演的大模型可以被看作在潜在的角色宇宙中的角色叠加模拟[289]。然而，适当的提示可以引导大模型生成专家级的回答，与原始回答相比有显著的改进[290]，尽管这种改进有时可能伴随着某些负面效应[291]。

此外，个性化智能体需要具备个性化的知识，然而大模型的训练过程往往使其具备了通用能力，但特定领域的知识非常匮乏，因此知识增强的大模型智能体技术在个性化领域尤其重要，常用的手段包括采用 RAG 技术检索领域知识、在领域文本上对大模型进行二次训练等。

简要来讲，通过对个性的细致打磨和优化，结合有效的任务提示，能够塑造出表现力和适应性更强，并且具有独立性格及专业知识的 AI 智能体。这种个性化的智能体不仅能够更好地理解和满足用户需求，还可以在交互上提供更加深刻的体验，推动 AI 技术向更人性化、更智能化的方向发展。

2. 记忆

AI 智能体的记忆机制是其能力发展中不可或缺的一部分，涵盖了信息的获取、储存、保持和检索等多个过程。记忆机制使智能体能够存储过去的信息并在需要时迅速检索，支持智能体执行复杂的认知任务，如学习和推理。在人类认知中，记忆主要分为短期记忆（Short-Term Memory，STM）和长期记忆（Long-Term Memory，LTM）。短期记忆或工作记忆作为临时信息的存储库，通常持续时间大约 20～30s，对于正在进行的认知任务至关重要。相对而言，长期记忆提供几乎无限的存储容量，能够长时间保留数据，从几天到几十年不等。

在大模型中，研究者尝试模仿这些人类记忆特性，以增强模型的可用性。例如，短期记忆在大模型中扮演着关键角色，尤其是在上下文学习中，这种记忆的短暂性和即时性使模型能够快速适应持续变化的对话环境。然而，由于模型架构的上下文窗口限制，短期记忆的应用也面临着挑战。为了突破这些限制，研究者开发了如 SCM[292]和 Landmark Attention[293]等创新机制，通过提高短期记忆的整合效率，扩展了模型处理和利用上下文信息的能力。

长期记忆在大模型中通常被设想为一个外部向量存储库，类似于可查询的存储库，它的主要功能是在交互过程中快速检索历史信息。这种存储库封装了历史的洞察，提升了智能体对当前上下文的掌握程度。例如，MemoryBank[294]通过模仿人类的遗忘曲线，集成了一个更新记忆机制，使 AI 能够根据时间的推移和记忆的重要性选择性地保留或丢弃记忆，这种机制使智能体的记忆处理过程更加贴近人类。

此外，记忆也是知识存储的重要模块，模型可以根据历史任务总结出经验知识并将其存储在记忆中，在处理后续任务时可以根据需要调取这些知识起到增强作用，避免在相同类型的任务上重复犯错。参数化的记忆可以与知识编辑等技术结合，辅助智能体根据新场景快速进化。

总体来说，记忆在 AI 智能体中的应用不仅增强了智能体处理复杂任务的能力，还提高了它们在动态环境中适应和学习的效率。通过不断优化这些记忆机制，智能体将更好地模拟人类的记忆特性，从而在多种应用场景中表现出更强的智能和适应性。

3. 工具使用

在 AI 智能体的核心组件中，工具使用（Tool Use）是完成任务的关键能力之一。这不仅包括工具的创建和运用，还涉及工具与环境交互影响环境的能力。随着基础模型的快速发展，AI 智能体能够更有效地创建和使用工具，这在多种应用场景中显得尤为重要。

工具使用的技术可以分为两种：基于微调的方法和基于提示的方法。基于微调的方法通常涉及通过完整参数微调或参数效率微调调用外部 API 或专家模型，这些方法通常适用于较小的模型。例如，HuggingGPT[295]和 Chameleon[296]通过定义可用的模型或模块，并指导将大模型作为规划模型来选择合适的模型或模块序列，合并它们的结果作为最终响应。

与之相对，基于提示的方法不需要修改模型参数，主要通过提示工程使模型学会如何使用工具。这种方法的优点在于能够通过构建复杂的提示来分解任务，并逐步执行，最终通过调用特定的外部模型或 API 完成任务。例如，LATM[297]创建了一个工具制造者角色，负责定义、验证并封装专为特定任务设计的通用和可重用的工具，这些工具可以被工具使用者有效地运用，从而提高任务执行的效率。

工具使用也与知识密不可分，工具本身的使用方法、运行原理、返回结果的意义等是工具使用最基本的知识。此外，要完成复杂任务通常需要多种工具相互联合，工具之间的层级化关系也是重要的知识[298]。

4. 规划

在 AI 智能体的核心组件中，规划是完成复杂任务的关键。规划涉及确定任务的多个步骤、依赖关系及执行顺序，是智能体设计中不可或缺的一部分。在大模型的支持下，规划过程通常涉及三个基本组成部分：规划者、执行者和环境。

规划者主要由大模型担任，它凭借出色的生成能力生成合理的行动计划。这些计划不仅适用于文字任务，还可通过机器人系统在具体的物理任务中实施。执行者根据规划者生成的计划执行具体行动，这些行动随后在指定的环境中实施。环境的多样性（如模拟平台或现实世界）为任务执行提供了场景，并将执行结果反馈给规划者以优化初步计划。

规划过程通常开始于任务的分解，通过“思维链”等技术，智能体能够将复杂任务拆分成一系列更小、更具体的子任务。接着，智能体利用这些分解出的子任务生成具体的行动计划。在生成计划的方法上，可以采用基于文本的方法和基于代码的方法。例如，Toolformer[299]通过在数据集中调用 API 让大模型生成文本形式的计划；而 LLM+P[300]将生成的计划转化为规划领域定义语言（Planning Domain Definition Language，PDDL），确保计划的可执行性和准确性。

此外，规划过程还包括从环境中接收反馈，并基于这些反馈进行反思生成和计划细化。这个环节至关重要，它使智能体能够从以往的执行经验中学习，不断调整和优化计划，以提高在真实世界任务中的表现和适应性[301, 302, 303]。通过这样的迭代过程，智能体能够逐步完善其策略，实现更好的执行效果，正如 WecoAI 提出的 AIDE 代理框架所展示的那样。

智能体规划的背后包含更为复杂的知识，其中包括任务环境背后的静态先验知识、各规划步骤之间的流程知识，以及智能体与环境交互中产生的动态状态知识。缺乏这些知识可能导致智能体在环境中盲目试错和生成幻觉。

因此，规划作为 AI 智能体的一项核心技能，不仅使其能高效地处理各项任务，还让它在多变的环境条件下稳健地表现，这得益于规划者、执行者和环境三者间的协同工作和持续迭代。智能体通过不断地从环境中接收反馈并细化计划来学习和适应，提高应对真实世界复杂问题的能力。在未来，这样的能力仍然是推动 AI 向更深层次发展和集成进入人类生活的关键要素。

5. 多智能体协作

随着单个 AI 智能体在特定领域取得了显著成就，大模型在多智能体系统中展现出独特的能力。这种从单一 AI 智能体向多 AI 智能体的转变，不仅标志着人类对智能系统的理解和构建方式进入了一个更为复杂且富有协同性的阶段，也为理解人类 AI 的基本功能和行为模式奠定了基础。多代理系统通过整合众多独立智能体的力量，开辟了解决更复杂任务和真实世界交互问题的新途径。

例如，CAMEL[304]利用角色扮演框架实现了多智能体间的协作通信。在这个框架中，需要完成特定任务的智能体明确任务要求，并与 AI 用户及助手通过指导对话有效地完成任务。此外，Generative Agents[283]提出了生成式智能体的概念。智能体在虚拟环境中能够模拟人类行为，如规划日常生活、分享新闻、建立人际关系及协调集体活动，展现出它们在交互应用中的潜力。

进一步地，人们探索了这些系统能否在由多个大模型组成的多智能体社会中展现出类似于人类的协作智能。MachineSoM[305]通过结合实际实验和理论洞察，深入研究了大模型在模拟社会智能方面的表现。这项研究着重于让大模型模拟人类的性格特征，并为此设计了具备不同性格（如随和或自负）和思维模式（如辩论或反思）的大模型智能体。这些智能体被组织成一个大模型社会，以探索它们在模拟社交互动中的表现。研究结果表明，这些大模型智能体能够展现出类似于人类的社会行为，如从众行为和达成共识，反映出基本社会心理学理论在人工智能中的适用性。这些发现不仅增进了我们对于人工智能在复杂社会交互中能力的理解，也为未来设计更高效的协作智能体系统提供了重要的理论支持。

10.2.3 AI 智能体学习

AI 智能体的学习是赋予其智能化行为的核心，旨在使其能够适应不同环境、提高任务执行效率和决策质量。为了达到这些目的，智能体采用了多种学习方法，其中提示技术和微调技术被广泛应用于模型训练和性能提高。

提示技术通过引入特定的提示信息，激励 AI 模型在给定任务上生成更加精准的响应，这种方法通过引导模型的思考方向来优化其学习过程。微调技术则通过对 AI 模型进行额外的微调，调整其参数以更好地贴合特定任务的数据分布，从而提高模型针对特定任务的性能。

在现有的提示工作中，ReAct[306]通过整合智能体的特定任务动作空间与语言空间，显著提高了大模型对复杂推理步骤的执行能力。ReAct 通过提供少量的任务解决轨迹，包括人类编写的推理痕迹和行动及环境反馈，来强化模型的学习。同时，Reflexion[307]在 ReAct 的基础上赋予了智能体动态记忆和自我反思的能力，进一步提高其推理技能。通过将环境反馈转换成文本摘要并存储于长期记忆中，Reflexion 为智能体提供了改进行为的具体方向，使其能够从过去的错误中学习并优化未来的任务执行方案。

在已有的微调技术中，FireAct[308]通过整合多任务和多种提示方法生成的轨迹，对语言模型进行细微调整，显著提高了模型在开放领域问答任务中的表现。该技术展示了如何通过精准调整模型参数并有效利用 Google 搜索 API 和 GPT-4 生成的数据来优化模型性能。TRICE[309]致力于教授大模型何时及如何有效地使用工具。TRICE 采用一个两阶段的端到端训练框架，第一个阶段通过准备特定数据集帮助模型识别何时需要使用工具。这个阶段缺乏标准答案标签，因此研究者利用 ChatGPT 自动生成相关的 API 调用。第二个阶段通过两阶段训练策略——行为克隆和带执行反馈的强化学习（RLEF）——教授模型何时使用工具，以此来避免错误传播并优化执行效果。同样地，AutoAct[310]作为一个创新的自动代理学习框架，通过 Meta-Agent 自主生成规划轨迹，避免了对大规模标注数据或闭源模型的依赖。AutoAct 利用细胞分化式的分工策略，允许 Meta-Agent 根据自生成的轨迹分化成具备不同功能的子智能体：任务分解、工具调用和自我反思。这种策略显著提高了模型处理复杂问题的效率，展现了微调技术在智能代理训练中的高效应用。

这些先进的 AI 学习技术不仅增强了模型在复杂的真实世界环境中的适应性和处理能力，而且通过持续地学习和优化，推动 AI 智能体逐步走向真正的智能化。这些方法的实施表明了 AI 智能体学习的重要性，为未来智能系统的发展提供了坚实的基础。

10.2.4 为什么需要知识增强 AI 智能体

在 AI 领域，构建能够适应复杂环境并高效完成任务的智能体是一个长期的追求。随着技术的进步，特别是在人工智能的应用中，知识增强的 AI 智能体显示出其不可或缺的价值。这类智能体通过整合广泛的知识体系，不仅能提高处理问题的能力，还能在多变的环境中进行更为合理和准确的决策。目前，知识增强的智能体仍存在一些挑战。

1. 对计划性知识的理解和应用不足

大多数现有 AI 模型，尤其是基于文本的大模型，主要依赖文本数据进行训练。这种方法在语言理解和生成方面取得了显著成效，但在处理需要复杂决策和策略规划的任务时，常常难以捕捉任务的深层结构和逻辑，导致执行效果不理想。因此，智能体的训练不仅需要文本数据，还必须融入结构化知识，以弥补计划性知识的不足。

2. 特定领域知识缺乏

预训练的大模型在特定领域，如网页导航或新兴技术应用中，常常由于缺乏足够的知识而表现不佳。例如，在医学、法律或金融等领域，智能体不仅需要处理大量信息，还必须确保其决策和行动与现实世界的已知事实和逻辑原则保持一致。实现这点的关键之一就在于智能体能够访问并利用丰富的结构化知识资源，这些资源为其提供了关于特定任务的深入见解和历史验证数据，从而使决策更加可靠和有效。

3. 现实世界中的实用性欠缺

对于在物理世界中使用的 AI 智能体，如自动驾驶汽车或服务机器人，了解和应用物理规律变得尤为重要。这些智能体需要根据物理规律来预测和规划其行动。同时，它们需要根据环境的实时变化来调整自己的动作。只有充分融入这些世界知识，智能体才能在现实世界中安全有效地应用。

为了解决这些问题，AI 研究社区开始探索如何将外部知识更有效地整合到大模型中，以提高其决策和执行任务的能力，也就是是**知识增强 AI 智能体**。未来，随着技术的不断进步，这些智能体将在更多领域展现出巨大的潜力和价值，推动人工智能技术向更高层次发展。这种以知识为基础的方法将缩小智能体在广泛学习和深入专业知识之间的鸿沟，为创建更智能、更可靠的 AI 系统奠定坚实的基础。

10.3 知识增强的 AI 智能体

本节从方法论的角度介绍学术界目前对于知识增强 AI 智能体的探索。根据智能体的个数，知识增强 AI 智能体的方法可以分为知识增强的单智能体规划和知识增强的多智能体协同。

10.3.1 知识增强的单智能体规划

在人工智能领域，知识增强 AI 智能体的发展为模型提供了有效处理复杂信息和任务的新思路。在使用“提示”技术时，可以通过精心设计的提示来引导智能体更好地理解和应用知识，从而提高决策的准确性和效率。这种方法不仅使智能体能够针对特定的问题生成更合适的反应，还能帮助模型在面对未知情境时展现出更强的适应能力和创造力。

提示知识可以根据其在智能体之外的存储形式分为符号化知识和参数化知识。KnowAgent[311]是一种典型的符号化知识方法，它通过解决大模型在执行复杂任务时经常遇到的规划幻觉问题，强调了行动知识的重要性，如图 10-4 所示。为了满足广泛应用和定制化的需求，研究者正探索通过“智能体调优”来增强模型能力，其中包括通过对任务特定轨迹的合成来微调模型。然而，在执行规划任务时，尤其是在开源模型中，模型经常生成违反既定知识规则或常识的计划，这种现象被称为“规划幻觉”，表现为模型生成不必要或相互冲突的行动序列。因此，需要解决这些问题以提高智能体的规划效果。为此，KnowAgent 采用了一个行动知识库和知识自学习策略，明确引导智能体在任务规划过程中采取更合理的行动轨迹。

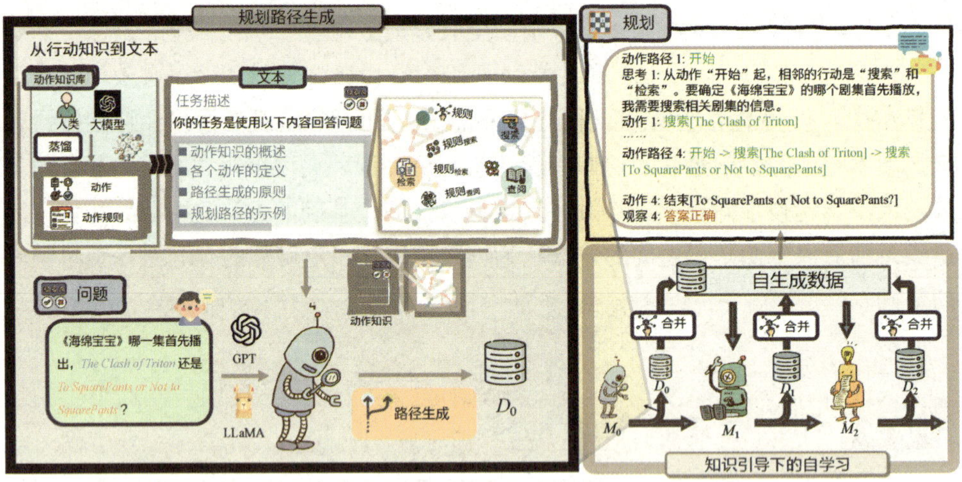

图 10-4　知识增强智能体 KnowAgent

（1）**动作知识定义**。动作知识包括定义的动作集合 E_a 和控制动作之间转换的规则 R。这些规则基于动作之间的关系或特定任务需求，描述了动作转换的逻辑和顺序。不同任务的动作知识组合形成了动作知识库，也称 Action KB。这种知识库在生成动作和制定决策中至关重要，有助于减少规划幻觉问题。由于任务涉及的动作知识多样，完全手动构建既耗时又费力。因此，该方法利用 GPT-4 进行初步构建。这个过程分为两个阶段：在第一个阶段，领域专家向大模型提供任务知识，生成初步的动作和规则列表。由于初始输出通常包含冗余内容，人类专家随后对该列表进行筛选和细化。在第二个阶段，将处理后的动作和规则重新输入大模型，以生成最终的动作规则集。

（2）**动作知识指导下的规划路径生成**。首先，该方法通过识别与任务特定需求相关的动作，建立了上一步提到的动作知识库。随后，这些信息被转换成文本格式，以便于后续操作。这一步主要通过细致化的提示设计完成，通过将动作知识整合到上下文中，提示模型生成连续的规划轨迹。具体提示设计包括：概述行动知识，以设定基础概念和规则；对每个行动步骤进行定义，详细说明每个行动的操作和重要性；探讨规划路径生成的原则，明确输出生成的限制；提供规划路径的示范，展示实际例子，为不同背景下的策略调整提供启发。

（3）**基于知识的自学习进行规划路径优化**。在这个阶段，该方法引入了知识驱动的自我学习。目标是通过迭代微调，帮助模型更深入地理解行动知识。此过程从一个初始训练集 D_0 和一个未训练的模型 M_0 开始，生成初始轨迹 T_0。经过过滤，这些初始结果为进一步训练提供了信息，得到模型 M_1。随后，M_1 在 D_0 上重新评估，生成新的轨迹 T_1。这些轨迹与 T_0 一起，通过基于行动知识的过滤和合并过程进行处理。处理后的轨迹集被进一步用于微调模型，生成迭代后的模型 M_2。继续迭代，直到模型在测试时的性能提高变得微小，如图 10-4 所示。

知识驱动的轨迹过滤和合并过程包括两个关键阶段：第一个阶段是过滤，根据结果选择正确的轨迹。应用行动知识进一步过滤这些轨迹，移除与提供的动作知识不一致的轨迹，特别是那些包含无效动作或动作顺序错误的轨迹。第二个阶段是合并，将不同迭代中生成的轨迹合并。对于处理同一任务的轨迹，基于效率进行处理，保留更有效（路径更短）的轨迹，以确保最佳问题解决效果。通过这一系列步骤，KnowAgent 不仅可以提高智能体的规划性能，还在多个数据集的实验中展示了其优越性，证明其在减少规划错误方面的有效性。

此外，AutoGuide[312]也通过提示模型的方式从离线体验中自动提取与状态相关的指导准则，来弥合预训练大模型与实际应用之间的知识差距。这些状态和准则以键-值对的形式存储起来，并通过检索的方式提取。这种框架的实施提高了智能体在复杂序列决策任务中的表现，特别是在需要导航复杂网页和其他动态内容的场景中。

参数化知识的代表方法是 WKM[313]。基于大模型的智能体在交互环境中的规划通常存在两个问题，一个是由于缺乏针对环境的先验认识，智能体在交互时通过盲目试错来收集环境信息，导致消耗大量资源甚至不可逆的损失；另一个是由于缺乏对环境的常识知识，智能体生成看似合理但无法执行的动作。针对智能体在全局规划过程中存在的盲目试错问题，以及在局部规划中存在的幻觉动作问题，WKM 将智能体所需的知识分为环境的静态先验知识和交互过程中的动态状态知识，如图 10-5 所示。具体来说，WKM 首先通过比较专家轨迹和采样轨迹，引导智能体合成任务知识。然后通过提示智能体从专家轨迹中总结每个规划步骤的状态知识，并结合之前和下一步的操作来构建状态知识库。最后，该方法将生成的知识整合到专家轨迹中并训练 WKM。智能体需要重新训练以适应任务知识。在规划阶段，WKM 为智能体提供全局先验任务知识，并维护局部动态知识。任务知识将按照特定任务以自然语言的形式串联起来，指导智能体的试错过程。在每个规划步骤中，为了防止幻觉动作的发生，使用生成的状态知识作为查询，从预先构建的状态知识库中进行 KNN 检索。然后，通过结合前一步骤的约束条件、检索到的下一个动作的概率及智能体模型的预测概率，对下一个动作进行加权预测。该方法能够有效缓解智能体缺乏环境知识所导致的盲目试错和幻觉生成问题。

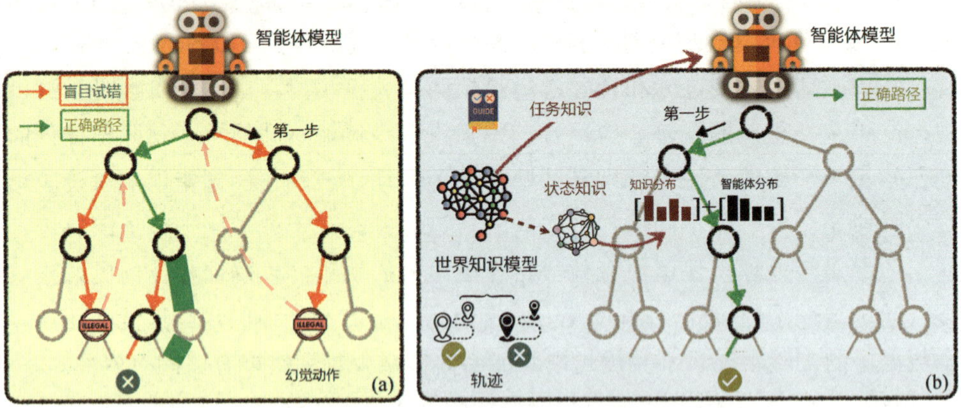

图 10-5　知识增强智能体 WKM

除了主流的知识提示方法，知识还可以以结构化的方式约束智能体的行为。AMOR[314]采用有限状态机形式建模智能体的模块化行为，每个模块都有清晰的行为定义，方便用户提出有针对性的反馈，从而实现基于过程的监督机制。Formal-LLM[315]构建一个上下文无关文法作为形式语言，并自动将其转换为推动自动机（Pushdown Automaton，PDA），以表示对智能体计划生成的约束。当大模型执行计划时，它需要遵循由推动自动机定义的状态转换原则，限制基于大模型的智能体每一步的选择，确保只执行推动自动机在当前状态下定义的有效操作。此外，Formal-LLM 框架还引入了回溯机制，增加了智能体发现有效计划的概率。当智能体在自动机中遇到死路时，回溯机制允许规划过程返回前一步，从而避免陷入死局。同时，WorFBench[316]作为基准测试，评估了大模型自动生成结构化工作流的能力。该基准测试涵盖了多种场景任务，包括工具调用、具身环境、问题求解、开放域规划等，并采用子序列和子图匹配算法，定量评估大模型智能体生成复杂图结构化工作流的能力。

综上所述，随着技术的进步，知识增强 AI 智能体在多个应用领域的潜力将越来越受到认可和利用。各种方法的成功证明了知识增强可以优化智能体的行为和决策过程，使其在面对复杂挑战时表现出更高的效率和更强的适应性。这种以知识为基础的方法将继续推动智能体技术的发展，有助于构建更智能、更可靠的AI 系统。

10.3.2 知识增强的多智能体协同

单智能体规划要求个体智能体掌握所有的技能，这与著名的 Goodhart's Law（When a measure becomes a target，it ceases to be a good measure）相违背，因此开发多智能体协同的 AI 智能体架构已成为大势所趋。相应地，针对多智能体的知识增强方法逐渐被探索。

由于起步较晚，目前的知识增强多智能体协同方法主要类似于单智能体中的知识约束类方法，区别是结构化设计中的每个节点由不同职责的智能体完成。MetaGPT[317] 首次将软件工程中的标准化操作流程（Standardized Operating Procedure，SOP）引入多智能体系统的构建中，通过提示个性化定制不同步骤中的角色，使智能体的各部分能够各司其职，并按流程合作完成任务，如图 10-6 所示。随后智能体项目提出了大模型根据任务自主定义 SOP，解决了 MetaGPT 中人为定义 SOP 的不灵活性问题。与此类似的是，ProAgent[318]类比了控制科学中的机器人流程自动化（Robotic Process Automation，RPA），定义了大模型多智能体中的智能体流程自动化（Agentic Process Automation，APA）。通过人类指令让大模型自动生成任务流程，并将各个流程节点实例化为不同的智能体协作完成任务。

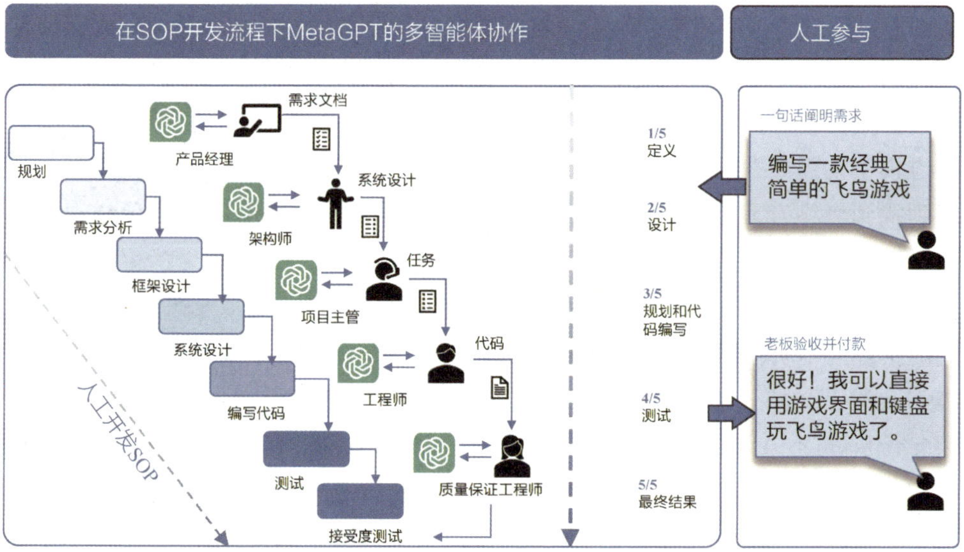

图 10-6 知识增强智能体 MetaGPT

综上所述，知识增强多智能体协作中的知识主要是通过人类或大模型定义的流程化知识，多智能体协作体现在将各个流程节点实例化为不同智能体来协作完成任务。但相信多智能体的知识增强技术远不止于此，期待着学术界更多研究者的持续探索。

10.4 总结与展望

10.4.1 大模型的知识机制

本书的核心主题是从“知识”的视角来探讨以知识图谱为代表的传统符号知识表示方法与现代大模型技术的交互与融合机制。尽管面临幻觉、错误等诸多挑战，大模型仍然代表了人工智能表示和处理知识能力的大幅提高。大模型的确“懂得”包括常识知识、科学知识等在内的多种知识，并在一定程度上体现出接近于人类的决策推理能力。这里带来一系列有趣的问题：大模型表示、存储和处理知识的本质是什么？大模型学习、表示和处理知识的机制和方式和人脑一样吗？大模型的知识处理能力最终能追赶上甚至超过人类吗？

知识图谱采用显式的符号表示客观事物及主观概念之间的关联关系，语言模型则通过隐式的神经网络和注意力机制建立各种要素之间的关联关系。以多跳问答为例，在知识图谱中，从主题实体出发到包含答案的实体，可以找到一条或多条显式的问答路径。因此，知识图谱支持的问答是可解释、可靠和可控的。语言模型则需要在隐式的参数空间，通过注意力权重机制逐步激活相关参数，直到找到最终答案。这个过程通常不可控也不可解释，而且容易出现错误的参数激活路径。

这促使人们深入研究大模型存储和表示知识的本质方法，以及在神经网络空间完成推理的本质机制，即大模型的知识机制研究。例如，知识回路（Knowledge Circiuts）[319]假说认为在大模型逐步推理的过程中，代表实体、概念和关系的知识元素是被逐步激活的，且形成一些闭合的回路，如图 10-7 所示。这项研究通过探测诸如多跳问答任务中实体和关系等知识的激活过程和关联关系，来探究大模型表示、存储和激活知识实现推理的底层机制。这些研究有助于发展全新的更加可靠、可控、安全的大模型知识学习的架构、模型和方法。

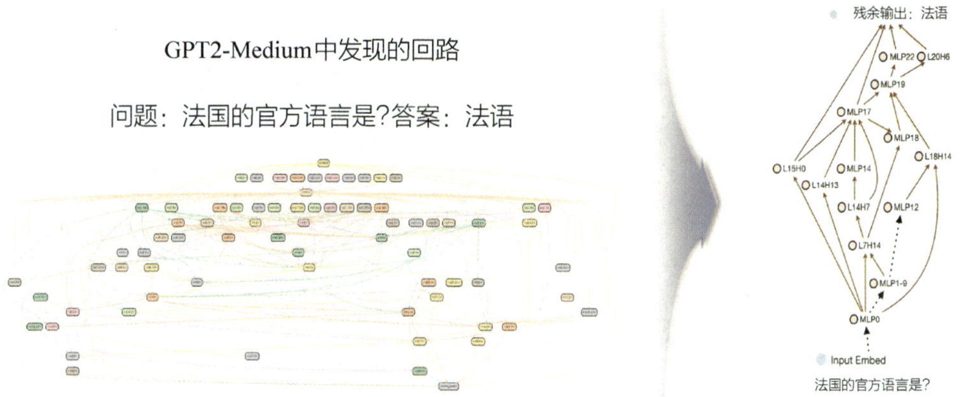

图 10-7　大模型中的知识回路假说

10.4.2　具身智能体与世界模型

具身智能体（Embodied Agent）是指具备物理存在、能够感知环境并与之交互的人工智能系统。与传统的纯虚拟智能体不同，具身智能体不仅拥有认知能力，还能通过传感器和效应器（如摄像头、麦克风、机械臂等）感知和影响物理世界。这个概念源于具身认知理论，强调智能的产生不仅依赖大脑或计算系统，还依赖身体及其与环境的互动。在实际应用中，具身智能体通常表现为机器人或虚拟角色，它们能够在环境中移动、操作物体并与人或其他系统互动，如服务机器人、仿生机器人、人形机器人等。

具身智能体不仅可以“思考”，还可以“行动”，它不仅要与人进行交互，还需要与物理环境及其他智能体进行交互。著名机器人公司 Figure 发布的 Figure 01 机器人首次以 OpenAI 的多模态大模型为大脑，实现了大模型走向具身智能体的切实一步。目前基于大模型的 AI 智能体通过编码语言、图像、视频等媒介来感知世界，但大模型的静态训练过程注定它们在动态交互的环境中表现不佳。另外，现有的 AI 智能体相关数据集均是通过各种手段来模拟真实世界的，离真实的物理世界仍有很大的距离。

基于互联网开放语料训练的大模型仅能满足智能体与人之间的对话交互需求，很难满足具身智能体与物理空间环境的交互需求。因此，构建世界模型，而非单一的语言模型，成为实现具身智能体的重要一环。**“世界模型”**指的是一个 AI 系统对其所处世界环境的内部表示或理解。这种模型让 AI 能够通过学习和构建世界的“模拟”来预测环境中的变化并与之交互。世界模型的核心是帮助 AI

建立一种对世界的抽象认知，包括以下内容。

- 环境表示：世界模型捕捉并表示环境中的重要特征和动态，可以是物理状态、系统特征或虚拟情境等。
- 时空表示：时间和空间是世界环境的两个重要维度，世界模型需要对时空进行表示建模，以便预测空间变化和未来状态。
- 本体表示：具身智能体最终需要自主地从与环境的交互中建立有关世界万物的认知，形成对世界万物的表示与理解，即本体。

总体来说，世界模型是帮助具身智能体理解和预测环境的工具，使其在复杂的动态环境中能够更加智能地进行交互和学习。

10.4.3 世界知识模型

世界模型的最终目标是让人工智能像人一样不仅通过阅读，也通过直接与世界环境交互来建立对世界万物的认知和理解，并基于这种认知进行规划、推理和决策。结合本章的“知识”视角，知识图谱这类传统符号知识表示的本质目标也是建立对世界万物的抽象表示，以帮助机器更好地理解万事万物之间的复杂关系。结合大模型的新发展，人工智能需要建立一种有关世界的知识模型，即有关世界的概念抽象、事物关系、事理逻辑、物理规律等的表示和理解。

世界知识是高度复杂的。早期 AI 研究曾有个比喻——知识汤，认为知识很难被精准刻画，好比一碗汤，是流动而非固化的、松散而非被严格定义的。其中有大块固体，也有碎片颗粒和流动无形的液体中，大颗粒可被分解成小颗粒，小颗粒则不断融入液体，如图 10-8 所示。这好比有大块的文本知识，也有结构性、逻辑性、规则性的细粒度符号知识，还有流动无形的神经网络知识。可以把大块的文本碎片化，以产生细粒度的三元组知识，也可以将各种知识神经网络化，在参数空间融为一体。

柏拉图有一个假说，认为现实世界中所有事物的具体表现都是其背后更高层次的理式（Forms）的不完美反映。这种更高层次的理式是永恒、完美且不可感知的抽象存在，而在日常生活中感知到的物体和现象只是柏拉图表示的影子或副本。柏拉图认为，真正的知识来自对理式的理解，而不是对物质世界的感知。柏拉图表示假说（Platonic Representation Hypothesis）[320]则是基于柏拉图的这种理论在机器学习中的一种类比假设。它认为，图像（X）和文本（Y）等不同模态的表示实际上是来自某种共同的、底层的现实（Z）的投影。在这个假设中，Z 代表一个抽象的、通用的现实，图像和文本则是不同的方式对这个现实的反映。

柏拉图表示假说认为，不同模态的表示学习最终会收敛于对底层真实形态（Z）的共享表示。随着模型规模的扩大，以及数据和任务的多样性增加，机器学习模型能够通过图像或文本等不同模态来共同构建对现实的理解，并在这些模态之间达成一致。

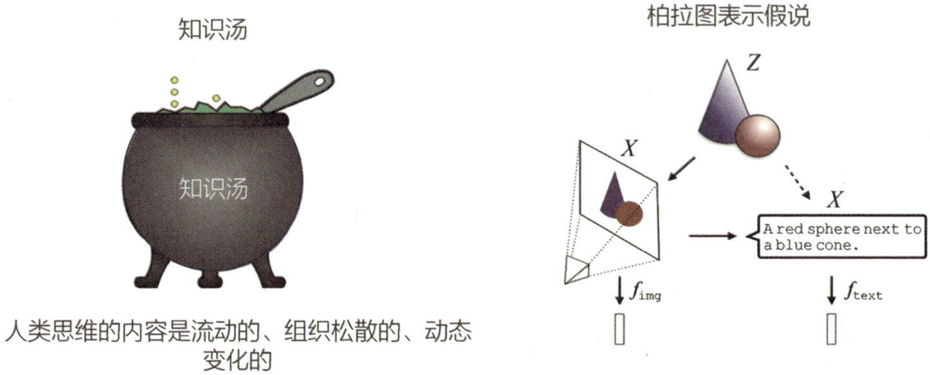

图 10-8 知识汤[321]与柏拉图表示假说

假如这种假说是成立的，那么不同模态的数据都会引导大模型收敛到一个统一的表示，这个表示既不是单一的语言模型，也不是单一的图像等多模态模型，而是一种能正确表示世界万物之间的逻辑关联、时空关系和概念抽象的“世界知识模型”。这些思考也带来一系列挑战。

如何在多模态表示学习中构建统一的底层世界知识模型？未来的研究需要探索如何让不同模态（如图像、文本、音频等）的表示收敛到一个统一的底层世界知识模型，从而准确反映事物的逻辑关联和时空关系，这涉及跨模态表示的对齐和统一知识建模。

如何通过与环境的直接交互来动态更新和增强世界知识模型？如果人工智能可以通过与物理环境交互来获取知识，那么如何将这种交互信息动态地整合到已有的知识图谱或大模型中，并确保其不断进化和更新，也是未来研究的核心问题。

如何在复杂知识结构中平衡符号知识与神经网络知识的融合？知识图谱的符号表示和神经网络的无形表示如何在大模型中实现有机融合？特别是在面对不同粒度和类型的知识时，如何建立统一的表示和推理框架，确保二者的平衡与互补，也是一个具有挑战性的研究方向。

参 考 文 献

[1] MITCHELL M. Debates on the nature of artificial general intelligence. Science, American Association for the Advancement of Science, 2024, 383(6689): eado7069.

[2] REED S E, ZOLNA K, PARISOTTO E, et al. A Generalist Agent. arXiv preprint arXiv:2205.06175, 2022.

[3] WANG M R, YAO Y ZH, XU Z W, et al. Knowledge Mechanisms in Large Language Models: A Survey and Perspective. arXiv preprint arXiv:2407.15017, 2024.

[4] FENG K H, DING K Y, WANG W J, et al. SciKnowEval: Evaluating Multi-level Scientific Knowledge of Large Language Models. arXiv preprint arXiv: 2406.09098, 2024.

[5] WEI J, WANG X ZH, SCHUURMANS D, et al. Chain of thought prompting elicits reasoning in large language models// ANON. Proceedings of the 36th International Conference on Neural Information Processing Systems (NIPS '22). Red Hook, NY, USA: Curran Associates Inc., 2022, 1800: 24824–24837.

[6] CHEN W, MA X, WANG X, et al. Program of Thoughts Prompting: Disentangling Computation from Reasoning for Numerical Reasoning Tass. arXiv preprint arXiv: 2211.12588, 2022.

[7] MIKOLOV T, CHEN K, CORRADO G, et al. Efficient Estimation of Word Representations in Vector Space. arXiv preprint arXiv:1301.3781, 2013.

[8] BORDES A, USUNIER N, GARCIA-DURAN A, et al. Translating Embeddings for Modeling Multi-relational Data// Burges C J C, Bottou L, Welling M, et al. Proceedings of the 26th International Conference on Neural Information Processing Systems. Red Hook, NY, USA: Curran Associates Inc., 2013: 2787–2795.

[9] PETERS M, NEUMANN M, IYZER M, et al. Deep Contextualized Word Representations// WALKER M, JI H, STENT A.Proceedings of the 2018 Conference of the North American Chapter of the Association for Computational Linguistics: Human Language Technologies, Volume 1 (Long Papers). New Orleans, Louisiana: Association for Computational Linguistics, 2018: 2227–2237.

[10] DEVLIN J, CHANG M W, LEE K, et al. BERT: Pre-training of Deep Bidirectional Transformers for Language Understanding// BURSTEIN J, DORAN C, SOLORIO T. Proceedings of the 2019 Conference of the North American Chapter of the Association for Computational Linguistics: Human Language Technologies, Volume 1 (Long and Short Papers). Minneapolis, Minnesota: Association for Computational Linguistics, 2019: 4171–4186.

[11] ASWANI A, SHAZOER N, PARMAR N, et al. Attention Is All You Need. arXiv preprint arXiv: 1706.03762, 2017.

[12] RADFORD A, NARASIMHAN K, SALIMANS T, et al. Improving Language Understanding

by Generative Pre-Training. 2018.

[13] LIU W, ZHOU P, ZHAO Z, et al. K-BERT: Enabling Language Representation with Knowledge Graph// ANON. Proceedings of the AAAI Conference on Artificial Intelligence. Palo Alto, California USA: AAAI Press, 2020, 34(03): 2901–2908.

[14] SUN T, SHAO Y, QIU X, et al. CoLAKE: Contextualized Language and Knowledge Embedding. Barcelona, Spain (Online): International Committee on Computational Linguistics, 2020: 3660–3670.

[15] SUN Y, WANG S, LI Y, et al. ERNIE: Enhanced Representation through Knowledge Integration. arXiv preprint arXiv:1904.09223, 2019.

[16] PETERS M E, NEUMANN M, LOGAN R L, et al. Knowledge Enhanced Contextual Word Representations// INUI K, JIANG J, NG V, et al. Proceedings of the 2019 Conference on Empirical Methods in Natural Language Processing and the 9th International Joint Conference on Natural Language Processing (EMNLP-IJCNLP). Hong Kong, China: ACL, 2019: 43–54.

[17] LIU Y, WAN Y, HE L. KG-BART: Knowledge Graph-Augmented BART for Generative Commonsense Reasoning// WOOLDRIDGE M, DY J, NATARAJAN S. Proceedings of the AAAI Conference on Artificial Intelligence. Washington, DC, USA: AAAI Press, 2021, 35: 7.

[18] YANG A, WANG Q, LIU J, et al. Enhancing Pre-Trained Language Representations with Rich Knowledge for Machine Reading Comprehension// KORHONEN A, TRAUM D, MÀRQUEZ L. Proceedings of the 57th Annual Meeting of the Association for Computational Linguistics. Florence, Italy: Association for Computational Linguistics, 2019: 2346–2357.

[19] HE B, ZHOU D, XIAO J, et al. BERT-MK: Integrating Graph Contextualized Knowledge into Pre-trained Language Models// ANON. Findings of the Association for Computational Linguistics. EMNLP 2020. Online: Association for Computational Linguistics, 2020: 2281–2290.

[20] WANG X, GAO T, ZHU Z, et al. KEPLER: A Unified Model for Knowledge Embedding and Pre-trained Language Representation// ROARK B, NENKOVA A. Transactions of the Association for Computational Linguistics. Cambridge, MA: Association for Computational Linguistics, 2021, 9: 176–194.

[21] XIONG W, DU J, WANG W Y, et al. Pretrained Encyclopedia: Weakly Supervised Knowledge-Pretrained Language Model// ANON. International Conference on Learning Representations 2020. Red Hook, NY: Curran Associates, Inc., 2020.

[22] YU D, ZHU C, YANG Y, et al. JAKET: Joint Pre-training of Knowledge Graph and Language Understanding// Honavar V, Spaan M. Proceedings of the AAAI Conference on Artificial Intelligence, 2022, 36(10): 11630–11638.

[23] ZHANG Z, ZENG Z, LIN Y, et al. Plug-and-Play Knowledge Injection for Pre-trained Language Models// ROGERS A, BOYD-GRABER J, OKAZAKI N. Proceedings of the 61st Annual

Meeting of the Association for Computational Linguistics (Volume 1: Long Papers). Toronto, Canada: Association for Computational Linguistics, 2023: 10641–10658.

[24] ZHANG N, DENG S, CHENG X, et al. Drop Redundant, Shrink Irrelevant: Selective Knowledge Injection for Language Pretraining// ZHOU ZH H. Proceedings of the Thirtieth International Joint Conference on Artificial Intelligence. Red Hook, NY: IJCAI, 2021: 4007–4014.

[25] YUAN W, LIU P. reStructured Pre-training// RAEDT L D. Proceedings of the International Joint Conference on Artificial Intelligence. New York, NY, USA: Association for Computing Machinery, 2022: 4007–4014.

[26] CHEN Z, ZHANG W, HUANG Y, et al. Tele-Knowledge Pre-training for Fault Analysis// ANON.Proceedings of the 2023 IEEE 39th International Conference on Data Engineering. Anaheim, CA, USA: ICDE, 2023: 3453–3466.

[27] ZHU Y, ZHAO H, ZHANG W, et al. Knowledge Perceived Multi-modal Pretraining in E-commerce// ANON. Proceedings of the 29th ACM International Conference on Multimedia. New York, NY, USA: Association for Computing Machinery, 2021: 2744–2752.

[28] ZHANG N, BI Z, LIANG X, et al. OntoProtein: Protein Pretraining With Gene Ontology Embedding. Proceedings of the International Conference on Learning Representations. Online: OpenReview.net, 2022.

[29] LIU P F, WEIZHE, FU J L, et al. Pre-train, prompt, and predict: A systematic survey of prompting methods in natural language processing. ACM Computing Surveys, 2023, 55(9): 1–35.

[30] DONG Q X, LI L, DAI D M, et al. A survey on in-context learning. arXiv preprint arXiv:2301.00234, 2023.

[31] HAN X, ZHAO W L, DING N, et al. Ptr: Prompt Tuning with Rules for Text Classification. AI Open, 2022, 3: 182–192.

[32] SHIN T, RAZEGHI Y, LOGAN IV R L, et al. Autoprompt: Eliciting knowledge from language models with automatically generated prompts. arXiv preprint arXiv:2010.15980, 2020.

[33] GAO T Y, FISCH A, CHEN D Q. Making pre-trained language models better few-shot learners. arXiv preprint arXiv:2012.15723, 2020.

[34] LI X L, LIANG P. Prefix-tuning: Optimizing continuous prompts for generation. arXiv preprint arXiv:2101.00190, 2021.

[35] GU Y X, HAN X, LIU Z Y, et al. Ppt: Pre-trained prompt tuning for few-shot learning. arXiv preprint arXiv:2109.04332, 2021.

[36] HE J X, ZHOU C T, MA X Z, et al. Towards a unified view of parameter-efficient transfer learning. arXiv preprint arXiv:2110.04366, 2021.

[37] HOULSBY N, GIURGIU A, JASTRZEBSKI S, et al. Parameter-efficient transfer learning for

NLP// CHAUDHURI K, SALAKHUTDINOV R.Proceedings of the 36th International Conference on Machine Learning. Long Beach, California, USA: Association for Computational Linguistics, 2019: 2790–2799.

[38] HU E J, SHEN Y L, WALLIS P, et al. LoRA: Low-Rank Adaptation of large language models. arXiv preprint arXiv:2106.09685, 2021.

[39] MAO Y N, LAMBERT M, HOU R, et al. UniPELT: A Unified Framework for Parameter-Efficient Language Model Tuning. arXiv preprint arXiv:2110.07577, 2021.

[40] HE Y, ZHENG S, TAY Y, et al. Hyperprompt: Prompt-based task-conditioning of transformers// CHAUDHURI K, JEGELKA S, SONG L, et al. Proceedings of the 39th International Conference on Machine Learning. Baltimore, MD, USA: International conference on machine learning, 2022: 8678–8690.

[41] WANG Y Z, MISHRA S, ALIPOORMOLABASHI P, et al. Super-Naturalinstructions: Generalization via declarative instructions on 1600+ NLP tasks. arXiv preprint arXiv: 2204.07705, 2022.

[42] MISHRA S, KHASHABI D, BARAL C, et al. Cross-task generalization via natural language crowdsourcing instructions// MURESAN S, NAKOV P, VILLAVICENCIO A. Proceedings of the 60th Annual Meeting of the Association for Computational Linguistics (Volume 1: Long Papers). Association for Computational Linguistics, 2022: 3470–3487.

[43] SANH V, WEBSON A, RAFFEL C, et al. Multitask prompted training enables zero-shot task generalization. arXiv preprint arXiv: 2110.08207, 2021.

[44] SRIVASTAVA A, RASTOGI A, RAO A. Beyond the imitation game: Quantifying and extrapolating the capabilities of language models// ROGERS A, BOYD-GRABER J, OKAZAKI N. Findings of the Association for Computational Linguistics: ACL 2023. Toronto, Canada: Association for Computational Linguistics, 2023: 13003–13051.

[45] WEI J, BOSMA M, ZHAO V, et al. Finetuned language models are zero-shot learners// ANON.International Conference on Learning Representations.Online: OpenReview.net, 2022.

[46] MUENNIGHOFF N, WANG T, SUTAWIKA L, et al. Crosslingual generalization through multitask finetuning. arXiv preprint arXiv:2211.01786, 2022.

[47] XU Z Y, SHEN Y, HUANG L F. MultiInstruct: Improving multi-modal zero-shot learning via instruction tuning. arXiv preprint, 2023.

[48] WANG Y Z, KORDI Y, MISHRA S, et al. Self-instruct: Aligning language models with self-generated instructions. arXiv preprint arXiv:2212.10560, 2022.

[49] HONOVICH O, SCIALOM T, LEVY O, et al. Unnatural Instructions: Tuning language models with (almost) no human labor. arXiv preprint arXiv:2212.09689, 2022.

[50] YIN D, LIU X, FAN M, et al. Dynosaur: A dynamic growth paradigm for instruction-tuning data curation. arXiv preprint arXiv:2305.14327, 2023.

[51] LUO H P, SUN Q F, XU C, et al. WizardMath: Empowering mathematical reasoning for large language models via reinforced evol-instruct. arXiv preprint arXiv:2308.09583, 2023.

[52] KÖKSAL A, SCHICK T, KORHONEN A, et al. LongForm: Effective instruction tuning with reverse instructions. arXiv preprint arXiv: 2304.08460, 2023.

[53] LOU R Z, ZHANG K, XIE J, et al. MUFFIN: Curating multi-faceted instructions for improving instruction following. The Twelfth International Conference on Learning Representations, 2024.

[54] PRESS O, ZHANG M, MIN S, et al. Measuring and narrowing the compositionality gap in language models// BOUAMOR H, PINO J, BALI K.Findings of the Association for Computational Linguistics: EMNLP 2023, 2023: 5687–5711.

[55] CHEN W H, MA X G, WANG X Y, et al. Program of Thoughts prompting: Disentangling computation from reasoning for numerical reasoning tasks. arXiv preprint arXiv:2211.12588, 2022.

[56] LIU H M, TENG Z Y, CUI L Y, et al. LogiCoT: Logical chain-of-thought instruction-tuning. arXiv preprint arXiv:2305.12147, 2023.

[57] SHINN N, CASSANO F, GOPINATH A, et al. Reflexion: Language agents with verbal reinforcement learning. arXiv preprint arXiv: 2303.11366, 2023.

[58] MADAAN A, TANDON N, GUPTA P, et al. Self-refine: Iterative refinement with self-feedback// OH A, NAUMANN T, GLOBERSON A, et al. Proceedings of the 37th International Conference on Neural Information Processing. Systems Red Hook, NY, USA: Curran Associates Inc., 2024, 36: 46534–46594.

[59] CAO L. Enhancing reasoning capabilities of large language models: A graph-based verification approach. arXiv preprint arXiv:2308.09267, 2023.

[60] XIE S M, RAGHUNATHAN A, LIANG P, et al. An explanation of in-context learning as implicit Bayesian inference. arXiv preprint arXiv:2111.02080, 2021.

[61] CHEN X, ZHANG N Y, XIE X, et al. KnowPrompt: Knowledge-aware prompt-tuning with synergistic optimization for relation extraction/ / LAFOREST F, TRONCY R, SIMPERL E, et al. Proceedings of the ACM Web Conference 2022 New York, NY, USA: Association for Computing Machinery, 2022: 2778–2788.

[62] HU S D, DING N, WANG H D, et al. Knowledgeable Prompt-Tuning: Incorporating knowledge into prompt verbalizer for text classification. arXiv preprint arXiv:2108.02035, 2021.

[63] LIU Z M, YU X T, FANG Y, et al. GraphPrompt: Unifying pre-training and downstream tasks for graph neural networks// DING Y, TANG J, SEQUEDA J, et al.Proceedings of the ACM Web Conference 2023 (WWW '23). New York, NY, USA: ACM, 2023: 417–428.

[64] SUN X G, ZHANG J W, WU X X, et al. Graph prompt learning: A comprehensive survey and beyond. arXiv preprint arXiv:2311.16534, 2023.

[65] SUN X G, CHENG H, LI J, et al. All in one: Multi-task prompting for graph neural networks//

Gupta R, Liu Y, et al// SINGH A, SUN Y ZH. Proceedings of the 29th ACM SIGKDD Conference on Knowledge Discovery and Data Mining. New York, United States: Association for Computing Machinery, 2023: 2120–2131.

[66] LI Y X, HOOI B. Prompt-based zero-and few-shot node classification: A multimodal approach. arXiv preprint arXiv:2307.11572, 2023.

[67] WEN Z H, YUAN F. Augmenting low-resource text classification with graph-grounded pre-training and prompting// CHEN H H, DUH W J, HUANG H H, et al. Proceedings of the 46th International ACM SIGIR Conference on Research and Development in Information Retrieval. New York, NY, USA: Association for Computing Machinery, 2023: 506–516.

[68] ZHANG W, ZHU Y S, CHEN M Y, et al. Structure pretraining and prompt tuning for knowledge graph transfer// DING YING, TANG JIE, SEQUEDA JUAN, et al. Proceedings of the ACM Web Conference 2023. New York, NY, USA: Association for Computing Machinery, 2023: 2581–2590.

[69] LONG J Y. Large language model guided tree-of-thought. arXiv preprint arXiv:2305.08291, 2023.

[70] YAO S Y, YU D, ZHAO J, et al. Extensible Prompts for Language Models on Zero-shot Language Style Customization// OH A, NAUMANN T, GLOBERSON A, et al. Advances in Neural Information Processing Systems. New Orleans, LA, USA: 2024, 36.

[71] BESTA M, BLACH N, KUBICEK A, et al. Graph of thoughts: Solving elaborate problems with large language models// WOOLDRIDGE M, DY J, NATARAJAN S. Proceedings of the AAAI Conference on Artificial Intelligence. Washington, DC, USA: AAAI Press, 2024: 17682–17690.

[72] LEI B, LIAO C H, DING C, et al. Boosting logical reasoning in large language models through a new framework: The graph of thought. arXiv preprint arXiv:2308.08614, 2023.

[73] YAO Y, LI Z C, ZHAO H. Beyond chain-of-thought, effective graph-of-thought reasoning in language models. arXiv preprint arXiv:2305.16582, 2023

[74] SUN J S, XU C J, TANG L M, et al. Think-on-graph: Deep and responsible reasoning of large language model with knowledge graph. arXiv preprint arXiv:2307.07697, 2023.

[75] NING X F, LIN Z N, ZHOU Z X, et al. Skeleton-of-Thought: Prompting LLMs for efficient parallel generation. arXiv preprint arXiv:2307.15337, 2023.

[76] WANG X Z, WEI J, SCHUURMANS D, et al. Self-consistency improves chain of thought reasoning in language models. arXiv preprint arXiv:2203.11171, 2022.

[77] BESTA M, MEMEDI F, ZHANG Z Y, et al. Demystifying chains, trees, and graphs of thoughts. arXiv preprint arXiv:2401.14295, 2024.

[78] SEL B, AL-TAWAHA A, KHATTAR V, et al. Algorithm of Thoughts: Enhancing exploration of ideas in large language models. arXiv preprint arXiv:2308.10379, 2023.

[79] MO S T, MIAO X. Tree of uncertain thoughts reasoning for large language models//ANON.

ICASSP 2024-2024 IEEE International Conference on Acoustics, Speech and Signal Processing (ICASSP). Seoul, Republic of Korea: IEEE Press, 2024: 12742–12746.

[80] HU P B, JI Q, LI X Y, et al. Tree-of-mixed-thought: Combining fast and slow thinking for multi-hop visual reasoning. arXiv preprint arXiv:2308.09658, 2023.

[81] YAO F L, TIAN C Y, LIU J T, et al. Thinking like an expert: Multimodal hypergraph-of-thought (hot) reasoning to boost foundation models. arXiv preprint arXiv:2308.06207, 2023.

[82] LIU L H, WANG Z H, QIU R Z, et al. Logic query of thoughts: Guiding large language models to answer complex logic queries with knowledge graphs. arXiv preprint arXiv:2404.04264, 2024.

[83] SUI Y, HE Y F, LIU N, et al. FiDeLiS: Faithful reasoning in large language model for knowledge graph question answering. arXiv preprint arXiv:2405.13873, 2024.

[84] ZHANG N Y, ZHANG J T, WANG X H, et al. KnowLM Technical Report. Available, 2023.

[85] GUI H H, LIN Y, YE H B, et al. IEPile: Unearthing large scale schema-conditioned information extraction corpus// KU L W, MARTINS A, SRIKUMAR V. Proceedings of the 62nd Annual Meeting of the Association for Computational Linguistics (Volume 2: Short Papers). Bangkok, Thailand: Association for Computational Linguistics, 2024: 127–146.

[86] ZHANG N Y, XU X, TAO L K, et al. DeepKE: A deep learning based knowledge extraction toolkit for knowledge base population. arXiv preprint arXiv:2201.03335, 2022.

[87] LUO Z H, SONG X R, HUANG H, et al. GraphInstruct: Empowering large language models with graph understanding and reasoning capability. arXiv preprint arXiv:2403.04483, 2024.

[88] FATEMI B, HALCROW J, PEROZZI B. Talk like a graph: Encoding graphs for large language models. arXiv preprint arXiv:2310.04560, 2023.

[89] WANG J N, WU J D, HOU Y P, et al. InstructGraph: Boosting large language models via graph-centric instruction tuning and preference alignment. arXiv preprint arXiv:2402.08785, 2024.

[90] TANG J B, YANG Y H, WEI W, et al. GraphGPT: Graph instruction tuning for large language models// YANG G H, WANG H, HAN S, et al. Proceedings of the 47th International ACM SIGIR Conference on Research and Development in Information Retrieval. New York, NY, USA: Association for Computing Machinery, 2024: 491–500.

[91] TANG J B, YANG Y H, WEI W, et al. HiGPT: Heterogeneous graph language model. arXiv preprint arXiv:2402.16024, 2024

[92] HE Y F, HOOI B. UniGraph: Learning a cross-domain graph foundation model from natural language. arXiv preprint arXiv:2402.13630, 2024.

[93] CHEN R J, ZHAO T, JAISWAL A, et al. LLaGA: Large language and graph assistant. arXiv preprint arXiv:2402.08170, 2024.

[94] WANG Z Y, ZHANG Q, DING K Y, et al. Instructprotein: Aligning human and protein language via knowledge instruction. arXiv preprint arXiv:2310.03269, 2023.

[95] GAO Y F, XIONG Y, GAO X Y, et al. Retrieval-augmented generation for large language models: A survey. arXiv preprint arXiv:2312.10997, 2023.

[96] KHATTAB O, ZAHARIA M. CoLBERT: Efficient and effective passage search via contextualized late interaction over bert// HUANG J, CHANG Y, CHENG X Q, et al. Proceedings of the 43rd International ACM SIGIR Conference on Research and Development in Information Retrieval. New York, NY, USA: Association for Computing Machinery, 2024 2020: 39–48.

[97] GUU K, LEE K, TUNG Z, et al. Retrieval augmented language model pre-training// DAUMÉ H, SINGH A. International Conference on Machine Learning. Online: JMLR.org, 2020: 3929–3938.

[98] INGWERSEN P, JÄRVELIN K. Information retrieval in context: IriX// OARD D W. ACM SIGIR Forum. New York, NY, USA: Association for Computing Machinery, 2005: 31–39.

[99] BORGEAUD S, MENSCH A, HOFFMANN J, et al. Improving language models by retrieving from trillions of tokens. arXiv preprint arXiv: 2112.04426, 2021.

[100] FEVRY T, BALDINI SOARES L, FITZGERALD N, et al. Entities as experts: Sparse memory access with entity supervision. arXiv preprint arXiv:2004.07202, 2020.

[101] KHANDELWAL U, LEVY O, JURAFSKY D, et al. Generalization through memorization: Nearest neighbor language models. arXiv preprint arXiv:1911.00172, 2019.

[102] CHEN X, LI L, ZHANG N Y, et al. Decoupling knowledge from memorization: Retrieval-augmented prompt learning. Advances in Neural Information Processing Systems, 2022, 35: 23908–23922.

[103] IZACARD G, CARON M, HOSSEINI L, et al. Unsupervised dense information retrieval with contrastive learning. arXiv preprint arXiv:2112.09118, 2021.

[104] SHI W J, MIN S, YASUNAGA M, et al. REPLUG: Retrieval-augmented black-box language models. arXiv preprint arXiv:2301.12652, 2023.

[105] GAO L Y, MA X G, LIN J M, et al. Precise zero-shot dense retrieval without relevance labels. arXiv preprint arXiv:2212.10496, 2022.

[106] MAO S Y, JIANG Y, CHEN B L, et al. RaFe: Ranking feedback improves query rewriting for RAG. arXiv preprint arXiv:2405.14431, 2024.

[107] ZHANG Z H, MENG F, LING C. RetrievalQA: Assessing adaptive retrieval-augmented generation for short-form open-domain question answering. arXiv preprint arXiv:2402.16457, 2024.

[108] ASAI A, WU Z Q, WANG Y Z, et al. Self-rag: Learning to retrieve, generate, and critique through self-reflection. arXiv preprint arXiv:2310.11511, 2023.

[109] GAO Y F, XIONG Y, WANG M, et al. Modular RAG: Transforming RAG systems into LEGO-like reconfigurable frameworks. arXiv preprint arXiv:2407.21059, 2024.

[110] FATEHKIA M, KIM J, CHAWLA S. T-RAG: Lessons from the LLM trenches. arXiv preprint arXiv:2402.07483, 2024.

[111] EDGE D, HA T, NEWMAN C, et al. From local to global: A graph RAG approach to query-focused summarization. arXiv preprint arXiv:2404.16130, 2024.

[112] GUTIERREZ B J, SHU Y H, GU M, et al. HippoRAG: Neurobiologically inspired long-term memory for large language models. arXiv preprint arXiv:2405.14831, 2024.

[113] YU D H, ZHU C G, FANG Y W, et al. KG-FiD: Infusing knowledge graph in fusion-in-decoder for open-domain question answering. arXiv preprint arXiv:2110.04330, 2021.

[114] KANG M K, KWAK J M, BAEK J, et al. Knowledge graph-augmented language models for knowledge-grounded dialogue generation. arXiv preprint arXiv:2305.18846, 2023.

[115] Beyond I.I.D.: Three Levels of Generalization for Question Answering on Knowledge Bases. arXiv preprint arXiv:2011.07743, 2020.

[116] LIANG P. Lambda dependency-based compositional semantics. arXiv preprint arXiv: 1309. 4408, 2013.

[117] LAN Y SH, JIANG J. Query graph generation for answering multi-hop complex questions from knowledge bases// JURAFSKY D, CHAI J, SCHLUTER N, et al. Proceedings of the 58th Annual Meeting of the Association for Computational Linguistics. Online: Association for Computational Linguistics, 2020: 969–974.

[118] JIANG J H, ZHOU K, XIN W, et al. UniKGQA: Unified Retrieval and Reasoning for Solving Multi-hop Question Answering Over Knowledge Graph. arXiv preprint arXiv:2212.00959, 2022.

[119] ZHANG L X, ZHANG J, WANG Y L, et al. FC-KBQA: A fine-to-coarse composition framework for knowledge base question answering. arXiv preprint arXiv:2306.14722, 2023.

[120] YIMING T, MIN D, LI YU, et al. Can ChatGPT replace traditional KBQA models? An in-depth analysis of the question answering performance of the GPT LLM family. arXiv preprint arXiv:2303.07992, 2023.

[121] LUO H R, TANG Z CH, PENG SH Y, ET AL. ChatKBQA: A generate-then-retrieve framework for knowledge base question answering with fine-tuned large language models. arXiv preprint arXiv:2310.08975, 2023.

[122] JIANG J H, ZHOU K, DONG Z C, et al. StructGPT: A general framework for large language model to reason over structured data. arXiv preprint arXiv:2305.09645, 2023.

[123] CHENG S T, ZHUANG Z Y, XU Y, et al. Call Me When Necessary: LLMs can Efficiently and Faithfully Reason over Structured Environments. arXiv preprint arXiv:2403.08593, 2024.

[124] ZHANG W, LONG J, ZHU Y SH, et al. TrustUQA: A Trustful Framework for Unified Structured Data Question Answering. arXiv preprint arXiv:2406.18916, 2024.

[125] PETRONI F, ROCKTÄSCHEL T, RIEDEL S, et al. Miller:Language Models as Knowledge Bases? arXiv preprint arXiv:1909.01066, 2019.

[126] HENDRYCKS D, BURNS C, BASART S, et al. Measuring massive multitask language

understanding. arXiv preprint arXiv:2009.03300, 2020.

[127] ZELLERS R, HOLTZMAN A, BISK Y, et al. HellaSwag: Can a machine really finish your sentence? // KORHONEN A, TRAUM D, MÀRQUEZ L. Proceedings of the 57th Annual Meeting of the Association for Computational Linguistics. Florence, Italy: Association for Computational Linguistics, 2019: 4791–4800.

[128] SAKAGUCHI K, BRAS R L, BHAGAVATULA C, CHOI Y. Winogrande: An adversarial winograd schema challenge at scale. arXiv preprint arXiv:1907.10641, 2019.

[129] CHEN M, TWOREK J, JUN H, et al. Evaluating large language models trained on code. arXiv preprint arXiv:2107.03374 2021.

[130] DUA D, WANG Y ZH, DASIGI P, et al. DROP: A reading comprehension benchmark requiring discrete reasoning over paragraphs. arXiv preprint arXiv:1903.00161, 2019.

[131] Bordes A, Usunier N, García-Durán A, et al. Translating Embeddings for Modeling Multi-relational Data// BURGES C J C, BOTTOU L, WELLING M, et al. NIPS'13: Proceedings of the 26th International Conference on Neural Information Processing Systems - Volume 2. Red Hook N Y, United States: Curran Associates Inc., 2013: 2787–2795.

[132] SCHLICHTKRULL M S, THOMAS N K, BLOEM P, et al. Modeling Relational Data with Graph Convolutional Networks. arXiv preprint arXiv:1703.06103, 2017.

[133] ZHANG W, WONG CH M, YE G Q, et al. Billion-scale Pre-trained E-commerce Product Knowledge Graph Model. arXiv preprint arXiv:2105.00388, 2021.

[134] ZHANG W, ZHU Y SH, CHEN M Y, et al. Structure Pretraining and Prompt Tuning for Knowledge Graph Transfer. arXiv preprint arXiv:2303.03922, 2023.

[135] YAO SH Y, YU D, ZHAO J, et al. Tree of Thoughts: Deliberate Problem Solving with Large Language Models. arXiv preprint arXiv:2305.10601, 2023.

[136] BESTA M, BLACH N, KUBICEK A, GERSTENBERGER R, et al. Graph of Thoughts: Solving elaborate problems with large language models. arXiv preprint arXiv:2308.09687, 2023.

[137] SUN J SH, XU CH J, TANG L M Y, et al. Think-on-Graph: Deep and Responsible Reasoning of Large Language Model with Knowledge Graph. arXiv preprint arXiv:2307.07697, 2023.

[138] SUN L, TAO ZH W, LI Y D, et al. ODA: Observation-Driven Agent for integrating LLMs and Knowledge Graphs. arXiv preprint arXiv:2404.07677, 2024.

[139] LI X X, ZHAO R CH, CHIA Y K, et al. Chain-of-Knowledge: Grounding Large Language Models via Dynamic Knowledge Adapting over Heterogeneous Sources. arXiv:2305.13269, 2023.

[140] ZHAO R CH, LI X X, JOTY S, et al. Verify-and-edit: A knowledge-enhanced chain-of-thought framework. arXiv preprint arXiv:2305.03268, 2023.

[141] ZHU ZH CH, XUE Y, CHEN X Y, et al. Large Language Models can Learn Rules. arXiv

preprint arXiv:2310.07064, 2023.

[142] KAZEMI M, KIM N, BHATIA D, et al. LAMBADA: Backward chaining for automated reasoning in natural language. arXiv preprint arXiv:2212.13894, 2023.

[143] WANG J J, CHEN M Y, HU B B, et al. Learning to Plan for Retrieval-Augmented Large Language Models from Knowledge Graphs. arXiv preprint arXiv:2406.14282, 2024.

[144] FANG T Q, CHEN Z M, et al. Complex Reasoning over Logical Queries on Commonsense Knowledge Graphs. arXiv preprint arXiv:2403.07398, 2024.

[145] CHOUDHARY N, REDDY C K. Complex Logical Reasoning over Knowledge Graphs using Large Language Models. arXiv preprint arXiv:2305.01157, 2023.

[146] LIANG Y, PENG J ZH, MAO CH SH, et al. Exploring large language models for knowledge graph completion. arXiv preprint arXiv:2308.13916, 2023.

[147] ZHANG Y CH, CHEN ZH, ZHANG W, et al. Making large language models perform better in knowledge graph completion. arXiv preprint arXiv:2310.06671, 2023.

[148] PAN J Z, RAZNIEWSKI S, KALO J C, et al. Large language models and knowledge graphs: Opportunities and challenges. arXiv preprint arXiv.2308.06374, 2023.

[149] LUO L H, JU J X, XIONG B, et al. ChatRule: Mining Logical Rules with Large Language Models for Knowledge Graph Reasoning. arXiv preprint arXiv:2309.01538, 2023.

[150] ANTOINE B, USUNIER N, GARCIA-DURAN A, et al. Translating embeddings for modeling multi-relational data// BURGES C J C, BOTTOU L, WELLING M, et al. NIPS'13: Proceedings of the 26th International Conference on Neural Information Processing Systems. Red HookNYUnited States: Curran Associates Inc., 2013: 2787–2795.

[151] CHEN M Y, ZHANG W, GENG Y X, et al. Generalizing to unseen elements: A survey on knowledge extrapolation for knowledge graphs. arXiv preprint arXiv:2302.01859, 2023.

[152] MIKHAIL G, YUAN X Y, MOSTAFA H SH, et al. Towards foundation models for knowledge graph reasoning. arXiv preprint arXiv:2310.04562, 2023.

[153] ZHU ZH CH, ZHANG Z B, XHONNEUX L, et al. Neural bellman-ford networks: A general graph neural network framework for link prediction. arXiv preprint arXiv:2106.06935, 2021.

[154] YASUNAGA M, BOSSELUT A, REN H, et al. Deep bidirectional language-knowledge graph pretraining. arXiv preprint arXiv:2210.09338, 2022.

[155] LEE K, IPPOLITO D, NYSTROM A, et al. Deduplicating Training Data Makes Language Models Better//ANON. Proceedings of the 60th Annual Meeting of the Association for Computational Linguistics (Volume 1: Long Papers). Dublin, Ireland: Association for Computational Linguistics, 2022: 8424–8445.

[156] KANG K, WALLACE E, TOMLIN C J, et al. Unfamiliar finetuning examples control how language models hallucinate. arXiv preprint arXiv:2401.05561, 2024.

[157] LIN S, HILTON J, EVANS O. TruthfulQ: Measuring How Models Mimic Human

Falsehoods//ANON. Proceedings of the 2021 Conference on Empirical Methods in Natural Language Processing. Online: Association for Computational Linguistics, 2021: 7958–7970.

[158] EVANS O, COTTON-BARRATT O, FINNVEDEN L, et al. Truthful AI: Developing and governing AI that does not lie. arXiv preprint arXiv:2110.06674, 2021.

[159] ZHANG Y, LI SH , LIU J T , YU P F , et al. Knowledge Overshadowing Causes Amalgamated Hallucination in Large Language Models. arXiv preprint arXiv: 2407.08039, 2024.

[160] LEE N, PING W, XU P, et al. Factuality Enhanced Language Models for Open-Ended Text Generation// KOYEJO S, MOHAMED S, AGARWAL A, et al. Proceedings of the 36th International Conference on Neural Information Processing Systems. Red Hook, N Y, United States: ACM, 2022: 34586–34599.

[161] SENNRICH R, HADDOW B, BIRCH A. On exposure bias, hallucination and domain shift in neural machine translation// JURAFSKY D, CHAI J, SCHLUTER N, et al. Proceedings of the 58th Conference on Empirical Methods in Natural Language Processing. Online: Association for Computational Linguistics, 2020: 3544–3552.

[162] LONGPRE S, PERISETLA K, CHEN A, et al. Entity-Based Knowledge Conflicts in Question Answering//ANON.Proceedings of the 2021 Conference on Empirical Methods in Natural Language Processing. Punta Cana, Dominican Republic: Association for Computational Linguistics, 2021: 7052–7063.

[163] MANAKUL P, LIU A, GALES MJF. SelfCheckGPT: Zero-Resource Black-Box Hallucination Detection for Generative Large Language Models//ANON.Proceedings of the 2023 Conference on Empirical Methods in Natural Language Processing. Singapore: Association for Computational Linguistics, 2023: 9004–9017.

[164] FARQUHAR S, KOSSEN J, KUHN L, GAL Y. Detecting hallucinations in large language models using semantic entropy. Nature, 2024, 630: 625–630.

[165] DURMUS E, HE H, DIAB M T. FEQA: A Question Answering Evaluation Framework for Faithfulness Assessment in Abstractive Summarization//ANON.Proceedings of the 58th Conference on Empirical Methods in Natural Language Processing. Online: Association for Computational Linguistics, 2020: 4266–4479.

[166] GOYAL T, DURRETT G. Evaluating Factuality in Generation with Dependency-level Entailment//ANON.Proceedings of the 2020 Conference on Empirical Methods in Natural Language Processing: Findings. Online: Association for Computational Linguistics, 2020: 322–333.

[167] PENG B, GALLEY M, HE P, et al. Check your facts and try again: Improving large language models with external knowledge and automated feedback. arXiv preprint arXiv:2302.12813, 2023.

[168] CHERNI C, CHERN S, CHEN S, et al. FacTool: Factuality detection in generative AI - A tool

augmented framework for multi-task and multi-domain scenarios. arXiv preprint arXiv: 2307.13528, 2023.

[169] CHEN X, WANG C, XUE Y, et al. Unified Hallucination Detection for Multimodal Large Language Models// AL-ONAIZAN Y, BANSAL M, CHEN Y N. Proceedings of the 62nd Annual Meeting of the Association for Computational Linguistics (Volume 1: Long Papers). Bangkok, Thailand: Association for Computational Linguistics, 2024: 3235–3252.

[170] WANG J, WANG Y, XU G, et al. AMBER: An LLM-free multi-dimensional benchmark for MLLMs hallucination evaluation. arXiv preprint arXiv:2311.07397, 2023.

[171] CHEN K, CHEN Q, ZHOU J, et al. DiaHalu: A dialogue-level hallucination evaluation benchmark for large language models. arXiv preprint arXiv:2403.00896, 2024.

[172] DZIRI N, KAMALLOO E, MILTON S, et al. FaithDial: A faithful benchmark for information-seeking dialogue. Transactions of the Association for Computational Linguistics, 2022, 10: 1473–1490.

[173] CHEN S, ZHAO Y, ZHANG J, et al. FELM: Benchmarking Factuality Evaluation of Large Language Models//OH A, NAUMANN T, GLOBERSON A. Proceedings of the 37th International Conference on Neural Information Processing Systems (NeurIPS 2023): Datasets and Benchmarks Track. Red Hook, NY, USA: NeurIPS, 2023: 2023.

[174] LI J, CHENG X, ZHAO X, et al. HaluEval: A Large-Scale Hallucination Evaluation Benchmark for Large Language Models// BOUAMOR H, PINO J, BALI K. Proceedings of the 2023 Conference on Empirical Methods in Natural Language Processing. Singapore: Association for Computational Linguistics, 2023: 6449–6464.

[175] CHEN X, SONG D, GUI H, et al. FactCHD: Benchmarking fact-conflicting hallucination detection// LARSON K. Proceedings of the Thirty-Third International Joint Conference on Artificial Intelligence. Vienna, Austria: IJCAI, 2024: 6216–6224.

[176] GAO Y, XIONG Y, GAO X, et al. Retrieval-augmented generation for large language models: A survey. arXiv preprint arXiv:2312.10997, 2023.

[177] ZHAO P, ZHANG H, YU Q, et al. Retrieval-augmented generation for AI-generated content: A survey. arXiv preprint arXiv:2402.19473, 2024.

[178] ASAI A, WU Z, WANG Y, et al. Self-RAG: Learning to retrieve, generate, and critique through self-reflection//ANON. Proceedings of the Twelfth International Conference on Learning Representations. Vienna, Austria: OpenReview.net, 2024: 1–11.

[179] VARSHNEY N, YAO W, ZHANG H, et al. A stitch in time saves nine: Detecting and mitigating hallucinations of LLMs by validating low-confidence generation. arXiv preprint arXiv:2307.03987, 2023.

[180] CAO H, AN Z, FENG J, et al. A step closer to comprehensive answers: Constrained multistage question decomposition with large language models. arXiv preprint arXiv:2311.07491, 2023.

[181] SCHICK T, DWIVEDI-Yu J, DESSI R, et al. ToolFormer: Language models can teach themselves to use tools// KOYEJO S, MOHAMED S, AGARWAL A, et al. Proceedings of the 36th International Conference on Neural Information Processing Systems (NeurIPS 2022). Red Hook, N Y, United States: Curran Associates Inc., 2022: 23766–23785.

[182] YIN S, FU C, ZHAO S, et al. Woodpecker: Hallucination correction for multimodal large language models. arXiv preprint arXiv:2310.16045, 2023.

[183] MADAAN A, TANDON N, GUPTA P, et al. Self-refine: Iterative refinement with self-feedback. arXiv preprint arXiv:2303.17651, 2023.

[184] GAO L, DAI Z, PASUPAT P, et al. RARR: Researching and revising what language models say, using language models. arXiv preprint arXiv:2210.08726, 2022.

[185] JI Z, LIU Z, LEE N, et al. RHO (ρ): Reducing Hallucination in Open-domain Dialogues with Knowledge Grounding. arXiv preprint arXiv:2212.01588, 2022.

[186] BAYAT F F, QIAN K, HAN B, et al. FLEEK: Factual error detection and correction with evidence retrieved from external knowledge. arXiv preprint arXiv:2310.17119, 2023.

[187] LANGO M, DUSEK O. Critic-driven decoding for mitigating hallucinations in data-to-text generation. arXiv preprint arXiv:2310.16964, 2023.

[188] CHUANG Y S, XIE Y, LUO H, et al. DoLa: Decoding by contrasting layers improves factuality in large language models. arXiv preprint arXiv:2309.03883, 2023.

[189] SHI W, HAN X, LEWIS M, et al. Trusting Your Evidence: Hallucinate Less with Context-aware Decoding. arXiv preprint arXiv:2305.14739, 2023.

[190] LI K, PATEL O, VIéGAS F B, et al. Inference-time intervention: Eliciting truthful answers from a language model. arXiv preprint arXiv:2306.03341, 2023.

[191] HUANG Q, DONG X, ZHANG P, et al. OPERA: Alleviating hallucination in multi-modal large language models via over-trust penalty and retrospection-allocation. arXiv preprint arXiv:2311.17911, 2023.

[192] LENG S, ZHANG H, CHEN G, et al. Mitigating object hallucinations in large vision-language models through visual contrastive decoding. arXiv preprint arXiv:2311.16922, 2023.

[193] WANG X, PAN J, DING L, et al. Mitigating hallucinations in large vision-language models with instruction contrastive decoding. arXiv preprint arXiv:2403.18715, 2024.

[194] DENG A, CHEN Z, HOOI B. Seeing is Believing: Mitigating Hallucination in Large Vision-Language Models via CLIP-Guided Decoding. arXiv preprint arXiv:2402.15300, 2024.

[195] TIAN K, MITCHELL E, YAO H, et al. Fine-tuning language models for factuality. arXiv preprint arXiv:2311.08401, 2023.

[196] ZHANG Y, CHEN Z, FANG Y, et al. Knowledgeable preference alignment for LLMs in domain-specific question answering. arXiv preprint arXiv:2311.06503, 2023.

[197] ZHANG S, YU T, FENG Y. TruthX: Alleviating Hallucinations by Editing Large Language

Models in Truthful Space. arXiv preprint arXiv:2402.17811, 2024.

[198] PARK K, CHOE Y J, VEITCH V. The Linear Representation Hypothesis and the Geometry of Large Language Models. arXiv preprint arXiv:2311.03658, 2023.

[199] GAO L, LA TOUR T D, TILLMAN H, et al. Scaling and evaluating sparse autoencoders. arXiv preprint, arXiv:2406.04093, 2024.

[200] CAO N D, AZIZ W, TITOV I. Editing Factual Knowledge in Language Models. arXiv preprint arXiv:2104.08164, 2021.

[201] MENG K, BAU D, ANDONIAN A, et al. Locating and editing factual associations in GPT. arXiv preprint arXiv.2202.05262, 2022.

[202] YAO Y, WANG P, TIAN B, et al. Editing large language models: Problems, methods, and opportunities. arXiv preprint arXiv:2305.13172, 2023.

[203] HUANG Z, SHEN Y, ZHANG X, et al. Transformer-Patcher: One mistake worth one neuron. arXiv preprint arXiv:2301.09785, 2023.

[204] MENG K, SHARMA A S, ANDONIAN A J, et al. Mass-editing memory in a transformer. arXiv preprint arXiv.2210.07229, 2022.

[205] ONOE Y, ZHANG M J Q, PADMANABHAN S, et al. Can LLMs learn new entities from descriptions? Challenges in propagating injected knowledge. arXiv preprint arXiv:2305.01651, 2023.

[206] MITCHELL E, LIN C, BOSSELUT A, et al. Memory-based model editing at scale. arXiv preprint arXiv:2206.06520, 2022.

[207] GEVA M, SCHUSTER R, BERANT J, et al. Transformer feed-forward layers are key-value memories. arXiv preprint arXiv:2012.14913, 2020.

[208] DAI D, DONG L, HAO Y, et al. Knowledge neurons in pretrained transformers. arXiv preprint arXiv:2104.08696, 2021.

[209] CHEN Y, CAO P, CHEN Y, et al. Journey to the Center of the Knowledge Neurons: Discoveries of Language-Independent Knowledge Neurons and Degenerate Knowledge Neurons. arXiv preprint arXiv:2308.13198, 2023.

[210] GUETA A, VENEZIAN E, RAFFEL C, et al. Knowledge is a region in weight space for fine-tuned language models. arXiv preprint arXiv:2302.04863, 2023.

[211] NIU J, LIU A, ZHU Z, et al. What does the knowledge neuron thesis have to do with knowledge? arXiv preprint arXiv:2405.0242, 2024.

[212] YAO Y, ZHANG N, XI Z, et al. Knowledge Circuits in Pretrained Transformers. arXiv preprint arXiv.2405.17969, 2024.

[213] MURTY S, MANNING C D, Lundberg S M, et al. Fixing model bugs with natural language patches. arXiv preprint arXiv:2211.03318, 2022.

[214] MADAAN A, TANDON N, CLARK P, et al. Memory-assisted prompt editing to improve

GPT-3 after deployment. arXiv preprint arXiv:2201.06009, 2022.

[215] ZHENG C, LI L, DONG Q, et al. Can We Edit Factual Knowledge by In-Context Learning? arXiv preprint arXiv:2305.12740, 2023.

[216] ZHONG Z, WU Z, MANNING C D, et al. MQuAKE: Assessing Knowledge Editing in Language Models via Multi-Hop Questions. arXiv preprint arXiv:2305.14795, 2023.

[217] GU H, ZHOU K, HAN X, et al. PokeMQA: Programmable knowledge editing for Multi-hop Question Answering. arXiv preprint arXiv: 2312.15194, 2023.

[218] Dai D, Jiang W, Dong Q, et al. Neural knowledge bank for pretrained transformers. arXiv preprint arXiv:2208.00399, 2022.

[219] SI N, ZHANG H, ZHANG W. MPN: Leveraging Multilingual Patch Neuron for Cross-lingual Model Editing. arXiv preprint arXiv: 2401.03190, 2024.

[220] HARTVIGSEN T, SANKARANARAYANAN S, PALANGI H, et al. Aging with GRACE: Lifelong Model Editing with Discrete Key-Value Adaptors. arXiv preprint arXiv:2211.1103, 2022.

[221] YU L, CHEN Q, ZHOU J, et al. MELO: Enhancing Model Editing with Neuron-Indexed Dynamic LoRA. arXiv preprint arXiv:2312.11795, 2023.

[222] WANG P, LI Z, ZHANG N, et al. WISE: Rethinking the Knowledge Memory for Lifelong Model Editing of Large Language Models. arXiv preprint arXiv:2405.14768, 2024.

[223] MITCHELL E, LIN C, BOSSELUT A, et al. Fast model editing at scale. arXiv preprint arXiv:2110.11309, 2021.

[224] HASE P, DIAB M T, CELIKYILMAZ A, et al. Methods for Measuring, Updating, and Visualizing Factual Beliefs in Language Models // VLACHOS A, AUGENSTEIN I. Proceedings of the 17th Conference of the European Chapter of the Association for Computational Linguistics (EACL). Dubrovnik, Croatia: Association for Computational Linguistics, 2023: 2714–2731.

[225] ZHU C, LI D, YU F, et al. Modifying memories in transformer models. arXiv preprint arXiv:2012.00363, 2020.

[226] LI X, LI S, SONG S, et al. PMET: Precise Model Editing in a Transformer. arXiv preprint arXiv:2308.08742, 2023.

[227] HASE P, BANSAL M, KIM B, et al. Does Localization Inform Editing? Surprising Differences in Causality-Based Localization vs. Knowledge Editing in Language Models. arXiv preprint arXiv.2301.04213, 2023.

[228] I Z, ZHANG N, YAO Y, et al. Unveiling the Pitfalls of Knowledge Editing for Large Language Models. arXiv preprint arXiv:2310.02129, 2023.

[229] JIANG Y, WANG Y, WU C, et al. Learning to Edit: Aligning LLMs with Knowledge Editing. arXiv preprint arXiv:2402.11905, 2024.

[230] WANG M, ZHANG N, XU Z, et al. Detoxifying Large Language Models via Knowledge

Editing. arXiv preprint arXiv:2403.14472, 2024.

[231] TIAN B, LIANG X, CHENG S, et al. To Forget or Not? Towards Practical Knowledge Unlearning for Large Language Models. arXiv preprint arXiv:2407.01920, 2024.

[232] CHEN Z, ZHANG Y, FANG Y, et al. Knowledge Graphs Meet Multi-Modal Learning: A Comprehensive Survey. arXiv preprint arXiv:2402.05391, 2024.

[233] ROMBACH R, BLATTMANN A, LORENZ D, et al. High-Resolution Image Synthesis with Latent Diffusion Models. arXiv preprint arXiv:2112.10752, 2021.

[234] RAMESH A, DHARIWAL P, NICHOL A, et al. Hierarchical Text-Conditional Image Generation with CLIP Latents. arXiv preprint arXiv:2204.06125, 2022.

[235] LIU Y, ZHANG K, LI Y, et al. Sora: A Review on Background, Technology, Limitations, and Opportunities of Large Vision Models. arXiv preprint arXiv:2402.17177, 2024.

[236] GENG Y, CHEN J, CHEN Z, et al. OntoZSL: Ontology-enhanced Zero-shot Learning. arXiv preprint arXiv:2102.07339, 2021.

[237] KAMPFFMEYER M, CHEN Y, LIANG X, et al. Rethinking Knowledge Graph Propagation for Zero-Shot Learning. arXiv preprint arXiv:1805.11724, 2018.

[238] NARASIMHAN M, LAZEBNIK S, SCHWING A. Out of the box: Reasoning with graph convolution nets for factual visual question answering. Advances in neural information processing systems, 2018, 31.

[239] KHADEMI M, YANG Z, FRUJERI F, et al. MM-Reasoner: A Multi-Modal Knowledge-Aware Framework for Knowledge-Based Visual Question Answering// BOUAMOR H, PINO J, BALI K. Findings of the Association for Computational Linguistics: EMNLP 2023. Singapore. Association for Computational Linguistics, 2023: 6571–6581.

[240] LIN W, BYRNE B. Retrieval augmented visual question answering with outside knowledge. arXiv preprint arXiv:2210.03809, 2022.

[241] WU J, MOONEY R J. Entity-focused dense passage retrieval for outside-knowledge visual question answering. arXiv preprint arXiv:2210.10176, 2022.

[242] WANG P, WU Q, SHEN C, et al. Explicit knowledge-based reasoning for visual question answering. arXiv preprint arXiv:1511.02570, 2015.

[243] CHEN Z, HUANG Y, CHEN J, et al. LaKo: Knowledge-driven Visual Question Answering via Late Knowledge-to-Text Injection. arXiv preprint arXiv:2207.12888, 2022.

[244] ZIAEEFARD M, LECUE F. Towards knowledge-augmented visual question answering// SCOTT D, BEL N, ZONG CH Q. Proceedings of the 28th International Conference on Computational Linguistics. Barcelona, Spain (Online): International Committee on Computational Linguistics, 2020: 1863–1873.

[245] GUO Y, NIE L, WONG Y, et al. A Unified End-to-End Retriever-Reader Framework for Knowledge-based VQA. arXiv preprint arXiv:2206.14989, 2022.

[246] HU Z, ISCEN A, SUN C, et al. REVEAL: Retrieval-Augmented Visual-Language Pre-Training with Multi-Source Multimodal Knowledge Memory. arXiv preprint arXiv:2212.05221, 2022.

[247] RAVI S, CHINCHURE A, SIGAL L, et al. VLC-BERT: Visual Question Answering with Contextualized Commonsense Knowledge. arXiv preprint arXiv:2210.13626, 2022.

[248] HAN Y, YIN J, WU J, et al. Semantic-Aware Modular Capsule Routing for Visual Question Answering . IEEE Transactions on Image Processing, 2023, 32: 5537–5549.

[249] ZHENG W, YIN L, CHEN X, et al. Knowledge base graph embedding module design for Visual question answering model. Pattern recognition, 2021, 120: 108–153.

[250] ZHU Z, YU J, WANG Y, et al. Mucko: Multi-Layer Cross-Modal Knowledge Reasoning for Fact-based Visual Question Answering . arXiv preprint arXiv:2006.09073, 2020.

[251] RAMNATH K, HASEGAWA-JOHNSON M. Seeing is Knowing! Fact-based Visual Question Answering using Knowledge Graph Embeddings . arXiv preprint arXiv:2012.15484, 2020.

[252] HEO Y J, KIM E S, CHOI W S, et al. Hypergraph transformer: Weakly-supervised multi-hop reasoning for knowledge-based visual question answering. arXiv preprint arXiv:2204.10448, 2022.

[253] SU Z, ZHU C, DONG Y, et al. Learning Visual Knowledge Memory Networks for Visual Question Answering. arXiv preprint arXiv:1806.04860, 2018.

[254] WU Q, WANG P, SHEN C, et al. Ask me anything: Free-form visual question answering based on knowledge from external sources. arXiv preprint arXiv.1511.06973, 2015.

[255] WANG P, WU Q, SHEN C, et al. FVQA: Fact-based Visual Question Answering . IEEE transactions on pattern analysis and machine intelligence, 2017, 40(10): 2413–2427.

[256] GARDÈRES F, ZIAEEFARD M, ABELOOS B, et al. ConceptBert: Concept-Aware Representation for Visual Question Answering // COHN T, HE Y L, LIU Y. Findings of the Association for Computational Linguistics: EMNLP 2020. Online: Association for Computational Linguistics, 2020: 489–498.

[257] SONG L, LI J, LIU J, et al. Answering knowledge-based visual questions via the exploration of Question Purpose . Pattern Recognition, 2023, 133.

[258] HE X, WANG X E. Multimodal Graph Transformer for Multimodal Question Answering. arXiv preprint arXiv:2305.00581, 2023.

[259] GHOSAL D, MAJUMDER N, LEE R K W, et al. Language Guided Visual Question Answering: Elevate Your Multimodal Language Model Using Knowledge-Enriched Prompts. arXiv preprint arXiv:2310.20159, 2023.

[260] CHEN Z, CHEN J, GENG Y, et al. Zero-shot Visual Question Answering using Knowledge Graph. arXiv preprint arXiv:2107.05348, 2021.

[261] LIN Y, XIE Y, CHEN D, et al. REVIVE: Regional Visual Representation Matters in Knowledge-Based Visual Question Answering . arXiv preprint arXiv:2206.01201, 2022.

[262] YE Q, XU H, XU G, et al. mPLUG-Owl: Modularization Empowers Large Language Models with Multimodality. arXiv preprint arXiv:2304.14178, 2023.

[263] WANG X, YE Y, GUPTA A. Zero-shot recognition via semantic embeddings and knowledge graphs. arXiv preprint arXiv:1803.08035, 2018.

[264] ROY A, GHOSAL D, CAMBRIA E, et al. Improving Zero Shot Learning Baselines with Commonsense Knowledge . Cognitive Computation, 2022, 14(6): 2212–2222.

[265] NAYAK N V, BACH S H. Zero-Shot Learning with Common Sense Knowledge Graphs. arXiv preprint arXiv:2006.10713, 2020.

[266] GAO J, ZHANG T, XU C. I Know the Relationships: Zero-Shot Action Recognition via Two-Stream Graph Convolutional Networks and Knowledge Graphs//ANON. Proceedings of the AAAI conference on artificial intelligence. Washington, DC, USA: AAAI Press 2019, 33(01): 8303–8311.

[267] HSU C C, CHEN Z Y, HSU C Y, et al. Knowledge-enriched visual storytelling. arXiv preprint arXiv:1912.01496, 2019.

[268] CHEN L, LI J, DONG X, et al. Are We on the Right Way for Evaluating Large Vision-Language Models? arXiv preprint arXiv:2403.20330, 2024.

[269] CHEN G, SHEN L, SHAO R, et al. LION : Empowering Multimodal Large Language Model with Dual-Level Visual Knowledge. arXiv preprint arXiv:2311.11860, 2023.

[270] DONG X, BAO J, ZHENG Y, et al. RAR: Retrieving And Ranking Augmented MLLMs for Visual Recognition. arXiv preprint arXiv:2403.13805, 2024.

[271] CHEN Z, FANG Y, ZHANG Y, et al. The Power of Noise: Toward a Unified Multi-modal Knowledge Graph Representation Framework. arXiv preprint arXiv:2403.06832, 2024.

[272] WOOLDRIDGE M, JENNINGS NR. Intelligent agents: theory and practice. The Knowledge Engineering Review, 1995, 10(2):115–152.

[273] WOOLDRIDGE M, JENNINGS NR. Agent theories, architectures, and languages: a survey//ANON. International Workshop on Agent Theories, Architectures, and Languages. Berlin, Heidelberg: Springer Berlin Heidelberg, 1994:1–39.

[274] TURING AM. Computing Machinery and Intelligence. Mind, 1950, 59(236): 433–460.

[275] WINSTON PH. The M.I.T. robot//MICHIE D. Machine Intelligence 7. Edinburgh: Edinburgh University Press, 1972:2.

[276] JENNINGS N R, SYCARA K, WOOLDRIDGE M. A roadmap of agent research and development. Autonomous Agents and Multi-agent Systems, 1998, 1:7–38.

[277] RADFORD A, WU J, CHILD R, et al. Language models are unsupervised multitask learners. OpenAI Blog, 2019, 1(8):9.

[278] BROWN T, MANN B, RIDER N, et al. Language models are few-shot learners. Advances in Neural Information Processing Systems, 2020, 33:1877–1901.

[279] ACHIAM J, ADLER S, AGARWAL S, et al. GPT-4 technical report. arXiv preprint arXiv:2303.08774, 2023.

[280] TOUVRON H, LAVRIL T, IZACARD G, et al. LLaMA: Open and Efficient Foundation Language Models. arXiv preprint arXiv:2302.13971, 2023.

[281] LE SCAO T, FAN A, AKIKI C, et al. BLOOM: A 176b-parameter open-access multilingual language model. arXiv preprint arXiv:2211.05100, 2023.

[282] GRAVITAS S. Auto-GPT: An Autonomous GPT-4 experiment. GitHub. (2023) [2024-03-19].

[283] PARK J S, O'BRIEN J, CAI C J, et al. Generative Agents: Interactive Simulacra of Human Behavior. arXiv preprint arXiv:2304.03442, 2023.

[284] WANG L, MA C, FENG X, et al. A survey on large language model based autonomous agents. Frontiers of Computer Science, 18(6): 1–42.

[285] XI Z, CHEN W, GUO X, et al. The Rise and Potential of Large Language Model Based Agents: A Survey. arXiv preprint arXiv:2309.07864, 2023.

[286] KOSINSKI M. Theory of mind may have spontaneously emerged in large language models. arXiv preprint arXiv:2302.02083, 2023.

[287] PAN K, ZENG Y. Do LLMs Possess a Personality? Making the MBTI Test an Amazing Evaluation for Large Language Models. arXiv preprint arXiv:2307.16180, 2023.

[288] LI X, LI Y, JOTY S, et al. Does GPT-3 Demonstrate Psychopathy? Evaluating Large Language Models from a Psychological Perspective. arXiv preprint arXiv:2212.10529, 2022.

[289] SHANAHAN M, MCDONELL K, REYNOLDS L. Role play with large language models. Nature, 2023, 623(7987): 493–498.

[290] XU B, YANG A, LIN J, et al. ExpertPrompting: Instructing Large Language Models to be Distinguished Experts. arXiv preprint arXiv:2305.14688, 2023.

[291] DESHPANDE A, MURAHARI V, RAJPUROHIT T, et al. Toxicity in ChatGPT: Analyzing Persona-assigned Language Models. arXiv preprint arXiv:2304.05335, 2023.

[292] LIANG X, WANG B, HUANG H, et al. Unleashing infinite-length input capacity for largescale language models with self-controlled memory system. arXiv preprint arXiv:2304.13343, 2023.

[293] MOHTASHAMI A, JAGGI M. Landmark attention: Random-access infinite context length for transformers. arXiv preprint arXiv:2305.16300, 2023.

[294] ZHONG W, GUO L, GAO Q, et al. MemoryBank: Enhancing Large Language Models with Long-Term Memory. arXiv preprint arXiv:2305.10250, 2023.

[295] SHEN Y, SONG K, TAN X, et al. HuggingGPT: Solving AI Tasks with ChatGPT and its Friends in Hugging Face. arXiv preprint arXiv:2303.17580, 2023.

[296] LU P, PENG B, CHENG H, et al. Chameleon: Plug-and-play compositional reasoning with large language models. arXiv preprint arXiv.2304.09842, 2023.

[297] CAI T, WANG X, MA T, et al. Large Language Models as Tool Makers. arXiv preprint

arXiv:2305.17126, 2023.

[298] JIANG J, ZHOU K, ZHAO W X, et al. KG-Agent: An Efficient Autonomous Agent Framework for Complex Reasoning over Knowledge Graph. arXiv preprint arXiv:2402.11163, 2024.

[299] SCHICK T, DWIVEDI-YU J, DESSÌ R, et al. Toolformer: Language models can teach themselves to use tools. arXiv preprint arXiv:2302.04761, 2023.

[300] LIU B, JIANG Y, ZHANG X, et al. LLM+P: Empowering Large Language Models with Optimal Planning Proficiency. arXiv preprint arXiv:2304.11477, 2023.

[301] OUYANG L, WU J, JIANG X, et al. Training language models to follow instructions with human feedback. arXiv preprint arXiv:2203.02155, 2022.

[302] WANG G, XIE Y, JIANG Y, et al. Voyager: An Open-Ended Embodied Agent with Large Language Models. arXiv preprint arXiv:2305.16291, 2023.

[303] LIU H, SFERRAZZA C, ABBEEL P. Chain of Hindsight Aligns Language Models with Feedback. arXiv preprint arXiv:2302.02676, 2023.

[304] LI G, HAMMOUD H A A K, ITANI H, et al. CAMEL: Communicative Agents for "Mind" Exploration of Large Language Model Society. arXiv preprint arXiv.2303.17760, 2023.

[305] ZHANG J, XU X, ZHANG N, et al. Exploring collaboration mechanisms for llm agents: A social psychology view// KU L W, MARTINS A, SRIKUMAR V. Proceedings of the 62nd Annual Meeting of the Association for Computational Linguistics (Volume 1: Long Papers). Bangkok, Thailand: Association for Computational Linguistics, 14544–14607.

[306] YAO S, ZHAO J, YU D, et al. ReAct: Synergizing reasoning and acting in language models. arXiv preprint arXiv.2210.03629, 2023.

[307] SHINN N, CASSANO F, GOPINATH A, et al. Reflexion: Language agents with verbal reinforcement learning. arXiv preprint arXiv:2303.11366, 2023.

[308] CHEN B, SHU C, SHAREGHI E, et al. FireAct: Toward Language Agent Fine-Tuning. arXiv preprint arXiv:2310.05915, 2023.

[309] QIAO S, GUI H, LV C, et al. Making Language Models Better Tool Learners with Execution Feedback // Duh K, Gomez H, Bethard S. Proceedings of the 2024 Conference of the North American Chapter of the Association for Computational Linguistics: Human Language Technologies (Volume 1: Long Papers), NAACL 2024. Mexico City, Mexico: Association for Computational Linguistic, 2024: 3550–3568.

[310] QIAO S, ZHANG N, FANG R, et al. AutoAct: Automatic agent learning from scratch via self-planning // KU L W, MARTINS AE, SRIKUMAR V. Proceedings of the 62nd Annual Meeting of the Association for Computational Linguistics (Volume 1: Long Papers). Bangkok, Thailand: Association for Computational Linguistics, 2024: 3003–3021.

[311] ZHU Y, QIAO S, OU Y, et al. KnowAgent: Knowledge-Augmented Planning for LLM-Based

Agents. arXiv preprint arXiv:2403.03101, 2024.

[312] FU Y, KIM D K, KIM J, et al. AutoGuide: Automated Generation and Selection of State-Aware Guidelines for Large Language Model Agents. arXiv preprint arXiv:2403.08978, 2024.

[313] QIAO S, FANG R, ZHANG N, et al. Agent Planning with World Knowledge Model. arXiv preprint arXiv:2405.14205, 2024.

[314] GUAN J, WU W, WEN Z, et al. AMOR: A Recipe for Building Adaptable Modular Knowledge Agents Through Process Feedback. arXiv preprint arXiv.2402.01469, 2024.

[315] LI Z, HUA W, WANG H, et al. Formal-LLM: Integrating Formal Language and Natural Language for Controllable LLM-based Agents. arXiv preprint arXiv:2402.00798, 2024.

[316] QIAO S, FANG R, QIU Z, et al. Benchmarking Agentic Workflow Generation. arXiv preprint arXiv:2410.07869, 2024.

[317] HONG S, ZHENG X, CHEN J, et al. MetaGPT: Meta Programming for A Multi-Agent Collaborative Framework. arXiv preprint arXiv:2308.00352, 2023.

[318] ZHANG C, YANG K, HU S, et al. ProAgent: building proactive cooperative agents with large language models. arXiv preprint arXiv.2308.11339, 2023.

[319] YAO Y, ZHANG N, XI Z, et al. Knowledge Circuits in Pretrained Transformers. arXiv preprint arXiv.2405.17969, 2024.

[320] HUH M, CHEUNG B, WANG T, ISOLA P. The Platonic Representation Hypothesis. arXiv preprint arXiv:2405.07987, 2024.

[321] SOWA J F. Crystallizing theories out of knowledge soup. RAS Z W, ZEMAN M. Intelligent Systems: State of the Art and Future Directions. New York: Ellis Horwood, 1990: 456–487.

举报电话：（010）88254396；（010）88258888

传　　真：（010）88254397

E-mail：　dbqq@phei.com.cn

通信地址：北京市万寿路 173 信箱

　　　　　电子工业出版社总编办公室

邮　　编：100036